KIELER GEOGRAPHISCHE SCHRIFTEN

Begründet von Oskar Schmieder
Herausgegeben vom Geographischen Institut der Universität Kiel
durch J. Bähr, H. Klug und R. Stewig
Schriftleitung: G. Kortum

Band 60

Die Geographie des Meeres

Disziplingeschichtliche Entwicklung seit 1650 und heutiger methodischer Stand

von

KARLHEINZ PAFFEN †
und
GERHARD KORTUM

KIEL 1984

IM SELBSTVERLAG DES GEOGRAPHISCHEN INSTITUTS
DER UNIVERSITÄT KIEL
ISSN 0723-9874
ISBN 3-923887-02-7

CIP-Kurztitelaufnahme der Deutschen Bibliothek

Paffen, Karlheinz:
Die Geographie des Meeres: diziplingeschichtl.
Entwicklung seit 1650 u. heutiger method.
Stand / Karlheinz Paffen u. Gerhard Kortum. -
Kiel: Geograph. Inst. d. Univ. Kiel, 1984.
(Kieler Geographische Schriften; Bd. 60)
ISBN 3-923887-02-7

NE: Kortum, Gerhard:; GT

Gedruckt mit Unterstützung des Kultusministeriums des Landes Schleswig-Holstein

KARLHEINZ PAFFEN
geb. 18.VII.1914, gest. 31.X.1983
in Kiel tätig von 1967 bis 1979
als ord. Professor der Geographie

Vorwort

Im Jahre 1983 hatte das Geographische Institut zwei unerwartete Todesfälle in seinen Reihen zu beklagen, die zunächst Dietrich BARTELS im Alter von erst 52 Jahren am 25.08.1983 und dann knapp zwei Monate später den in Freiburg lebenden Emeritus Karlheinz PAFFEN am 31.10.1983 mitten aus ihrer Arbeit rissen.

Für das Geographische Institut ist es eine ehrende Verpflichtung, die letzten, teilweise nur in Fragmenten vorliegenden wissenschaftlichen Arbeiten der Verstorbenen als Band 60 und 61 in der Schriftenreihe des Instituts zu veröffentlichen. Enge Mitarbeiter von ihnen haben versucht, diese zum Ende zu führen. Die vorliegende "Geographie des Meeres" war schon seit längerem als Band 60 vorgesehen.

Karlheinz PAFFEN hat sich in enger Verbundenheit mit seinem langjährigen Assistenten, Gerhard KORTUM, in den letzten Jahren erneut mit der Geographie des Meeres beschäftigt, der er bereits 1964 in einem vielbeachteten Beitrag über "Maritime Geographie" eine tragfähige theoretische und methodische Grundlage zu geben versuchte. Gerade seit seiner Berufung nach Kiel im Jahre 1968 hat er in der Lehre immer wieder sein besonderes Interesse für Fragen der Ozeanographie und Geographie des Meeres zum Ausdruck gebracht. Dies erwuchs letztlich - wie er einmal bekannte - aus dem emotionalen Erlebnis des Weltmeeres als "großes Stück Natur" im HUMBOLDTschen Sinne während einer Schiffsreise nach Brasilien.

Karlheinz PAFFEN war von 1968 bis zu seiner Emeritierung 1978 ordentlicher Professor am Geographischen Institut der Universität Kiel und Mitherausgeber dieser Schriftenreihe. Gerade dieses Institut an der Küste, das so eng mit dem frühen Wirken und Schaffen des großen deutschen Ozeangeographen Otto KRÜMMEL verbunden ist, bot optimale Voraussetzung für eine Weiterentwicklung und Vertiefung des meeresgeographischen Denkens Karlheinz PAFFENs.

Karlheinz PAFFENs Interessen waren sehr weit gespannt. Sie reichten neben der Maritimen Geographie von der Lateinamerika-Forschung bis zur Vegetationsgeographie und ökologischen Landschaftsforschung. Sein Nachfolger auf dem Kieler Lehrstuhl, Heinz KLUG, hat das vielseitige, immer auf die Geographie als Ganzheit gerichtete Schaffen dieses Geographen "alter Schule" im Nachruf "Karlheinz PAFFEN - Weg und Werk" zusammengefaßt (Erdkunde 38, 1984, S. 1 - 5, mit Schriftenverzeichnis), so daß hier nur seine Bedeutung für die neue Entwicklung der Geographie des Meeres betont zu werden braucht.

PAFFENs konzeptionelle Ideen waren noch getragen von der alten geographischen Tradition der deutschen Meereskunde. Daß sein Vorstoß zur Neubegründung der Meeresgeographie nach der langen kriegsbedingten Zäsur 1964 trotz einiger Wirkung im Ausland letztlich zunächst in Deutschland ohne Breitenwirkung blieb, lag zumindest teilweise an dem raschen Fortschritt der Ozeanographie, die zu einem erheblichen Teil vom Institut für

Meereskunde an der Universität Kiel unter der umsichtigen Leitung von Günter DIETRICH getragen wurde.

Mit Gerhard KORTUM fand PAFFEN einen Kieler Mitarbeiter, der als Geograph noch sehr von der Meereskunde geprägt war, wie sie Günter DIETRICH zeit seines Lebens vertreten hatte. Nicht zuletzt aus diesem Grunde wandte sich PAFFEN in seinen letzten Jahren wiederum stärker der Meeresforschung zu, allerdings zunehmend aus philosophischer und historischer Sicht.

Als Karlheinz PAFFEN am 31. Oktober 1983 in Merzhausen bei Freiburg verstarb, war er mit den Vorarbeiten und der Teilausarbeitung zum dritten Teil der vorliegenden Schrift befaßt, die ihn lange bewegten. "Die Geographie des Meeres" entstand über mehrere Jahre als eine Gemeinschaftsarbeit der Autoren, obwohl die schriftliche Ausformulierung von Teil II die Handschrift des Älteren stärker hervortreten läßt.

Die vorliegende Form einer disziplingeschichtlichen Abhandlung war ursprünglich nicht beabsichtigt, obwohl diese Bezüge der Meeresforschung in einem anfangs vorgesehenen allgemeinen Forschungsüberblick starkes Gewicht hatten. Eine Einengung auf die Darstellung der ideengeschichtlich-konzeptionellen Entwicklung dieser alten geographischen Subdisziplin erschien aber angebracht, nachdem die Vermittlung meereskundlicher Fakten weitgehend erschöpfend 1980 in dem zweibändigen Lehrbuch "Geographie des Meeres" von H.-G. GIERLOFF-EMDEN erfolgte.

Somit entstand eine zusammenhängende Ideengeschichte der Meeresforschung im deutschsprachigen Raum, die besonders für die Zeit vor 1900 langwierige bibliographische Arbeiten erforderte. Mit dieser Thematik wird auch ein neuer Weg der Geographiegeschichte gegangen; beide Verfasser haben sich bemüht, ihre gemeinsamen Interessen für Geographiegeschichte und Meeresforschung zu verknüpfen.

Die vorliegende Abhandlung war kurz vor PAFFENs Tod bis zum Ende des historischen Teils (1945) überwiegend fertiggestellt. Obwohl das Kriegsende einen gewissen Abschluß darstellte, erschien es bei der Überarbeitung immer dringlicher, die konzeptionelle Entwicklung der Meeresgeographie bis in die Gegenwart fortzuführen, zumal sich nach 1978 erfreulicherweise auch in Deutschland eine deutliche Neubelebung der Geographie des Meeres abzuzeichnen begann.

Nicht zuletzt die kaum noch zu übersehenden neuen Errungenschaften der modernen Ozeanographie, sondern auch die langjährigen internationalen Diskussionen um die Seerechtsneuordnung und neue Formen der Meerestechnik und -nutzung ließen den Ozean nunmehr in einer neuen Sicht erscheinen, der sich auch die heutige Geographie zunehmend bewußt wird. Das PAFFENsche Konzept für eine "Maritime Geographie" von 1964 war ein nützlicher Ansatzpunkt, der aber weiterentwickelt und mit anderen modernen Vorstellungen verknüpft werden mußte.

Es verblieb Karlheinz PAFFEN hierfür keine Zeit mehr. Der abschließende Teil III und Teile der Einleitung wurden deshalb von Gerhard KORTUM in Wahrung der Intentionen und unter Benutzung einiger hinterlassener Notizen des verstorbenen Mitautors nach bestem Wissen zu Ende geführt. Als Doktorand und enger Mitarbeiter mit der Denkart seines ehemaligen Lehrers gut vertraut, hat er versucht, in diesem ausschließlich seiner Verantwortung unterliegenden Abschlußteil über die jetzige Situation der Meeresgeographie Karlheinz PAFFENs Gedanken ein ehrendes Andenken zu bewahren.

Das Geographische Institut in Kiel knüpft mit der Thematik dieses Bandes an seine große "maritime Frühphase" unter Otto KRÜMMEL an, wie es PAFFEN einmal selbst formulierte. Es wird versuchen, diesen traditionellen Arbeits- und Forschungsschwerpunkt "Geographie der Meere und Küsten" auch weiterhin zu pflegen und entsprach auch aus diesem Grunde gern dem Wunsch der Autoren, ihre Arbeit in die Kieler Institutsreihe aufzunehmen, wofür das Kultusministerium des Landes Schleswig-Holstein dankenswerterweise einen Druckkostenzuschuß übernahm. Dem Institut für Meereskunde an der Universität Kiel sei für seine bibliographische Hilfe und die Überlassung einiger Archivbilder herzlich gedankt. Die Vorlage für das Bild KH. PAFFENs wurde freundlicherweise von Frau Marianne PAFFEN, Merzhausen, zur Verfügung gestellt.

Die Herausgeber

Inhaltsverzeichnis

Seite

Verzeichnis der Abbildungen

Für die Auswahl des Bildmaterials waren ausschließlich sachliche Gesichtspunkte maßgebend. Es handelt sich z.T. um alte Vorlagen (Unica). Drucktechnische Erfordernisse mußten von untergeordneter Bedeutung sein.

"Das Antlitz der Erde ist nun einmal überwiegend ozeanisch: die Erforschung des Ozeans als des räumlich bedeutendsten Theiles der Erdoberfläche wird immer eine der vornehmsten Pflichten der wissenschaftlichen Geographie bleiben."

Otto KRÜMMEL, 1896

I. AUFGABEN UND ZIELSETZUNG

1. Einleitung

Der als Motto vorangestellte Ausspruch Otto KRÜMMELs, der vor 100 Jahren (1883) als Ordinarius für Geographie an der Christian-Albrechts-Universität zu Kiel eine erste meeresgeographische Ära an diesem Institut eröffnete und mit seinem berühmt gewordenen "Handbuch der Ozeanographie" (1907/11) krönte, ist auch Leitmotiv und Verpflichtung für die beiden Verfasser dieses Bandes gewesen. Die vorliegende Abhandlung ging in bewußter Anknüpfung an die heute nahezu vergessene große Tradition der geographischen Meereskunde in Deutschland aus dem gleichen Kieler Geographischen Institut hervor. Gerade aus der besonderen Situation an der Meeres- und Küstenuniversität Kiel heraus mit ihrem heute weltbekannten und global aktiven Institut für Meereskunde schreiben die Verfasser nicht - wie KRÜMMEL seinerzeit - nur für Geographen, sondern auch wiederum für Meeresforscher im weitesten Sinne gleich welcher Fachspezialisierung.

Es gilt heute in einer Zeit intensiver Meeresforschung und der zunehmenden politischen und wirtschaftlichen Bedeutung der Ozeane, die alten Wurzeln der Meereskunde in der geographischen Wissenschaft erneut bewußt zu machen. Nur durch eine breite disziplinhistorische Rückschau kann der Anspruch auf eine erneute Beschäftigung mit dem ozeanischen Raum bekräftigt werden. Allerdings ist es auch erforderlich, aus den meeresgeographischen Konzeptionen der Vergangenheit für die Gegenwart eine tragfähige und begründete theoretisch-methodologische Konzeption zu entwickeln, wenn die Geographie des Meeres als wiederbegründete Subdisziplin der Geographie auch gegenüber der modernen Ozeanographie bestehen will.

Die vorliegende Schrift will somit kein Lehrbuch der Geographie des Meeres sein. Die Umsetzung von Fakten und Erkenntnissen erfolgte bereits durch GIERLOFF-EMDEN (1980) und andere. Vielmehr soll versucht werden, der sich gegenwärtig neu formierenden "Geographie des Meeres" durch eine ausführliche philosophisch-historische Rückschau ihrer ideengeschichtlichen Entwicklung und eine aktuelle Bestandsaufnahme der gegenwärtigen Konzeptionen ein stärkeres Gewicht zu verschaffen.

Die vorliegende Arbeit zur Geographie des Meeres, die an schon teilweise länger zurückliegende Ansätze der Verfasser anknüpft, gliedert sich in zwei umfangsmäßig gleichgewichtige Teile, die sich letztlich zu einer Einheit verbinden. Die historische Rückschau mündet dabei ein in eine Bestandsaufnahme der gegenwärtigen Situation und Diskussion bisher vorliegender moderner Konzeptionen.

Deutschland ist das Land der geographischen Meereskunde. In einem ersten Teil soll aus der Sicht der Geographie die Entstehung und Entwicklung meereskundlichen Denkens und Wissens in disziplingeschichtlichen Epochen und die wesentlichen ideengeschichtlichen Leitlinien von VARENIUS bis heute in einer in dieser Form bislang nicht vorliegenden, bibliographisch bisweilen mühselig zu erstellenden Form dokumentiert werden. Für die "Moderne" (etwa seit 1871) stehen die konzeptionellen und methodischen Gesichtspunkte zur Begründung der Geographie des Meeres als Teilarbeitsbereich der Erdkunde im Mittelpunkt. Hierbei soll angesichts der speziellen deutschen forschungspolitischen Situation in der Bundesrepublik, die im Gegensatz zu anderen Fachdisziplinen wie Geologie, den politischen Wissenschaften u.a. kaum noch eine fruchtbare Beteiligung der Geographie an der Meeresforschung gestattet, zunächst nur der deutschsprachige Raum mit seinen spezifischen Entwicklungen behandelt werden, wobei allerdings einige Ausblicke auf die Entwicklung meeresgeographischen Denkens im Ausland (UdSSR, Großbritannien und USA sowie Frankreich) erforderlich sind. Zur besseren Übersicht wurden die Literaturangaben am Ende bei nur wenigen Überschneidungen in zwei Teilen aufgeführt (A: Geschichte bis 1945, B: neuere Entwicklung).

Die Verfasser gehen davon aus, daß Maritime Geographie heute nicht nur ein wenn auch umgeordneten "Transfer" ozeanographischen Wissens für Geographen sein kann, wie es C.A.M. KING in "Oceanography for Geographers" (London 1962) und neuerdings auch wieder H.G. GIERLOFF-EMDEN (1980) versuchten. Ohne eigenständige, fachintern begründete Arbeits- und Forschungsperspektiven können Geographen heute nicht mehr an die langen maritimen Fachtraditionen anknüpfen. Ansatzpunkt für eine Neubelebung der Geographie des Meeres muß auch in Deutschland in Forschung, Lehre und Unterricht weniger der vielschichtige Stoffunterbau, sondern ein klares übergeordnetes Zielkonzept als theoretischer und methodischer Überbau sein. Hierzu ist zu bemerken, daß die wenigen, aber durchaus vorhandenen gedanklichen Ansätze verschiedener Richtung im In- und Ausland bisher nur wenig beachtet wurden. Auch in dem 1980 veröffentlichten Lehrbuch GIERLOFF-EMDENs, das sich generell durch ein theoretisches und methodisches Defizit auszeichnet, wurden diese geflissentlich übersehen und in keiner Weise integrativ verarbeitet. Die Wege und Erträge der maritim-geographischen Forschung sollen hier als ein fortlaufender wissenschaftlicher Prozeß problemorientiert bis zur gegenwärtigen Situation nachgezeichnet werden. Mehrere Konzeptionen für eine Geographie des Meeres sind heute denkbar und sinnvoll. Die hier abschließend aufgezeigten Grundgedanken können deshalb nur als ein Ansatz unter mehreren möglichen gesehen werden.

Der vorliegende Band versteht sich deshalb auch nicht als eine allgemeine Replik auf die "Geographie des Meeres" von GIERLOFF-EMDEN, wenn auf dieses Werk im Abschlußteil naturgemäß nun auch Bezug genommen werden muß. Völlig unabhängig in ihrem Ansatz und aufbauend auf schon älteren gemeinsamen Gedanken über Gegenstand und Methoden einer "Maritimen Geographie" (PAFFEN 1964/1968/1970 u. KORTUM 1979) möchten die Verfasser vielmehr vor allem das wertvolle, oft erst im Ausland wiederentdeckte und weiterentwickelte deutsche meeresgeographische Gedankengut durch eine systematische Zusammenschau wiederbeleben und vor dem völligen Vergessenwerden im geographischen Bewußtsein bewahren.

Dazu ist zunächst in einer breiteren und in dieser Art sicher neuartigen disziplinhistorischen Rückschau eine umfassende, auch die bibliographische Dokumentation einschließende Bestandsaufnahme dessen erforderlich, was in der Vergangenheit an meeresgeographischen Fakten zusammengetragen und an Ideen entwickelt worden ist. Diese bewußt geographiegeschichtliche Rückbesinnung wird zeigen, daß zumindest für den deutschen Bereich eine historisch gewachsene, breite Tradition der geographischen Erforschung des Meeres vorliegt, so daß gerade auch von hier aus eine Erneuerung dieser Arbeitsrichtung möglich erscheinen sollte. Deshalb befaßt sich der abschließende Teil mit der Frage der theoretischen Neukonzeption einer Maritimen Geographie, ihrer fachinternen wie wissenschaftssystematischen Stellung unter den veränderten Verhältnissen und dem gewandelten Selbstverständnis von Geographie und Ozeanographie. Schließlich soll versucht werden, die Aufgaben und Probleme einer solchen Geographie des Meeres in aller Kürze zu umreißen, dies allerdings mehr in methodischer Hinsicht als durch Darbietung von Einzelfakten und Stoffvermittlung.

Gleichzeitig könnte dieser Band, der in der Ausführlichkeit der wissenschaftshistorischen Betrachtung bewußt als ein Beitrag zur Disziplingeschichte der Geographie im deutschen Sprachraum aus maritimer Sicht geschrieben wurde, aber auch als historische und methodisch-theoretische Ergänzung zur "Geographie des Meeres" von H.G. GIERLOFF-EMDEN verstanden werden. Die Zeit für eine Rück- und Neubesinnung der wissenschaftlichen Geographie wie auch der Meereskunde erscheint reif und könnte - so wünschten es die Verfasser - wieder neue Horizonte für eine geographische Meereskunde weisen, die im deutschen Sprachraum eine so große und lange Tradition hat. Die Geschichte der Meeresgeographie bis in die heutige Zeit war dem Wirken und den Schriften einer Anzahl innovativ denkender Wissenschaftler verbunden. Erwähnt seien hier nur VARENIUS, BERGHAUS, HUMBOLDT, PETERMANN, KRÜMMEL, SCHOTT, WÜST oder DIETRICH. Werk und Biographie gehen hier oft ineinander über. Im historischen Teil wird deshalb versucht - eingebettet in die großen geistesgeschichtlichen Epochen der Neuzeit - die Ideengeschichte aus der jeweiligen Zeitsituation heraus zu verstehen.

Die Geschichte der Geographie als Wissenschaftsdisziplin wird heute kaum noch gepflegt. Nur noch wenige Geographen widmen sich stärker diesem Bereich. Allerdings zeigen mehrere neue Reihen, wie die Nachdrucke der "Quellen und Forschungen zur Geschichte der Geographie und Reisen" und besonders die Publikationen von Hanno BECK (1955, 1973), daß durchaus ein Wille zur Rückbesinnung vorhanden ist. Dies gilt besonders auch für die Meeresforschung (vgl. KORTUM 1981, 1983). Diese historische Forschungsperspektive bedarf an sich keinerlei Rechtfertigung und wird auch in der heutigen Zeit ihren philosophischen und geisteswissenschaftlichen Wert behalten, solange Wissenschaft betrieben wird.

Die Verfasser sind bewußt diesen Weg gegangen. Sie sind der Auffassung, daß gerade eine Neubegründung der Meeresgeographie auch aus den historischen Bezügen heraus erfolgen sollte. Nicht zuletzt ergibt sich hieraus die Legitimation für die Geographie, sich im heutigen komplexen und im Prinzip interdisziplinären Arbeitsfeld der Meeresforschung erneut zu Wort zu melden. Die Verfasser sind von der Notwendigkeit einer verstärkten geographischen Bearbeitung des Meeresraumes gerade in der gegenwärtigen wirtschafts- und forschungspolitischen Situation überzeugt und hoffen, daß der vorliegende Band hierzu einige weiterführende Anregungen geben kann.

2. Die Ausgangssituation

Unsere Erde ist nicht nur der wahrscheinlich einzige Planet in unserem Sonnensystem mit einer echten Hydrosphäre (gesamte Wassermasse 1,384 Milliarden km^3); sie ist gleichzeitig auch "ein vom Ozean umwogter Planet", auf dem das erst aus dem Meeresschoß geborene Land "noch heute in insularer Zerstückelung bloß hie und da den allumfassenden Ozean unterbricht" - so Alfred KIRCHHOFF in einem im damals gerade eröffneten Berliner Institut für Meereskunde gehaltenen Vortrag über "Das Meer im Leben der Völker" (1901). 97,6% des gesamten Wasservorrates der Erde entfallen auf das Weltmeer, das bei einer mittleren Tiefe von 3800 m in zusammenhängender, wenn auch gegliederter Fläche von 361 Mio qkm fast 71% der Erdoberfläche bedeckt. Demgegenüber entfällt auf die in sieben Erdteile und zahllose große und kleine Inseln aufgelöste Landfläche von 149 Millionen qkm nur 29%. Dieses außerordentliche räumliche Übergewicht des Wassers im Gesamtbild der Erde, das die sogenannte Wasserhalbkugel sogar zu fast 90%, die Landhalbkugel immerhin noch zu 53% mit Wasser bedeckt zeigt und sie daher aus dem Weltraum oder auf Satellitenaufnahmen vorherrschend in den verschiedenartigsten Blautönen erscheinen läßt. Dies hätte unserem im Gesamtbild gar nicht so terrestisch bestimmten Planeten besser den Namen "Okeanos" zuteil werden lassen.

Diese eigenartige Konstellation der räumlichen Vorherrschaft des Weltmeeres an der Erdoberfläche ist von entscheidender Bedeutung für den gesamtirdischen Natur- und Lebenshaushalt. Die Ozeanoberfläche ist als Grenzfläche der Hydro- und Atmosphäre die wichtigste unseres Planeten.

In dem globalen Makrosystem übt das Weltmeer eine Fülle nicht zu ersetzender Funktionen aus - angefangen vom Ursprung des Lebens auf der Erde über die Steuerung vieler meteorologischer Vorgänge und die maßgebliche Mitgestaltung der irdischen Klimate in ihrem für das Leben auf der Erde erträglichen Gesamtcharakter bis zu den vielfältigen direkten und mittelbaren Einwirkungen auf die Festländer und ihre pflanzlichen, tierischen und menschlichen Bewohner, für die das Weltmeer seit langem Handels- und Verkehrsraum ist. In jüngster Zeit ist die See in steigendem Maße auch zur vielseitigen Nahrungs-, Energie- und Rohstoffquelle geworden, ganz zu schweigen vom Erholungswert vieler maritimer Randlandschaften, der an manchen Küstenstrecken und auf zahlreichen Inseln bereits eine touristische Kapazitätsgrenze erreicht hat. Das Meer ist, über seine Küstenbewohner hinaus, mehr denn je zuvor als ein wesentlicher Teil ihrer Umwelt in das Bewußtsein der ganzen Menschheit eingedrungen. Daher werden durch unsere Zivilisation hervorgerufene, oft katastrophale Störungen im Naturhaushalt oder der Ökologie der Meere - sei es durch chemische Abwasserverseuchung, Ölverschmutzung oder schädliche Emissionsniederschläge - heute weltweit sehr sensibel registriert. Hinzu kommen die bisher kaum absehbaren politischen und wirtschaftlichen Folgen der Seerechtskonferenz der Vereinten Nationen für die Nutzung des Weltmeeres.

In Anbetracht dieser hier nur kurz angedeuteten Fakten zur allgemeinen Bedeutung des Meeres erscheint eine andere leider nicht übersehbare Tatsache nahezu unverständlich: Die moderne Geographie unseres Jahrhunderts hat sich in den letzten 50 Jahren mehr und mehr vom Meer zurückgezogen und ganz überwiegend zu einer Wissenschaft des festen Landes gewandelt, obwohl sich gerade in Deutschland die Meereskunde in der zweiten Hälfte des vorigen Jahrhunderts im Rahmen der damaligen Geographie zu einer anerkannten Teildisziplin derselben entwickeln konnte und als solche noch bis zum Zweiten Weltkrieg fest in ihr etabliert blieb. Dagegen trägt die heutige Geographie als sich überwiegend nur noch festländisch verstehende Wissenschaft kaum noch der Tatsache Rechnung, daß das Weltmeer als ein erdumspannendes Geosystem nicht nur im gesamtirdischen Naturhaushalt, sondern auch im Ökosystem Mensch - Erde eine erst neuerdings in vollem Umfang erkannte Rolle spielt. In Deutschland wie auch in den meisten anderen Kulturländern befassen sich heute, von einer verschwindend kleinen Minderheit abgesehen, nahezu alle Geographen in Forschung und Lehre mit der Geographie des Festlandes und insbesondere seinen menschlichen Bewohnern.

Der Anteil an Aufsatz- oder gar Buchtiteln, die sich im letzten halben Jahrhundert in geographischer Fragestellung mit Einzelproblemen oder Teilräumen des Weltmeeres befaßt haben, ist verschwindend gering. Eine Durchsicht der deutschen und auch ausländischen Zeitschriften auf der Suche nach Beiträgen zur geographischen Meeresforschung bestätigt die fast völlige Abkehr vom Meer. Als exemplarisch hierfür kann eine genauere statistische Analyse der Beiträge in der Zeitschrift der Gesellschaft für Erdkunde zu Berlin gewertet werden: Sie hat sich seit Gründung des mit der Berliner Geographie eng verknüpften Instituts für Meereskunde an der Universität Berlin im Jahre 1900 (vgl. KORTUM 1983) zum wohl bedeutendsten Sprachrohr der deutschen geographischen Meeresforschung entwickelt. Bis zum Ende des Zweiten Weltkrieges betrug der Anteil an Aufsatz- und Berichtsbeiträgen zur Meereskunde bei von Jahrgang zu Jahrgang zwar wechselnder Größe, aber fast jährlicher Repräsentanz durchschnittlich rund 15% der Gesamtzahl an Beiträgen; in den 20er Jahren, dem Jahrzehnt der bedeutsamen deutschen Atlantischen Meteor-Expedition und der Berichterstattung über ihre wissenschaftlichen Ergebnisse, stieg der Anteil sogar zeitweise über 20%. Machte sich zwar schon in den 1930er und frühen 40er Jahren ein Absinken auf 10% bemerkbar, so fiel der Anteil der meerbezogenen Beiträge nach dem Zweiten Weltkrieg, als die Zeitschrift der Gesellschaft für Erdkunde zu Berlin ab 1949 unter dem neuen Titel "Die Erde" weitergeführt wurde, schlagartig auf fast 2% ab. In den seitdem vergangenen 30 Jahren machten meereskundliche Beiträge im Durchschnitt nicht einmal mehr 2% aus, wobei sich in der Mehrzahl der Jahrgänge überhaupt keine Artikel zur maritimen Geographie mehr finden. Ähnliches gilt auch für die anderen geographischen Fachzeitschriften.

Symptomatisch hierfür erscheint auch, daß in der von W. HARTKE im Auftrag der Deutschen Forschungsgemeinschaft 1962 herausgegebenen "Denkschrift zur Lage der Geographie" in Deutschland jeder Hinweis auf ein wissenschaftliches Interesse der Geographie am Meer, geschweige denn auf die Existenz einer Geographie des Meeres fehlt. Dies war keineswegs eine versehentliche Unterlassung, sondern entsprach dem damaligen Selbstverständnis der wissenschaftlichen Geographie in der Bundesrepublik Deutschland, nachdem noch C. TROLL (1947) in seinem großen Rechenschaftsbericht über "Die geographische Wissenschaft in Deutschland in den Jahren 1933 bis 1945" die Leistungen der deutschen Meeres- und Polarforschungen gewürdigt hatte. - Auch eine Durchsicht der Vorlesungsverzeichnisse deutscher Hochschulen zeigt - von wenigen Ausnahmen wie in München und Kiel abgesehen - für die junge Vergangenheit das gleiche Bild der einseitigen und verengten Ausrichtung der akademisch-geographischen Lehre auf den festländischen Teil der Erde unter weitgehender bis völliger Vernachlässigung der Meere.

Dem steht die Tatsache gegenüber, daß die kaum noch von einem Einzelnen überschaubaren neuen Forschungsergebnisse der zunehmend in internationalen Großprojekten betriebenen modernen Meeresforschung und die schnelle Entwicklung der Meerestechnologie im Verlauf der letzten Dekaden zu einer allgemeinen, erst vor etwa fünf Jahren zu einer von der Geographie als Wissenschaftsdisziplin und Schulfach verarbeiteten Neubewertung der ozeanischen Räume in ökologischer, wirtschaftlicher und zunehmend auch politischer Hinsicht geführt haben. So wurden, wie der Streit um die Ausdehnung der maritimen Hoheitszonen und die Auseinandersetzungen auf der III. Seerechtskonferenz der Vereinten Nationen seit Caracas 1974 zeigen, die vordem herrenlosen Meeresressourcen immer mehr zum internationalen Konfliktstoff. Nach allen Anzeichen kann erwartet werden, daß in

Zukunft Meeresfragen generell eine erhöhte Bedeutung erlangen werden und sich eine größere Seebezogenheit und ein stärkeres Verständnis und Bewußtsein maritimer Probleme im Denken und Handeln der Völker und Nationen durchsetzt. Mancherorts wurde das 21. Jahrhundert gar vielleicht zu optimistisch als "Zeitalter des Meeres" angekündigt, in dem der "maritimen Dimension" (BARSTON/BIRNIE 1980) eine noch stärkere Bedeutung zukommen wird.

Die Meereskunde, die ehemals in Deutschland fest als Teildisziplin in die wissenschaftliche Geographie integriert war und heute im erweiterten Sinn immer noch unverzichtbarer Bestandteil der Geowissenschaften ist, wandelte sich im Laufe der vergangenen Jahrzehnte zu einem großen interdisziplinären Forschungsfeld aller am gemeinsamen Forschungsobjekt Ozean interessierten Wissenschaftler. Diese jedoch sind - heute bedauerlicherweise ohne nennenswerte Verbindung zur wissenschaftlichen Geographie - von sich aus wohl kaum in der Lage, ihre fachspezifischen Forschungsfragen ohne Integration der geographisch-chorologischen Komponente weiterzuverfolgen. Durchblättert man neue Forschungsberichte, Fachzeitschriften oder Handbücher, die sich mit Meeresforschung befassen, muß es als unerträglich empfunden werden, daß der Begriff "Geographie", im Zusammenhang mit dem Meer als "Meeresgeographie" oder "maritime Geographie", im interdisziplinären Forschungsfeld der Ozean-Geowissenschaften nicht mehr vorkommt. Das muß gerade in Deutschland um so unverständlicher erscheinen, als hier die lange Forschungstradition Beweis genug dafür ist, daß das Weltmeer im HUMBOLDTschen und KRÜMMELschen Sinne selbstverständlich integraler Bestandteil der geographischen Betrachtung war, ist und auch bleiben muß. Es erscheint daher für die Geographie dringend geboten, ihr Verhältnis zum Weltmeer und dessen vielfältigen alten und neuen Beziehungen zum Menschen vor dem Hintergrund fortgeschrittener moderner ozeanographischer Forschungen und des aktuellen wirtschaftspolitischen Problemhorizontes grundsätzlich neu zu überdenken.

Die Gründe für das Mißverhältnis in der heutigen Verteilung der wissenschaftlichen Interessen für Land und Meer innerhalb der Geographie - es ist dies nicht nur ein deutsches, sondern internationales Phänomen - mögen vordergründig in der zumindest äußerlich so völligen Wesensverschiedenheit terrestrischer Landschaften und maritimer Räume liegen. Diese scheinen in ihrer meist bis an den schwankenden Horizont reichenden Grenzenlosigkeit und scheinbaren Undifferenziertheit, in ihrem ermüdenden Mangel oberflächlich gliedernder Erscheinungen und sichtbarer Lebenserfüllung vergleichsweise wenig Anreiz zu geographischer Erforschung und Betrachtung zu bieten, zumal sich die moderne Geographie des letzten Jahrhunderts mehr zur Anthropogeographie hin entwickelt hat.

Seit etwa 10 Jahren ist in der deutschen Geographie nun aber eine zunächst zaghafte Neubelebung der Geographie des Meeres festzustellen, an der die beiden Verfasser nicht unbeteiligt waren (PAFFEN 1964, KORTUM 1979). Diese unerwartete "Renaissance" ist ferner mit den Namen KELLERSOHN,

ROSENKRANZ, UTHOFF, KLUG und besonders GIERLOFF-EMDEN verbunden. Dessen 1980 erschienenes Lehrbuch "Geographie des Meeres. Ozeane und Küsten" stellte sicher einen vorläufigen Höhepunkt dar, stieß aber in Rezensionen meist auch auf teilweise berechtigte harte Kritik.

Seitdem scheint der Bann gebrochen. Mehrere kurze und umfangreiche Werke zur Meeresbiographie befinden sich gegenwärtig in Arbeit. Ihre Publikation wird neue produktive Diskussionen auslösen, auch und besonders in Hinblick auf ihre Konzeption. Der 17. Schulgeographentag 1980 in Bremen stand unter dem Motto "Meere und Küstenräume, Häfen und Menschen" und trug der Tatsache Rechnung, daß wesentliche Impulse zur "Renaissance" der Meeresgeographie angesichts der Schulrelevanz des Stoffes von Didaktikern ausging.

Die Küste als "triple interface" zwischen dem "Luft- und Wassermeer" (HUMBOLDT) sowie dem Festland verblieb erfreulicherweise bis heute im Gegensatz zum offenen Meeresraum der Geographie weitgehend als Forschungsobjekt erhalten, und es scheint, daß die gesamte Litoralzone mit ihrer speziellen morphologischen Veränderlichkeit und geoökologischen, marine und terrestrischen Teilbereiche integrierenden Komplexität wesentlich zur Erneuerung der Geographie des Meeres allgemein beitragen kann. Im vorliegenden Band wird dieser Bereich hingegen in seiner historischen Entwicklung sowie gegenwärtigen Forschungsproblematik nur randlich angesprochen. Im Mittelpunkt steht hier das Meer selbst, ohne daß hiermit die fruchtbare Klammer zwischen Küsten- und Meeresgeographie gelöst werden soll. 1983 konnte anläßlich des 44. Deutschen Geographentages in Münster der Arbeitskreis "Küsten- und Meeresgeographie" gegründet werden. Der große Zuspruch zeigt, daß ein latentes Interesse an maritimen Fragen durchaus vorhanden war und der Zusammenhang von Küste und Meer auch aus forschungsstrategischen Gründen beibehalten werden sollte.

Schließlich hatte sich auch im Ausland einiges getan, wobei besonders auf die sowjetischen und angelsächsischen Arbeiten zur Meeresgeographie hinzuweisen ist. Sie basierten konzeptionell teilweise auf der alten deutschen Tradition der geographischen Meereskunde, wurden oder werden aber teilweise in der Bundesrepublik kaum beachtet. In diesem Zusammenhang soll hier nur auf die englische Schule von A. COUPER in Cardiff hingewiesen werden. Aus dieser mehr praktisch orientierten Konzeption einer Geographie des Meeres ging der 1983 in der renommierten Serie der TIMES-Atlanten publizierte "Atlas of the Oceans" hervor. Da dieser eine große weltweite Verbreitung finden wird, dürfte der zugrundeliegenden Konzeption des Kartenteils und besonders des Begleittextes eine breite Wirkung zukommen.

Im Jahre 1983 wurde schließlich nach nahezu 10jährigen Diskussionen und Auseinandersetzungen der endgültige Text des neuen Seerechts von den Vereinten Nationen veröffentlicht. Der Verlauf der schwierigen Verhandlungen hat nicht nur eine große Zahl von UN-Publikationen und Dokumenten zu maritimen Problemen erzeugt, sondern auch Regierungen und Behörden zu offiziellen Stellungnahmen veranlaßt, die die unterschiedlichen Interessenlagen der einzelnen Staaten dokumentieren. Darüber hinaus wurden zur Seerechtsproblematik mehrere Symposien organisiert. Inzwischen liegt auch eine sehr große Zahl von Aufsatz- und Buchveröffentlichungen zu den rechtlichen und wirtschaftlichen Perspektiven der zukünftigen Meeresnutzung vor.

Insgesamt gesehen gehören diese maritimen Fragen unbedingt zur Geographie des Meeres; dies wird auch bereits in einigen deutschen geographischen Beiträgen zu dieser Problematik deutlich, bedarf aber angesichts des nunmehr vorliegenden Konventionstextes einer systematischen Zuordnung in einer Konzeption der Meeresgeographie. Gerade die bisher abgesehen von Fischereifragen weniger ausgestalteten Kultur-, Wirtschafts- und Sozialgeographie des Meeres hat nunmehr ein neues Betätigungsfeld gefunden, das sich allgemein auch im Sinne von PRESCOTT der politischen Geographie der Ozeane (1975) zuordnen läßt. Obwohl gerade jetzt viele Dinge im Fluß sind, erscheint es an der Zeit, diese neuen maritimen Dimensionen der Menschheit in eine Geographie des Meeres einzubauen, zumal sich hier erstmals ein neuer Problemhorizont auftut, der von der Ozeanographie nicht bearbeitet wird. In mancher Weise steht die Meeresgeographie wieder in einer Situation wie um die Jahrhundertwende, als die Meereskunde im weitesten Sinne des Wortes auch sehr stark von Fragen der Rohstofferschließung und Seewirtschaft allgemein bestimmt war (KORTUM 1983).

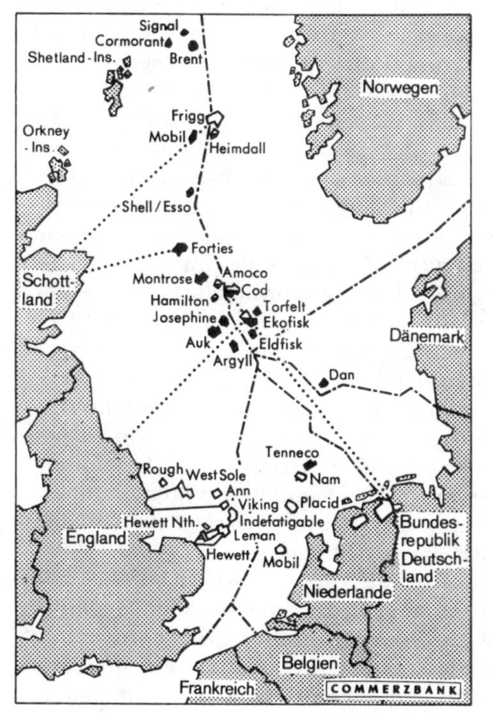

Öl Gas —— Pipelines (······ geplant)
–·– Grenzen der den Nordsee-Anrainer-Staaten zugehörigen Festlandsockel

Abb.1: Die moderne Herausforderung des Meeres: Seerechtsneuordnung und marine Rohstoffressoucen als Themen einer "Offshore"-Geographie

II. DAS WISSENSCHAFTLICHE VERHÄLTNIS DER GEOGRAPHIE ZUM MEER IN DIZIPLINGESCHICHTLICHER RÜCKSCHAU

1. Zur Frage einer Diziplingeschichte der Meereskunde

1.1. GRUNDSÄTZLICHE VORBEMERKUNGEN

Es kann und soll in diesem Kapitel nicht um eine Universalgeschichte der Erforschung des Meeres gehen - ein Unterfangen, an dem jüngst erst wieder der Versuch GIERLOFF-EMDENs (1980) gescheitert ist, ja scheitern mußte. Denn so wie es keine Geschichte der wissenschaftlichen Erforschung des festen Landes schlechthin gibt, kann es eine solche als einheitliche Disziplingeschichte auch für den mit Meerwasser bedeckten viel größeren Teil der Erde nicht geben. Das zeigte sich ganz eklatant beim ersten internationalen Kongreß für Geschichte der Ozeanographie, der 1966 in dem 1910 vom Prinzen von Monaco, ALBERT I., gegründeten Ozeanographischen Museum in Monte Carlo unter Beteiligung von 185 Wissenschaftlern stattfand, darunter neben führenden Ozeanographen und Meeresbiologen, Geologen und Meteorologen, Fischereifachleuten und Marinevertretern sowie Wissenschaftshistorikern und -journalisten nur ein einziger Geograph: der US-Amerikaner J. LEIGHLY (Inst. Océanogr. de Monaco 1968). Die deutsche Delegation war zahlenmäßig sehr schwach und bestand aus Georg WÜST als einzigem Vertreter der deutschen Ozeanographie, zwei Wissenschaftshistorikern und einem Marinekorrespondenten, während die beiden DDR-Vertreter, M. MATTHÄUS und G. SAGER vom Institut für Meereskunde in Warnemünde, ihre Beiträge in absentia verlesen lassen mußten. Insgesamt wurden hier in den Verhandlungen der sieben Abteilungen für Allgemeine, Regionale, Physikalische, Biologische und Medizinische Ozeanographie sowie für Nautische Kartographie und Große Expeditionen erstmalig in sehr konzentrierter Form außerordentlich reiche und vielfältige Materialien zur Geschichte der Meeresforschung von der Antike bis zur jüngsten Vergangenheit zusammengetragen. Aber auch der Schlußbeitrag des amerikanischen Historikers H. L. BURSTYN über "The Historian of Science and Oceanography" machte im Grunde unausgesprochen deutlich, daß es keine einheitliche Disziplingeschichte der Ozeanographie gibt. Gleichwohl hat sich inzwischen aus dem Beginn in Monaco im Rahmen der Union Internationale d' Histoire et de Philosophie des Sciences (UJHPS) ein Centre International d' Histoire de l' Océanographie entwickelt. 1972 fand in Edinburgh zur hundertjährigen Erinnerung an die "CHALLENGER"-Expedition der zweite Kongreß für Geschichte der Ozeanographie statt (Royal Society of Edinburgh 1972) und 1980 schließlich in Woods Hole/USA der dritte (SEARS and MERRIMAN 1980). Die deutsche Beteiligung an beiden Kongressen war im krassen Gegensatz zum internationalen Rang und Anteil der deutschen Meeresforschung jedesmal minimal. Man überläßt es hier offensichtlich lieber Amerikanern und Briten, historische Reflexionen über die Zoologische Station Neapel, die deutsche Plankton-Expedition 1889 und die Copepoden-Studien F. und M. DAHLs, über die Theorien August PÜTTERs oder die deutsche "Meteor"-Expedition 1925-27 anzustellen.

Eine Wissenschaftsgeschichte der Ozeanographie kann es, wenn überhaupt, nur in einem ganz bestimmten und eingeschränkten Sinn geben, nicht aber, wenn man - wie auf jenen Kongressen geschehen - Ozeanographie allumfassend als Meeresforschung versteht. Dafür sind im ozeanischen Bereich - ebenso wie im festländischen Raum - zu viele Einzelwissenschaften an der Lösung der wissenschaftlichen Probleme beteiligt. So ist die physikalische Ozeanographie zunächst einmal eingebettet in die Disziplingeschichte der Physik und im weiteren der exakten Naturwissenschaften, ebenso aber auch in die Entwicklungsgeschichte der instrumentellen Technologie einschließlich der modernen Computertechnik, während die biologische Ozeanographie, ebenso technologieabhängig, disziplinhistorisch in erster Linie ein Teilaspekt der Wissenschaftsgeschichte der marinen Biologie ist, mit der sich 1963 ein "internationales Colloquium über die Geschichte der marinen Biologie" eingehend beschäftigte (Laboratoire Arago 1965). Entsprechendes gilt für eine disziplingeschichtliche Betrachtung der medizinischen Ozeanographie oder marinen Medizin, für die maritime Meteorologie ebenso wie für die Meeresgeologie, deren Geschichte M. PFANNENSTIEL (1970) eine längere Darstellung unter dem Titel "Das Meer in der Geschichte der Geologie" gewidmet hat.

Es erscheint daher nur zu berechtigt, ja sogar dringend notwendig, gleichfalls einmal das Verhältnis der neuzeitlichen wissenschaftlichen Geographie zum Meer zu klären sowie ihre Leistungen und ihren Anteil an der Erforschung des Meeres herauszustellen. Nur darum kann und soll es hier in dieser ideengeschichtlichen und methodologischen Betrachtung über die Geographie des Meeres gehen.

Dabei muß tunlichst unterschieden werden zwischen der marinen Entdeckungsgeschichte und der der Erforschung des ozeanischen Raumes, auch wenn beides nicht immer scharf zu trennen ist, weil erstere vielfach erst die Voraussetzung schuf für eine Meeresforschung und weil Entdeckung und Forschung im ausgehenden Entdeckungszeitalter bisweilen Hand in Hand gingen. Zur Frage "Entdeckungsgeschichte und geographische Disziplinhistorie" hat sich H. BECK (1955) ausführlich geäußert. Hier sollen jedoch die marinen Entdeckungsreisen, vor allem des 15. bis 17. Jahrhunderts, die teils unbeabsichtigt, teils mit erklärtem Ziel die Entschleierung unseres Erdbildes besonders hinsichtlich der Verteilung von Land und Wasser sowie der Küstenkonfiguration gewaltig vorantrieben, trotz der damit verbundenen außerordentlichen Erweiterung unseres geographischen Horizontes außer Betracht bleiben. Im Vordergrund soll hier vielmehr stehen die disziplingeschichtliche Entwicklung unserer Kenntnisse und Erkenntnisse über die Natur des Geosystems Weltmeer in ihren Wandlungen von vorwissenschaftlichen Ideen und Theorien zu den im Laufe der Zeit empirisch überprüften, sei es verworfenen, sei es gesichertem Einsichten. Eine unter solchen Gesichtspunkten betriebene Geschichte der Kunde vom Meer muß als ein legitimer integraler Bestandteil der geographischen Ideen-

und Disziplingeschichte angesehen werden, auch wenn die Ozeanographie sich zu einer heute mehr der Geophysik im weitesten Sinne zugehörigen selbständigen Wissenschaft entwickelt hat. Es kommt hinzu, daß insbesondere die deutsche Ozeanographie bei ihrer stürmischen Weiterentwicklung in den vergangenen Jahrzehnten und ob der Fülle und Komplexität aktueller Forschungsvorhaben weder Muße zur Selbst- und Rückbesinnung auf ihren Ursprung noch die Zeit zur Verarbeitung der eigenen Disziplingeschichte im Sinne ideengeschichtlicher Zusammenhänge gefunden zu haben scheint. Auf der anderen Seite darf die wissenschaftliche Geographie, jedenfalls in Deutschland, für sich das Primat in Anspruch nehmen, diese Aufgabe zumindest für die Frühzeit der Meereskunde zu ihrer eigenen Sache zu machen. Denn noch bis in die 1920er Jahre war hier das Meer wissenschaftliches Betätigungsfeld der Geographie und Meereskunde wissenschaftssystematisch als geographische Teildisziplin aufs engste mit ihr verbunden (vgl. später). Hinzu kommt, daß die Geographie, die als Wissenschaftsdisziplin ihre Ursprünge bis in die Antike zurückverfolgen kann,seit dem ausgehenden Mittelalter zwar immer präsent und durch bedeutende Persönlichkeiten wie Sebastian MÜNSTER, Berhhard VARENIUS, Arnold BÜSCHING, Immanuel KANT und Alexander von HUMBOLDT repräsentiert war, sich aber erst im Laufe des 19. Jahrhunderts endgültig als selbständige Universitätswissenschaft etablieren konnte. Vorher wurde sie von einer Vielzahl wissenschaftlich arbeitender Persönlichkeiten von unterschiedlichster akademischer Provenienz betrieben und gelehrt, von Medizinern, Mathematikern und Naturforschern im weitesten Sinn über Juristen und Kameralisten bis hin zu Theologen und Philosophen. Daher ist für die Zeit vor dem 19. Jh., in der die Wissenschaften noch wenig differenziert und spezialisiert und systematisch unscharf abgegrenzt waren, die Zuordnung ideengeschichtlicher Innovationen und Einordnung wissenschaftlicher Leistungen in disziplinhistorische Zusammenhänge nicht immer einfach und eindeutig. Das gilt auch für den Gesamtbereich der so außerordentlich komplexen Meeresforschung. Insofern nimmt die frühe Meereskunde allgemein teil an der geistesgeschichtlichen Gesamtentwicklung naturwissenschaftlichen Denkens der Neuzeit, und auch in der Herausbildung bestimmter Vorstellungen von der Natur der Ozeane und der in ihnen ablaufenden Vorgänge reicht die Spanne von frühesten, antik beeinflußten Spekulationen über idealistische Theoriensätze zu ersten empirisch fundierten Erkenntnissen im 18. und 19. Jahrhundert.

Noch ein weiteres muß bei der hier anstehenden Betrachtung über die Ideen- und Disziplingeschichte der Meereskunde berücksichtigt werden: Dies sind die oft sehr verschiedenartigen Ursprünge und Motivationen und die daraus resultierenden unterschiedlichen Entwicklungen der Meeresforschung bei den an ihr beteiligten Nationen. Das hat bei den bisher vorliegenden Ansätzen einer ideengeschichtlichen Aufarbeitung der Meeresforschung in Monographien oder einleitenden Kapiteln der ozeanographischen Fachliteratur zu einer teils zu umfassenden, teils aber auch zu einseitiger Sichtweise und ganz besonders zur nationalen Herausstellung der jeweils eigenen Pionierleistungen geführt.

Jüngstes Beispiel hierfür sind die modernen Darstellungen der Geschichte der Meeresforschung durch Margaret DEACON (1971) aus britischer und von Susan SCHLEE (1973, deutsche Ausgabe 1974) aus US-amerikanischer Sicht, wobei unbestritten sein soll, daß gerade die angelsächsischen Länder auf eine stolze Tradition in Seefahrt und Meeresforschung zurückblicken können. Daß bei ihrer geschichtlichen Behandlung aber leider die deutschsprachigen Anteile und Beiträge zur Meeresforschung häufig erheblich zu kurz kommen, hat außer den sprachlichen Gründen noch viel tiefer liegende Ursachen, die in einer grundsätzlich unterschiedlichen Einstellung zum Meer und im Umgang mit demselben sowie in der verschieden gelagerten Motivation zur Erforschung des Meeres zu suchen sind.

Das kommt sehr eindringlich in dem kurzen Nachruf L. MECKINGs auf Otto KRÜMMEL (1854-1912), den langjährigen Kieler Ordinarius für Geographie (1883-1910) und Begründer der geographischen Meereskunde in Deutschland, sowie John MURRAY (1841-1914), führendes Mitglied der berühmten britischen "Challenger"-Expedition (1872/76) und später Herausgeber des "Challenger"-Reports, zum Ausdruck: "Zwei Heroen unserer Wissenschaft sind inzwischen dahingegangen, O. KRÜMMEL und J. MURRAY. So verschieden in ihrem Leben und Wirken, dankt ihnen beiden die Wissenschaft Grundlegendes: MURRAY zeitlebens ein frei sich betätigender Privatmann, KRÜMMEL das Musterbild eines mit seinem Amt als deutscher Universitätslehrer verbundenen, unermüdlichen Forschers; jener bis zum Ende ein Praktiker und Förderer der praktischen Meeresforschung, dieser bei steter Berührung mit der Praxis doch vor allem der große Theoretiker, der das Gesamtgebiet meisterhaft geistig zu durchdringen und die Rohmaterialien klar und organisch zu formen vermochte zu einem Lehrbuch, wie es keine andere Sprache aufzuweisen hat, ein wahrer Führer unserer Wissenschaft" (MECKING 1920; 3). Für die Periode der großen astronomischen und physikalischen Erdmessungen zwischen 1670 und 1770 wies O. PESCHEL in seiner "Geschichte der Erdkunde" (1865; XIII) darauf hin: "Überall, wo es etwas zu messen gab, haben wir die Franzosen zuverlässig in erster Reihe gefunden; überall, wo es galt, durch Vergleiche der angehäuften Messungen zu höheren Wahrheiten und Gesetzen sich zu erheben, begegnen wir meistens den Deutschen". - In ähnlicher Weise hat 1890 der französische Geograph L. GALLOIS, ein unverfänglicher, außerhalb jeder deutschnationalen Verdächtigung stehender Autor, in einem Beitrag über "Les géographes allemands de la Renaissance" geäußert, daß den Spaniern und Portugiesen während der Renaissance-Zeit zwar viele große Entdeckungen gelangen, es aber die deutschen Geographen dieser Epoche waren, die sich methodisch am stärksten des neuen Wissens bemächtigten (zit. nach H. BECK 1955; 198). So stößt man in der Neuzeit wie in vielen anderen Bereichen auch in der Meeresforschung allenthalben auf den Gegensatz zwischen kontinental-europäischem wissenschaftlichen Denken mit einem stark spekulativ-theoretisierenden Grundzug und der angelsächsischen Pragmatik mit überwiegend praktisch-empirischen Denkansätzen.

Trotz der fruchtbaren Wechselbeziehungen zwischen beiden erscheint es uns aber berechtigt, zusätzlich zu der sachlichen Einschränkung unserer disziplingeschichtlichen Analyse auf den maritim-geographischen Aspekt auch eine räumliche Begrenzung im wesentlichen auf Mitteleuropa vorzunehmen, d. h. auf den wissenschaftlichen Anteil an der Meeresforschung aus dem deutschen Sprach- und Kulturraum, der auch die frühere österreichisch-ungarische Monarchie mit ihren bedeutenden Beiträgen zur frühen Meeresforschung mit einschließt. Denn leider ist bislang die etwa bis 1870 zu datierende "Frühgeschichte" der Meeresforschung für diesen mitteleuropäischen Raum nie als ein lohnendes Forschungsfeld im größeren Ideenzusammenhang dargestellt worden, obwohl gerade die Versuche der systematisierenden Gesamtschau des Weltmeeres im Rahmen großer physischer Naturgemäldeentwürfe ein aufgrund der spezifischen geistesgeschichtlichen Entwicklung charakteristischer deutschsprachiger Beitrag sind, der sich besonders in Theorieentwicklung und Systemzusammenschau sowie in teils großartigen Versuchen der Gesamtdarstellung, physischen Weltbeschreibungen und hydrographischen Handbücher niederschlug. Dabei sollen jedoch die internationalen Querverbindungen keineswegs außer acht gelassen werden, zumal gerade die Meeresforschung infolge der Weite, Offenheit und Freiheit der Meere von früh an schon immer einen starken Zug zur Internationalität besaß, ganz besonders seit dem ersten internationalen Kongreß für meteorologisch-hydrographische Zusammenarbeit auf den Meeren 1853 in Brüssel.

1.2. ENTWICKLUNG UND STAND DER WISSENSCHAFTSGESCHICHTSSCHREIBUNG ZUR MEERESFORSCHUNG

Hier soll dazu nur ein kurzer Überblick gegeben werden, wobei zunächst noch einmal auf die Publikationen der bereits erwähnten drei internationalen Kongresse zur Geschichte der Ozeanographie verwiesen sei. Die darin gebotenen über zweihundert Beiträge zu überwiegend sehr speziellen Einzelfragen stellen zweifellos Bausteine sehr unterschiedlicher Qualität und Form, aber insgesamt noch keine Geschichte der Ozeanographie dar. Es muß hier abgesehen werden von den zahllosen historischen Anknüpfungen, wie sie auch bei meereswissenschaftlichen Fragen bis ins 20. Jahrhundert üblich waren, als die "Halbwertzeit" wissenschaftlicher Innovationen und Publikationen nicht wie heute je nach Disziplin um zehn Jahre und weniger ausmachte, sondern Dezennien, ja Jahrhunderte überstand, je weiter wir zurückgehen. Einer der ersten, der systematisch historische Reflexionen gerade auch in seinen Beiträgen zur Meereskunde anstellte, war zweifellos Alexander von HUMBOLDT, indem er alle erreichbaren Nachrichten über Meeresströmungen sowie Belege über das durch Meeresströmungen verfrachtete Treibgut sammelte. Geradezu ein Musterbeispiel für eine wissenschaftliche Ideengeschichte ist sein "Examen critique de l'histoire de la géographie de nouveau continent, et des progrès de l' astronomie nautique aux quinzième et seizième siècles" (Paris 1814-34). Darin heißt es: "Ich verfolge gern den ununterbrochenen Fortgang einer Reihe von Ideen, die von den frühesten Zeiten des griechischen Altertums bis zur Epoche der

Hafenbücher des PIZIGANO von Venedig das Mittelalter durchlaufen haben und von den Arabern den italienischen Geographen übermacht worden sind" (zit. n. ENGELMANN 1969; 107).

Ein ganz bedeutsamer, in seiner Art erstmaliger Beitrag als "Monographie zur Geschichte der Oceane und der geographischen Entdeckung" wurde dann J. G. KOHLs "Geschichte des Golfstromes und seiner Erforschung von den ältesten Zeiten bis auf den großen amerikanischen Bürgerkrieg" (1868). Joh. Georg KOHL aus Bremen (1808-1878), zunächst Reiseschriftsteller, aber durch seine Werke über den "Verkehr und die Ansiedlungen der Menschen" (Breslau 1841) und "Die geographische Lage der Hauptstädte Europas" (Leipzig 1874) zum anerkannten Geographen geworden, war während eines vierjährigen USA-Aufenthaltes 1854/57 zwecks Studien für seine "Geschichte der Entdeckung Amerikas" (Bremen 1861) vom damaligen Superintendanten des US Coast Survey A. D. BACHE zur Abfassung einer Erforschungsgeschichte des Golfstromes angeregt worden. Das zunächst in englischer Sprache verfaßte Manuskript nur für den internen Hausgebrauch des Coast Survey - auch das oft konkurrierende Depot of Charts and Instruments der US Navy, seit 1842 unter Leitung von M. F. MAURY, befaßte sich intensiv mit dem Golfstrom - hat KOHL dann, in der Heimat mehrfach überarbeitet und teilpubliziert in der "Zeitschrift für Allgemeine Erdkunde" (1861/65), berichtigt und vervollständigt 1868 als Monographie für die "Liebhaber der Geschichte der Geographie" herausgebracht. Sie darf als ein Meilenstein in der Entwicklung der Disziplingeschichte der Meereskunde angesehen werden, wofür auch die Tatsache des 100 Jahre später erfolgten Nachdruckes spricht (Amsterdam 1966).

Um so erstaunlicher muß das häufige Übersehen dieser glänzenden Darstellung der Erforschungsgeschichte der wohl berühmtesten Meeresströmung anmuten. Daß sie in englischsprachigen Publikationen zur Geschichte der Meeresforschung fehlt - so bei M. DEACON (1971) und S. SCHLEE (1974) ebenso wie in zwei speziellen amerikanischen Darstellungen zur Geschichte der Erforschung des Golfstromes von H. CHAPIN und F. SMITH (deutsch 1954) sowie von T. G. GASKELL (1968) dürfte aus sprachlichen Gründen erklärbar, sich jedoch kaum entschuldigen lassen. Daß sie jedoch auch in Deutschland fast in Vergessenheit geraten ist und nicht nur in SCHOTTs "Geographie des Atlantischen Ozeans" (1912, 1942) sowie in DIETRICHs "Allgemeiner Meereskunde" (1957) und bei BRUNS (1958) fehlt, sondern vor allem auch jüngst von GIERLOFF-EMDEN in seiner "Geographie des Meeres" (1980) trotz des Nachdruckes der KOHLschen Monographie (1966) übersehen wurde, kann nur als unverständlich gewertet werden, zumal in der von W. KRAUSS und G. SIEDLER neubearbeiteten dritten Auflage von DIETRICHs "Allgemeiner Meereskunde" (1975) der Hinweis auf KOHLs Golfstrom-Geschichte (S. 506) nachgeholt worden ist. Denn DIETRICH selbst hatte 1957 bereits festgestellt (S. 440): "Die Geschichte der Golfstromforschung ... ist insofern allgemein interessant, weil sich in ihr die Geschichte der ozeanischen Meeresforschung in allen ihren Entwicklungsstufen widerspiegelt". Deshalb sei hier auch auf die Arbeiten des Amerikaners H. STOMMEL über den Golfstrom (1958/65) und seine "History of the ideas concerning its cause" (1950) verwiesen, weil sie die Erforschungsgeschichte des Golfstroms im Anschluß an KOHLs Darstellung bis heute komplettiert. Einen weiteren wichtigen Beitrag zur Geschichte des Golfstrom - und damit der Meeresforschung - liefert eine leider auch deutscherseits oft übersehene - so neuerdings auch wie der von GIERLOFF-EMDEN (1980) - disziplingeschichtlich aber höchst beachtenswerte Heidelberger geographische Dissertation von Martha KRUG (1901) über "Die Kartographie der Meeresströmungen in ihren Beziehungen zur Entwicklung der Meereskunde".

Emil WISOTZKI (1892) hat seine gründliche Untersuchung über die Entwicklung der Kenntnisse von den "Strömungen in den Meeresstraßen" von HERODOT und ARISTOTELES bis zu EKMAN und ZÖPPRITZ in den 1870er Jahren, für seine Zeit durchaus kennzeichnend und zutreffend, als "Beitrag zur Geschichte der Erdkunde" deklariert.

Demgegenüber ist die "Geschichte der Erdkunde" von O. PESCHEL (1865), obwohl in der Reihe "Geschichte der Wissenschaften in Deutschland" erschienen, viel mehr eine Geschichte der Entdeckungen und der räumlichen Erweiterungen unserer Vorstellungen vom Bild der Erde als eine Disziplinhistorie der Erdkunde und daher auch für eine Ideengeschichte der Meereskunde ziemlich unergiebig, was ebenso auch für S. GÜNTHERs "Geschichte der Erdkunde" (Leipzig/Wien 1904) und K. KRETSCHMERs "Geschichte der Geographie" (Berlin 1912) gilt (vgl. BECK 1954). Dagegen hat Otto KRÜMMEL, der langjährige Kieler Ordinarius für Geographie (1883-1910) und Mitverfasser des ersten deutschsprachigen "Handbuches der Ozeanographie" (1884/87), sich zeitlebens lebhaft für die Ideengeschichte der Meeresforschung interessiert, wie aus seinen zahlreichen und wertvollen historischen Bemerkungen an vielen Stellen seiner Arbeiten, vor allem in seiner Neubearbeitung des Handbuches der Ozeanographie (1907/11) hervorgeht. Auf eine zusammenhängende Darstellung der Disziplingeschichte der Meereskunde hat er allerdings verzichtet unter Hinweis auf die klassische Abhandlung John MURRAYs im Schlußband des "Challenger"-Expeditionswerkes (1895). KRÜMMEL vermerkte jedoch: "Vielleicht entschließt sich einmal eine jüngere Kraft, diese interessante Aufgabe anzugehen" (1907; VI). Seitdem ist in dieser Hinsicht, vor allem von deutscher Seite, lange Zeit wenig oder nichts geschehen.

Zwar gab es Ansätze und vereinzelt Beiträge zu wissenschaftsgeschichtlichen Detailfragen der Ozeanographie wie die durch L. MECKING angeregten Dissertationen von M. PRANGE über "Die Entwicklung unserer Kenntnis von den Strömungen des Großen Ozeans" (Kiel 1922) und von H. DABELSTEIN über "Die Entwicklung des Strömungsbildes und der Strombeobachtungsmethoden im nordatlantischen Ozean seit der Mitte des 19. Jahrhunderts (Münster 1921). Und in G. SCHOTTs großen Regionalgeographien des Atlantischen (1912-42) sowie des Indischen und Stillen Ozeans (1935) finden sich, wie in Länderkunden oft üblich, nach einem einleitenden Kapitel über die Entdeckungsgeschichte der drei Ozeane mit zahlreichen disziplinhistorisch interessanten Hinweisen, allerdings auch erstaunliche Lücken. Aber G. DIETRICHs "Allgemeine Meereskunde" (1957/75) entbehrt, trotz des Anknüpfens an A. v. HUMBOLDT und O. KRÜMMEL im Vorwort, von seltenen Ausnahmen abgesehen, fast gänzlich der historischen Perspektive, während E. BRUNS in der Einführung zu seiner Ozeanologie (1958) immerhin eine zwar wenig gehaltvolle dreiseitige Darstellung der "Entwicklung der Ozeanologie als Wissenschaft" und eine umfangreiche tabellarische Zusammenstellung der meereskundlichen Expeditionsforschung bringt.

Dagegen enthält die von dem Briten George E. R. DEACON herausgegebene und von G. DIETRICH deutsch bearbeitete Ausgabe von "Die Meere der Welt. Ihre Eroberung - ihre Geheimnisse" (1963) ein größeres Kapitel über den "Auftakt der Meeresforschung", das jedoch dem populärwissenschaftlichen Charakter der Darstellung entsprechend keinen Vergleich aushält mit der eingehenden und gründlichen Untersuchung von DEACONs Tochter Margaret DEACON, über "Scientists and the Sea, 1650-1900, a Study of Marine Science" (1971). Obwohl unverkennbar aus britischer Sicht vorrangig auf den Anteil britischer und im weiteren angloamerikanischer Meeresforschung ausgerichtet - Hinweise auf deutsche Meereskunden oder gar deutschsprachige Literatur finden sich nur sporadisch - dürfte dieses Werk, das eine schon beachtliche britische Tradition seit J. MURRAY (1895, 1912) und W. HERDMANs "Founders of Oceanography and their Works" (1923) fortsetzt, nach wissenschaftlicher Konzeption und Gründlichkeit den bisher ausführlichsten und bedeutsamsten Beitrag zur Ideen- und Disziplingeschichte der Ozeanographie im weitesten Sinne für den Zeitraum 1650-1900 darstellen. Eine wertvolle Ergänzung erfuhr dieses Werk jüngst durch eine von der gleichen Autorin unter dem Titel "Oceanography, Concepts and History" (M. DEACON 1978) herausgegebene und kommentierte, wenn auch sehr subjektiv ausgewählte Sammlung von 39 Artikeln, Aufsätzen und Werksauszügen - zumeist, sofern in englischer Sprache erschienen, im Faksimile-Nachdruck, sonst in englischer Übersetzung. Damit sollen für die Ozeanographie, ähnlich wie in der gleichnamigen Publikationsreihe der Darmstädter Wissenschaftlichen Buchgesellschaft, die "Wege der Forschung" für die wichtigsten ozeanographischen Teilbereiche seit dem 17. Jh. (HALLEY, MORAY, MARSIGLI) über die angelsächsischen Klassiker der Ozeanographie (RENNELL, MAURY, MURRAY und FORBES) bis in die jüngste Vergangenheit (u. a. G. DEACON, SHEPARD, CARTWRIGHT) aufgezeigt werden. Deutscherseits wurde nur G. WÜST mit seinem Beitrag über den Ursprung des Tiefenwassers im Atlantik (1928) zur Aufnahme für würdig befunden.

Das auch ins Deutsche übersetzte Buch der Amerikanerin Susan SCHLEE (1973/74) über "Die Erforschung der Weltmeere" ist weniger eine wissenschaftliche Disziplingeschichte der Ozeanographie als vielmehr ein historisierender Bericht über die ozeanographischen Untersuchungen im 19. und die erste Hälfte des 20. Jhs. und ihre motivgeschichtlichen Hintergründe, wobei deutsche Leistungen, wenn auch lückenhaft, so doch etwas stärker berücksichtigt werden. Dabei wird auch von SCHLEE "Ozeanographie" im allumfassenden Sinn des Amerikaners Henry BIGELOW (1931) als "Mutterwissenschaft" verstanden, obwohl die Autorin einschränkend bemerkt, daß man sich bei Befassung mit der Geschichte der Ozeanographie "Grenzen im Hinblick auf die zu behandelnden Themen und die Chronologie setzen" müsse (a.a.O., 13).

In Deutschland gab es seit KOHLs Geschichte der Golfstrom-Forschung eigentlich nichts Gleichwertiges und Vergleichbares zu den Monographien von M. DEACON und S. SCHLEE. Jedoch sind die periodischen Berichte über die "Fortschritte der Ozeanographie" im "Geographischen Jahrbuch", die ab 1872 zunächst vom damaligen Erstherausgeber E. BEHN selbst, für 1876-84 von G. v. BOGUSLAWSKI und K. ZÖPPRITZ, von 1885-1903 von O. KRÜMMEL, dann bis 1914 von L. MECKING und schließlich bis 1937 - letztmalig im Bd. 54, 1938 - von Br. SCHULZ bearbeitet erschienen sind, heute bereits disziplingeschichtlich von größtem Wert und Interesse als wissenschaftliche Fundgrube und Quellennachweise zu den verschiedensten ozeanographischen Sachproblemen wie auch zur regionalen Forschungsgeschichte der einzelnen Ozeane und ihrer Teile. In diesem Zusammenhang sei auf zwei jüngere Publikationen über den Pazifischen Ozean verwiesen, die einmal die Geschichte der Entdeckung und Erschließung des Stillen Ozeans (PLISCHKE 1959), zum anderen unter dem Titel "Germania in Pacifico" speziell den deutschen Anteil an der Erschließung des Pazifischen Beckens (BECK 1970) zum Gegenstand haben.

Auch die Gedenkfeiern und -publikationen für Alexander v. HUMBOLDT zu dessen 100. Todestag 1959 und 200. Geburtstag 1969 brachten neue Impulse für disziplinhistorische Forschungen zur Meereskunde (vgl. u. a. A. DEFANT 1960; G. WÜST 1959; G. DIETRICH 1970; G. ENGELMANN 1969). Im Institut für Meereskunde Warnemünde der DDR entwickelten W. MATTHÄUS (1967a/b, 1968a/b, und G. SAGER (1968a/b) ein lebhaftes Interesse an speziellen ideen- und disziplingeschichtlichen Fragen der Meereskunde. Vorbildlich sind ferner die Arbeiten von ENGELMANN über die Bedeutung von BERGHAUS (1966) und EHRENBERG (1969) für die Meeresforschung.

Aber zusammenfassende Darstellungen der ozeanographischen Wissenschaftsgeschichte über größere Zeiträume bleiben in Deutschland aus. Von seiten der Geographie unternahm KH. PAFFEN 1964 in einem Aufsatz über "Maritime Geographie" einen ersten Versuch, das Verhältnis von Geographie und Ozeanographie für das 20. Jahrhundert zu klären, und 1979 hat derselbe gemeinsam mit G. KORTUM die Frage speziell für die Geographie und das Geographische Institut der Universität Kiel als frühes Zentrum meereskundlicher Forschung in Deutschland für die Zeit 1879-1979 untersucht. G. KORTUM hat diese disziplinhistorische Analyse aus geographischer Sicht zeitlich rückwärts erweitert anläßlich des RITTER-Symposiums am Rande des Göttinger Deutschen Geographentages 1979 mit einem Vortrag über "Frühe deutsche Ansätze zur physischen Geographie des Meeres" im 18. und 19. Jahrhundert als "Beiträge zum geistesgeschichtlichen Hintergrund der frühen Darstellung und Erforschung des Meeres in Deutschland zur Zeit C. RITTERs" (KORTUM 1981). Diesen letztgenannten drei Beiträgen liegt die Konzeption zugrunde, daß das Weltmeer als räumlich weit überwiegender Teil der Erdoberfläche ein integrierender Bestandteil der Geosphäre und damit ein unabdingbares Teil der "geographischen Substanz" ist und daß seine Erforschung jahrhundertelang auch unter geographischen Gesichtspunkten betrieben worden ist und weiterhin betrieben werden muß. Daraus ergibt sich logischerweise und zwingend die Forderung, daß maritime Geographie - mit der maritimen Kartographie eng verknüpft - disziplinhistorisch primär nur im Rahmen der allgemeinen Wissenschaftsgeschichte der Geographie angegangen werden kann und muß (vgl. auch KORTUM 1983).

Nun hat in allerjüngster Zeit H. G. GIERLOFF-EMDEN (1980) in seiner voluminösen, zweibändigen "Geographie des Meeres" von den 1310 Textseiten rund 100 Seiten der Geschichte der Erschließung und Entdeckung der Meeresräume sowie der Erforschung des Weltmeeres gewidmet. Leider läßt diese Darstellung, die weder eine zusammenhängende Entdeckungs- noch wissenschaftliche Erforschungsgeschichte ist, vielmehr überwiegend eine schwer lesbare Anhäufung und Aneinanderreihung von - z. T. recht beziehungslos erscheinenden - kulturhistorischen und seefahrtstechnischen, ozeanographisch-technologischen und -organisatorischen Fakten sowie eine Sammlung von Zitaten und Literaturhinweisen bietet, jedweden Bezug zur maritimen Geographie und ihrer ideen- und disziplinhistorischen Entwicklung an sich und im Verhältnis zur Ozeanographie vermissen, wie man dies von einem großangelegten Lehrbuch der "Geographie der Meere" eigentlich erwarten sollte. Hier wurde eine große Chance für die Geographie als Wissenschaftsdisziplin, Universitäts- und Schulfach vertan, die es nachzuholen gilt.

Im Rahmen dieser Abhandlung ergeben sich für eine disziplingeschichtliche Untersuchung der Frage nach dem Verhältnis der wissenschaftlichen Geographie zum Meer folgende methodischen Wege: 1) Würdigung und Wertung herausragender Persönlichkeiten wie A. v. HUMBOLDT oder bedeutender ozeanischer Unternehmungen wie die deutsche Atlantische "Meteor"-Expedition in ihrer Bedeutung für die Entwicklung der maritimen Geographie; 2) diachrone thematisierte Längsschnittdarstellungen bestimmter Probleme wie etwa die Entwicklung unserer Vorstellungen von Meeresbodenrelief, vom Leben im Meer, vom globalen Wasserhaushalt und den maritimklimatologischen Zusammenhängen an der wichtigsten irdischen Interaktionsfläche zwischen Ozean und Atmosphäre - HUMBOLDT würde sagen: zwischen Wasser- und Luftmeer - oder schließlich die vielschichtige jahrhundertealte Auseinandersetzung um das Verständnis der Meeresströmungen und 3) Querschnittdarstellungen der maritim-geographischen Problem- und Methodengeschichte in Epochen der kultur- und geistesgeschichtlich begründeten Phasen der allgemeinen Wissenschaftsgeschichte der Geographie. Denn von Anfang an nimmt auch die Meereskunde allgemein teil an der geistesgeschichtlichen Gesamtentwicklung naturwissenschaftlichen Denkens der Neuzeit. Dafür bietet sich mit gewissen Abänderungen die von H. BECK (1973) verwendete Epochengliederung an, wobei hier auf die Perioden der antiken und mittelalterlichen Geographie verzichtet werden soll (vgl. dazu bei M. DEACON 1971; 3-38).

2. Die Geographie und das Meer im Barock- und Aufklärungszeitalter, 1600–1750

2.1. DIE ANFÄNGE EINER WISSENSCHAFTLICHEN HYDROGRAPHIE

Das mit dem portugiesischen Infanten HEINRICH dem Seefahrer Anfang des 15. Jhs. begonnene Zeitalter der großen Entdeckungen, das mit dem Humanismus als Geistesrichtung und der Renaissance als Kunstepoche den Übergang vom Mittelalter zur Neuzeit repräsentiert, hatte mit der in knapp 200 Jahren fast sprunghaft erfolgten Entschleierung unseres Erdbildes und der damit verbundenen gewaltigen Erweiterung des geographischen Horizontes nicht nur eine Fülle neuer Kenntnisse, Fragen und Erkenntnisse hervorgebracht, sondern auch einen ungemein reichen seemännisch-navigatorischen Erfahrungsschatz der auf allen Meeren kreuzenden Schiffe der Spanier und Portugiesen, später auch der Engländer, Franzosen und Holländer erbracht. Sie fanden ihren Niederschlag neben der daraus resultierenden kartographischen Revolution unseres Erdbildes im 16. Jh. und der neuen Darstellungsform der Kosmographien zunächst einmal in zahlreichen Reisebeschreibungen und Schiffstagebüchern, die - soweit sie nicht wie überwiegend von den Portugiesen geheim gehalten wurden - von dem Engländer R. HAKLUYT, Geograph in Oxford, in zwei großen Sammelwerken herausgebracht wurden (London 1582 und 1592-1600). Der ersten gedruckten Segelanweisung des Holländers J. H. van LINSCHOTEN (1595) für die Seereise nach Ostindien und Ostasien folgten im 17. und 18. Jh. zahlreiche weitere mit Hinweisen über die Wind-, Wetter- und Strömungsverhältnisse in den einzelnen Ozeanen für die praktischen Bedürfnisse der Seefahrt.

Die rein wissenschaftliche Behandlung der physischen Verhältnisse des Meeres kann man wohl zu Recht um 1650 vor allem mit Bernhard VARENIUS beginnen lassen, einem Deutschen aus Hitzacker bei Lüneburg (1621 oder 22), der nach Studium der Mathematik und Naturwissenschaften in Königsberg und Leiden seine erst kurz nach seinem Tod (1650) in Amsterdam herausgebrachte "Geographia generalis" schrieb. Vor allem durch die von Isaac NEWTON redigierte und ergänzte lateinische Cambridge-Ausgabe (1672) und die sehr bald folgenden englischen (1682), französischen (1681) und russischen (1718) Übersetzungen (vgl. ausführlich bei LANGE 1961 a) wurde VARENs "Geographia generalis" für über ein Jahrhundert zum Hauptwerk der allgemeinen Geographie und VARENIUS zum eigentlichen Begründer der neuzeitlichen und zum wohl bedeutendsten Vorläufer der modernen Geographie, für die A. v. HUMBOLDT die "Geographia generalis" in ihrer Bedeutung neu entdeckte (LANGE 1961 a; 1). Daran ändern auch die neuen Forschungen M BÜTTNERs (u.a. 1975a) nichts, der die ideengeschichtliche Priorität dem Heidelberger Theologieprofessor und Geographen Bartholomäus KECKERMANN (1542-1609) mit seinem "Systema geographicum" (1607) zuschreibt. Die disziplingeschichtlich nachhaltigere Wirksamkeit kommt zweifelsohne VARENIUS zu, der zum Gegenstand der Geographie mit Recht "die Gesamterde, vor allem aber ihre Oberfläche und deren Teile" erklärte und die Geographie "gegenüber den allzuvielen Einzeltatsachen ... streng auf Beschreibung und Gliederung der irdischen Regionen" beschränkte (LANGE 1961b; 276 f). Zu letzteren zählt VARENIUS auch die Ozeane, die er in der "Hydrographia" betitelten vierten Abteilung des I. Buches (Pars absoluta) in den Kapiteln XII-XIV behandelt (engl. Großfolio-Ausg. 1683; 51-101). Die meeresgeographischen Ansichten des VARENIUS verdienten wohl eine gründlichere Würdigung und disziplingeschichtliche Einordnung, als es hier möglich und bisher in meist unzusammenhängender Weise geschehen ist, trotz der elfmaligen verstreuten Bezugnahmen bei KRÜMMEL (1907/11).

VARENIUS beschreibt zunächst die Ozeangliederung durch die Landmassen und ihre Namengebung (Kap. XII), wobei er bei Annahme der Flächengleichheit von Wasser und Land auf der Erde auch bereits eine erste Klassifikation in offene Ozeane, Meerbusen und Meeresstraßen vornimmt; dann folgt die Meeresbeschaffenheit nach Form und Höhenlage des Oberflächenniveaus und der für ihn keineswegs unergründlichen Meerestiefe, nach Herkunft des Salzgehaltes und seiner Verteilung, nach Wasserfarbe und gewissen biologischen Besonderheiten (Kap. XIII) und schließlich die Meeresbewegungen einschließlich Ebbe und Flut (Kap. XIV). Hierin nimmt VARENIUS wohl zum ersten Mal eine richtige Definition und Klassifizierung der Meeresströmungen vor, und zwar in "allgemeine" - nämlich die nach Westen - und "spezielle" Strömungen, die er in "perpetuierliche" und "periodische" gliedert, sowie schließlich "zufällige" durch Winddrift erzeugte Strömungen. Zu den "beständigen" zählt er unter vielen anderen den Golfstrom, den er wohl als erster im karibischen Becken seinen Ursprung nehmen läßt (PESCHEL 1865; 392) und auch bereits mit dem Kuro-shio-Strom im Pazifischen Ozean vergleicht, womit der erste Schritt zum Erkennen eines Systems der Meeresströmungen getan war. Wenn VARENIUS auch noch keine allgemeine Erklärung des Phänomens der Meeresströmung kannte, so sah er doch sehr wohl Zusammenhänge einerseits mit den Winden, andererseits mit der täglichen Umdrehung der Erde, darin einem Gedanken KEPLERs folgend. Darüber hinaus hat er wohl als erster eigene Vorstellungen über das Prinzip von gegenläufigen Kompensationsströmungen entwickelt, die erst von der modernen Ozeanographie in ihren physikalischen Gesetzmäßigkeiten erkannt würden (SCHOTT 1942; 25). Und schließlich stellte VARENIUS in den der festländischen Hydrographie gewidmeten folgenden drei Kapiteln auch als einer der ersten einen gesamtirdischen Wasserkreislauf an der Erdoberfläche dar.

Insgesamt knüpft VARENIUS zwar an die wiederentdeckten antiken Autoren und Vorstellungen (z. B. bei Ebbe und Flut) an, verwendet aber auch undogmatisch und kritisch die neuzeitlichen Erkenntnisfortschritte eines KOPERNIKUS, DESCARTES, GALILEI, KEPLER, SNELLIUS und Tycho BRAHE sowie für die die Meeresströmungen und Winde betreffenden Probleme besonders die Berichte der Seefahrer des Entdeckungszeitalters in einem bis dahin unbekannten Ausmaß. Die einige Jahre vorher in Paris (1643) erschienene "Hydrographie" des Jesuitenpaters Georges FOURNIER (2. Aufl. 1667), die ähnlich wie bei VARENIUS und in RICCIOLIs "Geographia et

Hydrophia reformata" (Venedig 1662) unter "Hydrographie" auch die festländischen Gewässer behandelt, ist viel weniger fortschrittlich und entbehrt vor allem des Einbaues in ein gesamtgeographisches Wissenschaftssystem wie bei VARENIUS. Hier liegt daher ideengeschichtlich wohl auch bereits der Keim für die spätere Verwurzelung der Hydrographie und speziell der Ozeanographie in der deutschen Geographie des 19. Jahrhunderts.

Mit VARENIUS hatten seit Mitte des 17. Jhs. die ersten Versuche zur Erfassung großräumiger Übersichten und Zusammenhänge der Meeresströmungssysteme und ihrer wissenschaftlichen Deutung, wenn auch zunächst noch rein spekulativ, begonnen, woran bezeichnenderweise drei deutsche Gelehrte maßgeblich beteiligt waren. Denn eine erste monographische Darstellung erfuhren die Meeresströmungen und Winde in dem 1663 in Den Haag erschienenen Buch "De motu marium et ventorum liber" des ebenfalls in Holland tätig gewesenen Deutschen Isaac VOSSIUS (1618-1689). Darin beschreibt er u.a. sehr ausführlich für den Atlantischen und Stillen Ozean die beiden Wind- und Strömungsringe, den nordhemisphärischen, im Uhrzeigersinn und den entgegengesetzten südhemisphärischen, so daß ein Schiff ohne Segel und Matrosen theoretisch "bloß durch die Kraft der Strömungen von den Canarischen Inseln nach Brasilien und Mexico fahren und von da nach Europa zurückkehren" könne (zit. n. KOHL 1868; 85). VOSS läßt auch die beiden entgegengesetzten Strömungen vor der kalifornischen Küste südwärts und vor der peruanischen Küste nordwärts in der großen zentralen Äquatorialströmung sich vereinen und das durch die allgemeine tropische Weströmung fortgeführte Wasser ersetzen; denn "... sonst würden die Küsten von Wasser entblößt werden" (zit. n. SCHOTT 1935; 17).

Den nächsten Schritt tat zwei Jahre später der deutsche Jesuitenpater Athanasius KIRCHER (1601-1680), der - sicherlich auf VOSSIUS fußend - in seinem umfangreichen Buch "Mundus subterraneus" (1665) die ersten kartographischen Darstellungen der Meeresströmungen veröffentlichte (vgl. Faksimile-Weltkarte bei DEACON 1971; 57 und Ausschnitt Atlantischer Ozean bei SCHOTT 1912; 23 bzw. 1942; 24). Sie müssen, wie KOHL (1868; 88) richtig feststellte, "als eine bemerkenswerte Erfindung und als ein Fortschritt in der Kartographie" der Ozeane gewertet werden, auch wenn KIRCHER mit seinen "submarinen Schlunden" und Strudellöchern, die angeblich große Wasserwirbel und spezielle Strömungen verursachen, mit seinen subterranen Verbindungskanälen z. B. zwischen Kaspischem und Schwarzem Meer sowie zwischen Bottnischem Meerbusen und dem berüchtigten Maalstrom vor der norwegischen Küste (vgl. Faksimile-Abb. bei DEACON 1971; 54) phantastischen Vorstellungen huldigte, die z. T. bis in die Antike zurückreichten und noch bis weit ins 18. Jh. hinein in manchen gelehrten Köpfen spukten (vgl. darüber bei OTTO 1800; 572 ff.). Ein paar Jahre später erschien in einem Werk des Hamburger E. G. HAPPELIUS (1685) eine Karte der Strömungen des Atlantischen Ozeans, "wo besonders auch der Golfstrom, individualisierter als bei KIRCHER, in eleganter Biegung sich an der amerikanischen Küste vorbeischwingt" (KRUG 1901; 5).

KIRCHER war auch der erste, der in seinem Traktat "Magnes sive de arte magnetica"(Rom 1641) eine Deklinationstafel der magnetischen Mißweisung für verschiedene Orte der Erde publizierte, bis der englische Physiker und Astronom E. HALLEY aufgrund seiner ausgedehnten Reisen durch den Atlantik 1683 die erste Karte mit Linien gleicher Mißweisung - später Isogonen genannt - herausbrachte. 1888 veröffentlichte er dann die erste und damit älteste Windkarte der Ozeane, auf denen die Passat- und Monsunsysteme zwischen den Wendekreisen bereits sehr eindrucksvoll zur Darstellung kommen (vgl. Faksimile-Teilkarten bei SCHOTT 1935; 18 u. 1942 ; 25). Mit HALLEY deshalb die neue physikalische Geographie beginnen zu lassen, wie O. PESCHEL es in seiner "Geschichte der Erdkunde" (1865; 482) tut, erscheint jedoch abwegig, weil dieses Verdienst ohne Zweifel VARENIUS zukommt, der in seiner "Geographia generalis" bereits 1650 durchaus richtige Vorstellungen über die Natur von Land- und Seewinden oder Tag- und Nachtwinden an Küsten und auf Inseln entwickelte und wohl auch als erster das Passat-Phänomen enträtselte. "Die senkrechte Sonne, so lehrte er, verdünne durch ihre Wärme die Luft unter den Tropen, so daß von den beiden Polen her kältere und dichtere Luft zufließen müsse, die uns aber wie eine östliche Luftströmung erscheine, weil die Erde mit äquatorialer Geschwindigkeit gegen diese Luftschichten sich bewege" (aus O. PESCHEL 1865; 395 f nach VARENIUS, Geogr. gen. lib. I, cap. 21). Damit eilte VARENIUS in der vorausahnenden Anwendung des Prinzips der ablenkenden Kraft der Erdrotation sowohl auf die Meeresströmungen wie auch auf die Passate der physikalischen Formulierung der Coriolis-Kraft um mehr als anderthalb Jahrhunderte voraus.

In die gleiche Zeit des immer stärker werdenden wissenschaftlichen Forschungstriebes und der mächtig aufstrebenden Naturwissenschaften - es ist die Zeit der Aufklärung, in der sich der Begriff "Geographie" gegenüber dem Wort "Kosmographie" wieder durchzusetzen und die Geographie sich mit den Naturwissenschaften von der Theologie zu emanzipieren begann - fällt auch die Gründung der landesherrlichen Christian-Albrechts-Universität in Kiel (1665) als Universität mit einem maritimen Standort. Einer ihrer Gründungsprofessoren war Samuel REYHER (1635-1714), der - erster Vertreter der "praktischen und angewandten Mathematik" und damit auch der "exacta geographia" oder mathematischen Geographie - mehr barocker Naturforscher, Polyhistor und Geograph als Mathematiker war und als einer der ersten Geographen im deutschen Sprachraum wie VARENIUS ganz konsequent kopernikanisch, d. h. heliozentrisch dachte (vgl. ausführlich über REYHER bei H. G. WENK, 1966 und M. BÜTTNER, 1977).

Auf persönliche Bitte LEIBNIZ' hat REYHER in Zusammenarbeit mit dem Pariser Physiker MARIOTTE ab 1680 in Kiel meteorologische Beobachtungen über Windrichtung, Druck, Temperatur und Feuchtigkeit der Luft sowie Himmelbedeckung begonnen und über 34 Jahre täglich dreimal durchgeführt, veröffentlicht in einer Schrift "De Aere" (Kiel 2. Aufl. 1712). Es sind dies die frühesten instrumentellen meteorologischen Wetterbeobachtungen über einen längeren Zeitraum im deutschen Sprachraum, wahrscheinlich sogar generell, da die Lufttemperaturen in Paris erst seit 1699 regelmäßig aufgezeichnet und jährlich in einer Witterungschronik veröffentlicht wurden (PESCHEL 1865; 644). Wenn man will, kann man die Kieler Wetterbeobachtungen als einen ersten frühen Ansatz zu einer instrumentell messenden maritimen Meteorologie interpretieren, obwohl sich eine solche erst über ein Jahrhundert später zu entwickeln begann. Ähnliches gilt auch für die von REYHER im Winter 1697 vom Eis der Kieler Förde aus durchgeführten Untersuchungen über den Salzgehalt des Fördewassers in verschiedenen Tiefen und unter dem Einfluß der Wintertemperaturen, wozu ihn die Lektüre von VARENs "Geographia generalis" angeregt hatte. Es ist anzunehmen, daß ihm auch die fundamentalen Untersuchungen und Arbeiten des englischen Physikers Robert BOYLE über physikalisch-chemische Probleme des Meerwassers aus den 1660er und 70er Jahren nicht unbekannt waren (vgl. darüber ausführlich bei DEACON 1971). Die Ergebnisse, von REYHER im gleichen Jahr unter dem Titel "Experimentum novum" veröffentlicht, stellen den ersten bisher bekannt gewordenen empirisch-experimentellen Ansatz zur Meeresforschung in Deutschland dar, der hier allerdings lange Zeit ohne Nachfolge blieb (vgl. Abb. 2).

2.2. DIE ENTWICKLUNG DER HYDROGRAPHIE IN DER ERSTEN HÄLFTE DES 18. JHS.

So reich die zweite Hälfte des 17. Jhs. an bedeutsamen Beiträgen zur wissenschaftlichen Grundlegung einer Hydrographie des Meeres aus dem deutschen Sprachraum war, so wenig geschah hier - wie aber auch außerhalb - in dieser Hinsicht in den ersten fünf Jahrzehnten des 18. Jhs., die nach H. BECK (1970; 133) auch "zu den wenig erhellten Zeiträumen der Geographiegeschichte" gehören. Da erst die zweite Hälfte des 18. Jhs. wieder meereskundlich schöpferisch wurde, besteht M. DEACONs Feststellung zu recht, wenn sie von einem "hiatus between the two centuries" (1971; 175) spricht, der lediglich durch den italienischen Conte Luigi Ferdinando MARSIGLI (auch MARSILI, 1658-1730) überbrückt wurde.

MARSIGLI - in Bologna und Padua Schüler des Mathematikers und Astronomen G. MONTANARI, der selbst 1684 im Werk über die Strömungen im Adriatischen Meer veröffentlicht hatte - hat bereits als Zweiundzwanzigjähriger aufgrund eines elfmonatigen Aufenthaltes in Konstantinopel eine wissenschaftliche Arbeit über die Strömungen im Bosporus geschrieben (1681) und damit die Tradition bedeutender italienischer Hydrographen des 16. und 17. Jhs. fortgesetzt (u. a. Giovanni BOTERO, J. Baptista ALEOTTI, Benedetto CASTELLI, Baptista RICCIOLI, Vitaliano DONATI). Dabei hat er mittels eines selbst konstruierten Strömungsmessers die Geschwindigkeit der Oberflächenströmung zu ermitteln versucht. Das Epochemachende an MARSIGLIs Werk war jedoch die Tatsache, daß er für die der Oberströmung entgegengesetzte Unterstömung zum Schwarzen Meer hin - an sich schon seit der Antike durch Fischer bekannt und von MARSIGLI erneut beobachtet - die Deutung einer Ausgleichsströmung zwischen zwei Wasserkörpern verschiedener Schwere durch Messungen fand und daraus erstmals ein allgemeines Strömungsschema in Meeresstraßen ableitete (vgl. WISOTZKI 1892; 539).

Aufgrund eines zweijährigen Aufenthaltes an der französischen Riviera entstand dann nach einer italienischen Kurzfassung (Venedig 1711) seine berühmt gewordene "Histoire physique de la mer" (1725), von der bezeichnenderweise 1785 auch eine holländische Übersetzung erschien. Ohne MARSIGLIs beachtliche Leistung schmälern zu wollen, handelt es sich bei dem anspruchsvollen Titel jedoch nicht um eine allgemeine Ozeanographie, sondern in Wirklichkeit um die zweifellos erste regional-maritime Studie, nämlich des Küstenvorlandes um den Golf du Lion mit besonderer Berücksichtigung des Felslitorals zwischen Marseille und Cassis. Es kommt hinzu, daß gut die Hälfte des Werkes der Pflanzen- und Tierwelt gewidmet ist, weshalb J. M. PERES (1968; 369 ff.) MARSAGLI auch einen "Précurseur de l' étude du benthos de la Mediterranée" nennt, während der erste Teil über die Bodentopographie, die Meeresphysik und -chemie und besonders die Meeresströmungen z. T. schwach bis wenig befriedigend sei. Es erscheint demnach doch wohl etwas abwegig, wenn man MARSIGLI zu "the lost father of oceanography" (OLSON & OLSON 1958) oder "unbekannten Vater der Ozeanographie" (PFANNENSTIEL 1970; 26) erklärt und mit ihm "die Erforschung der Ozeane im weitesten Sinne" beginnen läßt. MARSIGLI war zweifelsohne einer der ersten praktischen Ozeanographen, was man von seinen mehr auf das Allgemeine zielenden Vorgängern des 17. Jhs. wie VARENIUS, VOSSIUS und KIRCHER nicht sagen kann. Das sollte jedoch nicht dazu verleiten, MARSIGLI gleich zum Begründer der modernen quantitativen Ozeanographie zu ernennen, wie in der neubearbeiteten 3. Auflage von DIETRICHs Allgemeiner Meereskunde geschehen (1975; 475).

In dieser Ideen- und disziplingeschichtlich unterschiedlichen Bewertung MARSIGLIs schlägt sich im Grunde das die gesamte Entwicklung der neuzeitlichen Meeresforschung - mehr unbewußt als ausgesprochen - durchziehende kontroverse Denken um die Priorität von Theorie und Praxis nieder - und MARSIGLI war als Ingenieurgeneral und Festungsbauer (1703) Alt-Breisach) in über zwanzigjährigen kaiserlich-österreichischen Diensten in erster Linie ein Mann der Praxis. Man könnte ihn genauso berechtigt auch als den Endpunkt der barockzeitlichen Entwicklungsphase der Meeresforschung auffassen, weil er erstmals - wenn auch an einem kleinräumigen Exempel - eine für damalige Verhältnisse umfassende Untersuchung von der Küste und vom Meeresboden über die Wassereigenschaften bis zur marinen Biologie praktizierte, wobei er wohl als erster auch Temperaturmessungen bis 195 m Wassertiefe vornahm (MATTHÄUS 1968b; 38). Gerade diese vielseitige Behandlung eines kleinen Küsten- und Meeresraumes, seine frühen Küsten- und marin-morphologischen Ansätze sowie auch sein ein Jahr später erschienenes mehrbändiges Werk über die Donau (1726), in welchem die Hydrographie nur einen kleinen, die vielseitige Landesbeschreibung dagegen den Hauptteil ausmacht, lassen MARSIGLI viel eher und mehr als Geographen erscheinen, der Chr. WISSMÜLLER (1900) sogar zum Gegenstand einer geographischen Dissertation veranlaßte. Dagegen entspricht die Apostrophierung MARSIGLIs als "Vater der submarinen Geologie" durch PFANNENSTIEL (1970; 10) einer historisch nicht gerechtfertigten Rückprojektion aus heutiger Sicht und Kompetenzaneignung im Hinblick auf die Meeresbodenmorphologie. GIERLOFF-

EMDEN (1980; 103, 111) folgt PFANNENSTIELs Urteil.

Nach dieser aus disziplingeschichtlichen Gründen notwendigen Neubewertung MARSIGLIs muß hier auf einige andere, bislang in der neuen historischen Diskussion kaum oder nicht bekannte Wegbereiter des 18. Jhs. im deutschsprachigen Raum hingewiesen werden. 1737 veröffentlichte Johannes FABRICIUS in Hamburg eine "Hydrotheologie, oder Versuch durch Betrachtung des Wassers, den Menschen zur Liebe und Bewunderung des Schöpfers zu ermuntern". Trotz des heute sonderbar anmutenden Titels handelt es sich um die erste "Hydrographie" in deutscher Sprache, die auch das Meer im wesentlichen noch in Anlehnung an VARENIUS, KIRCHER u. a. behandelte. Verbunden mit den FABRICIUS verfügbaren hydrographischen Fakten ist nun aber ein philosophisch-theologisches Problem seiner Zeit - der Zeit des neben LEIBNIZ bedeutendsten deutschen Philosophen der Aufklärung und Mathematikers Christian von WOLFF (1679-1754). Versuchte man damals zwar immer noch, die Naturwissenschaften einschließlich der Geographie in den Dienst der Theologie zu stellen, was in dem Titel der Hydrotheologie des FABRICIUS klar zum Ausdruck kommt, so überwand vor allem WOLFF den scheinbaren Gegensatz zwischen der neuen kausalmechanischen Naturbetrachtung und der Providentialehre (der Lehre von Gott als Weltenlenker) durch die von ihm vertretene physikotheologische Betrachtungsweise, die zwar die Prozesse in der Natur aus sich selbst heraus ablaufend, also kausalmechanisch erklärte, die Gesamttendenz jedoch "von einem steuernden Geist ausgehend ansah" (M. BÜTTNER 1975 b; 163). Wie sehr diese Auffassung die damalige Zeit beherrschte, zeigt auch die folgende Schrift über "Untersuchungen vom Meer, die auf Veranlassung einer Schrift De Columnis Herculis, welche der hochberühmte Professor in Altdorf, Herr Christ. Gottl. SCHWARZ, herausgegeben, nebst anderen zu derselben gehörigen Anmerkungen" (POPOWITSCH, 1750). Darin finden sich neben Hinweisen auf W. DERHAMs "Physicotheologie oder Naturleitung zu Gott" und RAJUS' "Physico-theologische Betrachtungen" (beides deutsche Übersetzungen aus dem Englischen o. J.) unter anderem kritische Überlegungen, ob der Salzgehalt des Meeres oder die allmähliche Abtragung der Berge auf ein weltweites submarines Niveau gottgegeben sei. Dieses im Titel ohne Verfassernamen, auf Seite LXXVI jedoch mit J. S. V. P. signierte Werk wurde von J. F. OTTO (1800; 3) dem aus der Steiermark stammenden J. S. V. POPOWITSCH zugeschrieben und wie folgt charakterisiert: "Es ist mit einem großen Aufwande von Gelehrsamkeit abgefaßt, geht aber mehr auf Nebensachen, als auf die Darstellung einer physischen Geschichte des Meeres" ein. Tatsächlich erweist sich der Verfasser, der sich als Geograph versteht und mit bedeutenden Zeitgenossen wie den späteren Göttinger Professoren der Geographie Joh. Michael FRANZ und Tobias MAYER Umgang pflegte, als ein ungemein belesener Mann von außerordentlicher Literaturkenntnis von der Antike bis zu seinen Zeitgenossen MARSIGLI, FABRICIUS, BUFFON, LINNE und zahlreichen anderen. Sieht man von der Weitschweifigkeit und dem stark philologischen Rankenwerk der Einleitung und "Nachlese" ab, so ist die eigentliche "Abhandlung vom Meere" (S. 49-274) zwar keine systematische Hydrographie des Meeres, sondern vielmehr eine rezensierende, kritische Analyse der alten und neuen Vorstellungen über bestimmte, damals aktuelle ozeanographische Probleme wie beispielsweise die dreierlei Bewegungen des Meeres, insbesondere die Gezeiten oder über den Wasserkreislauf auf der Erde. Gerade dadurch aber sowie durch die Fülle von Quellenangaben und Zitaten gewinnt dieses Werk einen höchst beachtlichen ideen- und disziplingeschichtlichen Ausgangswert als Zeitdokument, der hier jedoch nicht ausgeschöpft werden kann.

SCHMITHÜSEN vertritt in seiner "Geschichte der geographischen Wissenschaft" (1970; 135) die Auffassung, daß in der ersten Hälfte des 18. Jhs. in Deutschland zwar ein großes Interesse an der Geographie bestanden habe, wofür u. a. Eberhard David HAUBERs "Neuer Discours von dem gegenwärtigen Zustand der Geographie, besonders in Teutschland" (Ulm 1727) oder die 36 deutschen Auflagen von Joh. HÜBNERs "Kurze Fragen über die Geographie" (1693-1731) zeugen, daß es "aber noch keine ausreichend tief begründete Methode" gab, um den durch die Entdeckungsreisen, die Kenntnis neuer Erdteile und Meer, Länder und Völker und durch die außerordentlichen Fortschritte in allen Naturwissenschaften gewaltig angewachsenen Stoff in streng wissenschaftlicher Form zu verarbeiten und in ein systematisch und logisch geordnetes geographisches Lehrgebäude einzubringen. Genau darin schien es auch der Hydrographie der Meere als eines Teiles der Geographie in dieser Zeit zu mangeln, wofür POPOWITSCHs "Untersuchungen vom Meere" ein typisches Beispiel sind.

Aber wenn die erste Hälfte des 18. Jhs. im Hinblick auf die Erforschung der Meere vor allem in maritim-geographischer Hinsicht auch wenig produktiv war, so erscheint sie nach der stürmischen Entwicklung im 17. Jh. doch als eine Zeit des Atemholens und der Vorbereitung zu neuen Taten. So machte in dieser Periode die Entwicklung physikalischer Meßinstrumente große Fortschritte, woran außer Briten und Franzosen auch Deutsche maßgeblich beteiligt waren. So baute 1714 der Danziger Daniel Gabriel FAHRENHEIT das bis dahin präziseste Thermometer, das nun erst die Vergleichbarkeit von Meßwerten gewährleistete. 1742 folgte dann die heute allgemein übliche Skaleneinteilung des schwedischen Astronomen CELSIUS, nachdem Georg Wolfgang KRAFFT 1740 das erste Index-Thermometer zum Fixieren von Temperaturen erfunden hatte, aus dem dann 1757 van CAVENDISH das erste Minimum-Maximum-Thermometer für Unterwassermessungen entwickelt wurde (vgl. ausführlich bei MATTHÄUS 1968b). Die Entwicklung von Vorrichtungen für Tiefenmessungen und Wasserprobenentnahmen aus der Tiefe wurde vornehmlich von Briten betrieben (Robert HOOKE 1691, Stephen HALES 1727 u. 1754). Der von NEWTON 1699 entwickelte Oktant als Vorläufer des späteren Sextanten wurde 1731 von dem Engländer HADLEY zum Spiegeloktanten erweitert, der dann ab 1750 in allgemeinen Gebrauch kam und eine viel genauere Bestimmung der geographischen Breite ermöglichte. Durch Verbesserung der Chronometer, insbesondere durch Einführung des Schiffschronometers ab 1761 sowie durch die von den deutschen Astronomen und Geographen Leonhard EULER (1746) und Tobias MAYER (1753) verbesserten Mondtafeln wurde auch die Genauigkeit von geographischen Längenmessungen wesentlich vergrößert. Und schließlich wurde durch die großen französichen Gradmessungsexpeditionen von MAUPERTUIS und CLAIRANT nach Lappland (1736) sowie von LA CONDAMINE und BOUGUER nach Peru (1735-44) der englisch-französische Streit um die Gestalt und Größe der Erde zugunsten der von NEWTON und dem Holländer HUYGENS im 17. Jh. vorausberechneten Sphäroidgestalt mit Abplattung an den Polen empirisch entschieden - eine auch für das Verständnis des physikalischen Niveaus der Meeresoberfläche wichtige Voraussetzung.

Abb. 2: Anfänge der empirischen Meeresforschung in Deutschland: Samuel REYHERs "Experimentum novum" der Salzgehaltbestimmung des Ostseewassers vom Eise des Kieler Hafens im Winter 1697

3. Das Meer in der präklassischen Periode der Geograpiegeschichte, 1750–1800

3.1. DER DEUTSCHE ANTEIL AN DEN ERSTEN WISSENSCHAFTLICH ORIENTIERTEN MEERESEXPEDITIONEN

Dieses Halbjahrhundert repräsentiert, obwohl nur fünf Dekaden umfassend, eine ausgesprochene Übergangsperiode, die sich recht nahtlos an die vorausgegangene fügt und ohne Zäsur in das 19. Jh. hinüberführt. Es ist aber eine Zeit des geistigen Umbruches vom ausklingenden Aufklärungszeitalter zur Romantik als Geistes- und Kunstrichtung und besitzt durch die Entfaltung neuer Ideen, durch die Massierung bedeutender Persönlichkeiten des Geisteslebens und die Dichte wissenschaftlicher Ereignisse, auch im Bereich der Meeresforschung, doch eine gewisse Eigenständigkeit. Geographiegeschichtlich ist es nach H. BECK (1970; 159) die Ouvertüre zur Periode der Klassischen Geographie Alexander v. HUMBOLDTs und Carl RITTERs, die jedoch beide im ausklingenden 18. Jh. wurzeln, in den philosophischen Ideen eines Immanuel KANT (1724-1804) und Joh. Gottfried HERDER (1744-1803).

In seiner "Geschichte der Erdkunde" (1865; 405) hatte O. PESCHEL bereits "mit Befremden" festgestellt, "daß von 1648 bis 1764 mit wenigen geringfügigen Ausnahmen ein völliger Stillstand in den überseeischen Entdeckungen" eingetreten war. Die zweite Hälfte des 18. Jhs. leitete nun nach dieser Ruhephase geradezu ein neues Entdeckungszeitalter zu Wasser und zu Lande ein, allerdings unter veränderten politischen, geistesgeschichtlichen und technischen Bedingungen, repräsentiert durch den neuen Typ wissenschaftlicher Forschungsreisen in Staatsauftrag. Zu den ersten Vertretern dieser Art gehörten auch etliche deutsche Naturforscher: so in Sibirien J. G. GMELIN (1734-43) und G. W. STELLER (1734-41), der außerdem mit dem dänischen Kapitän BERING das Ochotskische Meer und den nördlichen Pazifik befuhr, dabei vor allem das marine Tierleben studierte und mit großer wissenschaftlicher Genauigkeit beschrieb (1753/1974), ferner C. NIEBUHR in Arabien und im mittleren Orient (1761-67) sowie P.S. PALLAS in Rußland (1768-74). Zur gleichen Zeit begleitete als Naturforscher Joh. Reinhold FORSTER mit seinem Sohn Georg, damals gerade 17 Jahre alt, James COOK auf dessen zweiten Weltumsegelung (1772-75), nachdem sich nach dem Frieden von Paris 1763 Briten und Franzosen wieder der Südsee und der Frage nach der Entschleierung des ungewissen Südkontinents zugewandt hatten.

Hier sollen nun weder die überragenden seemännischen und Entdeckerqualitäten COOKs bestritten oder geschmälert werden, die - oft gewürdigt - zweifellos viel zur Klärung des Erdbildes im südlichen Pazifik und Eismeer beigetragen haben, noch kann hier im Detail auf den Streit um den Anteil der wissenschaftlichen Leistung der beiden FORSTER an dieser Reise eingegangen werden, wobei dem Sohn wohl mehr die Rolle als Herausgeber, Übersetzer und Kommentator der Erfahrungen und Erkenntnisse des Vaters zufiel. Zweifellos aber enthält J. C. BEAGLEHOLEs sonst sehr gründliche und vorzügliche Edition der Tagebücher von Captain James COOKs Entdeckungsreisen (4 Bde., Cambridge 1955-68) in dem die zweite Reise schildernden Band (1961) eine völlige Fehleinschätzung der großen FORSTERschen Leistungen (BECK 1963; 245), wie überhaupt von britischer Seite - z.T. wohl aus Verärgerung über die vom Sohn Georg FORSTER (1777) sechs Wochen vor COOKs Reisebericht veröffentlichte "Voyage round the World" - selten eine gerechte Beurteilung der FORSTER erfolgte (vgl. zuletzt W. LENZ 1980). Erst recht GIERLOFF-EMDEN (1980; 108 f.) macht es sich in seiner ausführlichen Würdigung der Entdeckerleistungen COOKs und knappen, dazu ungerechten Kritik an den FORSTER zu leicht, wenn er als einziges über sie zu sagen weiß: "Sie führten Temperaturmessungen des Meerwassers durch. Ihre Publikation über die Reise war weniger rühmlich und im Vergleich zu COOKs Vermessungen von geringerer Bedeutung". Hier werden von GIERLOFF-EMDEN, der sich in völliger Verkennung des seit langem unbestrittenen ideen- und methodengeschichtlichen Stellenwertes beider FORSTER in der Wissenschaftsgeschichte der Geographie offenbar die britische Anti-FORSTER-Einstellung zu eigen machte, zwei verschiedene Dinge miteinander verglichen: James COOK war Seemann und Entdecker, der das geographische Kartenbild der Südhalbkugel entscheidend verbesserte, Johann Reinhold FORSTER war Naturforscher, der zur Meeresforschung seiner Zeit Wesentliches beigetragen hat und "der erste Reisende ist, welcher einen physikalischen Überblick über die von ihm geschaute Welt gegeben und die höchste Verrichtung eines Geographen, nämlich den wissenschaftlichen Vergleich, am frühesten geübt hat" (PESCHEL 1865; 442). Völlig müßig ist dabei die immer wieder gestellte und auch von M. DEACON (1971; 186 ff.) erneut hochgespielte Streitfrage, ob die von G. FORSTER (1783; 51) mitgeteilten sechs Temperaturmessungen in Meerestiefen bis 183 m von den COOK begleitenden beiden Astronomen W. WALES und W. BAYLY durchgeführt wurden, wie britischerseits und auch von DEACON behauptet wird, oder gemeinsam von WALES und FORSTER, wie aus der FORSTERschen Reisebeschreibung (1784; I, 101) zumindest für den 15. Dez. 1772 zu entnehmen ist, oder ausschließlich von den FORSTERs, wie das folgende Zitat aus FORSTERs "Bemerkungen" (1783; 50) zu belegen scheint: "Um den Grad der Wärme des Meeres in einiger Tiefe zu erforschen, bediente ich mich eines Fahrenheitischen Thermometers, von RAMSDEN's Arbeit mit Abtheilungen auf Elfenbein. Es wird jedesmal in einen blechernen Cylinder gesteckt, der an jedem Ende mit einer Klappe versehen war, welche während der Versenkung des Instruments das Wasser durchließen, im Heraufziehen aber sich schlossen. Das Resultat dieser Erfahrungen lehrt die folgende Tabelle" (hier in °C und metrische Werte umgerechnet, s. folgende Seite).

Die Frage nach der Originalität dieser Werte ist schon deshalb belanglos, weil die Priorität der frühesten marinen Tiefenmessungen der Temperatur ohnehin MARSIGLI (1706/07 bis 195 m im Golf du Lion) und dem britischen Kapitän ELLIS (1749 bei den Kanarischen Inseln bis 1629 m) zusteht (vgl. ausführlich über Entwicklung und Methoden der submarinen Temperaturmessungen bei MATTHÄUS 1968b; 35 ff.). Viel entscheidender ist neben der

Datum	Breite	Temperatur °C in der Luft	Meeresober-fläche	in der Tiefe	Tiefe m	Zeit wie lange Thermo-meter unten	die beim Aufziehen verloren
5. 9.1772	00°52' N	23,2	23,3	18,9	156	30'	27,5'
27. 9.1772	24°44' S	22,4	21,1	20,0	146	15'	7'
12.10.1772	34°48' S	15,6	15,0	14,4	183	20'	6'
15.12.1772	55°00' S	- 0,8	- 1,1	1,1	183	17'	5,5'
23.12.1772	55°26' S	+ 0,6	0,0	1,4	183	16'	6,5'
13. 1.1773	64°00' S	2,8	0,8	0,0	183	20'	7'

Versuchsanordnung zur Gewinnung der Meßdaten, mit denen laut DEACON (1971; 187) WALES und BALY nichts anzufangen wußten, dagegen die Tatsache, daß es sich bei der offenbar systematisch angelegten Meßreihe vom Äquator bis 64°S um den wohl ersten ozeanischen Großversuch handelt, die Wassertemperaturen in annähernd gleichen Meerestiefen mit zunehmender Breite zu verfolgen. Die Anordnung der Meßergebnisse in der obigen Tabelle veranlaßten R. FORSTER spekulativ zur Extrapolation großräumiger Zusammenhänge und zu der Schlußfolgerung, "daß die See unter der Linie oder zwischen den Wendekreisen in der Tiefe kühler als an der Oberfläche, in höheren Breiten aber abwechselnd bald kühler, bald kälter, bald von gleicher Temperatur ist" (1783; 52), je nach Wetterlage und Eisverhältnissen.

Die FORSTERschen Messungen - gleichgültig wie groß ihr direkter Anteil an der Durchführung auch gewesen sein mag - stellen nach großräumiger Anlage und Auswertung zweifellos einen Markstein dar und den Beginn einer Verbindung der mehr praktisch orientierten angelsächsischen mit der mehr systematisierenden deutschen Meeresforschung. Denn hier tauchte erstmals bei einer zwar noch vorrangig auf Entdeckungen zielenden Meeresexpedition der Gedanke eines "hydrographischen Profils" auf, der dann hundert Jahre später in den noch groben "Gazelle"-Profilen wieder aufgegriffen und weitere fünfzig Jahre später in den berühmten "Meteor"-Sektionen durch den Südatlantik methodisch und instrumentell höchst verfeinert fortgesetzt wurde.

Die Bewertung der FORSTERschen meereswissenschaftlichen Leistungen als Ergebnis ihrer Teilnahme an der COOKschen Weltreise ausschließlich unter dem Gesichtspunkt der umstrittenen Temperaturmessungen zeugt von einer völlig einseitigen und verkehrten Sicht (vgl. dazu auch HOARE 1967, der R. FORSTER "The neglected Philosopher of COOK's second voyage" nennt). Die in der mehrbändigen Reisebeschreibung tagebuchmäßig verstreuten meereskundlichen Erfahrungen und Erkenntnisse sind in den wissenschaftsgeschichtlich bedeutsameren und im Plan an T. BERGMAN's "Physikalische Beschreibung der Erdkugel" (1769) angelehnten "Bemerkungen über Gegenstände der physischen Erdbeschreibung" (1783) dann systematisch geordnet und sehr komprimiert dargestellt. Dabei behandelt FORSTER das Weltmeer als Teil der Hydrosphäre entsprechend der damals üblichen Systematik (vgl. hier weiter unten bei OTTO) in den Abschnitten: Tiefe, Farbe, Salzgehalt, Wärme und Temperatur, Phosphorisches Leuchten und "Über das Daseyn eines südlichen festen Landes sowie Eis und dessen Entstehung". Im letzten, dem Meereis gewidmeten, besonders ausführlichen und umfangreichsten Abschnitt setzt FORSTER sich sehr gründlich und kritisch mit der herrschenden und auch von BUFFON vertretenen Auffassung auseinander, daß alles Meereis, da es beim Schmelzen Süßwasser liefert, von Flüssen stammen müsse, und weist nach, daß Meereis autochthon auch im Meer entsteht. Insgesamt erweist Reinhold FORSTER sich als ein ausgesprochen geographisch denkender Naturforscher, der nach VARENIUS sich in besonderem Maße des erdräumlichen Vergleiches bediente und dabei erstmalig auch auf die Asymmetrie in der physischen Ausstattung der hohen Breiten der Süd- und Nordhemisphäre aufmerksam machte. Nach FORSTER ist die bei gleicher Breite geringere Wärmeausstattung der Südhalbkugel und das dadurch bedingte äquatornähere Vorkommen von Treibeis verursacht durch den temperaturdämmenden geschlossenen südhemisphärischen Wasserring.

Ende der 1780er Jahre war Georg FORSTER, damals Professor am Collegium Carolinum in Kassel, wegen seiner ozeanographischen Erfahrungen dazu ausersehen, als Geograph und Naturforscher an der ersten russischen Weltumsegelung unter MULOWSKOI teilzunehmen. Während dieses Unternehmen jedoch durch den Krieg mit Schweden (1788-90) vereitelt wurde, waren zur gleichen Zeit zwei andere deutsche Wissenschaftler an der vorwiegend machtpolitisch motivierten spanischen Weltreise (1789-94) unter Führung des Italieners Alessandro MALASPINA beteiligt: der Geologe G. F. MOTHES aus Sachsen und der sudetendeutsche Arzt, Botaniker und Geograph Thaddäus HAENKE, der nur den pazifischen Teil der Reise mitmachte und ab 1793 bis zu seinem Tod 1817 in Bolivien die Andenländer bereiste. Während die Ergebnisse der Expedition MALASPINAs in spanischen Archiven verschollen blieben, wurde HAENKEs Nachlaß zerstreut und erst in den 1940er Jahren wiedergefunden (vgl. KÜHNEL 1960 u. SCHADEWALDT 1965).

3.2. ANFÄNGE AKADEMISCHER BEHANDLUNG DES MEERES IN DEUTSCHLAND

In der zweiten Hälfte des 18. Jhs. brachte in Deutschland auch das Aufkommen der Universitätsgeographie - vorher ausschließlich fachfremd und hilfswissenschaftlich betrieben - dem geographischen Interesse am Meer neue Impulse. In Göttingen wurde - nach einem frühen Vorläufer in Wittenberg (1509) - Joh. Michael FRANZ 1755 der erste Geographieprofessor an einer deutschen Universität, wo neben ihm Anton BÜSCHING als Professor der Philosophie auch Geographie las und ab 1754 seine vielbändige, nie abgeschlossene, aber bis ins 19. Jh. hinein neu aufgelegte und in viele Sprachen übersetzte "Neue Erdbeschreibung" herausgab. Da es sich hierbei um eine zwar wissenschaftlich und methodisch verbesserte geographische "Staatenkunde" handelt, werden Meeresräume in der Regel nur randlich angesprochen. - Ab 1764 wirkte an der Göttinger Universität Joh. Christoph GATTERER, der die Geographie zwar als Hilfswissenschaft zur Geschichte betrieb, gleichwohl aber methodisch eine Neuorientierung der Geographie nach der physischen Seite hin in die Wege leitete. An Gedanken des Helmstedter Geographen Polykarp LEYSER (1726) anknüpfend, schlug GATTERER in seinem "Abriß der Geographie" (Göttingen 1775/78) vor, statt der unbeständigen und wechselhaften politischen Grenzen stabile, in der Landesnatur begründete Grenzen für die geographische Gliederung der Erde zugrunde zu legen. Dabei bediente er sich einer Idee von Philippe BUACHE, dem "Ersten Geographen" des Königs von Frankreich, der in seinem "Essai de géographie physique" (Paris 1752/56) mit Hilfe eines hypothetisch konstruierten Gebirgsgerüstes versucht hatte, kartographisch eine physische Gliederung der Erde durchzuführen. Darauf basierend, gründete GATTERER dann seine Klassifikation und Gliederung der Meere mit ihren sogenannten "Seegebirgen, von denen die Inseln, Klippen und Sandbänke die Gipfel und Rücken sind" (OTTO 1800; 607). Diese Grundidee ist viel später in G. WÜSTs Versuch einer "Gliederung des Weltmeeres" (1936) mit Hilfe der submarinen Becken- und Schwellengliederung in moderner Form wieder aufgelebt.

In Kiel setzte Joh. Nicolaus TETENS, ab 1759 zunächst Physiker an der Universität Rostock, ab 1776 als Professor der Philosophie in Kiel, die durch REYHER meeresorientierte Interessentradition fort. Dank seiner vielseitigen mathematisch-naturwissenschaftlichen Kenntnisse betrieb er - wie damals z. T. noch üblich - in Form der "angewandten Mathematik" auch intensiv geographische Studien und Vorlesungen. Als geborener Eiderstedter interessierte er sich besonders für meteorologische Beobachtungen und die "Theorie der Winde" nach KANT (1756) sowie für Be- und Entwässerungsprobleme und den Deichbau im Nordseeküstenbereich, wozu er von 1778-80 die Marschländer von Jütland bis Flandern bereiste ("Reise in die Marschländer der Nordsee", Leipzig 1788). Vor allem aber war er um die genaue Beobachtung der Fluthöhen, die Einrichtung von Festpunkten und Flutmessern bemüht und gab Anweisungen zur Berechnung von Fluthöhen, wodurch er zum Vorläufer der erst 100 Jahre später begründeten Deutschen Seewarte wurde. - Sein Kollege Joh. Christian FABRICIUS, der ab 1768 in Kopenhagen und 1778 bis 1799 in Kiel als Professor der Naturgeschichte lehrte, beschäftigte sich in dem Buch über seine "Reise nach Norwegen mit Bemerkungen aus der Naturhistorie und Oekonomie" (Hamburg 1779) auch mit den norwegischen Küstengewässern und der dortigen Fischerei, wobei er wohl als erster auf die ihm unerklärliche Tatsache der Eisfreiheit der "Häven und Busen" des nördlichen Norwegens aufmerksam machte. Er führte als mögliche Begründung an: "Vielleicht kann die größere Bewegung der Nordsee, die vielen und starken Ströhme zwischen den Scheeren und Klippen, hier einigen Einfluß haben" (Zit. n. WENK 1966; 107). Anderthalb Jahrzehnte später kam F. W. OTTO (1794; vgl. weiter unten) der Lösung näher, indem er acht Jahre vor der Veröffentlichung der Thermometerbeobachtungen und Vermutung des britischen Kapitäns William STRICKLAND (1802) über die wahrscheinliche Fortsetzung des Golfstromes bis an die Küsten Irlands und der Hebriden wohl als erster die Meinung äußerte, "dass der nordöstliche Zweig des Golfstroms" sich bis Norwegen ausdehne und "dass er von da nach Grönland zurückgeworfen wurde." Es scheint, daß danach W. STRICKLAND wohl kaum noch als der "eigentliche Entdecker dieser Partie des Golfstromes" (KOHL 1868; 119) angesehen werden kann - eine Behauptung, die hundert Jahre später H. STOMMEL (1965; 5) jedoch wiederholte.

Sowohl von GATTERER wie TETENS führen zahlreiche geistige Querverbindungen zu Immanuel KANT nach Königsberg, der dort ab 1755 lehrte und für 1757 erstmals sein über 30 Jahre und mehr als vierzigmal gelesenes Kolleg über "Physische Geographie" wie folgt ankündigte: "Entwurf und Ankündigung eines Collegii der Physischen Geographie, nebst dem Anhang einer kurzen Betrachtung über die Frage: ob die Westwinde in unseren Gegenden darum feucht sind, weil sie über ein großes Meer streichen." Durch KANT, der im Laufe seiner wissenschaftlichen Entwicklung die herrschende physikotheologische Betrachtungsweise von LEIBNIZ und WOLFF endgültig überwand, gewann die Geographie nicht nur ihre Unabhängigkeit von Theologie und Geschichte und ihre Hinführung zu reiner Kausalforschung, sondern in Fortsetzung der Ideen des VARENIUS auch ihre entscheidende wissenschaftssystematische Abgrenzung und Einordnung sowie ihre methodologische Ausrichtung. Wenn er jedoch bei Aufnahme seiner Vorlesung über "Physische Geographie" meinte, es fehlte noch vollkommen "an einem Lehrbuch, vermittels dessen diese Wissenschaft zum akademischen Gebrauch geschickt gemacht werden konnte" (zit. n. SCHMITHÜSEN 1970; 150), so trifft dies nur bedingt zu.

Hundert Jahre nach VARENIUS' "Geographia generalis" bestand um die Mitte des 18. Jhs. allerdings ein großer Nachholbedarf an zusammenfassenden Übersichtsdarstellungen besonders der Geographie. Daher ist es auch nicht verwunderlich, wenn plötzlich ab 1750 mehrere physische Erdbeschreibungen auf den Markt kamen, in denen auch die Hydrographie der Meere mit abgehandelt wurde. Von den vorwiegend fremdsprachlichen Werken wurden einige auch ins Deutsche übertragen: so das Buch des Holländers Joh. LULOFS "Inleiding tot een natuur en wiskundige Beschouwing van den Aardkloot" (Leiden 1750), das - obwohl noch stark an VARENIUS angelehnt - bezeichnenderweise von dem Göttinger Physiker und Mathematiker A.G. KÄSTNER 1755 übersetzt und von KANT, TETENS sowie HUMBOLT benutzt wurde (Hydrographie S. 232-354). Zwar fortschrittlicher in den Fakten und Ideen, aber weniger geographisch, weil im Vergleich zu R. FORSTER sich häufig in Ausführungen der systematischen Spezialwissenschaften verlierend, ist die zweibändige "Physikalische Beschreibung der Erdkugel" des Schweden Torbern BERGMAN (1769). In der Hydrographie des Meeres (Bd. I, 276-387) konnte BERGMANN - mit dem Franzosen A. LAVOISIER einer der ersten Meereswasser-Analytiker - auf eigene Forschungen zur Chemie des Meerwassers Bezug nehmen. Schließlich muß in dieser Reihe auch eine deutschsprachige "Physikalische Erdbeschreibung" des Österreichers MITTERPACHER (Wien 1789) mit einer relativ kurzen Darstellung der Hydrographie (S. 18-93) genannt werden.

Ausführlicher und speziell mit den Gewässern der Erde befassen sich einige in dieser Zeit entstandenen Monographien zur Hydrographie oder - wie sie nun erstmals vor allem im Ausland genannt wurde - zur Hydrologie: so die aus dem Schwedischen übersetzte "Hydrologie oder Wasserreich" (1751) von Joh. G. CARTHEUSER (1758) oder MONNETs "Nouvelle Hydrologie" (London 1772).

Von besonderem Interesse gerade aus deutscher Sicht sind die beiden sonderbarerweise wenig bekannt gewordenen Werke des "preußischen Geheimen Secretairs" Johann Friedrich Wilhelm OTTO, der zunächst einen "Abriss einer Naturgeschichte des Meeres" schrieb (2 Bde., 1792/94). Berichtigt und erweitert hat OTTO diesen Abriß dann einige Jahre später in seinem "System einer allgemeinen Hydrographie des Erdbodens" (1800), das als erster Teil für seinen geplanten, aber wohl nie vollendeten "Versuch einer neuen physischen Erdbeschreibung nach den neuesten Beobachtungen und Entdeckungen" - so der Obertitel des Werkes - angelegt war. Weshalb OTTO die Hydrographie dabei an den Anfang stellte, begründete er in der Einleitung folgendermaßen: "Dieser Theil der physischen Erdbeschreibung scheint zwar beim ersten Anblick minder wichtig, und reizt die Wißbegierde des Landbewohners gewöhnlichst nicht so sehr als derjenige, welcher sich mit dem festen Theile der Erdkugel beschäftigt: er verdient aber nichts desto weniger unsere ganze Aufmerksamkeit, und, da die Kenntniß des trockenen Theils der Erde von der Kenntniß des flüssigen mit abhängt, auch in den Systemen dieser Wissenschaft die erste Stelle." Sein Werk, das in vier Abteilungen "Das Wasser überhaupt, nach seinen chemischen und physischen Eigenschaften", die Quellen, die fließenden Gewässer und die stehenden Gewässer behandelt (S. 8-304) und dann in der umfangreichsten fünften Abteilung "Das Weltmeer" (S. 305-662), stellt zweifellos die für die damalige Zeit wohl umfassendste und "modernste" Hydrographie insbesondere des Meeres in einer bis dahin einzigartigen systematischen Vollständigkeit dar. Das zeigt sich auch daran, daß OTTO - z.B. im Gegensatz zu der um 50 Jahre älteren "Untersuchung vom Meere" von POPOWITSCH - kaum noch Bezug auf antike Schriftsteller nimmt, es sei denn zur problemgeschichtlichen Darstellung der Ideenentwicklung, etwa über Ebbe und Flut oder die um 1800 immer noch eifrig diskutierten Meeresstrudel der Scylla und Charybdis, des Euripus und norwegischen Malstromes, die von OTTO allerdings eindeutig der Gezeitenwirkung zugeschrieben wurden. Auch VARENIUS, KIRCHER und andere Autoren jener Zeit wurden von OTTO nur noch relativ selten zitiert, da er sich im wesentlichen auf Schriften und Ansichten der Autoren des 18. Jhs. und besonders seiner Zeitgenossen stützt.

OTTOs Hydrographie des Meeres stellt in gewisser Weise zunächst einmal das Endglied der mit VARENIUS begonnenen Entwicklung in der wissenschaftlichen Beschäftigung mit dem Meer zumindest aus deutscher Sicht dar. Deshalb sei hier auch etwas näher auf den Inhalt der 357 Seiten eingegangen, die OTTO dem Meer widmet. Hiervon entfallen 300 Seiten auf eine allgemeine Behandlung maritimer Fragen, der Rest auf eine regionale Darstellung. Dazu diskutiert er einleitend kurz Gesichtspunkte und

Möglichkeiten für eine "natürliche Eintheilung" des Weltmeeres durch physische Grenzen unter Zuhilfenahme von Meridianen und Parallelkreisen. Erstmals wird hier, ausdrücklich an GATTERER anknüpfend, in aller Deutlichkeit die geographisch so relevante Frage nach einer natürlichen - heute würden wir sagen: naturräumlichen - Gliederung des Weltmeeres gestellt, ohne sie jedoch in praxi lösen zu können. Denn der Inhalt dieses regionalen Teiles ist überwiegend topographisch-beschreibender Art, von nur gelegentlichen physikalisch-maritimen Hinweisen über Wasserfarbe, Wellenhöhen, Vereisung u. ä. abgesehen. Das Schwergewicht von OTTOs Verdienst liegt zweifellos im allgemeinen Hauptteil, dessen Inhaltsgliederung den Katalog der damals seit 150 Jahren anstehenden meereshydrographischen Fragenkomplexe und Einzelprobleme verdeutlicht.

Darstellung des Meeres in OTTO, "System einer allgemeinen Hydrographie des Erdbodens" (1800):

	Seite
1) das Weltmeer überhaupt, nach seiner Größe und dem Verhältnis gegen das feste Land	305
2) Becken des Meeres, als:	344
a) sein Grund und Boden	
b) seine Ufer	
3) Wasser des Meeres	383
a) in Ansehung seiner Beschaffenheit, nehmlich des Geschmacks, der Schwere, Temperatur, Farbe und des Leuchtens	383
b) in Hinsicht auf seine Bewegung, nehmlich:	486
a) allgemeine: solche die dem Meere überall an allen Orten zukommen, als: die Wellen, Westbewegung, Ebbe und Flut	486
b) besondere: solche die auf gewisse, theils bestimmte, theils unbestimmte Orte eingeschränkt sind, als:	551
Meeresströme, Meeresstrudel, Wassersäulen	572
4) Das Weltmeer nach seinen einzelnen Theilen:	606-662
Nördliches Eismeer	
Westliches Weltmeer oder Amerikanischer Ocean	
Atlantisches Meer (nördlich des Aequators)	
Aethiopisches Meer (südlich des Aequators)	
Südliches Weltmeer oder Indischer Ocean	
Östliches Weltmeer oder Grosser Ocean	
Südliches Eismeer (südl. 60° S)	

Diese Inhaltsübersicht zeigt, daß OTTOs Hydrographie des Meeres, verglichen etwa mit DIETRICHs "Allgemeiner Meereskunde" oder ähnlichen Veröffentlichungen, bereits die wesentlichen Grundelemente jeder modernen Darstellung der Ozeanographie in fast identischer Anordnung aufweist. Dabei dürfte es sich von selbst verstehen, daß sich die Gewichtung der einzelnen Teilkapitel, gemessen an ihrem Umfang, notwendigerweise nach dem Ausmaß der damaligen Faktenkenntnis richten mußte, woraus für den heutigen Leser z. T. unverständliche Relationen resultieren - so etwa wenn die Meeresströme, selbst bei Hinzunahme der getrennt aufgeführten tropischen Ostwestbewegung, auf 25 Seiten abgehandelt wurden gegenüber 34 für die Meeresstrudel und Wassersäulen oder 14 Seiten für das Meeresleuchten, das in moderneren Lehrbüchern der Ozeanographie so wenig genannt wird wie bei GIERLOFF-EMDENs "Geographie des Meeres", obwohl es sich doch eigentlich um ein besonders für die tropischen Meere geradezu "landschaftstypisches" Phänomen handelt.

Die relative Modernität von OTTOs Hydrographie des Meeres wird auch bei einem Vergleich mit der erst zwei Jahre später erstmals veröffentlichten KANTschen Vorlesung über "Physische Geographie" deutlich. Ohne hier auf den Streit um die Originalität der verschiedenen Ausgaben eingehen zu können (vgl. darüber ausführlich F. ADICKES, 1911), läßt sich aber unschwer feststellen, daß in der von Th. RINK "auf Verlangen des Verfassers, aus einer Handschrift" herausgegebenen Ausgabe (Königsberg 1802) die Behandlung des Meeres (Bd. 1, I. Teil, 1. Absch.; 56-144) kaum einen Vergleich mit OTTOs Werk aushält, obwohl auf dessen "schönes System einer allgemeinen Hydrographie des Erdbodens" mehrfach ausdrücklich verwiesen wird. - Wesentlich günstiger steht es da um die umstrittene, weil ob ihrer Originalität fragwürdige, von Joh. Jakob VOLLMER besorgte Ausgabe der KANTschen Physischen Geographie (Mainz/Hamburg 1802), von der bezüglich der Beschreibung der Meere allerdings nur die "zweite durchaus umgearbeitete Auflage" (1816) vorgelegen hat. Sie ist vor allen Dingen wesentlich umfangreicher als die RINKsche Ausgabe und bietet in den ersten 10 Abschnitten des Kapitels "Vom Meer" eine Art "allgemeine Meereskunde" (Bd. I; 124-164).

Die Unterschiede zwischen den beiden Ausgaben gerade in der Behandlung des Meeres sind so offensichtlich und gravierend, daß es sich mit Sicherheit nicht um das gleiche KANTsche Vorlesungsmanuskript als Vorlage handeln kann, sondern es sich vielmehr um eine von VOLLMER erheblich erweiterte und ergänzte Fassung handeln muß, zumal auch Hinweise auf die erst nach KANTs Tod erschienenen "Ansichten der Natur" von A. v. HUMBOLDT (1808) darin vorkommen. Dabei ist im Aufbau wie inhaltlich eine Anlehnung an OTTOs Hydrographie, die in der "Einleitung" nur einmal genannt wird, unverkennbar, ebenso aber auch bei kaum der Hälfte des Umfanges von OTTOs Hydrographie des Meeres ein deutlicher wissenschaftlicher Qualitätsabfall nicht zu übersehen. Von gänzlich anderer Art sind dagegen die Abschnitte XI-XVI, die auf 487 Seiten eine in dieser Ausführlichkeit im deutschen Sprachraum bis dahin erst- und einmalige "regionale Ozeanographie" bieten und weit über OTTOs regionalen Teil hinausgehen. In einer eigenartigen Mischung von antiken Berichten und Kuriositäten, Entdeckungs- und Namensgeschichte sowie topographischen Beschreibungen finden sich darin aber auch durchaus wissenschaftliche Passagen über maritime Phänomene wie die Eisbildung und Eisformen (Grundeis, Eis, Eisfelder, Treibeis, Packeis etc.) in den Eismeeren, wobei vor allem Reinhold FORSTERs Beobachtungen gewürdigt werden, sowie insbesondere ausführliche Berichte über das Tierleben in den einzelnen Ozeanen - dies allerdings mehr im Sinne einer Meeresbiologie als einer biologischen Ozeanographie.

OTTOs Hydrographie des Meeres markiert noch in einer anderen Hinsicht einen ideen- und disziplingeschichtlichen Wendepunkt. Vorher war die wissenschaftliche Beschäftigung mit dem Meer noch weitgehend eingebettet in die gleichermaßen auch die festländischen Gewässer miteinbeziehende Hydrographie, ab dem 18. Jh. gelegentlich auch "Hydrologie" genannt, die von OTTO (1800; 1) folgendermaßen umschrieben wurde: "Mit dem Namen Hydrologie bezeichnen andere Naturforscher mehrenteils systematische Verzeichnisse der verschiedenen auf der Erdoberfläche befindlichen Wasser, in so fern sie mit fremden Theilen mehr oder weniger vermischt sind" - gemeint ist hier offenbar außer atmosphärischem auch Boden- und Grundwasser. Hier wird im Grunde schon die moderne DIN - 4049 - Definition von "Hydrologie" vorweggenommen als "Lehre von den Erscheinungsformen des Wassers über, auf und unter der Erdoberfläche und ihren natürlichen Zusammenhängen", die damit mehr beinhaltet, als die Hydrographie als reine "Gewässerkunde" (vgl. dazu ausführlich DE HAAR 1974). Neben diesen beiden damals sowohl die festländischen wie marinen Gewässer umfassenden Termini existierte schon seit dem 17. Jh. die spezielle auf das Meer bezogene umschreibende Begriffsbildung "Natural history of the sea" (BOYLE 1666) oder die von MARSIGLI gewählte Form "Histoire physique de la mer" (1725), während DONATI von der "Storia naturale" (1730) oder der "Histoire naturelle de la mer adriatique" (1758) sprach. Diese Formulierung hat OTTO dann erstmals auch für seine "Naturgeschichte des Meeres" (1792/94) verwendet. Ab dem 19. Jh. treten dann neben dem vor allem in den angelsächsischen Ländern weiterhin üblich bleibenden Terminus "Hydrographie" jedoch gänzlich neue Begriffe für die wissenschaftliche Beschäftigung mit dem Meer auf. So findet sich bereits in VOLLMERs Ausgabe von KANTs "Physischer Geographie" erstmals ein Vorläufer der später im deutschen Sprachraum eingebürgerten Bezeichnung "Meereskunde", allerdings ohne nähere Kennzeichnung nur einmalig in der Überschrift zum Kap. X "Meerkunde. Eintheilung der Meere" (Bd. I, 264). Vielleicht kann man diesen Vorgang als den Beginn der Trennung der Wissenschaft vom Meer von der festländischen Hydrographie betrachten, wie es dann im 19. Jh. gang und gäbe wurde.

Abschließend kann zu der Übergangsepoche des ausgehenden 18. Jhs. festgehalten werden: Gleichgültig welcher Ausgabe von KANTs "Physischer Geographie" man den Vorzug der größeren Echtheit gibt, kommt diesem unabhängig von den inhaltlichen Schwächen seiner Darstellung "Vom Meer", doch das Verdienst zu, das Meer und die wissenschaftliche Beschäftigung mit ihm mehr als 100 Jahre nach VARENIUS erneut und in wissenschaftstheoretisch modernisierter Form methodisch in vorher nicht gekannter Weise fest in sein Lehrgebäude der Geographie eingebaut zu haben. Damit wurde in der Disziplingeschichte der Meereskunde eine entscheidende Weichenstellung für ihre weitere Entwicklung im 19. Jh. besonders im deutschsprachigen Raum vollzogen.

4. Das Meer und die Geographie in der klassischen Periode ihrer Disziplingeschichte, 1800–1860

In der Stoffgliederung ihres Werkes hat M. DEACON (1971) die Zeit des frühen 19. Jhs. als "the Period of Growth" in der Geschichte der Meeresforschung herausgestellt. Aus disziplingeschichtlicher Sicht der Geographie ist dieser Zeitabschnitt jedoch wesentlich mehr. Die "Klassische Geographie" stellt nicht nur "die Kulmination der gesamten vorangegangenen wissenschaftlichen Entwicklung" dar (BECK 1973; 218), sondern trotz des bruchlosen Überganges aus der die Ideengrundlagen liefernden vorhergehenden Periode auch einen entscheidenden Wendepunkt in der Entwicklung der Geographie als Wissenschaft. War diese im 17. und 18. Jh. noch eingebettet in eine kosmologische Idee, welche die Grenzen der Wissenschaft verwischte, so erleben wir nun den Übergang vom Universellen zum Individuellen und zur Spezialisierung. Die Geographie etablierte sich immer deutlicher als selbständige Disziplin und als Fach in mehr oder weniger deutlicher Abgrenzung zu den Nachbarwissenschaften. Gleichzeitig aber liegen in dieser Periode auch die Anfänge der Entfaltung der Geographie in eine zunehmende Zahl von Teildisziplinen. Hauptsächlich unter diesen Gesichtspunkten muß auch die Weiterentwicklung der Kunde vom Meer im Rahmen der Geographie insbesondere in Deutschland betrachtet werden. Die alles überragenden Persönlichkeiten dieser Epoche, in denen seit langem mit Fug und Recht auch die Begründer der modernen Geographie gesehen werden, sind Alexander von HUMBOLDT (1769-1859) und Carl RITTER (1779-1859). H. BECK läßt daher seine "Klassische Periode" mit HUMBOLDTs großer Reise nach Amerika 1799 beginnen und mit dem Todesjahr der beiden großen Geographen 1859 enden. Wir wählen hier eine etwas pragmatischere zeitliche Begrenzung von 1800 bis 1860, wobei diese Eckwerte ohnehin nur den Sinn von Anhaltspunkten haben können.

4.1. DER DEUTSCHE ANTEIL AN DEN MARITIM-GEOGRAPHISCHEN ERGEBNISSEN DER GROSSEN WELTUMSEGLUNGEN

Was ist nun in diesem Zeitraum auf den Meeren in wissenschaftlicher Hinsicht geschehen? Welche Fortschritte der praktischen Meereskunde vor Ort, m.a.W. der Grundlagenforschung auf Schiffsreisen, vollzogen sich? Trugen die Seeunternehmungen der großen Seefahrernationen England und Frankreich in der zweiten Hälfte des 18. Jhs. noch überwiegend den Charakter von Entdeckungsreisen, zwar schon gekoppelt mit wissenschaftlichen Aspekten (FORSTER, HAENKE u. a.), so änderte sich das grundlegend im 19. Jh., als außerhalb der polaren Räume zur See keine spektakulären Entdeckungen mehr zu erwarten waren. Bei vordergründig zwar marinetechnisch (Ausbildungsreisen) oder handelspolitisch motivierten Reisezwecken gewannen immer mehr auch begleitende meereskundliche Beobachtungen und andere wissenschaftliche Erkundungen in mehr gezielter und systematischer Form an Bedeutung. Es ist die Periode der großen Weltumseglungen, von denen allein zwischen 1800 und 1860 nach der von

BRUNS (1958) geführten Liste mit einigen notwendigen Ergänzungen 26 durchgeführt wurden, mit denen der preußischen Seehandlungsschiffe sogar 31. Davon entfielen auf: Rußland 10, Großbritannien 6, Frankreich 5 und je eine auf Schweden, Dänemark, Österreich und Preußen (bzw. 7 mit allen Seehandlungs-Weltreisen). Hier sollen nur die Reisen mit Beteiligung von Wissenschaftlern aus dem deutschen Sprachraum betrachtet werden, wie sie in der beigefügten Tabelle zusammengefaßt sind (vgl. GIERLOFF-EMDEN 1980; 110).

Dazu muß man auch die ozeanographischen Aktivitäten Alexander von HUMBOLDTs rechnen, die er auf seinen verschiedenen Schiffsreisen während der "Reise in die Aequinoctialgegenden des neuen Continents" 1799-1804 entwickelte, und zwar auf zwei Atlantik-Überquerungen von La Coruna/Spanien nach Cumaná/Venezuela (5.6.-16.7.1799) und von Philadelphia/USA nach Bordeaux (9.7.-3.8.1804), ferner entlang der süd- und mittelamerikanischen Westküste mit dem Perustrom von Callao nach Guayaquil (5.12.1802-3.1.1803) und weiter nach Acapulco/Mexico (15.2.-23.3.1803) sowie mehrfach durch die Karibik und schließlich von Vera Cruz/Mexico über Havanna mit dem Golfstrom nach Philadelphia (7.3.-19.5.1804). Zwar hatten schon 1775 der amerikanische Physiker und damalige General-Postmeister Benjamin FRANKLIN und ein Jahr später der britische Marinearzt Charles BLADGEN begonnen, während normaler Schiffsüberquerungen des Nordatlantiks den Typ der "thermometrischen Schiffsreise" (thermometrical navigation) zu entwickeln, um mit kombinierten Beobachtungen der Strömungsrichtungen und -geschwindigkeiten vor allem die Grenzen des Golfstromes für die Praxis der Schiffahrt zu ermitteln (vgl. dazu ausführlich bei KOHL 1868 und DEACON 1971). HUMBOLDT jedoch, der, so oft er "an Bord eines Schiffes war, immer großen Trieb zur Arbeit fühlte" ("Reise" 1861; I, 28), führte in seinem rein wissenschaftlich motivierten Forscherdrang auf seinen Schiffsreisen neben den regelmäßigen geographischen Ortsbestimmungen und Messungen der Luft- und Wassertemperaturen eine Fülle weiterer meereskundlicher, meteorologischer und physikalisch-geographischer Messungen und Beobachtungen durch. So gelang ihm erstmalig das Ausmessen von Wellenhöhen (Kosmos IV; 309) oder das exakte Bestimmen der Meerwasserfarben mit Hilfe eines von SAUSSURE gerade entwickelten Kyanometers (KRÜMMEL 1907; 267). Darüber hinaus sammelte HUMBOLDT mit seinem Begleiter BONPLAND eifrig meeresbiologische Materialien und Fakten, so u.a. über die schwimmenden Fucus-Bänke des Sargassomeeres ("Reise" 1861; I, 185 ff. und KRÜMMEL 1891) oder die Anatomie der fliegenden Fische, deren Schwimmblasen er nach Größe und chemischem Luftinhalt untersuchte ("Reise" 1861; I, 189 ff.). Dieses mag ausreichen, um die außerordentliche Spanne der meereskundlichen Interessen HUMBOLDTs zu umreißen, der vielleicht als erster wissenschaftlich in so unvergleichlicher Weise vorbereitet und instrumentell derart ausgerüstet war wie kaum jemand zuvor und als letzter allein in solch universaler Weise "ozeanographische Feldforschung" betrieben hat. In der Folgezeit sehen wir auch auf den Meeren die wissenschaftliche Spezialisierung voranschreiten.

Beteiligung deutschsprachiger Naturforscher und Wissenschaftler an der frühen Meeresforschung in der Periode der Weltumsegelungen (1741 - 1876)

Schiff	Expedit. Jahr	Nation	Expedit.-Leiter oder Kommandant	Expeditionsgebiet u. -zweck	Wissenschaftliche Begleiter	Forschungsrichtung
"St. Peter" u. "St. Paul"	1741/42	Rußland	V. Bering (Däne)	Ochotsk. Meer, Nördl. Paz. (Entdeckungsreise)	G.F. Steller (Franken)	Arzt u. Naturforscher
"Resolution"	1772-75	England	J. Cook	2. Weltreise (Entdeckungsreise)	J. R. Forster u. Sohn Georg (Danzig)	Naturforscher
"Descubierta" u. "Atrevida"	1789-94	Spanien	A. Malespina	Weltumseglung (machtpol. u. wiss. Reise)	Th. Haenke (Böhmen), G.F. Mothes (Sachsen)	Arzt, Botan. u. Geogr. Geologie
"Pizarro"	1799	Spanien	L. Artaja	Atlantik	A. v. Humboldt (Berlin),	Naturforscher u. Geogr.
"Favorite"	1804	Frankreich	-	(Post- u. Paketboot)	A. Bonpland (Franz.)	Arzt u. Botaniker
"Newa" und "Nadeschda"	1803-06	Rußland	A.J. Krusenstern Offiz.: F.v. Bel- linghausen/O.v. Kotzebue (alle Baltendeutsche)	1. russ. Weltumseglung (Handelspolit. Reise)	J.C. Horner (Schweizer), G.H.v. Langsdorff, W.G. Tilesius (Leipzig)	Astronom Naturforsch. Biologie Blumenbach-schüler in Göttingen
"Rurik"	1815-18	Rußland	O.v. Kotzebue (baltendt.)	Erdumseglung (Entdeckungsreise)	Fr. Eschscholtz (Baltendt.), A.v. Chamisso (Berlin)	Schiffsarzt u. Zoologe Naturforsch., bes. Botan.
"Predprijatje"	1823-26	Rußland	O.v. Kotzebue	Erdumseglung (Handelspolit. Reise)	E. Lenz (Baltendt.), Fr. Eschscholtz ("), Preus u. Hoffmann	Physiker s. o. Astronom u. Mineraloge
"Ssenjawin"	1826-29	Rußland	F.B. Lütke (Baltendt.)	Erdumseglung (Handelspolit. Reise)	F.H. v. Kittlitz(dt.), A. Erman (dt.) 1828/29	Naturforscher Physiker (Erdmagnet.)
(Schiffe der Preus. Seehandl.) "Mentor"	1822-24	Preußen	J.A. Harmsen	1. Preuß. Erdumseglung (Handelsreise)	-	ozeanogr. u. meteorol. Beobachtungen
"Prinzeß Louise"	1826-29	Preußen	J.W. Wendt	2. Preuß. Erdumseglung	-	"
"Prinzeß Louise"	1830-32	Preußen	J.W. Wendt	3. " "	F.J.F. Meyen	Arzt u. Naturforscher
"Prinzeß Louise"	1832-34	Preußen	J.W. Wendt	4. " "	-	ozeanogr. u. meteorol. Beobachtungen
"Prinzeß Louise"	1836-38	Preußen	J.F. Rodbertus	5. " "	-	"
"Prinzeß Louise"	1838-40	Preußen	J.F. Rodbertus	6. " "	-	"
"Prinzeß Louise"	1842-44	Preußen	J.F. Rodbertus	7. " "	-	"
"Galathea"	1845-47	Dänemark	St. Bille	Erdumseglung	u.a. M. Behn (Prof. Kiel)	Arzt u. Zoologe
"Achta"	1847-49	Rußland	-	Atlantik	E. Lenz (Baltendt.)	Tiefsee-Temperaturmess. u.a. ozeanogr. Beob.
(Geschwader)	1853-55	USA	M.C. Perry	(Handelspolit. Reise u. Japan)	W. Heine (dt.)	Maler u. Schriftsteller
"Novara"	1857-59	Österreich	B.v. Wüllers- torf-Urbair	1. österr. Erdumseglung (Ausbildung-, Handelspolit. u. wiss. Reise)	Ed. Schwarz, G. Frauenfeld, F. v. Hochstetter, K. v. Scherzer	Botaniker Zoologe Geol. u. Phys. Geogr. Länder- u. Völkerkd.
"Arcona", "Thetis" und "Frauenlob"	1860-62	Preußen	Graf Fr.v. Eu- lenburg (Exped.-Leiter)	Ostasien (diplom. Mission, Handels- polit. Reise)	F. v. Richthofen, E. v. Martens, G. v. Martens	Geol. u. Geogr. Zoologe Botaniker
"Grönland"	1868	Norddt. Bund	K. Koldewey	1. Dt. Nordpolar-Exped. (Entdeckungsreise)	J. Payer (Österr.)	Gletscherkunde
"Germania", "Hansa"	1869-70	Norddt. Bund	K. Koldewey F. Hegemann	2. Dt. Nordpolar-Exped. (Entdeck.- u. wiss. Reise)	C. N. Börgen, Dr. Copeland, Dr. Tausch, G. Laube (Wien), R. W. Buchholz	Astronom u. Physiker " " Arzt u. Biologe Geologe Botaniker
"Challenger"	1872-76	England	G. Nares	Erdumsegelung und erste wiss. Tiefsee-Exped.	C.W. Thomson, L. Murray, L. Buchanan, R. v. Willesnoes- Suhm (Deutscher)	Ozeanographie, Tiefseelotungen, Bodensedimente, Meeresbiologie
"Gazelle"	1874-76	Deutsches Reich	Frh.v.Schleinitz	Erdumsegelung und wiss. Tiefsee-Expedition	K. Börgen, T. Studer	Astronomie, Tiefsee- forschung, Ozeano- graphie

Den Anfang damit machte Rußland, das im ersten Viertel des 19. Jhs. mit einer Serie von neun Weltumseglungen als Seemacht auf den Plan trat. Dabei spielten baltendeutsche Schiffsführer (v. KRUSENSTERN, v. KOTZEBUE, v. BELLINGHAUSEN, Graf LÜTKE) sowie wissenschaftliche Begleiter aus dem deutschen Sprachraum eine hervorragende Rolle (vgl. Tabelle). An der ersten russischen Weltumseglung 1803-06 unter Adam Joh. von KRUSENSTERN mit dem Seeoffizier Fab. Gottlieb v. BELLINGHAUSEN, der als Expeditionsleiter 1819-21 die Antarktis entdeckte, nahm ein ganzer Wissenschaftlerstab aus Deutschland teil: außer dem Biologen Wilhelm G. v. TILESIUS aus Leipzig der gebürtige Schweizer Astronom und Physiker Johann C. HORNER und der Arzt und Naturforscher Georg Heinrich v. LANGSDORFF, beide wie A. v. HUMBOLDT Schüler des Göttinger Naturforschers und Anthropologen Johann F. BLUMENBACH. Dieser war nicht nur ein überzeugter Förderer einer explorativen Geographie, sondern auch der erste Mäzen junger deutscher Forschungsreisender mit weitreichenden Beziehungen nach England und Rußland (vgl. BECK 1959; 120 f. u. PLISCHKE 1959). Auf dieser Expedition führte HORNER mit LANGSDORFF die meteorologischen und hydrographischen Beobachtungen durch, wobei er für Temperaturmessungen in der Tiefe bis 200 Faden (365 m) als erster das 1782 von James SIX entwickelte selbstregistrierende Minimum-Maximum-Indexthermometer in Anwendung brachte. Im dritten Band von KRUSENSTERNs "Reise um die Welt" (1812) sind die wissenschaftlichen Expeditionsergebnisse zusammengestellt. Erwähnenswert daraus sind außer dem vollständigen Journal der "Nadeschda" mit den astronomischen und meteorologischen Beobachtungen sowie TILESIUS' Abhandlung über die Seeblasen vor allem HORNERs Beiträge über das "Spezifische Gewicht des Meerwassers" (70 Messungen) sowie die "Temperatur des Meerwassers in verschiedenen Tiefen" (45 Messungen) mit einer wohl erstmaligen Tabelle der geographischen Temperaturverteilung des Oberflächenwassers nach der Breite für den Atlantik zwischen 81° N und 59° S und den Pazifik zwischen 70° N und 64° S. - LANGSDORFF, der die KRUSENSTERNsche Expedition in Kamtschatka Mitte 1805 verließ und, zunächst über die Aleuten der amerikanischen Küste bis San Francisco folgend, auf dem Weg durch Sibirien erst Anfang 1808 nach Europa zurückkehrte, schrieb seine eigenen "Bemerkungen auf einer Reise um die Welt" (1813), die von großem geographischen und ethnographischen Interesse sind.

Disziplingeschichtlich bedeutsam sind dann HORNERs Instruktionen (1821), die er gleichsam als Brevier für seefahrende Meeresforscher der russischen Weltumseglung 1815-18 unter Otto v. KOTZEBUE und den teilnehmenden Wissenschaftlern mitgab, nämlich Adalbert von CHAMISSO aus Berlin als Naturforscher und dem baltendeutschen Schiffsarzt und Zoologen Friedrich ESCHSCHOLTZ. In KOTZEBUEs Bericht über die "Entdeckungsreise in die Südsee und nach der Bering-Straße zur Erforschung einer nordöstlichen Durchfahrt" (1821 u. 1825), die als solche ein Mißerfolg war, bringt der dritte Band die den eigentlichen Wert der Reise ausmachenden wissenschaftlichen Ergebnisse. Hier finden sich neben CHAMISSOs wissenschaftlich vielseitigen und geographisch wertvollen "Bemerkungen und Ansichten" nicht zuletzt auch über die Korallenriffbildung der niederen Inseln im Pazifik - fast zwei Jahrzehnte vor DARWINs berühmt gewordener Theorie darüber - sowie neben biologischen Beiträgen von ESCHSCHOLTZ vor allem die von CHAMISSO und KOTZEBUE täglich auf See durchgeführten hydrographischen und meteorologischen Beobachtungen vom 18.7.1816-13.4.1818, ferner eine vergleichende Übersicht der Verteilung des spezifischen Gewichts des Meerwassers, nach Breitengraden zwischen 65° N und 35° S geordnet, sowie eine Tabelle der nunmehr auf 116 angewachsenen Temperaturmessungen in durchschnittlichen Wassertiefen von 70-80 Faden (128-146 m) und schließlich eine kurze Auswertung der Meßergebnisse durch HORNER. Darüber hinaus hat CHAMISSO ein eigenes, literarisch viel beachtetes "Tagebuch" der "Reise um die Welt" veröffentlicht (1842).

1823-26 unternahm KOTZEBUE (1830) seine zweite Weltumseglung, an der wiederum vier Wissenschaftler teilnahmen, außer ESCHSCHOLTZ der baltendeutsche Physiker Emil LENZ, der Astronom PREUS und der Mineraloge HOFMANN. LENZ' Meßreihen der Luft- und Meerwassertemperaturen und des spezifischen Gewichtes in seinen "Physikalischen Beobachtungen" (1831) bezeichnet DEACON (1971; 232) als "the most extensive and reliable of this period". 1847-49 hat LENZ auf seiner Reise in den Atlantik mit dem russischen Schiff "Achta" seine Beobachtungen über die Temperaturen des Tiefenwassers vervollständigt und sein Modell der atlantischen Tiefenzirkulation (LENZ 1845/46 u. 1847) bestätigt gefunden. - Als letzte der russischen Weltumseglungen mit deutscher wissenschaftlicher Beteiligung muß die unter Graf Friedrich LÜTKE in den Jahren 1826-29 genannt werden, an der der deutsche Naturforscher Friedrich Heinrich v. KITTLITZ (1858), vornehmlich biologisch interessiert, sowie ab Petropawlowsk/Kamtschatka der Berliner Physiker Adolph ERMAN teilnahmen. Dieser hatte sich seit 1828 in Sibirien mit grundlegenden erdmagnetischen Messungen beschäftigt (vgl. ERMAN 1833-48 und Karte Nr. 5 in BERGHAUS' Physikalischem Atlas Abt. 4, 1852).

Damit enden zunächst die Reisen von Wissenschaftlern aus dem deutschen Sprachraum auf fremden Schiffen. Denn bereits ab 1822 war Preußen mit einer eigenen seetüchtigen Handelsflotte auf den Plan getreten. Die bereits 1772 von FRIEDRICH II. nach dem Vorbild der Britisch-Ostindischen Handelskompanie gegründete Preußische Seehandlungs-Societät, deren Aktivitäten seit Anfang des 19. Jhs. während der Wirren der napoleonischen Kriege geruht hatten, wurde 1820 durch FRIEDRICH WILHEM III. als Preußisches Seehandlungs-Institut wiederbelebt (ausführlich bei MEUSS 1913). 1822 stach die "Mentor" unter Kapitän HARMSEN zur ersten preußischen Weltumseglung in See. Von den bis 1853 durchgeführten 123 Fahrten der 9 Seehandlungsschiffe gingen die meisten über den Atlantik nach Nord-, Mittel- und Südamerika, 7 durch den Indischen Ozean und 5 um Kap Horn nach Ostasien sowie 7 rund um die Erde, davon allein 6 von der "Prinzeß Louise" in der Zeit von 1828 bis 1844 (vgl. Tabelle). Diese Reisen werden hier erwähnt, weil die preußischen Seehandlungsschiffe einmal eine vorbildliche nautisch- und meteorologisch-instrumentelle Ausrüstung besaßen und zum anderen ihre Schiffsführer gehalten und geübt waren, außer den üblichen navigatorischen Eintragungen möglichst viele meteorologische und hydrographische Beobachtungen und Messungen in den Schiffsjournalen festzuhalten sowie geographische Korrekturen und Neueintragungen in den mitgeführten Seekarten vorzunehmen, worauf später noch einzugehen sein wird.

Eine in wissenschaftlicher Hinsicht herausragende Bedeutung hat die zweite Weltumseglung der "Prinzeß Louise" unter Kapitän WENDT von 1830-32 gewonnen. An ihr nahm als Schiffsarzt und vielseitiger Naturforscher der damals erst 26jährige Dr. F.J. MEYEN teil, dessen dreibändige "Reise um die Erde" (1834/35) im Stil von HUMBOLDTs "Reise in die Aequinoctialgegenden" eine beachtliche wissenschaftliche Leistung und meeres- wie landeskundlich bedeutsame Fundgrube darstellt. So hat MEYEN im Atlantik zwischen 51° N und 57° S sowie zwischen 57° S und 22° N im Pazifik auf See fortlaufend dreimal täglich Messungen der Luft- und Wasseroberflächentemperaturen und häufig auch des spezifischen Gewichts des Seewassers durchgeführt sowie auch HUMBOLDTs Temperaturmessungen im Perustrom bestätigt und erweitert. Mit dem Satz "Möge diese Strömung fortan den Namen ihres großen Entdeckers führen" (Bd. I; 52) hat MEYEN 1835 auch als erster den Namensvorschlag "Humboldtstrom" für die kalte Peruströmung gemacht, zwei Jahre vor H. BERGHAUS, dem GIERLOFF-EMDEN (1959; 1 und 1980; 112) diese Namengebung zuschreibt (vgl. ausführlich darüber bei ENGELMANN 1969 u. WÜST 1959). Darüber hinaus hat MEYEN im Rahmen seiner "Übersicht der herrschenden Winde sowie der von ihnen abhängigen Strömungen" im Pazifik (Bd. II; 77-90) durch Vergleich der Beobachtungen der drei Seehandlungsreisen 1823, 1828 und 1831 auch zur Klärung und Erklärung der äquatorialen Gegenströmung im Pazifik beigetragen, parallel zu ziemlich zeitgleichen Beobachtungen und Veröffentlichungen französischer Expeditionen unter J. DUMONT D'URVILLE ("Astrolabe" 1826-29) und L. DUPERREY ("La Coquille" 1822), der - von A. v. HUMBOLDT mit Reise-Instruktionen versehen - 1831 die erste Strömungskarte für den Pazifik publizierte (vgl. dazu ausführlich PRANGE 1922). Schließlich waren auch die von MEYEN sehr sorgfältig geführten Wetterverzeichnisse mit gewissenhaften Windbeobachtungen so wertvoll, daß sie H. W. DOVE als Beleg für das von ihm 1837 erstmals wissenschaftlich begründete "Drehungsgesetz der Winde" dienten.

1844 kehrte die "Prinzeß Louise" von der letzten Weltreise eines Seehandlungsschiffes zurück. Ein Jahr später startete die dänische Corvette "Galathea" unter Kapitän Steen BILLE zu einer Reise um die Welt 1845-47 (ROSEN 1852), die neben handelspolitischen vor allem wissenschaftlichen Zwecken dienen sollte. Deshalb wurden die Expeditionen mit dem notwendigen Instrumentarium auch für Temperatur-Tiefenmessungen und speziellen wissenschaftlichen Instruktionen seitens der Gesellschaft der Wissenschaften zu Kopenhagen ausgestattet und ihr ein Stab von Naturforschern beigegeben. Ihm gehörte, da Schleswig-Holstein damals noch Teil des dänischen Gesamtstaates war, u.a. der Kieler Professor der Anatomie und Zoologie W.F.G. BEHN an, auf dessen Anregung der dänische König CHRISTIAN VIII. die Expedition veranlaßt hatte.

Reise

der

Oesterreichischen Fregatte Novara

um die Erde,

in den Jahren 1857, 1858, 1859,

unter den Befehlen des Commodore

B. von Wüllerstorf-Urbair.

Erster Band.

Wien.

Aus der kaiserlich-königlichen Hof- und Staatsdruckerei.

1861.

In Commission bei Karl Gerold's Sohn.

Abb. 3: Weltumseglungen mit deutschen Naturforschern im 19. Jahrhundert: Die österreichische "Novara"-Expedition (1857-59)

Mitte des 19. Jhs. trat auch Österreich-Ungarn als Adria-Anliegerstaat mit Triest als Frei- und Pola als Kriegshafen (seit 1850) in den Kreis der Seemächte ein. Daraus entwickelte sich sehr bald das Streben nach einer österreichischen Weltumseglung, die von 1857-59 mit der Fregatte "Novara" unter Commodore B. v. WÜLLERSTORF-URBAIR durchgeführt wurde. Neben anderen standen auch bei dieser Reise die wissenschaftlichen Belange im Vordergrund des Interesses. In dieser Hinsicht wurde die Expedition besonders gründlich vorbereitet, wozu u. a. auch A. v. HUMBOLDT (1857) um wissenschaftliche Instruktionen gebeten wurde, so wie vorher schon seitens der britischen Admiralität für die antarktische Entdeckungsreise von James ROSS (1839-43). Die begleitende "Wissenschaftliche Commission" bestand neben dem Botaniker Dr. Ed. SCHWARZER und dem Zoologen Georg FRAUENFELD aus dem aus Württemberg stammenden, späteren Wiener Professor der Mineralogie und Geologie Ferdinand v. HOCHSTETTER (Physik und Geologie) und dem Wiener Geographen und Reiseschriftsteller Dr. Karl v. SCHERZER, der - zuständig für Länder- und Völkerkunde - auch den dreibändigen Reisebericht herausgegeben hat (1861/62), dem dann der von B. v. WÜLLERSTORF-URBAIR bearbeitete nautisch-physikalische Teil (1862/65) folgte. Allerdings trat die Meeresforschung bei dieser von großem öffentlichen Widerhall begleiteten Expedition gegenüber anderen mehr auf die berührten Inseln und Küstenländer gerichteten wissenschaftlichen Interessen etwas zurück (vgl. auch PETERMANN 1859).

Nimmt man die hier aufgeführten Meeresuntersuchungen, an denen Wissenschaftler aus dem deutschen Sprachraum wesentlich beteiligt waren, zusammen mit der noch viel größeren Zahl ähnlich gearteter rein ausländischer Unternehmungen vor allem von britischer, französischer und russischer Seite sowie seit 1839 auch von seiten der USA, dann kann man die "klassische Periode" in der Geographiegeschichte gleichzeitig auch auf die nun schon als klassisch zu bezeichnende "Frühphase der wissenschaftlichen Entdeckung der Meere" übertragen. Dabei standen allerdings die damals so verstandenen "geographischen" Interessen an Lage, Form, Natur und Bevölkerung von Inseln und Küstenstrichen teils mehr, teils weniger ausgeprägt im Vordergrund. Der Gehalt der daraus entstandenen literarischen Gattung der zahlreichen im Typ sehr ähnlichen, wenn auch stilistisch und im wissenschaftlichen Wert sehr unterschiedlichen maritimen Expeditions- und Reiseberichte als Quelle geographischer und geologischer, botanischer und zoologischer, ethnographischer und kulturhistorischer Erkenntnisse ist bis heute noch keineswegs voll ausgeschöpft. Dies gilt besonders auch in Hinblick auf die in ihnen enthaltenen oder auch begleitenden wissenschaftlichen Aussagen über die rein hydrographisch-meereskundlichen und maritim-meteorologischen Beobachtungen, die jedoch in dieser Periode selten vorrangiges oder gar ausschließliches Expeditionsziel waren.

Alle in diesem Zeitabschnitt 1800-1860 auf Schiffsreisen angestellten Messungen und Beobachtungen, die eigentlich nie von Geographen, sondern zumeist von Physikern und Astronomen, Ärzten oder allgemein Naturforschern in Zusammenwirken mit den Schiffsführern und -offizieren, oft auch von diesen allein gemacht worden sind, stellen jede für sich oder auch in bereits weiterverarbeiteter Form zahllose kleine und große Bausteine unterschiedlichsten Gewichtes für ein daraus erst zu errichtendes Lehrgebäude oder System der Meereskunde dar. Dafür gab es damals allerdings im deutschen Sprachraum nicht einmal einen eigenen sachspezifischen Begriff, wenn man von der alten, aber wesentlich umfassenderen Bezeichnung "Hydrographie" absieht. Zwar hatte der Engländer J. K. TUCKEY 1815 erstmals den Terminus "Maritime Geography" geprägt, darunter jedoch in der Hauptsache seines vierbändigen Werkes Navigation und Schiffahrtswege auf den Meeren verstanden. Um Anfang der 1830er Jahre findet sich das Wort "Oceanographie", das nach S. SCHLEE (1974; 9) in Frankreich bereits gegen Ende des 14. Jhs. existiert, "diese Zeit aber nicht überlebt" haben soll, zum ersten Mal in neuerer Zeit in A. v. ROONs "Grundzügen der Erd-, Völker- und Länderkunde" (1832; 36), ohne jedoch zunächst Schule zu machen. Denn es taucht weder bei HUMBOLDT auf, der sich im Zusammenhang mit dem Meer lediglich und selten des Terminus "Hydrographie" bediente, noch bei H. BERGHAUS, der von den "physisch-geographischen Verhältnissen des Oceans" (1843; 158) spricht. So war auch nicht zu erwarten, daß sich die systematische Beschäftigung mit dem Meer etwa als eigener Wissenszweig unabhängig von einem etablierten Wissenschaftsfach konstituieren würde. In Deutschland kam dafür eigentlich nur die Geographie in Frage, so wie dies schon um 1800 bei KANT oder OTTO im Rahmen der Physischen Geographie und Erdbeschreibung geschehen war, zumal die Geographie in Göttingen ja bereits seit Mitte des 18. Jhs., in Berlin seit 1810 als Universitätsfach existierte.

4.2. C. RITTERS UND A. V. HUMBOLTS ANSICHTEN UND BEITRÄGE ZUR GEOGRAPHIE DES MEERES

Welche Anstöße sind nun von der Geographie der klassischen Periode in dieser Richtung erfolgt? Hier sollen zunächst die beiden bedeutendsten Repräsentanten dieser Epoche betrachtet werden: Alexander v. HUMBOLDT und Carl RITTER. Verglichen mit A. v. HUMBOLDT ist der Anteil C. RITTERs an der Entwicklung einer Geographie des Meeres gering, obwohl seine Lebensspanne (1779-1859) in eine entscheidende Entwicklungsphase der Meereskunde mit ersten systematischen Forschungsansätzen fiel. RITTER, im Gegensatz zu dem in der Nachfolge KANTs stehenden universellen Naturforscher HUMBOLDT mehr in der Tradition J. G. HERDERs den Vorstellungen des 18. Jhs. über das Verhältnis der Erdnatur zur Geschichte der Menschheit verbunden, war - wiederum im Vergleich zu A. v. HUMBOLDT - zweifellos der stärker, ja überwiegend festländisch-kontinental denkende Geograph. Erst kürzlich hat jedoch G. KORTUM (1981) aufzuzeigen versucht, daß auch RITTER die Meeresräume durchaus mit in sein geographisches Blickfeld einbezog. Sie sind allerdings für ihn wie die Kontinente nur Bühne oder Kulisse, auf oder vor der sich die geschichtlichen Bewegungen der Menschheit abspielen. So sind auch seine Äußerungen zu verstehen, wenn er mit Blick auf die "räumlichen Anordnungen auf der Außenseite des Erdballs und ihre Funktionen im Entwicklungsgang der Geschichte" (1850) die Land- und Wasserhalbkugel oder "die tellurische und maritime Seite der Erde" als den größten und wichtigsten Gegensatz auf der Erdoberfläche bezeichnet, oder daß durch die neuen Erkenntnisse über die Meeresströmungen "die Lehre von der Verbreitung der Bewohner der Oceane in ihrem Auf- und Absteigen und Hin- und Herwandern einiges Licht erhalten" hat (1852; 44). Auch RITTERs Bemühungen um die Gliederung und Klassifikation der Meere sind unter diesen Aspekten zu sehen, wobei er das Hauptkriterium in dem erblickt, "was den Wassern ihr Leben gibt, in der Bewegung" (1826/1904; 93), den Meeresströmungen und Flutbewegungen - ein Gesichtspunkt, der - später auch von O. KRÜMMEL (1907; 36 f.) verwendet - bei RITTER zur Unterscheidung der großen offenen Ozeane vor allem der "südlichen Wasserwelt" und der die Landmassen gliedernden Mittelländischen und Binnenmeeren, Meerengen und -straßen, Golfe und Buchten besonders der Landhalbkugel führte. Aber auch ein Satz wie "So hat die Natur der Meere in der That eine ganz neue Stellung auf der Erdoberfläche gewonnen" (1852; 43), kann nicht darüber hinwegtäuschen, daß für RITTER die Meere immer nur eine randliche Erscheinung in seinem geographischen Weltbild blieben.

Anders bei A. v. HUMBOLDT, für den es in seinem Streben nach "Umfassen alles Geschaffenen im Erd- und Himmelsraum", das dann seine vollendetste Ausprägung in seinem "Kosmos" gefunden hat, einfach selbstverständlich war, daß er auch die Meere in seine systematischen naturwissenschaftlichen Beobachtungen und sein erdwissenschaftliches Ideengebäude gleichrangig einbezog. Angeregt wurde er dazu schon früh durch seine Freundschaft mit Georg FORSTER, mit dem der Einundzwanzigjährige im Frühsommer 1790 eine mehrmonatige Reise vom Niederrhein nach England und Frankreich unternahm und dabei von der flandrischen Küste aus erstmals das Meer erblickte. Seitdem zog sich die wissenschaftliche Beschäftigung mit dem Meer wie ein roter Faden durch das Leben A. v. HUMBOLDTs, "welcher einen Theil seiner Bildung und viele Richtungen seiner Wünsche dem Umgang mit einem Gefährten des Capitän COOK verdankte" - so HUMBOLDT über den ersten "feierlichen" Anblick der Südsee 1802 von der Cordillere von Cajamarca/Nordperu aus (Ansichten der Natur, 3. Ausg. 1849; II, 365).

HUMBOLDTs disziplinhistorische Bedeutung und Stellung in der Entwicklungsgeschichte der Meeresforschung über seine unmittelbar auf See beobachtenden Tätigkeiten hinaus (siehe oben) hat nicht zu allen Zeiten die gleiche Würdigung gefunden. Kurz vor HUMBOLDTs Tod schrieb C. BÖTTGER, der Übersetzer von MAURYs "Physical Geography of the Sea" im Vorwort zur zweiten Auflage in "wärmster Verehrung" für HUMBOLDT: "Ihm verdankt ja die Wissenschaft neben so vielen reichen Gaben auch die erste geniale Idee, die geistige Geburt der physischen Geographie des Oceans" (1859; VI). Auch im ersten deutschen Handbuch der Ozeanographie von BOGUSLAWSKI und KRÜMMEL (1884/87) und mehr noch in der Neubearbeitung durch KRÜMMEL (1907/11), wo noch alle Fortschritte dieser neuen Disziplin von ihren Anfängen an gewürdigt wurden, gehört HUMBOLDTs Name zu den meistzitierten. KRÜMMEL hat im Vorwort zur zweiten Reihe "Ausgewählte Stücke aus den Klassikern der Geographie" (1904) - sie enthalten zwei Beiträge HUMBOLDTs über "Le Courant équinoxial et le Gulf-stream" (1816) sowie über den Perustrom (1837) - A. v. HUMBOLDT sogar ausdrücklich als Begründer einer wissenschaftlichen Ozeanographie vorgestellt. Aber zur gleichen Zeit stellte M. KRUG (1901; 20) auch schon fest, daß das, "was HUMBOLDT für den wissenschaftlichen Fortschritt der Meereskunde geleistet hat, ... man bedauerlicherweise in den Lehrbüchern der Ozeanographie nur stückweise vorfindet." Und das gilt noch mehr für die Folgezeit. So fehlt HUMBOLDTs Name z. B. nicht nur in dem von G. SCHOTT bearbeiteten Abschnitt "Das Meer" in SUPAN-OBSTs "Grundzügen der Physischen Erdkunde" (7. Aufl. 1934), sondern auch in SCHOTTs beiden großen Regionalgeographien der Ozeane innerhalb der einführenden Kapitel über die "Erforschungsgeschichte des Atlantischen Ozeans" (1942) und "Die Erforschung der indischen und pazifischen Gewässer" (1935; 16-31). Auch in BRUNs "Ozeanologie" (1958) sucht man HUMBOLDTs Namen vergeblich, während er in DIETRICHs "Allgemeiner Meereskunde" (1957) immerhin noch an vier Stellen (Vorwort, S. 4, 151 u. 287) kurz erwähnt wird.

Eine Wiederentdeckung erlebten HUMBOLDTs ozeanographische Leistungen dann anläßlich der Gedenkfeiern und -publikationen zu seinem 100. Todestag 1959 und zum 200. Geburtstag 1969. Hierzu sei besonders auf die Beiträge von G. WÜST (1959), A. DEFANT (1960), G. ENGELMANN (1969a) und G. DIETRICH (1970) verwiesen, die "HUMBOLDTs überragendes und seiner Zeit vorauseilendes Wirken in der Geschichte der Ozeanographie" (WÜST 1959; 103) sowie seine meereskundlichen Erkenntnisse im Lichte der modernen Ozeanographie behandeln, während J. THEODORIDES (1965) HUMBOLDTs Bedeutung für die Entwicklung der maritimen Biologie würdigte.

Daß in der Erforschungsgeschichte des Weltmeeres der Amerikanerin Susan SCHLEE (1974) HUMBOLDT unerwähnt bleibt, ist vielleicht weniger erstaunlich als die Behandlung, die seine ozeanographisch-disziplingeschichtliche Leistung gerade in GIERLOFF-EMDENs "Geographie des Meeres" erfährt (1980; 112). Ohne HUMBOLDT in den ideen- und wissenschaftsgeschichtlichen Zusammenhang einzuordnen, begnügt GIERLOFF-EMDEN sich mit dem Satz "Die Arbeiten A. v. HUMBOLDTs zur Meereskunde fanden mehrfach eingehende Würdigung von deutschen Ozeanographen" sowie dem speziellen Hinweis auf G. DIETRICH (1970), aus dessen Vortrag auf dem Kieler Geographentag 1969 GIERLOFF-EMDEN auf 18 Zeilen Petitsatz überwiegend unwesentliche Details zitiert, so vor allem über die Namensgebung des Humboldtstromes (1980; 112).

Demgegenüber setzt sich die Britin M. DEACON, wenn auch z. T. kritisch, wesentlich ausführlicher mit den meereskundlichen Arbeiten HUMBOLDTs auseinander, den sie als einen "of the most influential writers on marine matters of the mid-nineteenth century" apostrophiert (1971; 280). Sie bescheinigt ihm auch, in der Frage der atlantischen Vertikalzirkulation mehr als irgendein anderer zu ihrer "Popularisierung" beigetragen zu haben, hält aber Benjamin THOMPSON, Count Rumford, für ihren eigentlichen

Entdecker, da er bereits in einer Publikation des Jahres 1798 bzw. 1800 erstmals die Hypothese vom polaren Ursprung des kalten atlantischen Tiefenwassers aufgestellt habe. Zur gleichen Zeit findet sich diese Idee - will man nicht auf sehr vage vorwissenschaftliche Spekulationen eines Leonardo da VINCI oder bei FOURNIER (1667) zurückgreifen - ernsthaft vertreten aber auch bereits in J. F. W. OTTOs "System einer allgemeinen Hydrographie" (1800; 429 f.): "Wenn das Meerwasser, das nach einem Verluste eines großen Theils seiner Wärme hinabsinkt, da wo dies geschieht, nicht wieder erwärmt werden kann; so muß es, weil seine spezifische Schwere größer ist, als die des Wassers derselben Tiefe unter warmen Breiten augenblicklich anfangen, sich auf dem Grunde des Meeres nach dieser Gegend hin auszubreiten, und folglich gegen den Aequator zufließen, da denn dieses ein Strom von entgegen gesetzter Richtung auf der Oberfläche hervorbringt. Ein solcher Strom scheint der unten beschriebene Gulfstrom zu seyn. Man findet in den heißen Zonen in großen Meerestiefen, daß die Temperatur des Wassers daselbst um vieles niedriger ist, als die mittlere jährliche Temperatur in diesen Gegenden. ... Vorzüglich auffallend ist der Unterschied der Temperaturen in der Gegend der Wendekreise. Man findet zwischen der Wärme des Wassers auf der Oberfläche und in einer Tiefe von 3600 Fuß einen Unterschied von 31 Grad, indem gewöhnlich die Temperatur an der Oberfläche 84 Grad [Fahrenheit = 28,9° C] und in der erwähnten Tiefe 53 Grad [= 6,1° C] ist. Alles die Wirkung der kalten Ströme aus den Polargegenden." (vgl. schon KRÜMMELs Hinweis auf OTTO 1887; 284).

Es scheint also, als ob, durch die sich vermehrende Zahl von thermometrischen Tiefenwassermessungen gefördert, Ende des 18. Jhs. die Idee einer ozeanischen Vertikalzirkulation geradezu in der Luft gelegen hat, wobei die Priorität des Erstgedankens schwer auszumachen ist. Danach dürfte allerdings die von MERZ und WÜST 1922 geäußerte und von WÜST (1959; 96) wiederholte Behauptung, daß A. v. HUMBOLDT "bereits 1811-14 die erste auf Beobachtungen gegründete Hypothese über die ozeanische Vertikalzirkulation aufgestellt" habe, nur bedingt Gültigkeit haben. HUMBOLDT hatte zweifellos den Vorteil einer größeren Beweiskraft, da er sich auf eine Fülle neuerlicher Tiefenmessungen der Temperatur und des spezifischen Gewichtes stützen konnte, so u. a. von HORNER (1812), CHAMISSO und KOTZEBUE (1821) sowie LENZ (1831), der dann auch erstmals ein Modell der ozeanischen Vertikalzirkulation entwarf (1845/46 u. 1847). Darauf fußend, konnte HUMBOLDT die OTTOsche Hypothese allerdings wesentlich erweitern und verallgemeinern, wie im Bericht seiner "Reise in die Aequinoctial-Gegenden" (1861; 43-46), im "Central-Asien"-Werk (1844; II, 217-219) und im "Kosmos" (1845; I, 322 f.) geschehen. Ausführlich unterrichtet über die Erforschungsgeschichte der meridionalen Tiefenzirkulation im Atlantik hat vor einigen Jahren G. WÜST (1968), wobei er erstmals auch J. F. W. OTTO erwähnte (vgl. auch DEACON 1978).

Den Schlüssel für das Verständnis der weiteren Entwicklung der Ozeanographie vorrangig in Deutschland zunächst als Teildisziplin der Geographie liefern vor allem zwei disziplingeschichtlich besonders wichtige Beiträge:

einmal G. WÜSTs Abhandlung über "Alexander von HUMBOLDTs Stellung in der Geschichte der Ozeanographie" (1959), in der mit ausführlichen und treffenden Zitaten aus HUMBOLDTs meereskundlichen Arbeiten neben seiner Hypothese über die ozeanische Vertikalzirkulation seine Anschauungen über die Entstehung der Oberflächenzirkulation der Ozeane sowie seine Beiträge zur Erkenntnis des Golf- und Perustrom-Phänomens belegt sind - zum anderen die geographiegeschichtlich besonders interessante, bibliographisch bestens dokumentierte Untersuchung G. ENGELMANNs (1969a) zu A.v. HUMBOLDTs Abhandlung über die Meeresströmungen, die bei GIERLOFF-EMDEN (1980) nicht erwähnt wird.

HUMBOLDT, den seine "eigentümliche Vorliebe für das Meer" im Laufe seines langen Forscherlebens zur Auseinandersetzung mit einer Fülle meereskundlicher Probleme trieb, hat sich mit keinem Meeresphänomen über so lange Zeit und so intensiv befaßt wie mit den Meeresströmungen, beginnend mit der Überfahrt in die "Aequinoctial-Gegenden des neuen Continents" 1799 bis 1858 in sein letztes Lebensjahr hinein. Zwar war das Problem der Meeresströmungen schon seit den 1770er Jahren höchst aktuell geworden durch die Golfstromuntersuchungen des Amerikaners Benjamin FRANKLIN, den H. KRUG (1901; 12) wegen seiner 1770 publizierten ersten Golfstromkarte mit Geschwindigkeitsangaben wohl etwas überspitzt als "Begründer der ozeanischen Kartographie" bezeichnete, sowie des britischen Flottenarztes Charles BLAGDEN, der wie FRANKLIN durch "Thermometrische Reisen" die Begrenzung des Golfstromes als eines "Seeflusses" ermittelte, "der sich, wie ein Landfluß, innerhalb scharf gezogener Grenzen bewege" (KOHL 1868; 114). Aber hinter diesen Untersuchungen standen handfeste praktische Bedürfnisse einer konkurrierenden Nordatlantik-Schiffahrt, insbesondere während des amerikanischen Unabhängigkeitskrieges 1775-83, wie auch die "Hydraulic and Nautical Observations on the Atlantic Ocean, addressed to Navigators" von POWNALL aus dem Jahr 1787 beweisen (vgl. ausführlich darüber bei KOHL 1868 u. KRUG 1901).

"Der Mann indes, welcher in dem ersten Viertel des 19. Jahrhunderts mehr als alle übrigen für die Förderung der Erforschung der Verhältnisse des Golfstromes wirkte, war Alexander von HUMBOLDT. ... und da HUMBOLDTs Werke alsbald in alle Sprachen Europas übersetzt wurden, so kann man sagen, daß er die Kenntnisse des Gegenstandes weiter in die Welt verbreitet und vor ein größeres Publikum brachte, als irgendein Anderer", schrieb J. G. KOHL (1868; 123). Erst durch HUMBOLDT wurde Anfang des 19. Jhs. das Golfstromproblem zu einem wissenschaftlichen Objekt der physikalischen Geographie, und "von dem Augenblick an, wo die Geographie selbst sich des Gegenstandes bemächtigte, erhält die ganze Frage ein anderes Gesicht..." (KRUG 1901; 19). Denn mit HUMBOLDT, der von Georg FORSTER nicht nur zur erdräumlich vergleichenden Sicht, sondern auch zum Sehen und Erfassen von Landschaften als dem "Totalcharakter einer Erdgegend" angeleitet worden war, wurden erstmals nach VOSSIUS die großräumigen Zusammenhänge von Golf- und Äquatorialstrom im "Kreislauf" der nordatlantischen Meeresströmungen wieder ins Bewußtsein gerufen (HUMBOLDT 1816 bzw. 1904). In den "Ansichten der Natur"

Ueber Meeresströmungen im allgemeinen;

und über die kalte peruanische Strömung der Südsee, im Gegensatze zu dem warmen Golf- oder Florida-Strome.

(Eine ungedruckte Abhandlung [1], von welcher ein kleiner Theil in der Sitzung der Akademie der Wissenschaften zu Berlin vom 27 Juni 1833 gelesen worden ist.)

Wenn man sich gewöhnt, wie es eine höhere Ansicht der physischen Erdbeschreibung erheischt, die verschiedenartig scheinenden Phänomene des Naturganzen in ihrem Zusammenhange zu betrachten, so erkennt man die auffallendsten Analogien in den flüssigen Schichten, welche den starren Erdball umgeben. In dem unmittelbar mit Wasser bedeckten Theile der Erdoberfläche, wie in der Atmosphäre, welche das Meer und die Feste umhüllt, bewegen sich einzelne Massen des Flüssigen zwischen ruhenden oder anders bewegten Theilen, die gleichsam die Ufer der atmosphärischen oder oceanischen Strömungen bilden.

Die genauere Kenntniß der zwiefachen Art von Strömungen

[1] Von der in der Akademie gelesenen Abhandlung, die im Jahr 1855 vervollständigt wurde, sind mehrere Auszüge bereits im Jahr 1837 vom Prof. Berghaus veröffentlicht worden in zweien seiner lehrreichen Schriften: in der Allgemeinen Länder- und Völkerkunde Bd. I. S. 497—500, 575—592, 610—612; und in seinem Almanach für Freunde der Erdkunde S. 348—362.

Abb. 4: Alexander von HUMBOLDTs ungedruckte Abhandlung über die Meeresströmungen: Seite 31 des für die nie erschienenen "Kleineren Schriften" vorgesehenen Korrekturbogens

(1849; I, 193-201) spricht er vom "großen Wirbel" um das zwar schon von KOLUMBUS entdeckte Sargassomeer, das aber "erst durch HUMBOLDTs fesselnde, wenn auch leider nicht immer zutreffende Schilderung" populär gemacht wurde (vgl. KRÜMMEL 1891; 131). Leider ist die von HUMBOLDT 1804 begonnene und nach eigenen Angaben in mehreren Auflagen gedruckte "Carte de l' Océan Atlantique boreal" bis heute verschollen geblieben (vgl. darüber ausführlich bei KOHL 1868; 125 f. und KRUG 1901; 2o f. u. Anm. 34). In sie hatte HUMBOLDT erstmals nicht nur die Wassertemperaturen, sondern gegenüber dem auf FRANKLIN zurückgehenden starren Golfstrombild auch die Veränderlichkeit seiner Umgrenzung, d. h. die jahreszeitlichen Lageveränderungen, ferner die Gabelung in einen nach SO (Afrika) und nach NO gegen die Küsten Europas gerichteten Stromast sowie "d' autres phénomènes qui interessent la géographie physique" eingetragen (HUMBOLDT 1816 bzw. 1904; 7 u. Anm. 1). Verwunderlich ist allerdings, daß gerade diese Hinweisstelle auf HUMBOLDTs Nordatlantik-Karte in der von ihm autorisierten deutschen Bearbeitung der "Reise in die Aequinoctial-Gegenden" durch HAUFF (1861; I 37) entfallen ist und daß auch BERGHAUS die Karte nie erwähnt, während KOHL (1868; 125) schrieb: "HUMBOLDTs Golfstromkarte wurde häufig copiert, und da man sie als das getreueste Bild des Golfstroms betrachtete, so schlich sie sich in fast alle oceano- und kartographischen Werke der Folgezeit ein."

Noch bedauerlicher als der Verlust dieser Karte ist das Nichterscheinen der von HUMBOLDT über zwei Jahrzehnte geplanten und im Manuskript immer wieder überarbeiteten großen Abhandlung über die Meeresströmungen (vgl. ausführlich darüber ENGELMANN 1969a). Nach den an verstreuten Stellen sich findenden Vorarbeiten zum Thema "Meeresströmungen" hat HUMBOLDT, seine eigenen Erfahrungen, Beobachtungen und Ideen zusammenfassend, erstmals im Laufe des Jahres 1833 in drei bedeutsamen Vorträgen vor der Akademie der Wissenschaften zu Berlin und der Versammlung der deutschen Naturforscher und Ärzte in Breslau sich zusammenhängend und ausschließlich über Meeresströmungen verbreitet - vielleicht angeregt durch das 1832 postum erschienene Werk über "An Investigation of the Currents of the Atlantic Ocean" des Major James RENNELL, des Altmeisters der britischen Geographie, den HUMBOLDT anläßlich seiner endgültigen Übersiedlung von Paris nach Berlin auf dem Umweg über London 1827 besuchte, um von ihm alle wünschenswerten Zahlen, vor allem über Wassertemperaturen im Atlantik zu erhalten. Die von HUMBOLDT 1833 unter wechselnden Ankündigungstiteln gehaltenen Vorträge handelten alle über Meeresströmungen im allgemeinen und über die kalte peruanische Strömung der Südsee im Gegensatz zu dem warmen Golf- oder Florida-Strom "und den Einfluß derselben auf die benachbarten Länder". Gerade die gleichzeitige und vergleichende Beschäftigung mit dem Golf- und dem Perustrom, als dessen wissenschaftlicher Entdecker HUMBOLDT ohne Zweifel angesehen werden darf, ist eine spezifisch geographische Leistung HUMBOLDTs, die zum Erkennen zweier kontrastierender Meeresströmungen unterschiedlicher Raumwirksamkeit führte.

1839 zunächst dem Verleger COTTA als selbständige Veröffentlichung angeboten, später für den als "Oceania" geplanten, aber nie erschienenen zweiten Sammelband der "Kleineren Schriften" vorgesehen, hat HUMBOLDT jedoch um 1857 die Drucklegung der Abhandlung über die Meeresströmungen kurz vor ihrer Vollendung abgebrochen. Nachdem HUMBOLDT "in der ihm eigenen Unbekümmertheit" (ENGELMANN 1969; 109) Mitte der 1830er Jahre seinem engsten geographischen und kartographischen Mitarbeiter Heinrich BERGHAUS ein handschriftliches "Memoir über Meeresströmungen" für einen Atlas zum "Kosmos" zur Verfügung gestellt, BERGHAUS dieses jedoch größtenteils in wörtlicher Wiedergabe für seinen "Abriß der Physikalischen Erdbeschreibung" als Band I der "Allgemeinen Länder- und Völkerkunde" (1837) sowie für seinen "Almanach" (1837) verwendet hatte, sind - heute muß man sagen glücklicherweise - doch Teilstücke von HUMBOLDTs Abhandlung über die Meeresströmungen zur Veröffentlichung gekommen. Auszüge daraus finden sich außer bei BERGHAUS (1837) auch bei KRÜMMEL (1904; 1-26) und WÜST (1959; 98-100). Gleichwohl wäre es höchst verdienstvoll und für alle Forschungen zur geographischen und speziell ozeanographischen Disziplingeschichte ein großer Gewinn, wenn die im COTTA-Archiv in Marbach am Neckar lagernden 115 Korrekturbogenseiten von HUMBOLDTs Abhandlung, die den handschriftlichen Vermerk seines Mitarbeiters BUSCHMANN tragen: "Der Bogen ist fehlerlos und kann ohne weiteres abgezogen werden" (ENGELMANN 1969; 108), mit den heute so günstigen Vervielfältigungsverfahren vollständig einer interessierten Öffentlichkeit zugängig gemacht werden könnten. Denn hier handelt es sich um die umfangreichste, thematisch und inhaltlich geschlossenste Arbeit HUMBOLDTs zur Meereskunde, während seine zahlreichen Beiträge und Äußerungen zur Hydrographie des Meeres sich unzusammenhängend sogar versteckt in seinen großen Reisewerken, in den "Ansichten der Natur", im "Kosmos" oder bei BERGHAUS finden. Gerade die vieles zusammenfassende Abhandlung über die Meeresströmungen würde, auch unvollendet, das Bild des Meeresforschers Alexander von HUMBOLDT klarer und einheitlicher erkennen lassen.

4.3. H. BERGHAUS' BEDEUTUNG FÜR DIE ENTWICKLUNG DER MEERESKUNDE

Vielleicht deshalb konnte ein anderer Mann durch seine außerordentlichen Aktivitäten zunächst sogar nachhaltiger als HUMBOLDT und entscheidend auf die Weiterentwicklung der Meereskunde in Deutschland einwirken: Heinrich BERGHAUS (1797-1884), der als gelernter "Ingenieurgeograph" der Preußischen Landesaufnahme und Hörer Carl RITTERs 1828 der aktivste Anreger und Mitbegründer der Gesellschaft für Erdkunde zu Berlin und einer der international bedeutendsten Kartographen seiner Zeit wurde, wodurch er schon 1815 die Bekanntschaft und spätere Freundschaft mit A. v. HUMBOLDT gewann (vgl. H. BECK 1956, ENGELMANN 1979). BERGHAUS - als Persönlichkeit bisweilen etwas schillernd und oft glücklos - erschien den Zeitgenossen neben HUMBOLDT und RITTER stehend, wenn auch in methodischer Abhängigkeit von beiden. Aber schon bei seinem Tod war er fast vergessen und wurde erst in jüngster Zeit von der Wissenschaftsge-

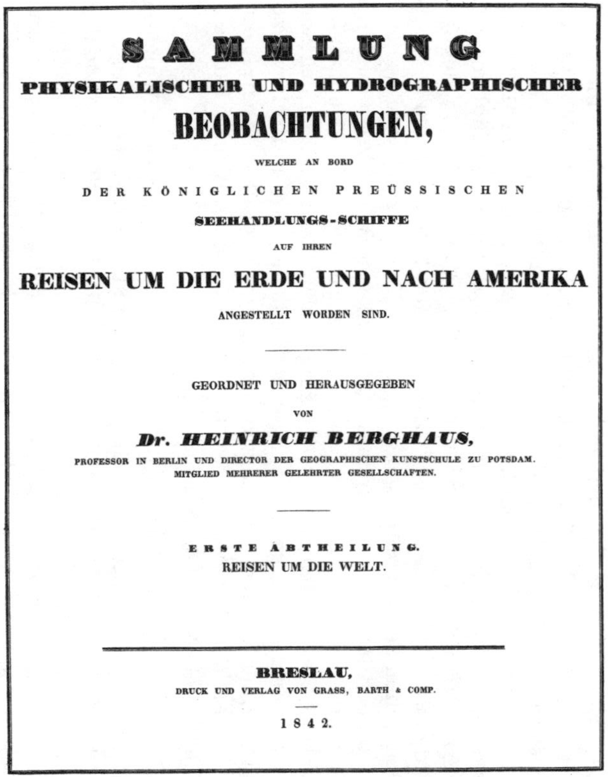

SAMMLUNG
PHYSIKALISCHER UND HYDROGRAPHISCHER
BEOBACHTUNGEN,
WELCHE AN BORD
DER KÖNIGLICHEN PREÜSSISCHEN
SEEHANDLUNGS-SCHIFFE
AUF IHREN
REISEN UM DIE ERDE UND NACH AMERIKA
ANGESTELLT WORDEN SIND.

GEORDNET UND HERAUSGEGEBEN
VON
Dr. HEINRICH BERGHAUS,
PROFESSOR IN BERLIN UND DIRECTOR DER GEOGRAPHISCHEN KUNSTSCHULE ZU POTSDAM.
MITGLIED MEHRERER GELEHRTER GESELLSCHAFTEN.

ERSTE ABTHEILUNG.
REISEN UM DIE WELT.

BRESLAU,
DRUCK UND VERLAG VON GRASS, BARTH & COMP.
1842.

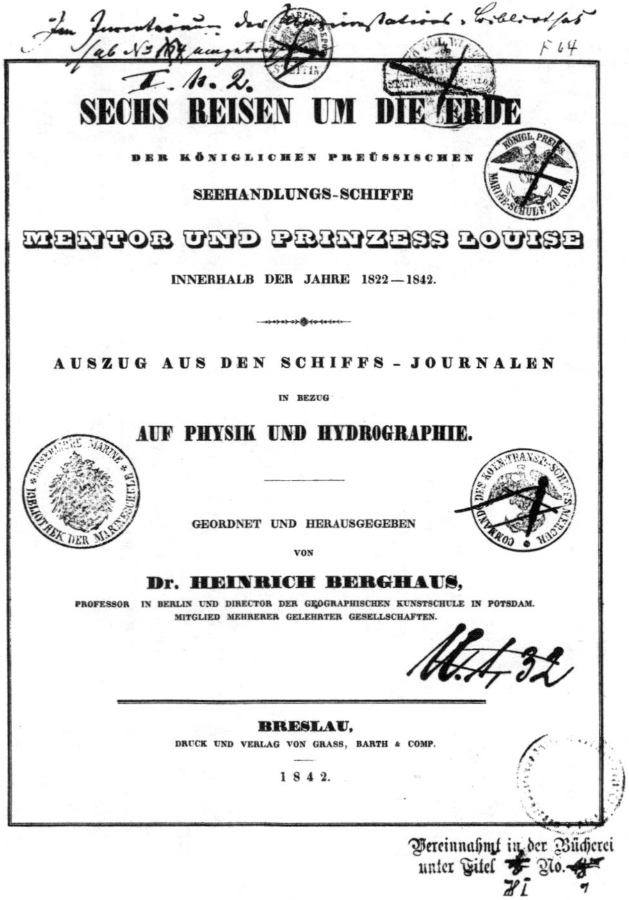

SECHS REISEN UM DIE ERDE
DER KÖNIGLICHEN PREÜSSISCHEN
SEEHANDLUNGS-SCHIFFE
MENTOR UND PRINZESS LOUISE
INNERHALB DER JAHRE 1822—1842.

AUSZUG AUS DEN SCHIFFS-JOURNALEN
IN BEZUG
AUF PHYSIK UND HYDROGRAPHIE.

GEORDNET UND HERAUSGEGEBEN
VON
Dr. HEINRICH BERGHAUS,
PROFESSOR IN BERLIN UND DIRECTOR DER GEOGRAPHISCHEN KUNSTSCHULE IN POTSDAM.
MITGLIED MEHRERER GELEHRTER GESELLSCHAFTEN.

BRESLAU,
DRUCK UND VERLAG VON GRASS, BARTH & COMP.
1842.

Abb. 5: Anfänge der Hydrographie in Deutschland: Heinrich BERGHAUS' Auswertung der Reiselogbücher der Preußischen Seehandlungsgesellschaft

schichte in seiner disziplinhistorischen Stellung und Bedeutung ob seiner Verdienste um die Fortschritte und Verbreitung der Geographie und besonders der Meereskunde wiedererkannt, obwohl selbst nie aktiv forschend auf dem Meer tätig gewesen. Zunächst einmal war BERGHAUS ein unermüdlicher Sammler und Verarbeiter von Informationen, wobei hier vor allem seine ozeanographische Informationstätigkeit mit "Seefahrernachrichten" und kleinen Beiträgen zu erwähnen ist. Dazu bediente er sich seiner verschiedenen, leider immer nur sehr kurzlebigen Gründungen von Periodika wie der geographischen Zeitung "Hertha" (1825-29), der "Annalen der Erd-, Völker- und Staatenkunde" (1829-43), des "Almanach, den Freunden der Erdkunde gewidmet" (1837-41) oder schließlich der vier Jahrgänge des "Geographischen Jahrbuches" (1850-52).

BERGHAUS hatte früh den hohen Wert von Schiffstagebüchern für die Weiterentwicklung der ozeanographischen Kartographie und der Meereskunde erkannt. Dazu boten sich ihm vor allem die Schiffsjournale des erwähnten preußischen Seehandlungs-Instituts an, die er zunächst für die Darstellung der Hydrographie des Meeres in seinen "Grundzügen der physikalischen Erdbeschreibung" (1837/38) auswertete. Zur gleichen Zeit erschienen im "Almanach" für das Jahr 1837 seine 136 Seiten umfassenden "Beiträge zur Hydrographie der größeren Oceane" ebenfalls auf der Grundlage der preußischen Seehandlungs-Schiffsreisen. Und als BERGHAUS 1840 die Schiffsjournale von 133 Fahrten aller Seehandlungsschiffe erhielt, begann er 1842 mit der Herausgabe einer ersten wohlgeordneten "Sammlung physikalischer und hydrographischer Beobachtungen" von Reisen um die Erde der Seehandlungsschiffe "Mentor" und "Prinzeß Louise" zwischen 1822 und 1840. Es folgten weitere Veröffentlichungen, u.a. in COTTAs "Allgemeiner Zeitung" 1844 und 1845. J.F. MEUSS, der als Veröffentlichung des Instituts für Meereskunde zu Berlin die Geschichte des königlich-preußischen Seehandlungs-Instituts schrieb, durfte wohl mit Recht feststellen (1913; 192) "Was für die Meereskunde aus den Schiffsjournalen herauszuholen ist, hat Heinrich BERGHAUS ans Licht gebracht." Was BERGHAUS begonnen, wurde später in den Jahresberichten der Norddeutschen (1868-75) und der anschließenden Deutschen Seewarte fortgesetzt, deren Existenz - wenn auch nicht direkt - so doch letztlich auf einen schon 1832 von BERGHAUS an den Preußischen Innenminister herangetragenen Plan zurückgeht, "in Deutschland und namentlich in Preußen ein Institut zu gründen, welches den deutschen Seefahrer mit denjenigen nautisch-hydrographischen Hilfsmitteln versorge, die ihm auf seinen Reisen von Land zu Land, von Erdteil zu Erdteil ein unentbehrlicher Wegweiser sind durch die oceanischen Wasserräume" (cit. n. ENGELMANN 1966; 310).

Mit seiner kompilatorischen Darstellung "Von der allgemeinen Wasserhülle, oder dem Ocean" als erster Abteilung des "Umrisses der Hydrologie und Hydrographie (1837/38; II, 402-640) hat BERGHAUS in den "Grundzügen der physikalischen Erdbeschreibung", die den Vorspann seiner sechsbändigen "Allgemeinen Länder- und Völkerkunde" (1837-46) bildet, eine ausgezeichnete und auf 238 Seiten z.T. sehr detaillierte Übersicht über den damaligen Stand des meereskundlichen Wissens gegeben. Ein Vergleich mit dem fast 40 Jahre älteren "System einer allgemeinen Hydrographie des Erdbodens" von J.F.W. OTTO (1800), an das sich BERGHAUS in seiner allerdings wesentlich differenzierteren Stoffgliederung eng anlehnt, zeigt sehr eindrucksvoll die außerordentlichen Fortschritte in der Erforschung des Meeres auf allen Sachgebieten während der ersten Hälfte des 19. Jahrhunderts, ganz besonders im Bereich der Meeresströmungen, die unter ausgiebiger Verwendung HUMBOLDTscher Texte mit 94 Seiten 2/5 des Gesamtumfangs ausmachen. Als separate Publikation hätte diese abgerundete und lange Zeit vielzitierte Darstellung der Meereskunde von H. BERGHAUS, die eher den allerdings erst später von HUMBOLDT aufgebrachten Titel einer "Physikalischen Geographie des Meeres" verdient hätte als MAURYs "Physical Geography of the Sea" (1855), zweifellos weitere Verbreitung und vielseitigere Anerkennung gefunden.

1852 hat der Prager Arzt A.F.P. NOWAK in einem "Der Ocean" betitelten, über 500 Seiten starken Buch unter wörtlicher Wiedergabe endloser Passagen aus dem BERGHAUSschen Text diese als Aufhänger zur "Prüfung der bisherigen Ansichten über das Niveau, die Tiefe, die Farbe, das Leuchten, den Salzgehalt, die Temperatur, die Strömungen, die Ebbe und Fluth und die sonstigen Bewegungen des Meeres" verwendet und unter Ablehnung fast aller bis dahin gültigen Theorien die "Erklärung eben dieser Phänomene vom Standpunkt eines neuen gemeinschaftlichen Princips" versucht, und zwar mit Hilfe einer eigenen phantastischen Theorie eines mit heißem Wasserdampf gefüllten geschlossenen "tellurischen Hohlraumes" zwischen Erdrinde und -kern - ein im kritischen Teil zwar gedankenreiches Buch, das jedoch von der Wissenschaft mit Recht nie ernstgenommen worden ist ganz im Gegensatz zu den hundert Jahre vorher erschienenen, ebenfalls zeitkritischen "Untersuchungen vom Meer" von NOWAKs österreichischem Landsmann J.S.V. POPOWITSCH (1750).

H. BERGHAUS, dessen bedeutendste ozeanographische Eigenleistung zweifellos im Bereich der Kartographie liegt, begann 1832 mit der Herausgabe seines "Allgemeinen Seeatlas", der jedoch wegen fehlender staatlicher Unterstützung und mangels Absatzes nicht über zehn Blätter europäischer Gewässer hinaus kam (vgl. ausführlich darüber bei ENGELMANN 1966). Diese ersten Blätter, in denen neben einer differenzierten Küstenzeichnung u.a. Isobathen, Bodenbedeckung, Flutzeiten und vor allem Wasserströmungen durch Pfeile zur Darstellung kamen, gaben immerhin A. ZEUNE, den Vorgänger RITTERs an der Berliner Universität und Mitbegründer der Berliner Geographischen Gesellschaft, Anlaß zu einer Untersuchung über den "Seeboden um Europa" (1834), die jedoch ebenfalls ein Fragment blieb. Kurz vorher hatte ZEUNE (1830) in der dritten Auflage seiner erstmals 1808 erschienenen "Gea", ein "Versuch, die Erdrinde sowohl im Land- als Seeboden mit Bezug auf Natur- und Völkerleben zu schildern", Seetiefländer, Seehochländer und Seeberge unterschieden und diese in zwei kleinmaßstäbigen Planiglobenkarten zum ersten Mal ähnlich gestufter Schummerung "in sogenannter gekörnter oder getuschter Art (aqua tinta) ... darzustellen" versucht.

BERGHAUS' Allgemeinem See-Atlas folgten sechs Seekarten asiatischer Meeresräume als Teil des "Großen Atlas der außereuropäischen Erdteile. 1. Abt. Asia" (1833-37) sowie der mit nur zehn Blättern ebenfalls unvollständig gebliebene in englischer Sprache im Selbstverlag herausgebrachte "Royal Prussian Maritime Atlas" (1838-47) für Teile des Atlantischen und Pazifischen Ozeans (ENGELMANN 1966). Diese Sammlung hydrographisch-physikalischer Karten, bearbeitet nach den Beobachtungen an Bord der preußischen Seehandlungsschiffe, waren z. T. als "Sailing Directories" angelegt und damit Vorläufer der erst in den 1850er Jahren herausgekommenen "Explanations and Sailing Directions" des amerikanischen Seeoffiziers M. F. MAURY (1851 ff.) für die nordamerikanischen Meeresgebiete. Wie weit BERGHAUS mit seinen Seekartenwerken der Zeit vorauseilte, zeigt die Tatsache, daß der preußische Staat erst 1863 die erste amtliche Seekarte eines überseeischen Gebietes herausbrachte und eine systematische Bearbeitung außerdeutscher Meeresteile erst 1900 durch die deutsche Admiralität beschlossen wurde.

Was BERGHAUS jedoch zum "berühmtesten deutschen Kartographen" (PARTSCH in G. Z. 1901; 4) gemacht hat, war zweifellos sein ursprünglich von HUMBOLDT (1827) als Atlas zum "Kosmos" angeregter, später dann selbständig bei PERTHES erschienener "Physikalischer Atlas (1. Aufl. 1838-48, 2. Aufl. 1849/52) - die erste Sammlung thematischer Karten in Atlasform in der Disziplingeschichte der Geographie. Seine kartographische Vollendung erfuhr dieser Atlas dann in der von Alexander Keith JOHNSTON in Zusammenarbeit mit H. BERGHAUS und dessen Schülern H. LANG und A. PETERMANN in Edinburgh herausgegebenen englischen Großfolio-Ausgabe des "Physical Atlas" (1846) und ganz besonders in dessen zweiter verbesserter Auflage (1856; vgl. ausführlich bei ENGELMANN 1964).

Nach der ersten Abteilung des BERGHAUSschen "Physikalischen Atlas", dem "Meteorologisch-Klimatologischen Atlas", der u. a. auch für die Ozeane die Temperatur-, Niederschlags-, Luftdruck- und Windverhältnisse - letztere speziell und detailliert für den Nordatlantik - enthält, bietet die zweite Abteilung den "allgemeinen Hydrographischen Atlas". Von dessen 16 Karten sind sechs den Meeren gewidmet, davon zwei dem zeitlichen Auftreten der Flutwellen auf dem Weltmeer und speziell im Bereich der atlantisch-europäischen Meere. Drei weitere Karten stellen je für den Atlantischen, Großen und Indischen Ozean die Meeresströmungen, Verteilung der Oberflächenwasser-Temperatur, der Schiffshandelsstraßen und zahlreiche andere Erscheinungen dar (Tiefenangaben, Eisberge, Fucus-Bänke, Flaschenposten, Küstenformen etc.); eine letzte Karte zeigt den warmen Golf- und kalten Perustrom in "Parallele nach geographischer Lage und Ausdehnung dargestellt." BERGHAUS konnte sich dabei unter Auswertung der älteren wie neuesten Literatur besonders von HUMBOLDT, RENNELL, PURDY, ROMME u. a. auf ein umfangreiches Beobachtungsmaterial, z. T. neuesten Datums stützen, vor allem das der preußischen Seehandlungs-Schiffsjournale und vieler anderer auch ausländischer Schiffsreisen. Bezüglich der Methode der Materialverarbeitung und kartographischen Darstellung konnte BERGHAUS sich an ein bedeutendes britisches Vorbild halten: Major James RENNELL.

4.4. FRÜHE WECHSELSEITIGE BEZIEHUNGEN DEUTSCHER UND ANGELSÄCHSISCHER MEERESFORSCHUNG

In einer von Fr. RATZEL angeregten, als "Beitrag zur Geschichte der Erdkunde" betitelten Dissertation über J. RENNELL (1758-1830) beschreibt C.A. FRENZEL (1904) diesen als den "Schöpfer der neueren englischen Geographie", und M. DEACON (1971; 223) bezeichnet ihn als "the leading British geographer of his days." RENNELL, der als Seemann begonnen, als Oberlandmesser der East India Company zum bedeutendsten britischen Kartographen seiner Zeit und durch mehrere historisch-geographische Untersuchungen, seine Abhandlung zur Karte von Hindustan sowie die Kommentare und Karten zu den von der unter seiner Mitwirkung 1788 begründeten "African Association" gesammelten Reiseberichte zum Geographen geworden war - die noch von ihm angeregte Gründung der Royal Geographical Society (1830) erlebte er nicht mehr -, verknüpfte erstmals in Großbritannien die bis dahin weitgehend von der Royal Navy und der "Royal Society" getragene, fachunabhängige Erforschung des Meeres mit der wissenschaftlichen Geographie. Bereits 1778 hatte er eine Karte des Agulhas-Stromes entworfen (vgl. Abb. 14 in DEACON 1971; 221) und sich seit 1793 um den Nachweis eines wenigstens zeitweise aus der Biscaya heraus nordwärts driftenden, jedoch nicht existenten "RENNELL-Stromes" bemüht. Viel beachtet wurde dann seine der "Investigation of the Currents of the Atlantic Ocean" (1832) beigegebenen Karte der atlantischen Strömungen (vgl. Abb. 15 in DEACON 1971; 224). Dafür hat RENNELL aus zahllosen von Seefahrern bis Anfang der 1820er Jahre beobachteten Stromversetzungen, die er aus den bei der britischen Admiralität gesammelten Schiffsjournalen entnahm, eine mittlere Stromrichtung für eine Vielzahl von Örtlichkeiten im Atlantik zu ermitteln und durch kurze Pfeile darzustellen versucht. Nach O. KRÜMMEL (1887; 329) ist James RENNELL dadurch zum "Schöpfer der statistischen Methode" in der Ozeanographie geworden. Aus dem nämlichen Grund bezeichnet KRÜMMEL an gleicher Stelle Heinrich BERGHAUS als "nächsten Nachfolger RENNELLs", da er nach der gleichen Methode, nunmehr jedoch für alle Ozeane, die bis dahin kartographisch besten ozeanographischen Karten entworfen hat. Bedauerlicher, ja unverständlicherweise übernahm BERGHAUS für den atlantischen Ozean allerdings auch eine Reihe von Irrtümern und Mängel der RENNELLschen Karte, die in manchem einen eindeutigen Rückschritt gegenüber v. HUMBOLDTs zutreffenderen Vorstellungen bedeutete (vgl. dazu auch die Kritik an RENNELL bei KOHL 1868; 136ff., KRUG 1901; 22ff. und DEACON 1971; 222 sowie an BERGHAUS' Karte des Atlantischen Ozeans bei KRUG 1901; 24).

Es erscheint daher doch etwas fragwürdig, RENNELL schlechthin zum "Vater dieser jungen geographischen Disziplin", nämlich der Ozeanographie oder Meereskunde machen zu wollen, wie bei FRENZEL (1904; 182) geschehen. Unzutreffend ist auch der Hinweis von KOHL (1868; 144), daß RENNELL 1832 der erste gewesen sei, "der den Nutzen und die Notwendigkeit gleichzeitig angestellter Beobachtungen in verschiedenen Partien des Golfstroms klar machte und anemfpahl". Bereits 1814 hatte A.v. HUMBOLDT im ersten Band der "Relation Historique" (p. 72f.) die Entsendung von "Schiffen mit vorzüglichen Chronometern im Meerbusen von Mexiko und nördlichen Ocean ... ganz eigens zum Zweck, um zu ermitteln, in welchem Abstand sich der Golfstrom in den verschiedenen Jahreszeiten und unter dem Einfluß der verschiedenen Winde südlich von der Mündung des Mississippi und ostwärts von den Vorgebirgen Hatteras und Codd hält" (cit. n. ENGELMANN 1959; 105). Das gelang erst Anfang der 1850er Jahre dank der Initiative und Organisationsgabe des US-amerikaschen Marine-Offiziers Matthew Fontaine MAURY (1806-1873).

MAURY, ab 1842 bis 1861 Chef des "Depot of Charts and Instruments" und späteren "Hydrographic Office" der US-Navy, hatte - wie vor ihm RENNELL - alle erreichbaren Beobachtungen und Daten über Meeresströmungen, Wassertemperaturen, Wind- und Wetterverhältnisse aus den Schiffstagebüchern der amerikanischen Kriegs- und Handelsmarine gesammelt und darauf basierend ab 1847 zahlreiche "Wind and Current Charts" und "Pilot Charts" mit Winddiagrammen sowie ab 1851 die sie begleitenden "Explantations and Sailing Directions" herausgegeben. Ab 1849 ließ MAURY durch depoteigene Schiffe mittels des 1850 von dem Seekadetten John BROOKE entwickelten Tiefseelotes, das praktisch eine Weiterentwicklung des von dem deutschen Kardinal Nikolaus CUSANUS 1425 konzipierten "Explorator profunditatis distantiae abyssi" ist, zahlreiche Tiefenmessungen durchführen, aufgrund deren er 1854 die erste brauchbare Tiefenkarte des Nordatlantiks herausbringen konnte (vgl. bei G. SCHOTT 1942; 29 Fig. 10). In fünf Tiefenstufen von unter 1 000 bis über 4 000 Faden läßt sie erstmals etwas von der Becken- und Schwellengliederung erkennen. MAURYs größter und bleibendster Erfolg wurde die von ihm in die Wege geleitete Brüsseler Konferenz 1853, die - von den USA und neun europäischen Staaten mit Sachverständigen beschickt - eine einheitliche Organisation meteorologisch-ozeanographischer Beobachtungen auf See beschloß (vgl. H. SCHUMACHER 1953). Sie wurde die erste internationale Vereinbarung über die systematische klimatologische und hydrographische Erforschung des Weltmeeres, der 1855 neben sechs weiteren Staaten auch Preußen, Hamburg und Bremen beitraten.

Auf dem Rückweg von Brüssel über Berlin besuchte MAURY den hochbetagten Alexander von HUMBOLDT, mit dem er seit einigen Jahren in Briefwechsel stand und der ihm gegenüber bei dieser Gelegenheit die Meinung äußerte, "daß die durch dieses System der Forschung gewonnenen Resultate schon jetzt ein neues Fach der geographischen Wissenschaft, welches er die Physische Geographie des Meeres genannt hat, ins Leben zu rufen im Stande sind" (MAURY/BÖTTGER 1859; 7). Damit war der Titel des 1855 erschienenen Werkes "The Physical Geography of the Sea" geboren, das noch zu Lebzeiten MAURYs außer der Übersetzung in sechs fremde Sprachen über zehn mehrfach verbesserte und erweiterte amerikanische Auflagen erlebte, seit 1861 unter dem Titel "The Physical Geography of the Sea and its Meteorology". Ein Jahrhundert später hat der amerikanische Geograph John LEIGHLY (1963) eine Neuausgabe von MAURYs Werk

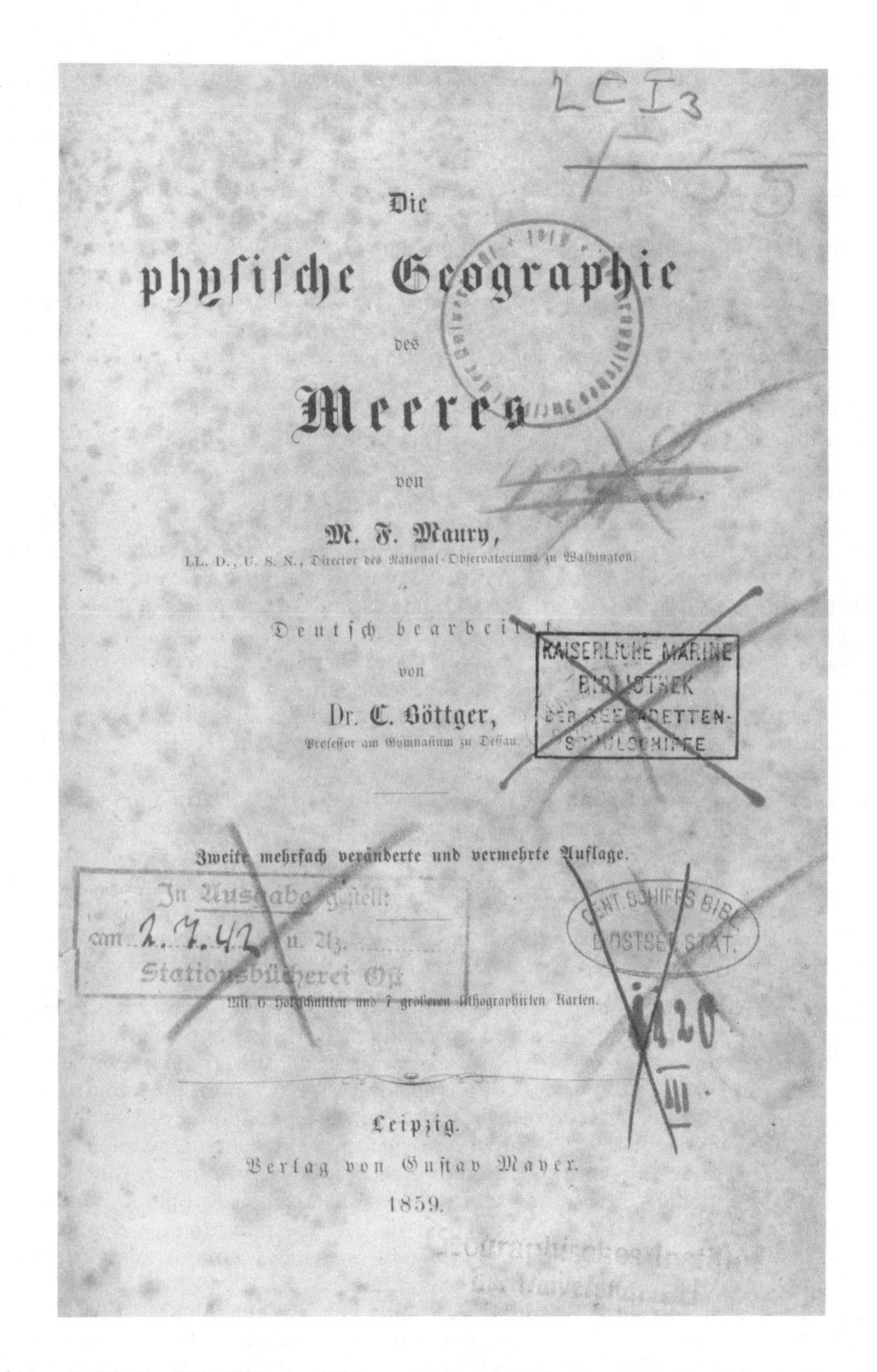

Die

physische Geographie

des

Meeres

von

M. F. Maury,

LL. D., U. S. N., Director des National-Observatoriums zu Washington.

Deutsch bearbeitet

von

Dr. C. Böttger,

Professor am Gymnasium zu Dessau.

Zweite mehrfach veränderte und vermehrte Auflage.

Mit 6 Holzschnitten und 7 größeren lithographirten Karten.

Leipzig.

Verlag von Gustav Mayer.

1859.

Abb. 6: M.F. MAURY als Mitbegründer der Geographie des Meeres: Bibliothekarischer Weg eines berühmten, aber auch umstrittenen Buches

herausgebracht mit einer sehr informativen 20seitigen "Introduction". Bereits 1856 erschien eine deutsche Bearbeitung von MAURYs "Physischer Geographie des Meeres" durch C. BÖTTGER, über die HUMBOLDT sich brieflich äußerte: "Sie haben eine vortreffliche deutsche Ausgabe des trefflichen, freilich etwas unvollständigen Buches meines Freundes MAURY geliefert mit Karten, die die des Originals weit übertreffen" (vgl. BÖTTGER 1859; VII). Im gleichen Jahr veröffentlichte BÖTTGER auch "Das Mittelmeer, eine Darstellung seiner physischen Geographie..." (1858/59) in freier und erweiteter Bearbeitung nach einem 1854 erschienenen Buch des englischen Admirals W.H. SMYTH (vgl. Pet. Mitt. 1858; 86 f. und 282). Tatsächlich wies MAURYs Werk, das der wissenschaftliche Autodidakt in wenigen Monaten zusammenschrieb, dabei seine Grenzen erheblich überschreitend, eine Menge Mängel und Irrtümer, gewagter Hypothesen und unhaltbarer Theorien auf. Was er selbst unter der "Physischen Geographie des Meeres" verstand, sagt MAURY in der Einleitung zur 1. Auflage (MAURY/BÖTTGER 1859; 10): "eine naturwissenschaftliche Darstellung der Winde und der Meeresströmungen; der Circulation der Atmosphäre und des Oceans; der Temperatur und der Tiefe der See; der Wunder, die in ihren Tiefen verborgen liegen und der Phänomene, die sich an ihrer Oberfläche zeigen. Kurz, es wird von der gesamten Oeconomie der See und der Art, wie sie sich den verschiedenen Äußerungen des tellurischen Lebens anpaßt - von ihrem Salzgehalt, ihren Gewässern, Klimaten und Bewohnern, und von Allem, was in ihren Beziehungen zum Handel und zu industriellen Unternehmungen von allgemeinem Interesse sein kann, gehandelt; denn Alles dies gehört zur Physischen Geographie des Meeres". Hinter diesem hohen Anspruch und solcher Idealvorstellung, die - modern formuliert - auch heute noch Gültigkeit für das konzeptionelle Verständnis einer "Geographie des Meeres" besitzt, bleibt die Wirklichkeit des MAURYschen Buches allerdings erheblich zurück. Es ist in der Unvollständigkeit und Unordnung der Stoffgliederung seiner 18 Kapitel auch weit entfernt von einer systematischen Ozeanographie, was viel eher auf BERGHAUS' "Umriß der Hydrologie und Hydrographie" der Ozeane in seinem Abriß der Physikalischen Erdbeschreibung zutrifft (1837/38).

So unzweifelhaft die großen Verdienste MAURYs sind, die er sich durch seine Wind- und Strömungskarten sowie die "Sailing Directions" für die Seefahrt, durch die Brüsseler Konferenz mit ihren Folgemaßnahmen sowie durch die Menge der von ihm gesammelten nützlichen Informationen (u.a. Isothermenkarten der mittleren Monatstemperaturen des atlantischen Oberflächenwassers) für die Entwicklung der praktischen Ozeanographie erworben hat, so umstritten war und blieb trotz aller Popularität seine "Physical geography of the sea" in wissenschaftlichen Kreisen. Schon O. KRÜMMEL (1887; II, 286) erkannte in MAURY den Mann, "dessen Verdienste um die praktische Schiffahrtskunde weit über seinen theoretischen Leistungen stehen". Und die Amerikanerin S. SCHLEE (1974; 50) befindet: "MAURYs amateurhafte Beschäftigung mit der Wissenschaft, seine rücksichtslosen Verallgemeinerungen und seine von Sorglosigkeit geprägten Widersprüche hatten negative Urteile britischer und amerikanischer Gelehrter zur Folge". So ignorierte MAURY auch völlig die 1856 durch den Amerikaner W. FERREL in Gang gesetzte theoretische Diskussion über den Einfluß der Erdrotation auf die Bewegungen der atmosphärischen wie ozeanischen Zirkulation (LEIGHLY 1968). Und auch im deutschen Sprachraum meldeten sich neben überwiegender Zustimmung kritische Stimmen - so die beiden österreichischen Seeoffiziere A. GAREIS und A. BECKER (1867), die in einer größeren Publikation nach Wiedergabe ganzer Passagen aus der 2. Auflage von BÖTTGERs deutscher Ausgabe der "Physischen Geographie des Meeres" diese auf ihren Gehalt analysierten, widerlegten oder korrigierten. Ihrer Feststellung (Vorwort 1863): "Der Wissenschaft nützt die Aufstellung von MAURYs Theorien wohl hauptsächlich nur dadurch, daß sie zu weiteren Forschungen kräftigst anregte...", entspricht es auch, wenn LEIGHLY (1968; 148) den "größten Beitrag MAURYs zur Wissenschaft", indirekt in der Herausforderung erblickt, sich mit den von MAURY behandelten maritimen Problemen intensiv auseinanderzusetzen. Nach allem dürfte LEIGHLYs Auffassung wohl gerechtfertigt sein, daß man in den historischen Darstellungen von der Entwicklung der Ozeanographie MAURY einen zu hohen Stellenwert beigemessen hat - vor allem wenn man in ihm, wie häufig geschehen, "den Begründer der neuen Aera der wissenschaftlichen Meereskunde" (v. BOGUSLAWSKI 1884; I, 5f.) oder gar den "Vater der Ozeanographie" gesehen hat (z.B. WÜST in der Diskussion mit LEIGHLY 1968; 160). Zustimmen kann man dagegen wohl DIETRICHs Charakterisierung MAURYs als "einer der Begründer der Ozeanographie" (1957; 4), wobei jedoch festzuhalten ist, daß dieser Terminus zu MAURYs Zeit noch keineswegs in Gebrauch war, ebensowenig wie der der "maritimen Meteorologie", als deren Begründer MAURY gleichwohl mit einigem Recht von v. BOGUSLAWSKI bezeichnet wurde. Denn erst seit MAURY und der von ihm initiierten Brüsseler Konferenz mit ihren Nachfolgekonferenzen und -organisationen (vgl. BOGUSLAWSKI 1884; I, 188f.) datiert die systematische Wetterbeobachtung auf See und Pflege der später sogenannten "maritimen Meteorologie", die wegen der engen Wechselbeziehungen zwischen Ozean und Atmosphäre, insbesondere der Luft- und Meeresströmungen, seitdem in Forschung und Lehre wie auch organisatorisch bis in die jüngste Zeit aufs engste mit der Meereskunde verknüpft blieb. Nicht richtig ist jedoch v. BOGUSLAWSKIs Behauptung (a.o.O.), daß eine der Hauptfrüchte der Brüsseler Konferenz "die Begründung einer bis dahin ganz neuen Disziplin, nämlich der "Physischen Geographie des Meeres" war. Denn aus disziplingeschichtlicher Sicht der Geographie war keineswegs erst mit dem Erscheinen von MAURYs "Physischer Geographie des Meeres" eine neue Teildisziplin der Geographie geboren. Vielmehr bedeutete die von A. v. HUMBOLDT MAURY gegenüber ausgesprochene Titelanregung im Grunde nichts anderes als eine späte, nachträgliche Benennung des Stoffgebietes, zu dessen wissenschaftlicher Fundamentlegung und Entwicklung HUMBOLDT selbst seit Anfang des 19. Jhs. unentwegt entscheidend beigetragen hatte, tatkräftig unterstützt durch Heinrich BERGHAUS vor allem als kartographischer Vollstrecker HUMBOLDTscher Ideen. Mit der durch HUMBOLDT vollzogenen Namengebung für die Erforschung und Kunde vom Meer als "Physische Geographie des Meeres", die C. BÖTTGER

(1859; VI) im Vorwort zur zweiten Auflage der deutschen Ausgabe von MAURYs Werk auch schlicht als "Meeresgeographie" bezeichnet, war ihr Standort zumindest im deutschen Sprachraum Mitte des vorigen Jahrhunderts eindeutig festgelegt als Teildisziplin der Geographie, auch wenn sie im Lehr- und Forschungsbetrieb der deutschen Universitäten kaum erst Fuß gefaßt hatte. Lediglich in Göttingen, wo die Geographie bereits seit Mitte des 18. Jhs. durch namhafte Gelehrte vertreten worden war, kam es 1836 zu einer Promotion mit einer meereskundlichen Dissertation "De oceani fluminibus", verfaßt nach Seereisen zu den Kap Verden und nach Brasilien durch den aus Hamburg stammenden Joh. Ed. WAPPAEUS, der 1845 in Göttingen Professor der Geographie und in den 1870er Jahren der Lehrer und Doktorvater Otto KRÜMMELS wurde.

Eine besonders enge und für die Entwicklung der Meeres- und Polarforschung in Deutschland folgenschwere Verbindung zur britischen geographischen und hydrographischen Forschung wurde durch August PETERMANN (1822-1878), Pflegesohn und erster Schüler Heinrich BERGHAUS', geknüpft. Nach Absolvierung von BERGHAUS' Geographischer Kunstschule in Berlin und zweijähriger kartographischer Mitarbeit am "Physical Atlas" des Verlagshauses W. & A.K. JOHNSTON in Edinburgh, wo er J.D. und E. FORBES und andere Gelehrte kennenlernte, hatte sich PETERMANN 1847 in London niedergelassen und zunächst in Zusammenarbeit mit englischen Verlagen, ab 1852 in "PETERMANNs Geographical Establishment" zahlreiche eigene kartographische Produktionen herausgebracht, u.a. einen "Atlas of Physical Geography" (1850). Bereits damals hatte PETERMANN in seiner "Hydrographical Map of the World" (London 1850), mehr noch in einer nicht veröffentlichten, für den Chef des "Hydrographical Office" in London entworfenen Karte der "Ocean Currents and River Systems" (1852, zit. n. PETERMANN 1865 c; 155) begonnen, das allzu lange von der Autorität J. RENNELLs beherrschte falsche Bild der atlantischen Meeresströmungen zu reformieren. Vor allem aber wurden PETERMANNs dank des ihm verliehenen Titels "Geographer of the Queen" enge Kontakte zur Londoner Royal Geographical Society sowie sein Verkehr im Hause des preußischen Gesandten v. BUNSEN bestimmend für seine späteren forschungs- und wissenschaftsorganisatorischen Aktivitäten, die ihn - ab 1854 in der wissenschaftlichen Leitung der geographisch-kartographischen Anstalt Justus PERTHES in Gotha - zum international bekanntesten Geographen seiner Zeit machten (vgl. das folgende Kapitel).

Die enge Verbindung von Geographie und Meeresforschung in Deutschland in der Mitte des vorigen Jahrhunderts fand ihren Ausdruck auch in den in den 1850er Jahren gegründeten geographischen Zeitschriften. Ab 1855 gab PETERMANN in Fortsetzung von BERGHAUS' Geographischem Jahrbuch die "Mittheilungen aus Justus PERTHES' Geographischer Anstalt über wichtige neue Erforschungen auf dem Gesamtgebiet der Geographie" heraus, die nach seinem Tod als "PETERMANNs Geographische Mitteilungen" international berühmt wurden. Sie wurden dank PETERMANNs außerordentlicher Agilität und vielseitigen Interessen, womit er das Lebenswerk seines Lehrers BERGHAUS fortsetzte, von Anfang an zur wichtigsten Informationsquelle auch über alle maritimen Aktivitäten und zum bedeutendsten Sprachrohr der Meeres- und Polarforschung, nicht zuletzt durch eine ständig aktuelle und vorzügliche Kartographie. - Das Gegenstück zum "Geographical Journal", dem Organ der Royal Geographical Society in London, wurde in Deutschland die 1853 unter Mitwirkung der Berliner Gesellschaft für Erdkunde begründete "Zeitschrift für Allgemeine Erdkunde", die seit 1866 als "Zeitschrift der Gesellschaft für Erdkunde zu Berlin" herauskam. Gleich der erste Band brachte, programmatisch in die Zukunft weisend, einen Bericht über die Fortschritte der marinen Hydrographie von Heinrich W. DOVE (18o3-79), seit 1845 Ordinarius der Physik in Berlin, dessen Hauptverdienste jedoch in der streng wissenschaftlichen Begründung der Meteorologie, der Aufstellung des Drehungsgesetzes der Winde und seinen zahlreichen Untersuchungen über die regionale und globale Temperaturverteilung liegen. Wenn auch nicht im Ausmaß wie in "PETERMANNs Geographischen Mitteilungen", finden sich in den Bänden der "Zeitschrift der Gesellschaft für Erdkunde zu Berlin" fast Jahr für Jahr wichtige Beiträge aus dem Bereich der Meeresforschung, oft mit aktueller Berichterstattung über Expeditionen - so auch die Vorauspublikation von J.G. KOHLs Geschichte der Golfstromforschung.

5. Das Vorstadium der modernen Geographie und Meeresforschung, 1860–1870

5.1. ALLGEMEINE CHARAKTERISIERUNG

H. BECK faßt das Dezennium nach dem Tode A. v. HUMBOLDTs und C. RITTERs als den großen Repräsentanten der "Klassischen Periode" in der geographischen Disziplingeschichte als Vor- und Übergangsstadium zur eigentlichen Epoche der modernen Geographie auf. Diese nur sehr kurze Phase, geistesgeschichtlich zwischen deutschem Idealismus und Spätromantik einerseits sowie Realismus und Materialismus andererseits, zwischen Klassik und Moderne, ist in Deutschland durch zwei Geographen-Persönlichkeiten gekennzeichnet: einmal Oskar PESCHEL (1826-75), der mit seinen "Neuen Problemen der Vergleichenden Erdkunde als Versuch einer Morphologie der Erdoberfläche" (1869) zum Vorläufer der genetisch orientierten Geomorphologie in Deutschland unter F. v. RICHTHOFEN wurde und gleichzeitig über seinen Schüler Otto KRÜMMEL auch die spätere Meeresbodenmorphologie beeinflußte, - zum anderen der Geograph Moritz WAGNER (1815-87), der mit seinem "Migrationsgesetz der Organismen" (1868) und der Separationstheorie als geographischer Kritik und Ergänzung der DARWINschen Selektionstheorie von der Artenentstehung "den Sieg des genetischen Denkens vorbereitet" (BECK 1953; 127) und über seinen Schüler Friedrich RATZEL die Entstehung der Anthropo- und Kulturgeographie maßgeblich beeinflußt hat. Was aber Heinrich BERGHAUS bis Anfang der 1850er Jahre für die Entwicklung der Meereskunde in der Klassischen Periode der Geographiegeschichte darstellte, das wurde in der Folgezeit und Übergangsphase zur modernen Geographie sein Schüler August PETERMANN in vielleicht noch stärkerer Ausprägung. Er war während des in der zweiten Hälfte des 19. Jhs. sich vollziehenden dritten Zeitalters der Entdeckungen, das H. BECK (G.T. 1958/59; 47) als "die Blütezeit der explorativen Geographie" bezeichnet, nicht nur der organisatorische und publizistische Motor zahlreicher deutscher Forschungsunternehmen in Innerafrika, sondern hat auch wie kaum ein anderer in Deutschland die Meeres- und Polarforschung vorangetrieben und sie kartographisch wie publizistisch konsequent in die Geographie integriert. "Immer und immer wieder wies er darauf hin, daß ... die Kenntnis eines mit den verschiedensten Gebieten der physikalischen Geographie in engstem Zusammenhang stehenden Vorganges, wie der Wasseraustausch des Atlantischen Ozeans, nicht länger in der bisherigen Weise das Stiefkind der Geographen bleiben dürfe", schreibt H. KRUG (1901; 33). Kennzeichnend dafür war schon seine "physikalisch-geographische Skizze" des Großen Ozeans (1857), eine echt regionalgeographische Monographie eines maritimen Großraumes auf der Grundlage des damals erreichten Erkenntnisstandes.

In der Rückschau gewinnen auch die Beiträge J.G. KOHLs (1861/65 u. 1868) zur Geschichte der Golfstrom-Forschung bis zum Jahre 1860 im Hinblick auf das disziplingeschichtliche Übergangsstadium der 1860er Jahre eine eigene Wertigkeit und besondere Bedeutung, weil diese sozusagen den Abschluß einer Entwicklungsphase in der Geschichte der Meeresforschung markieren, bevor wenig später ein ganz neuer Abschnitt begann. Man kann diese Übergangszeit geradezu als den terminologischen Beginn der Ozeanographie bezeichnen. Nach vereinzelten frühen Vorläufern taucht der Begriff 1857 in einem nur für Zöglinge der K.K. österreichischen Marine-Akademie verfaßten, jedoch nie im Handel erschienenen Buch eines Dr. JILEK mit dem Titel "Ozeanographie" auf, und 1858 wurde in PETERMANNs Geographischen Mitteilungen (S. 445) von einem Brief "des bekannten Ozeanographen M.F. MAURY" berichtet. Dann findet sich der Terminus, noch in Anführungsstriche gesetzt, bei KOHL (1865; 256 u. 1868; 136), während W. v. FREEDEN (1868; 33) den Begriff bereits frei ohne dieselben verwendet. Zur gleichen Zeit taucht das Wort auch auf im Vorwort des als "Versuch" gekennzeichneten Buches der beiden österreichischen Seeoffiziere A. GAREIS und A. BECKER (1867) mit dem Titel "Zur Physiographie des Meeres", das jedoch so wenig eine physische Geographie des Meeres ist wie MAURYs Werk, mit dem es sich ganz überwiegend kritisch auseinandersetzt. Nimmt man noch PETERMANNs mehrfach verwendeten Ausdruck "Oceankunde" (1870; 203, 213) hinzu, so ergibt sich aus dieser sicherlich nicht vollständigen Zusammenstellung, daß sich in den 1860er Jahren zumindest im deutschen Sprachraum anstelle des in der englischsprachigen Literatur noch länger üblichen undifferenzierten Terminus "Hydrography" allmählich das Wort "Oceanographie" breit zu machen beginnt, ab den 1880er Jahren dann in der heutigen Schreibweise "Ozeanographie" (vgl. BOGUSLAWSKI 1884). Ebenso abwegig wie COKERs Äußerung (1966; 17), daß der Begriff "Ozeanographie" auf der "Challenger"-Expedition (1872-76) geboren ist, sind daher auch S. SCHLEEs Hinweise (1974; 9) unzutreffend, daß das Wort "Oceanographie" erst wieder 1878 in einem Ergänzungsband zum "Grand Dictionnaire Universel" erschienen sei und daß der deutsche Chemiker William DITTMAR in den frühen 1880er Jahren einer der ersten gewesen sei, die das englische "oceanography" anwendeten und die Deutschen zur gleichen Zeit dafür das Wort "Thalassographie" benutzt hätten. Dieser aus dem griechischen Wort für Meer "Thalassa" oder "Thalatta" hergeleitete Terminus scheint vielmehr in Italien geboren und verbreitet gewesen zu sein, wo er in zahlreichen ozeanographischen Aufsatztiteln der 1880er und 90er Jahre vorkommt (vgl. di PAOLA 1868) und seinen Niederschlag fand in dem "Reale Comitato Talassografico" sowie dem heute noch existenten Instituto Talassografico in Triest.

5.2. DIE DEUTSCHEN MARITIMEN UNTERNEHMUNGEN DER 1860ER JAHRE

Hinsichtlich wissenschaftlich-maritimer Unternehmungen sind die 1860er Jahre gekennzeichnet durch das Ausklingen des mit der österreichischen "Novara"-Expedition (1857-59) endenden fast hundertjährigen "Zeitalters der großen Weltumseglungen" sowie durch die Hinwendung zu intensiverer Forschungstätigkeit in regional begrenzten Meeresräumen. Im Vordergrund des Interesses rangierte dabei aus naheliegenden Gründen eindeutig der Nordatlantik einschließlich der Nebenmeere und des Nordpolargebietes. Deutscherseits erfolgte Anfang der 1860er Jahre allerdings zunächst noch eine weiträumigere Ostasien-Expedition, die einen auslösenden amerikanischen Vorläufer hatte. 1853-55 hatte eine US-amerikanische Expeditionsflotte unter Commodore M.C. PERRY eine "Reise um die Welt nach Japan" unternommen, über die unter eben diesem Titel der deutsche Landschaftsmaler und Schriftsteller Wilhelm HEINE (1856) ausführlich berichtete. In ein zweites dreibändiges Werk über "Die Expedition in die See von China, Japan und Ochotsk" (1858/59) baute er auch authentische wissenschaftliche Berichte anderer Expeditionsteilnehmer ein. Durch dieses Unternehmen wurde Japan nach 200jähriger Abgeschlossenheit von der Welt für diese wieder geöffnet. Nach Berlin zurückgekehrt, warb HEINE dort eifrig für die Aufnahme von Beziehungen zu Japan, wodurch die Entsendung einer preußischen Handelsdelegation unter Leitung des Grafen Friedrich v. EULENBURG ausgelöst wurde. An dieser Expedition, die von 1860-62 mit den drei Kriegsschiffen "Arcona", "Thetis" und "Frauenlob" die ostasiatischen Gewässer von Japan bis Java befuhr, nahmen außer zeitweilig W. HEINE (1864) mehrere Naturwissenschaftler teil, neben Eduard v. MARTENS als Zoologe und Georg v. MARTENS als Botaniker der Geowissenschaftler Ferdinand v. RICHTHOFEN, der auf dieser Reise seinen Wandel vom Geologen zum Geographen begann, die Anregung für seine 1868 von Kalifornien aus begonnenen vierjährigen China-Forschungen und sozusagen die "maritimen Weihen" für sein späteres Direktorat im 1900 neugegründeten Institut für Meereskunde zu Berlin erhielt. Das amtliche Expeditionswerk, das aus 11 Bänden bestehend (BERG 1864-73) zu den unbekanntesten der Reiseliteratur gehört und noch der Auswertung harrt - die Expedition fehlt in fast allen Listen wissenschaftlicher Seeunternehmungen -, enthält leider keine Beiträge v. RICHTHOFENs wegen seiner anschließenden elfjährigen Reisetätigkeit in Hinter- und Ostindien, Kalifornien und China. Jedoch flossen viele seiner Eindrücke und Erkenntnisse in spätere Publikationen, so über das staffelförmige Absinken Ostasiens zum Pazifik und in diesen hinein (1900-03), über "Beobachtungen bei Seefahrten", die Abrasionsarbeit des Meeres oder die Küstenbildung und -klassifikation im "Führer für Forschungsreisende" (1886) oder schließlich in seine Universitätsrede über "Das Meer und die Kunde vom Meer" (1904; 4, vgl. KORTUM 1983).

Die 1860er Jahre brachten dann auch den Beginn der deutschen Nordpolarforschung, wobei der Anstoß, wie zu erwarten, wiederum von der Geographie ausging. Die treibende Kraft dabei war August PETERMANN, der sein Projekt einer deutschen Nordpolar-Expedition geradezu zu einer deutschen Nationalfrage zu propagieren verstand. Er trat schon seit seiner Londoner Zeit in seinen kartographischen Darstellungen der Nordatlantischen Strömungen für die Vorstellung einer Dreiteilung des Golfstromes mit einer breiten, durch das Europäische Nordmeer bis Spitzbergen und in die Barentsee hineinsetzenden warmen nordostatlantischen Strömung ein (vgl. ausführlich bei KRUG 1901; 28ff. u. PETERMANN 1865c; 155). Dies war "in erster Linie das Verdienst A. PETERMANNs, mit dessem Name die letzte Periode in der Entwicklung des Golfstrombildes aufs engste verknüpft ist" (KRUG 1901; 33), was von britischer (DEACON 1971, GASKELL 1968) wie amerikanischer Seite (STOMMEL 1950 u. 58; SCHLEE 1974) meist übersehen wird. Da die Entwicklung unserer Kenntnis von den letzten Ausläufern des Golfstromes mit der Geschichte der Entschleierung des Nordpolarmeeres einhergeht, finden wir spätestens seit den 1860er Jahren auch in Deutschland Polar- und Meeresforschung durch August PETERMANNs Initiativen bis zur heutigen Antarktisforschung hin in engster Verbundenheit.

Angeregt durch die zahlreichen britischen und US-amerikanischen Expeditionen ins Nordpolarmeer während der 1850er Jahre, die sich auf der Suche nach der seit 1847 verschollenen Polarexpedition Sir John FRANKLINs alle im arktisch-amerikanischen Archipel bewegten und nur nebenbei wissenschaftliche Ziele verfolgten, hatte sich August PETERMANN bereits in den Jahren 1852-55 in zahlreichen englischen Veröffentlichungen (vgl. PETERMANN 1865a; 99, Anm. 1) über die arktische Geographie verbreitet, u.a. mit einer "Polar Chart", showing the chief physical features of the Arctic Regions" (London 1852). Und als 1865 in der Londoner Royal Geographical Society erneut der Plan einer britischen Nordpol-Expedition vom Amerikanischen Archipel aus durch den Smith-Sund diskutiert wurde, schaltete sich PETERMANN (1865a/b) mit zwei Sendschreiben an den Präsidenten der Geographischen Gesellschaft ein, in denen er ganz entschieden für seinen alten Vorschlag der Erreichung des Nordpols durch die Spitzbergen-See per Schiff eintrat, obwohl er kein kritikloser Anhänger der seit den 50er Jahren aufgekommenen Hypothese eines "offenen Polarmeeres" war. Im gleichen Jahr begann PETERMANN dann auf der ersten Versammlung deutscher Geographen in Frankfurt sowie in den "Geograpischen

Mitteilungen" seine Agitation und unermüdliche Werbung für eine deutsche Nordpol-Expedition, vor allem auch zur Erkundung der letzten Ausläufer des Golfstromes im Nordpolarbecken. Dazu hatte PETERMANN seinem Aufsatz "Der Nordpol und der Südpol" und "die Wichtigkeit ihrer Erforschung in geographischer und kultur-historischer Beziehung" (1865c) zwei Karten der arktischen und antarktischen Regionen mit den außertropischen Meeresströmungen beigegeben, die der Göttinger Klimatologe A.A. MÜHRY (1810-88) zu einer theoretischen Untersuchung "Über das System der Meeresströmungen im Circumpolar-Becken der Nord-Hemisphäre" (1876) verwendete. Nachdem dieser bereits in seiner "Klimatographischen Übersicht der Erde" (1862) den Versuch unternommen hatte, ein System der großen Meeresströmungen aufzustellen, das seinen bis dahin vollendetsten kartographischen Niederschlag in Heinrich BERGHAUS' begabtem Schüler und Neffen Hermann BERGHAUS' Großer und Kleiner Weltkarte (1863/64) fand, hat MÜHRY sein System zu einer selbständigen Monographie "Über die Lehre von den Meeresströmungen" (1869 u. 1874) ausgebaut, deren theoretische Ansätze - Centrifugalkraft sowie Temperatur- und Dichteunterschiede als Hauptursachen der Meeresströmungen - sich jedoch auf die Dauer als nicht haltbar erwiesen (vgl. O. KRÜMMEL 1887; II, 335ff.).

Im Sommer 1868 startete die erste Deutsche Nordpolar-Expedition mit der "Grönland" unter Kapitän K. KOLDEWEY, ausgestattet mit den von A. PETERMANN abgefaßten wissenschaftlichen Instruktionen (1868). Der äußerlich erfolglosen Reise - über ihre wissenschaftlichen Ergebnisse berichtete W. v. FREEDEN (1869) - folgte nach ergiebigen Temperaturmessungen und Eisbeobachtungen westlich und östlich von Spitzbergen durch den Physiker F.J. DORST und den Zoologen E. BESSELS auf den ROSENTHALschen Robbenschlägern "Bienenkorb" und "Albert" 1869/70 die zweite Deutsche Nordpolar-Expedition mit der "Germania" (Kap. K. KOLDEWEY) und der "Hansa" (Kap. Fr. HEGEMANN). Sie ging laut den Instruktionen von PETERMANN (1870a) wiederum nach Ostgrönland und brachte trotz des Verlustes der "Hansa" im Packeis eine reiche wissenschaftliche Ausbeute, die ihren Niederschlag u.a. auch in Vorträgen der Kapitäne und wissenschaftlichen Expeditionsmitglieder vor der Berliner Gesellschaft für Erdkunde fand (vgl. KOLDEWEY u.a. 1871). Die Teilnahme des österreichischen Offiziers J. PAYER als alpinen Gletscherfachmann (vgl. seinen ausführlichen Bericht 1871), zog zwei österreichische Nordpolar-Expeditionen nach sich (1871/72, 1872-74), wie überhaupt die Jahre ab 1868 dank PETERMANNs internationaler Agitation für eine intensive Polarforschung durch einen europäisch-amerikanischen Expeditionsansturm im Nordpolarbereich gekennzeichnet sind. Als ein erstes bedeutsames Ergebnis der auf diesen Reisen bis 1870 gemessenen und von zahlreichen meteorologischen Diensten gelieferten Daten der Luft- und Meerestemperaturen im Nordatlantik hat PETERMANN (1870b) in einer quasimonographischen Darstellung des Golfstromes die bis dahin genauesten Karten der sommerlichen und winterlichen Temperaturverteilung im Nordatlantischen Ozean und auf den angrenzenden Landgebieten geliefert. So stellt die Wiederaufnahme der Polarforschung und ihre Begründung in Deutschland unter rein wissenschaftlichen Gesichtspunkten seit Mitte der 1860er Jahre unbestreitbar eine echte Leistung der deutschen Geographie dar, repräsentiert in erster Linie durch August PETERMANN, seine "Geographischen Mitteilungen" sowie die Berliner Gesellschaft für Erdkunde im Zusammenwirken verschiedenster wissenschaftlicher Fachvertreter und der deutschen Handelsmarine.

5.3. ERSTE ANSÄTZE ZUR BILDUNG VON ZENTREN DER MEERESFORSCHUNG IN DEUTSCHLAND UND ÖSTERREICH

Das zunehmende Bewußtwerden deutscher maritimer Seegeltung - Mitte der 1860er Jahre nahm die deutsche Handelsmarine den dritten Platz in der Welt ein - fand seinen Ausdruck auch in den während der 1860er Jahre erfolgten Gründungen mehrerer hydrographischer und nautisch-meteorologischer Dienste in Deutschland und und Österreich, wie sie in den USA, Großbritannien, Frankreich und den Niederlanden schon seit längerem bestanden. 1853 hatte der Geograph Heinrich BERGHAUS in einer Denkschrift an den Oberbefehlshaber der preußischen Kriegsmarine die Einrichtung eines hydrographischen Amtes mit von ihm genau beschriebenen Aufgaben angeregt. Aber erst 1861 wurde der Gedanke in Form des Hydrographischen Bureaus beim Kgl. Preußischen Marine-Ministerium in Berlin verwirklicht, das - 1871 der Kaiserlichen Admiralität unterstellt und ab 1879 in Hydrographisches Amt umbenannt - zunächst wie vordem das Navigationsressort der preußischen Kriegsmarine in Danzig, hauptsächlich der Seevermessung und Seekartenherstellung diente. Ab 1872 unter Leitung von G. v. NEUMAYER (1826-1909), der nach einem Studium der Naturwissenschaften als Steuermann zur See gefahren war, von 1857-64 in Melbourne/ Australien ein geophysikalisches Observatorium errichtet und geleitet hatte und nun zum "Hydrographen der Admiralität" avanciert war, übernahm das Bureau mehr und mehr auch wissenschaftlich-ozeanographische Aufgaben. Vor allem arbeitete NEUMAYER für die ins Ausland gehenden Kriegsschiffe wissenschaftliche Sonderinstruktionen mit Anweisungen für alle Beobachtungen auf hydrographischem Gebiet aus, woraus dann später die von NEUMAYER in Zusammenarbeit mit verschiedensten Fachvertretern herausgegebene "Anleitung zu wissenschaftlichen Beobachtungen auf Reisen" (1875) hervorgegangen ist, in der erweiterten 2. und 3. Auflage (1888/1906) mit Beiträgen von O. KRÜMMEL und einer von diesem erarbeiteten vorzüglichen, nach Temperaturen und Stromstärke differenzierten Übersichtskarte der Meeresströmungen. Zu den vom Hydrographischen Bureau ab 1870 herausgegebenen "Nachrichten für Seefahrer" kamen ab 1873 noch die "Hydrographischen Nachrichten" für den praktischen Gebrauch der Seefahrer als Vorläufer der ab 1875 erscheinenden, stärker wissenschaftlich orientierten "Annalen der Hydrographie und maritimen Meteorologie".

NEUMAYER hatte bereits 1865 auf der ersten Versammlung deutscher Geographen in Frankfurt die Errichtung einer Zentralstelle für Hydrographie und maritime Meteorologie in Deutschland vorgeschlagen. Der erste Schritt dazu wurde schon 1868 auf Betreiben von Kreisen der Handelsmarine und getragen von den Handelskammern in Hamburg und Bremen durch Gründung der "Nord-Deutschen Seewarte" in Hamburg unter Leitung von Wilhelm von FREEDEN getan (v. FREEDEN 1868), die sich ab 1872 "Deutsche Seewarte" nannte. Aus dieser privaten Einrichtung ging dann auf Initiativen von G. v. NEUMAYER 1875 die "Deutsche Seewarte" als Reichsinstitut der Kaiserlichen Admiralität hervor, der er bis 1903 als Direktor vorstand (vgl. ausführlich DHI-Festschrift 1979). Sie sollte gerade durch die Persönlichkeit G. v. NEUMAYERs für die Entwicklung auch der geographischen Meereskunde nicht nur in Hamburg als Zentrum, sondern weit darüber hinaus eine außerordentliche Bedeutung gewinnen.

In Österreich war 1860 - ein Jahr nach Rückkehr der "Novara"-Expedition und noch ein Jahr vor Preußen - das Hydrographische Amt der Kriegsmarine in Triest gegründet worden, das - 1866 zum Kriegshafen Pola verlegt - zunächst praktischen Aufgaben für die Schiffahrt diente (ab 1873 mit den "Mitteilungen aus dem Gebiet des Seewesens"), aber auch wissenschaftliche Arbeiten leistete (Veröff. d. Hydrogr. Amtes etc.).

Pionier und Begründer der wissenschaftlichen Adria-Forschung war jedoch der Gymnasiallehrer in Fiume, Dr. Joseph R. LORENZ, der seine meereskundlichen Studien im nahen Quarner Golf zunächst in den Mitteilungen der 1858 gegründeten Geographischen Gesellschaft zu Wien publizierte und sich 1863 mit seinem leider viel zu wenig beachteten Hauptwerk über "Physikalische Verhältnisse und Verbreitung der Organismen im Quanerischen Golfe" (1863) habilitierte. Darin behandelt LORENZ in einer auch methodisch glänzenden Darstellung die gesamten physikalischen Verhältnisse des Golfes einschließlich des Bora-Phänomens, zusammengefaßt in einer für die damalige Zeit einmaligen thematisch-synthetischen Karte. Sie zeigt in meisterlicher und meeresökologisch exemplarischer Weise die Zusammensetzung der marinen Pflanzen- und Tiergemeinschaften in ihrer Abhängigkeit von den exakt analysierten physikalischen Standortgegebenheiten, dem Substrat und den Tiefenstufen (bei LORENZ "Regionen") bis 100 m Tiefe. Dabei geht auf LORENZ die heute allgemein üblich gewordene terminologische Unterscheidung von Supra- und Sublitoral zurück als Verallgemeinerung der schon von AUDOUIN und MILNE-EDWARDS (1829) in Frankreich sowie FORBES und GODWIN-AUSTEN (1859) in England vorgenommenen ersten Versuche einer biologisch-ökologischen Zonierung im Litoral. LORENZ geht jedoch weit darüber hinaus, indem er mit seinem "Facies"-Begriff im Grunde den modernen Ökotop-Begriff inhaltlich vorwegnimmt, wenn er sagt: "Bei der Facies aber faßt man zunächst einen bestimmten Raum, z.B. eine bestimmte Tiefenregion, in's Auge, und unterscheidet in ihr die Gruppen der sich dort zusammengesellenden Organismen, gleichviel ob sie sich in anderen Regionen wiederholen" (1863; 188).

Die Anregung zu einer ozeanographischen Adria-Forschung, an der sich dann auch LORENZ (nunmehr als Vertreter des Handelsministeriums) sehr aktiv beteiligte, ging 1865 von dem ehemaligen Kommandanten der "Novara"-Expedition und nachmaligen Handelsminister B. v. WÜLLERSTORF-URBAIR aus, der im Einvernehmen von Handels- und Kriegsministerium die Kais. Akademie der Wissenschaften in Wien zur Bildung einer "Ständigen Kommission für die Adria" veranlaßte. 1867 konstituiert, erschien 1869 ihr erster Bericht über die Planung und Einrichtung von 10 Küstenstationen von Triest bis Korfu für meteorologische und hydrographische Beobachtungen. Eine wichtige Rolle für die wissenschaftliche Verarbeitung aller Messungen und Beobachtungen, auch von Bord aus, sollte in Zukunft die Marine-Akademie mit ihren Schulen in Pola und Fiume und einigen dort tätigen Professoren spielen. So waren auch in Österreich die Weichen für eine zukünftige intensive ozeanographische Durchforschung der Adria gestellt (LUKSCH u. WOLF 1895), die in nahezu paralleler Entwicklung für Österreich das wurde, was für die preußische und spätere deutsche Meeresforschung anfangs die Nord- und Ostsee bedeuteten.

5.4. DIE ANFÄNGE DER BIOLOGISCHEN MEERESFORSCHUNG IN DEUTSCHLAND

Während der 1860er Jahre traten auch in Kiel Ereignisse ein, welche die entscheidende Vorbereitung für die Entwicklung zum späteren meereskundlichen Forschungszentrum in Deutschland neben Hamburg bedeuteten. Durch die kriegerischen und politischen Vorgänge der Jahre 1864-66 war Schleswig-Holstein - bis dahin im dänischen Staatsverband - zu Preußen gekommen, das 1865 seinen Flottenstützpunkt von Danzig nach Kiel verlegt hatte. Die folgende Umwandlung zum Kriegshafen des Norddeutschen Bundes und ab 1871 zum Reichskriegshafen mit der gleichzeitigen Errichtung der "Kaiserlichen Marine-Akademie und -Schule" waren eine wichtige Voraussetzung für die in der Folgezeit von Kiel ausgehenden meereskundlichen Initiativen und Aktivitäten. Die andere wissenschaftliche Basis dafür bot die nunmehrige preußische Universität. Hier war schon seit 1847 der Physiker Gustav KARSTEN (1820-1900) für die Mitvertretung der Fächer Mineralogie, Geognosie und Geologie sowie Physische Geographie verantwortlich. Über letztere hielt er über 34 Jahre lang ziemlich regelmäßig Vorlesungen, meist in Verbindung mit Klimatologie und Meteorologie, der mit dem von ihm aufgebauten und bald 20 Stationen umfassenden meteorologischen Beobachtungsnetz sein besonderes Interesse galt (vgl. KORTUM/PAFFEN 1979). Die entscheidenden Anstöße zur Entwicklung der Meeresforschung in Kiel kamen jedoch zunächst von der Meeresbiologie, die hier - wie vor allem auch in Großbritannien, in Frankreich und anderenorts - zum eigentlichen Motor für die Weiterentwicklung der Meereskunde während der Frühphase der Epoche der modernen Meeresforschung ab den 1870er Jahren bis zur Jahrhundertwende wurde. Das Jahrzehnt 1860 bis 1870 hat auch in dieser Hinsicht eine ganz entscheidende vorbereitende Rolle gespielt, weshalb an dieser Stelle kurz einige Züge der Problementwicklung der meeresbiologischen Forschung vorrangig im deutschsprachigen Raum ohne näheres Eingehen auf Details skizziert werden sollen. Über die geistes- und disziplingeschichtlichen Zusammenhänge der biologischen Forschung im 19. Jh. mit besonderem Bezug zu Anton DOHRN informiert vorzüglich A. KÜHN (1950).

Trotz der frühen Arbeiten eines F. MARSIGLI (1723) im Mittelmeer, eines O.F. MÜLLER (1730-84) in dänischen und norwegischen Gewässern oder eines A. v. HUMBOLDT auf seiner Reise in die Neue Welt (vgl. THÉODORIDÈS 1965) begann die systematische meeresbiologische Forschung erst im 19. Jahrhundert - in Großbritannien, insbesondere Edinburgh (vgl. TAIT 1968), und Frankreich (THÉODORIDÈS 1968) ein bis zwei Jahrzehnte früher als in Deutschland. Hier ist als einer der ersten Christian Gottfried EHRENBERG (1795-1876) zu nennen, vielseitiger Naturforscher und Forschungsreisender (1820-26 Ägypten und Arabien, 1829 als Begleiter A. v. HUMBOLDT auf dessen russischer Reise) und ab 1839 Professor der Medizin in Berlin. Berühmt geworden ist EHRENBERG, den TAYLOR (1980; 511) als "one of the most prominent microscopist of his day" apostrophiert, vor allem durch seine Untersuchungen von Mikrofossilien im Vergleich zu noch lebenden Diatomeen, Radiolarien und "Polythalamien" (= Foraminiferen) (1839/40). Dadurch wurde EHRENBERG, der auch das jahrhundertealte Problem des Meeresleuchtens endgültig löste (1834), zum Begründer der "Mikrogeologie" (1854) oder - in heutiger Terminologie - der "Mikropaläontologie" sowie der Tiefsee-Sedimentologie. Neben Tausenden von Grundproben aus den verschiedensten Teilen der Ozeane, die ihm zur Untersuchung zugesandt wurden, hat er auch die von der "Germania" auf der zweiten deutschen Nordpolarfahrt gehobenen Grundproben analysiert (zu EHRENBERG siehe besonders ENGELMANN 1969b).

Während EHRENBERG mit dem englischen Naturwissenschaftler Thomas HUXLEY der Ansicht war, daß die zu den Foraminiferen gehörigen Globinerinen am Meeresgrund lebten und dort mit ihren Skeletten den gleichnamigen Kalkschlamm bildeten, vertrat sein etwas jüngerer, "Mr. EHRENBERG of America" genannter Fachkollege J.W. BAILEY 1853 die Auffassung, daß die Foraminiferen "Planktonten" seien (PFANNENSTIEL 1979; 48ff.) - ein Begriff, der damals allerdings noch gar nicht existierte, sondern erst 1887 in Kiel geboren wurde. Mitte der 1840er Jahre hatte der "rheinische Naturforscher" (HABERLING 1924) und spätere Berliner Professor der Physiologie und Anatomie Johannes MÜLLER (1801-48) begonnen, bei Helgoland mittels eines feinmaschigen Netzes mikroskopisch kleine Organismen aus dem Meer zu filtrieren, deren Gesamtheit er auf Vorschlag des Sprachforschers Jakob GRIMM "pelagischen Auftrieb" nannte (POREP 1970; 96). MÜLLER wußte zahlreiche Schüler und Mediziner - unter ihnen Alfred KOELLIKER (ab 1847 Professor in Würzburg) und Ernst HAECKEL (ab 1868 Professor der Zoologie in Jena) - für die neue Richtung und Methode der Meeresbiologie zu begeistern. Der Zoologe Carl VOGT (1817-95), der bereits 1844 mit meereszoologischen Sommerkursen begonnen und 1851 die Errichtung einer ständigen zoologischen Station in Nizza geplant hatte, kam dem damals lebhaften öffentlichen Interesse mit seinen halbpopulären zweibändigen Reisebriefen "Ozean und Mittelmeer" (1848) entgegen. Auch das umfängliche Werk des Jenaer Botanikprofessors und Begründers der Zellentheorie Mathias Jak. SCHLEIDEN (1804-81) über "Das Meer" (1865/67), das nach einem Abriß der physikalischen Geographie des Meeres und einer relativ knappen Darstellung des Pflanzenlebens im Meer überwiegend die marine Fauna auch in ihrer geographischen Differenzierung ("ozeanische Faunenbereiche") behandelt, richtete sich vornehmlich an gebildete Laien.

Gleichzeitig begann damit aber auch die biologische Meeresforschung in Deutschland schnelle Fortschritte zu machen. Durch Ernst HAECKEL (1834-1919), der 1862 seine große Monographie über die Radiolarien schrieb, lernte auch sein Schüler Anton DOHRN (1840-1909) 1865 erstmals bei Helgoland die Meeresfauna kennen, die ihn dann zeitlebens in ihrem Bann hielt. Auf einer Reise nach Messina (1868/69) wurde gegen HAECKEL in Jena der Plan für eine zoologische Station am Mittelmeer entworfen. 1872 folgte in Neapel die Grundsteinlegung und 1873 die Eröffnung der zoologischen Station Neapel, die - zwar nicht die erste (Ostende 1843, Concarneau/Frankreich 1859) - aber in ihrer Art richtungweisend für viele folgende Gründungen meeresbiologischer Stationen und von eminent großer Bedeutung für die Entwicklung der allgemeinen und Meereszoologie, weniger jedoch der biologischen Meereskunde wurde; denn Forschungsobjekt war das Tier in seiner Morphologie, Physiologie und Phylogenetik, nicht aber sein Milieu, das belebte Meer (vgl. ausführlich KÜHN 1950, OPPENHEIMER 1968 und USCHMANN 1965).

Ein anderer wichtiger Zweig der Schule J. MÜLLERs weist nach Kiel. Als der aus Schleswig stammende Victor HENSEN (1835-1924), angeregt durch A. KOELLIKER, 1856 von Würzburg zum Weiterstudium nach Kiel gekommen war, trat er ganz und gar in J. MÜLLERs Fußstapfen, indem er nicht nur ab 1864 eine Professur für Physiologie und Embryologie an der Universität Kiel übernahm, sondern sich wie MÜLLER, ja sogar noch intensiver, für die Meeresbiologie insbesondere der marinen Mikroorganismen engagierte (vgl. POREP 1970). Zur Hilfe kamen ihm dabei die 1866 durch den Jenaer Physiker und Freund A. DOHRNs Ernst ABBE erfolgten grundsätzlich neuen Erkenntnisse auf dem Gebiet der praktischen Optik, die durch Carl ZEISS zu einer Wende im Mikroskopbau führten. Nach der Eingliederung Schleswig-Holsteins in den preußischen Staat wurde HENSEN Mitglied des preußischen Abgeordnetenhauses; hier setzte er sich tatkräftig für die Förderung der Fischerei im meerumschlungenen Schleswig-Holstein ein mit dem Erfolg, daß 1870 ministeriell die Gründung einer "Preußischen Kommission zur Untersuchung der deutschen Meere im Interesse der Fischerei" mit dem Sitz in Kiel angeordnet wurde. Der Kommission gehörten zunächst an die Kieler Professoren Victor HENSEN, Gustav KARSTEN, Karl MÖBIUS und als Vorsitzender der Hamburger Großkaufmann Dr. phil. h.c. H.A. MEYER. Das wissenschaftliche Ziel, das HENSEN der Kommission stellte, war, die physikalischen, chemischen und biologischen Lebensverhältnisse der Hauptfischereigebiete in der Nord- und Ostsee zu erforschen, gleichzeitig aber auch die Biologie und Lebensweise der Seefische über die bloße Kenntnis ihrer Arten hinaus kennenzulernen.

Dafür gab es außer dem schon erwähnten Werk des Österreichers J. LORENZ bereits einen bemerkenswerten Ansatz im heimischen Bereich: die 1859 begonnenen Untersuchungen H.A. MEYERs und K. MÖBIUS' über die "Fauna der Kieler Bucht" (1865/72), die von E. NORDENSKJÖLD 1928 in seiner "History of Biology" als "the start of the modern system and methodics of ecology" bezeichnet wurde - dies eigentlich zu Unrecht im Hinblick auf das meeresökologisch höher einzuschätzende LORENZsche Werk, das den beiden Autoren trotz Heranziehens von Vergleichsliteratur aus anderen, z.T. sehr entfernten Gebieten leider unbekannt war. Im Grunde ist auch erst der auf einer umfangreichen Untersuchung MEYERs über die physikalischen Verhältnisse der westlichen Ostsee (1871) basierende zweite Band der "Fauna" (1872) stärker meeresökologisch orientiert, ohne allerdings den 1866 von E. HAECKEL geprägten Begriff "Ökologie" zu verwenden. Brigitte HOPPE (1968) hat in einem bemerkenswerten Beitrag den Einfluß der marinen Biologie auf die Entwicklung des ökologischen Gedankens im 19. Jh. herausgestellt, der gerade durch die Kieler biologische Meeresforschung eine so entscheidende Förderung erfahren hat. War es doch Karl MÖBIUS, der nicht nur die Termini "eurythermal", "stenothermal" und "euryhalin" einführte (1873), sondern vor allem durch seine in den 1860er Jahren begonnenen Untersuchungen an Austernbänken und seine Begriffsprägung "Biocoenosis oder Lebensgemeinde" (1877) auch den Weg zur modernen Biozönologie aufzeigte. Für Kiel - nach geographischer Lage und in manch anderer Hinsicht mit Edinburgh und der dortigen Entwicklung der Ozeanographie (TAIT 1968) im 19. und 20. Jh. vergleichbar - leiteten die 1860er Jahre mit der Einrichtung der "Commission zur wissenschaftlichen Untersuchung der deutschen Meere", wie sie nach der Reichsgründung ab 1871 offiziell hieß, eine völlig neue Entwicklung ein. Sie ließ hier - zunächst für ein halbes Jahrhundert - ein bedeutsames, international anerkanntes Zentrum einer vielseitig orientierten Meeresforschung entstehen, an dem auch die Geographie, wie im folgenden Kapitel noch zu zeigen sein wird, einen entscheidenden Anteil haben sollte.

5.5. BEGINN DER TIEFSEEFORSCHUNG

Hatte sich das meereskundliche Interesse während der vorklassischen und klassischen Periode der geographischen Disziplingeschichte zwischen 1770 und 1870 vor allem auf die Entschleierung des Bildes der Oberflächenströmungen in den Ozeanen als eines zunächst vorrangig geographischen Problemes konzentriert, so gewann ein anderer Problemkomplex, der auf die Forschungsansätze der modernen Meereskunde in deren Frühphase zwischen 1870 und 1900 ebenfalls außerordentlich stimulierend einwirken sollte, bereits seit der Mitte des 19. Jhs. zunehmend an Bedeutung: die Frage nach der dritten Dimension des Weltmeeres, nach seinen Tiefen, seiner Bodenplastik und -bedeckung und dem Leben in der Tiefsee.

Zwar hatte Oskar PESCHEL mit seinen ab 1866 in der von ihm damals herausgegebenen Wochenschrift für Erd- und Völkerkunde in loser Folge erschienenen Aufsätzen über "Neue Probleme der vergleichenden Erdkunde", die dann 1869 in seinem "Versuch einer Morphologie der Erdoberfläche" buchförmig zusammengefaßt wurden, das Zeitalter der modernen vergleichend-erklärenden Küsten- und Meeresbodenmorphologie eingeleitet. Aber für präzise Vorstellungen von der Formengestaltung des Meeresbodens war die Zeit noch nicht reif. Dazu fehlte die wichtigste Voraussetzung: die Kenntnis der Topographie des Meeresgrundes, da das Netz der Tiefenlotungen, im allgemeinen noch unsystematisch und punktuell angelegt, zu wenig aussagefähig war. Am ehesten und besten gelang die Erfassung des Seebodenreliefs noch in küstennahen Flachwasserbereichen, woher ja auch die frühesten Isobathenkarten seit 1697 stammten (Hafen von Rotterdam von P. ANCELIN). 1864 erschien als 27. Lieferung der Neuausgabe von STIELERs Handatlas die Karte der Britischen Inseln und umliegenden Meere, die unter Auswertung aller älteren Seekarten und erreichbaren Lotungen die Schelftopographie bis 100 Faden (182 m) Tiefe in einer bis dahin nicht gekannten Detailliertheit und kartographischen Methode zeigt ("handpunktierte unterseeische Schichtenkarte" mit äquidistanten Tiefenlinien von 10 zu 10 Faden). In seinem "Die Spezial-Topographie des Seebodens um Nordwest-Europa" untertitelten Kommentar sagt A. PETERMANN (1864; 16) dazu: "Wenn der heutige Standpunkt der Kartographie zu verlangen berechtigt, daß in neuen Atlanten auch die Geographie des Meeres, der großen Brücke des Völkerverkehrs und Welthandels, mehr Berücksichtigung finde als früher, so muss dies gerade auf dem in unserer Karte enthaltenen Theil die erste und meiste Anwendung finden, da kein anderer Theil des Weltenmeeres von der Schiffahrt so frequentiert, kein anderer so genau untersucht worden ist". Aus dem nämlichen Grunde veröffentlichte PETERMANN in seinen "Geographischen Mitteilungen" ein paar Jahre später wohl auch drei Karten des Seebodens vor der atlantischen Ostküste der USA, erarbeitet und erläutert von L.F. v. POURTHALES, der - zum Kreis der Franko-Schweizer Naturforscher um Louis AGASSIZ beim U.S. Coast Survey gehörig - in den Jahren 1943-67 an die 9 000 atlantische Sedimentproben aus Tiefen bis 2 700 m untersucht hat und die Tiefseesedimente 1872 erstmals in die beiden großen Gruppen der kalkreichen Globigerinen- und Pteropoden-Schlicke und des kieselsäurereichen roten Tiefseetons gliederte (PFANNENSTIEL 1970; 47). Doch das Relief des Tiefseebodens lag in den 1860er Jahren, von wenigen mehr punkthaften Ausnahmen abgesehen, noch weitgehend im Dunkel der abyssischen Tiefen. Lediglich der Nordatlantik bildete dank MAURYs Aktivitäten (s.o.) und zahlreicher, vor allem britischer Tiefseelotungen ab der zweiten Hälfte der 1850er Jahre eine gewisse Ausnahme (vgl. DEACON 1971; 294ff.). Insbesondere entstanden hier durch die Vermessungsvorarbeiten für die Verlegung der ersten transatlantischen Telegraphenkabel (erster mißglückter Versuch 1858, endgültig 1866) Lotungsprofile zwischen Irland und Neufundland über das sogenannte Telegraphenplateau hinweg (vgl. u.a. MAURY 1857; PETERMANN 1856 u. 1863). Auch im Europäischen Nordmeer begann mit der Verdichtung der Lotungen vor allem durch die zahlreichen, auch deutschen Nordpolar-Untersuchungen ab 1868 die allmähliche Entschleierung des Bodenreliefs (vgl. u.a. PETERMANN 1870c; KOLDEWEY et. al. 1871, Nr. 5).

Verbunden mit den Tiefenmessungen mittels ständig verbesserter Lotvorrichtungen (vgl. dazu ausführlich BRUNS 1958), besonders durch die Ende der 1860er Jahre von W. THOMSON entwickelte Lotmaschine, und der Entnahme von Grundproben mit Hilfe von Bodengreifern (erste 1818 durch John ROSS) und von kombinierten Geräten wie dem von dem Amerikaner C.D. SIGSBEE um 1870 entwickelten Sediment-Schwerelot waren bei den beginnenden Tiefsee-Vorstößen auch schon einzelne Dredgezüge mit Schleppnetzen, später mit dem von dem Italiener PALUMBO entwickelten Schließnetz zum Aufholen von Organismen aus größeren Tiefen vorgenommen worden. Der Anlaß war im Gunde eine äußerst stimulierend wirkende falsche Theorie, nämlich die 1843 von dem britischen Naturforscher Edward FORBES (1815-54) vertretene Auffassung der azoischen Tiefen des Weltmeeres unterhalb 300 Faden oder 550 m. Sie hatte allerdings nur kurzen Bestand; denn bereits 1845 schrieb A. v. HUMBOLDT im ersten Band seines "Kosmos" (S. 330): "Aeußerlich minder gestaltreich als die Oberfläche der Continente, bietet das Weltmeer bei tieferer Ergründung seines Innern vielleicht eine reichere Fülle des organischen Lebens dar, als irgendwo auf dem Erdraume zusammengedrängt ist... In Tiefen, welche die Höhe unserer mächtigsten Gebirgsketten übersteigen, ist jede der aufeinander gelagerten Wasserschichten mit polygastrischen Seegewürmen, Cyclidien und Ophrydinen belebt." Und 1857 schrieb Chr. G. EHRENBERG an M.F. MAURY: "I see that you have followed the judgement of the old observers, who deny the existence of stationary life at great depths, and who sustain themselves of late by the observations of Mr. FORBES. I cannot agree with this antibiotic judgement... I hold firmly to the opinion of stationary life at the bottom of the deep sea" (Zit. n. MERRIMAN 1968; 381). Im gleichen und in den folgenden Jahren mehrten sich, insbesondere durch die Kabellegungen und bei Reparaturen an Tiefseekabeln, die Beweise für die Existenz von Leben in immer größeren Tiefen des Weltmeeres, bis der Edinburgher Meeresbiologe Wyville THOMSON, Initiator und Leiter der späteren "Challenger"-Expedition 1872-76, auf Vorexpeditionen mit den Schiffen "Lightning" (1868), "Procupine" und "Shearwater" (1869/70/71) im Nordatlantik und Mittelmeer aus über 4 500 m Tiefe lebende Organismen heraufholte. W. THOMSON hat die Ergebnisse dieser Fahrten in seinem Buch über "The depths of the sea" zusammengefaßt (London 1873).

Damit war der Bann gebrochen und begann der Wettlauf der Nationen um die systematische Erforschung der Tiefsee, womit ein neues Kapitel der Meeresforschung, aber auch eine neue Epoche in der Disziplingeschichte der Geographie begann: die moderne Zeit, zu deren Inauguration gerade rechtzeitig 1869 der Suez-Kanal nach zehnjährigem Bau eröffnet wurde, um im Zeitalter der imperialen Expansion der Europäer über die Erde dem Welthandel und Verkehr zur See neue Dimensionen zu erschließen, aber auch große ozeanische Regionen den europäischen Meeresforschungszentren distanziell und zeitlich näherzubringen und schließlich auch selbst ab

1870 unter maßgeblicher deutscher Beteiligung zu ozeanographischen Untersuchungen herauszufordern (vgl. MORCOS 1971/72).

Am Ende dieses Kapitels ist das Werk eines gut informierten Außenseiters, des Direktors des Lehrerseminars Büren, Joh. KAYSER zu nennen, geschrieben "für gebildete Leser". Obwohl 1873 erschienen, schöpft seine "Physik des Meeres" aus der Zeit bis 1869 und gehört insofern dem Vorstadium der modernen Meeresforschung an. Anderseits greifen die wissenschaftstheoretischen und -systematischen Überlegungen KAYSERs (S. 13 ff.) zeitlich einer erst viel späteren Entwicklung weit voraus, werfen aber auch bereits ein Licht auf kommende fachliche Kompetenzauseinandersetzungen. Und zwar weist KAYSER seine "Physik des Meeres" einer allgemeinen "Physik des Erdballs" zu, die in drei große Abschnitte zerfalle, "wovon die beiden ersten Atmosphärologie und Epirologie, der letztere Ozeanologie genannt werden könnten". Die Ozeanologie als "eigentliche Wissenschaft des Meeres", die nach KAYSER "weder die maritime Meteorologie noch die ozeanische Botanik und Zoologie" einschließt, gliedert er in die Ozeanographie als "reine Beschreibung der einzelnen Meere und ihrer Theile" und die "Physik des Meeres". Letztere erscheint in seinem Buch zweigeteilt: einerseits die "Physiographie des Meeres" mit Kapiteln über Land-Wasser-Verteilung, Meeresbecken und -boden, chemische und physische Eigenschaften des Meerwassers sowie Meeresleuchten, anderseits die "Mechanik des Meeres", unter der Wellenbewegungen und Seegang, Ebbe und Flut sowie Meeresströmungen behandelt werden.

Die sich hier bereits eröffnenden Probleme Fachgrenzen überschreitender Zuständigkeiten galt es nun für die neue Geographie der modernen Epoche bald und in eindeutiger Weise zu lösen, wenn sie den Anspruch auf eine "physische Geographie des Meeres" oder "geographische Meereskunde" aufrecht erhalten wollten.

6. Das Meer aus der Sicht der modernen Geographie zwischen 1871 und 1945

6.1. PROBLEME DER PERIODISIERUNG

Es ist seit langem üblich geworden, die moderne Ozeanographie mit der zweifellos sehr erfolgreichen britischen "Challenger"-Expedition der Jahre 1872-76 beginnen zu lassen. Auch GIERLOFF-EMDEN (1980) folgt in dem ohne jedweden disziplingeschichtlichen Bezug zur Geographie verfaßten Kapitel über "Die Entwicklung der modernen Meeresforschung in 4 Phasen" dieser aus der Sicht der gegenwärtigen Ozeanographie verständlichen Festlegung, obwohl es auch abweichende Auffassungen gibt (u.a. BURSTYN 1968b). Selbst M. DEACON (1971; VII) drückt sich über "the work of the Challenger expedition, often held to be the foundation of modern oceanography", vorsichtiger aus. Erwähnenswert ist in diesem Zusammenhang eine aus eigenen Erfahrungen erwachsene sehr herbe Kritik O. KRÜMMELs (1896; 94) an der damals in England zu begegnenden Auffassung, "als ob die Meereskunde eine wesentlich englische Wissenschaft wäre", die so gut wie ausschließlich in England entstanden sei und nur von dort aus gefördert werden könne", sowie an dem durch Beispiele belegten "unwissenschaftlichen Verfahren" der "Ignorierung deutscher Leistungen", nicht ohne jedoch auch eine gegenteilige Haltung "jüngerer englischer Ozeanographen" unerwähnt zu lassen. Im Rahmen unserer Betrachtung über die wissenschaftliche Stellung des Meeres aus disziplinhistorischer Sicht der Geographie, besonders im deutschsprachigen Raum, kann die "Challenger"-Expedition bestenfalls als eine zusätzliche Markierung für den Beginn einer neuen Epoche in der Wissenschaftsgeschichte der Geographie gewertet werden, die man in Anlehnung an H. BECK (1973) als die der "modernen Geographie" bezeichnen kann. Ohne hier auf die geistesgeschichtlichen, wirtschaftlichen und politischen Zusammenhänge dieser Epoche eingehen zu können, welche die "Moderne" charakterisieren und wissenschaftlich vor allem ihren Ausdruck im gewaltigen Aufschwung der Naturwissenschaften sowie den technologischen Fortschritten fanden, wird ihr Beginn äußerlich am besten durch das Jahr 1871 markiert, in dem nicht nur der erste Internationale Geographen-Kongreß in Antwerpen stattfand, sondern vor allem das zweite Deutsche Reich seinen Anfang nahm. Damit verbunden war das Aufkommen eines neuen politischen Bewußtseins, das Drängen hinaus auf die Meere und Streben nach Seegeltung sowie Besitz von Kolonien in den noch verbleibenden überseeischen Freiräumen.

Dadurch erfuhr gerade die Geographie, die bis dahin an den Universitäten vorherrschend noch in fachlicher Unselbständigkeit und disziplinärer Zersplitterung mit z. T. immer noch hilfswissenschaftlichem Charakter verhaftet war, nicht nur eine ungeahnte Popularisierung, die ihren Niederschlag vor allem in der Gründung zahlreicher geographischer Gesellschaften im In- und Ausland fand (Kiel 1867/71, Hamburg 1873), sondern parallel dazu auch eine außerordentliche wissenschaftliche Aufwertung als selbständige Universitätsdisziplin: Innerhalb eines Jahrzehnts entstanden ab 1871 an deutschsprachigen Universitäten über zehn Lehrstühle der Geographie. Dadurch wurde - zunächst natürlich in den Küstenuniversitäten Königsberg (1876), Kiel (1879) und Greifswald (1881) - der Weg frei für eine Einbeziehung der maritimen Sphäre in den akademischen Lehr- und Forschungsbetrieb und damit zum Entstehen einer fachwissenschaftlichen Meereskunde. Sie konnte sich auf Grund ihres Forschungsobjektes als eines wesentlichen Teiles der Erdoberfläche eigentlich nur als Teildisziplin einer als Universitätsfach nunmehr selbständigen und sich frei entfaltenden Geographie verstehen, in ihr etablieren und entwickeln. Dieser Vorgang und die sich dabei im Laufe der Jahrzehnte vollziehenden konzeptionellen und strukturellen Wandlungen sollen in den folgenden Abschnitten dargestellt werden.

Ein vorläufiges Ende fand diese Entwicklung einer geographischen Meereskunde spätestens mit dem Zweiten Weltkrieg. An dessen Ende lag nicht nur Deutschland in Schutt und Asche, sondern waren auch die Institute für Meereskunde in Berlin und Kiel, die Deutsche Seewarte in Hamburg sowie manch andere wissenschaftliche Einrichtung der Meeresforschung zerstört. Nach dem Krieg galt es, nicht nur einen neuen organisatorischen, sondern mehr noch einen neuen geistigen Anfang zu machen. Dies betraf ebenso die an deutschen Universitäten inzwischen als Fach verselbständigte Meereskunde (Berlin 1927, Kiel 1937, Hamburg 1939) wie auch die "des Meeres verwaiste" deutsche Geographie. Mit Recht läßt H. BECK (1973) die letzte geschichtliche Epoche der modernen Geographie mit dem Jahr 1945 enden und spricht von da ab von der "Geographie der Gegenwart". Dem schließen wir uns an, nicht jedoch seiner Untergliederung der Zeitspanne von 1871 bis 1945 in zwei Phasen von 1871-1905 (Tod F. v. RICHTHOFENs) und von 1905-45.

In der DFG-Denkschrift "Meeresforschung" (BÖHNECKE u. MEYL 1962) findet sich eine Auflistung der "repräsentativen Tiefsee-Expeditionen" des Zeitraumes 1873-1960, die auf Grund der in dieser Zeit sich wandelnden Zielsetzungen in vier Stadien gegliedert ist. Diese Klassifikation geht wohl auf WÜST zurück, der sich dazu an anderer Stelle (1964) ausführlich mit einer differenzierten Klassifikation äußerte. Diese hat M. TOMCZAK (1980) einer mehr polit-ideologischen als kritischen Überprüfung und Erweiterung bis heute unterzogen. Dagegen schließt sich GIERLOFF-EMDEN (1980) bei der Darstellung der "Entstehung der modernen Meeresforschung..." (S. 121-149) kritiklos der vereinfachten Klassifikation der DFG-Denkschrift an, ohne auch nur den geringsten Versuch zu machen, sie mit Entwicklungsphasen der Geographie gegebenenfalls zu parallelisieren, wie man das von einem Lehrbuch der "Geographie des Meeres" eigentlich erwartet hätte. Unter Hinweis auf die detaillierte Liste der "repräsentativen Tiefsee-Expeditionen" in der DFG-Denkschrift (1962; 124) und bei GIERLOFF-EMDEN (1980; 120) seien hier nur die vier Phasen in der detaillierten Gliederung von WÜST (1964; 22-26) aufgeführt:

Ia	1873-1914	Stadium der Erkundung oder Exploration
IIb	1904-1924	Übergang zu systematischer Forschung
IIIa	1947-1956	Periode neuer geologischer, geophysikalischer, biologischer und ozeanographischer Methoden
IIIb	um 1950	Übergang zu synoptischer Forschung in kleinen Räumen
IV	ab 1957	Stadium der internationalen Forschungskooperation

Es dürfte sich von selbst verstehen, daß die "repräsentativen Tiefsee-Expedition" und ihre aus dem inneren Wandel der Meeresforschung resultierenden veränderten Zielsetzungen kaum ein ausreichendes Kriterium für eine entsprechende Phasengliederung nach geographisch-disziplingeschichtlichen Gesichtspunkten sein, sondern bestenfalls als Hilfskonstruktion dienen können. Vielmehr müssen die gliedernden Kriterien aus der ideengeschichtlichen Entwicklung der Geographie selbst abgeleitet werden in Zusammenschau mit den Vorgängen innerhalb der Meereskunde. Da zeigt sich dann allerdings, daß die WÜSTsche Einteilung für die Zeit von 1873 bis 1940 durchaus sinnvoll auch für eine zeitliche Gliederung der modernen Geographie von 1871-1945 in drei Phasen verwendet werden kann, wenn auch in etwas abgewandelter zeitlicher Abgrenzung. Sie wird im folgenden bei der Behandlung der drei Phasen für die Zeit von a) 1971 bis 1899, b) 1900-1920 und c) 1921-1945 jeweils näher erläutert.

6.2. DIE BEGRÜNDUNG UND FRÜHPHASE DER WISSENSCHAFTLICHEN MEERESKUNDE IM RAHMEN DER GEOGRAPHIE, 1871-1899

6.2.1. Die Entwicklung der "neuen" Geographie

Die Entwicklung der neuen Geographie im letzten Viertel des 19. Jhs. resultierte einmal aus der allgemeinen geistigen Kultur der Zeit, zum anderen aus der Vervielfältigung der geographischen Universitätslehrstühle, deren geistiger Schöpfer neben Alfred KIRCHHOFF (1836-1907) vor allem Hermann WAGNER (1840-1929) war. Wie fast alle auf diese Lehrstühle Neuberufenen keine "gelernten" Geographen waren, die es damals nach akademischer Ausbildung kaum erst gab, so hatte auch WAGNER zunächst Mathematik und Physik studiert, war aber während seiner zwölfjährigen Gothaer Oberlehrertätigkeit (1864-76) in engen und nachhaltigen Kontakt mit J. PERTHES' Geographischer Anstalt und A. PETERMANN sowie zu der Überzeugung von der großen Bedeutung der Erdkunde als eines wichtigen Bildungsfaches gekommen. Daraus entsprang sein Kampf um die Errichtung der geographischen Lehrstühle, wobei er der Geographie zwar eine vermittelnde Stellung zwischen Natur- und Geisteswissenschaften einräumte, ihre primäre Grundlage - dem Zeitgeist folgend - jedoch in einem soliden naturwissenschaftlichen Fundament erblickte. WAGNER war es, der Maß und Zahl wie kein anderer vor ihm in die geographische Methode einführte. Nicht ohne Grund betraf eine der ersten in WAGNERs Königsberger Zeit entstandenen Dissertation, nämlich die von Emil WISOTZKI (1879), "Die Verteilung von Wasser und Land auf der Erdoberfläche" - eine Frage, die besonders wegen der mangelnden Kenntnis der Polarbereiche immer noch nicht restlos geklärt war.

Von den 15 Erstberufungen auf geographische Lehrstühle in der Zeit von 1871-1886 gingen mindestens 10 an Naturwissenschaftler. So ist es nicht verwunderlich, daß diese Frühphase der modernen Geographie ausgesprochen naturwissenschaftlich geprägt war. Das galt sogar für F. RATZELs "Anthropo-Geographie" (1882/91) wie auch viele Beiträge dieser Zeit zur Geographie des Menschen. Deshalb spricht H. OVERBECK (1854) von einer "geosophischen" oder beziehungswissenschaftlichen Periode in der Entwicklung der Anthropogeographie, in welcher die Frage nach der Abhängigkeit des Menschen, seiner Kultur und Geschichte von den Naturbedingungen im Vordergrund stand. In der von Friedrich RATZEL 1882 begründeten "Bibliothek geographischer Handbücher" erschienen nach der "Anthropo-Geographie" (1882/91) 1883 die "Klimatologie" (J. HANN), 1884/87 die "Ozeanographie" (G. v. BOGULAWSKI/O. KRÜMMEL), 1890 die "Mathematische Geographie" (O. DRUDE) sowie außerhalb der Reihe 1894 A. PENCKs "Morphologie der Erdoberfläche". Damit war sozusagen der Rahmen gesteckt; die wissenschaftstheoretischen und methodischen Grundlagen dazu aber lieferte vor allem die alle überragende Persönlichkeit Ferdinand von RICHTHOFENs (1833-1905).

Das Selbstverständnis der wissenschaftlichen Geographie hat, für seine Zeit wohl am präzisesten, F. v. RICHTHOFEN in seiner Leipziger Antrittsvorlesung (1883) über "Aufgaben und Methoden der heutigen Geographie" formuliert. Nach Klärung des Begriffs "Erdoberfläche des Geographen" - heute sagen wir "Geosphäre" - postulierte RICHTHOFEN als Aufgaben der wissenschaftlichen Geographie die Erforschung der festen Erdoberfläche nebst Hydrosphäre und Atmosphäre (Physikalische Geographie), des Pflanzenkleides und der Tierwelt (Biologische Geographie) sowie "des Menschen und seiner materiellen und geistigen Kultur" (Anthropo-Geographie) jeweils nach den vier Prinzipien der Gestalt, der stofflichen Zusammensetzung, der Entstehung und fortdauernden Umbildung (Faktor Zeit), immer unter dem leitenden Gesichtspunkt der kausalen Wechselbeziehungen der sechs Naturreiche untereinander und zur Erdoberfläche. Dabei führt die "concret beschreibende Methode" der darstellenden Geographie zur Chorographie, welche "den Thatsachenschatz nach einem obersten räumlichen Eintheilungsprinzip in den durch die sechs Naturreiche gegebenen Unterabtheilungen registriert", die analytische Methode zur "Allgemeinen Geographie", welche die Gegenstände und Erscheinungen der sechs Naturreiche in Kategorien zusammenfaßt und "unabhängig von den Erdräumen, nach den vier Principien, unter steter Berücksichtigung des leitenden Gesichtspunktes der causalen Wechselbeziehungen zur Erdoberfläche" betrachtet. Aus der Verbindung beider Methoden der Analyse und Synthese geht nach RICHTHOFEN die chorologische Betrachtungsweise hervor, deren Wesen darin besteht, "daß sie alle einen Planetentheil constituirenden Factoren, oder einen Theil derselben, in ihrem ursächlichen Zusammenwirken betrachtet"... "In specieller Anwendung erscheint sie entweder als Chorologie eines Erdraumes, oder als Betrachtung mehrerer oder aller einzelnen Erdräume unter dem Gesichtspunkt einer Gruppe von Causalverbindungen..." S. 66). Damit unterstellt RICHTHOFEN den Sinngehalt der regionalen Geographie wie der Allgemeinen Geographie dem gleichen übergeordneten erdraumbezogenen Gesichtspunkt der chorologischen Betrachtungsweise. Mit dem Satz "Die Aufgaben der Geographie gipfeln in der Erforschung der Beziehungen des Menschen zu allen vorgenannten Factoren im Einzelnen wie in ihrer Summe" (1883; 24) dürfte, trotz aller Verschiedenheit im sprachlichen Ausdruck, die Modernität, ja Aktualität von RICHTHOFENs Wissenschaftsverständnis der Geographie klarer zutage treten, als es manchem unserer heutigen, jeder Tradition abholden Modernisten lieb sein dürfte.

Es schien uns notwendig und bedeutsam, diesen heute weithin in Vergessenheit geratenen wissenschaftstheoretischen Ansatz RICHTHOFENs für die Geographie des ausgehenden 19. Jhs. wieder einmal in Erinnerung zu bringen, nicht zuletzt auch im Hinblick auf die wissenschaftsgeschichtliche und -systematische Stellung der frühen Ozeanographie, die RICHTHOFEN mit der Meteorologie, Pflanzen- und Tiergeographie sowie der Völker- und Staatenkunde eindeutig "als mehr oder weniger selbständige Disziplinen innerhalb des Rahmens der Geographie" verankert sah (S. 67). Dies war der geistige Nährboden, auf dem sich die junge Meereskunde als Teildisziplin der neuen Geographie entwickelte. Verfolgen wir ihren Weg bis zur Jahrhundertwende.

6.2.2. Die Entwicklung in den Meeresforschungszentren des deutschsprachigen Raumes

Die Universität Göttingen mit ihrer alten naturwissenschaftlichen und damals schon über hundertjährigen geographischen Tradition gehört zwar nicht unmittelbar dazu, muß hier aber aus disziplingeschichtlicher Sicht gerade der Meereskunde zunächst genannt werden. Hatte hier doch bereits 1836 J.E. WAPPÄUS mit seiner Dissertation über die Meeresströmungen promoviert. Vierzig Jahre später folgte ihm sein Schüler Otto KRÜMMEL (1854-1912) nach Studium der Geographie, Geologie und Naturwissenschaften mit einer Dissertation über "Die aequatorialen Meeresströmungen des Atlantischen Oceans und das System der Meerescirculation" (1877), später auf "Die atlantischen Meeresströmungen" (1883a) erweitert. In seiner Habilitationsschrift (1879) mit dem Titel "Versuch einer vergleichenden Morphologie der Meeresräume" knüpfte KRÜMMEL bewußt an den zehn Jahre älteren "Versuch einer Morphologie der Erdoberfläche" seines Leipziger Lehrers O. PESCHEL (1869) an und lieferte darin u.a. die im wesentlichen bis heute gültige Klassifikation der Meeresräume nach offenen Ozeanen und Nebenmeeren mit Rand- sowie inter- und intrakontinentalen Mittelmeeren. Obwohl insgesamt mehr eine Morphometrie, stellt diese Arbeit aber doch eine wichtige Vorstufe zur eigentlichen maritimen Geomorphologie dar, zu der RICHTHOFEN mit seinem "Führer für Forschungsreisende" (1886) die morphogenetischen Grundlagen lieferte. Gleichwohl darf man O. KRÜMMEL als den ersten Geographen in Deutschland bezeichnen, der sich auf der gesicherten Basis zunehmender Tiefseelotungsergebnisse intensiv mit maritim-morphologischen Problemen befaßte, u.a. in Beiträgen über die Tiefenkarte des Indischen Ozeans (1881), das Relief des Australischen Mittelmeeres (1882), die Morphologie der Seehäfen (1883b) oder die Erosion durch Gezeitenströme (1889). Im Vordergrund standen dabei zunächst Fragen nach der mittleren Tiefe und den Flächen der Tiefenstufen in den Ozeanen (KRÜMMEL 1880), wozu sein Kieler Schüler K. KARSTENS (1894) eine völlige Neuberechnung einschließlich der Land-Meer-Verteilung durchführte, ferner nach den Böschungsverhältnissen sowie schließlich nach der Nomenklatur und Terminologie der submarinen Großformen, die vor allem auf dem 7. Internationalen Geographen-Kongreß in Berlin 1899 zur Diskussion standen. Hier hat KRÜMMEL (1901; 383) auch den erstmals 1887 von dem Engländer H.R. MILL benutzten Begriff "continental shelf" als "Schelf" in den deutschen und internationalen Sprachgebrauch eingeführt, während sich hinsichtlich der übrigen Terminologie der "Bodenformen des Weltmeeres" mehr die von A. SUPAN (1899 u. 1903) vorgeschlagene durchsetzte.

Die frühen Arbeiten O. KRÜMMELs (ausführliches Schriftenverzeichnis bei MATTHÄUS 1967b und KORTUM/PAFFEN 1979) ließen ihn schon bald als den zukünftigen Bahnbrecher der Ozeanographie in Deutschland und Begründer der geographischen Meereskunde erkennen, der er dann in seiner Kieler Zeit auf dem Lehrstuhl für Geographie ab 1883 werden sollte. Aus der Göttinger Geographie aber erwuchsen, nachdem H. WAGNER 1880 die Nachfolge von WAPPÄUS angetreten hatte, unter WAGNERs Ägide weitere, später bedeutende Vertreter der Meereskunde (L. MECKING, B. SCHULZ) und Küstenforschung (W. BEHRMANN, F. MAGER).

Die Kieler Meereskunde entwickelte sich anfangs aus der zum Zwecke der Förderung der Meeresfischereiwirtschaft 1870 ins Leben gerufenen "Preußischen Commission zur wissenschaftlichen Untersuchung der deutschen Meere" (siehe oben). Nach der Reichsgründung in "Commission zur wissenschaftlichen Untersuchung der deutschen Meere in Kiel" umbenannt, hatte sie ab 1871 in der inzwischen zum "Hausmeer" der Kieler Universität gewordenen Ostsee ihre Arbeiten aufgenommen durch Einrichtung von Beobachtungsstationen an der Küste sowie vor allem durch Untersuchungen und Materialsammlung auf See von Schiffen aus. Alle Ergebnisse der physikalischen und chemischen Untersuchungen (G. KARSTEN u.a.) und der weit überwiegenden meeresbiologischen Forschungen (MEYER, MÖBIUS, HENSEN u.a.) wurden in den "Jahresberichten" der Kommission (Jg. I-XXII, 1873-93), nach Gründung (1892) und in Verbindung mit der Biologischen Anstalt Helgoland in den "Wissenschaftlichen Meeresuntersuchungen" (Neue Folge Bd. I-XXII, 1894-1936) in zwei getrennten Reihen für Kiel und Helgoland publiziert.

Wohl als Folge seiner Neuorientierung auf das Meer hin hielt G. KARSTEN ab 1876 Vorlesungen über "Physische Geographie mit besonderer Berücksichtigung der Physik des Meeres", wahrscheinlich auch für die Absolventen der "Kaiserlichen Marine-Akademie" in Kiel. Im Offizierskorps der deutschen Reichsmarine entstand aus dem Bedürfnis nach Information über die befahrenen Meeresräume und Küstengewässer gerade in Kiel durch den später sich ausweitenden Kontakt mit Professoren der Universität schon früh ein lebhaftes Interesse an geographischen und insbesondere meereskundlichen Fragen. Als Folge davon beteiligten sich die auf allen Meeren kreuzenden Schiffe der Kriegsmarine in zunehmendem Maße am Sammeln von ozeanographischen und meteorologischen Beobachtungen. Das erste bedeutsame und erfolgreiche Unternehmen dieser Art war die zeitlich teilweise mit der britischen "Challenger"-Expedition konkurrierende Forschungsreise von S.M.S. "Gazelle", die auf Anregung G. v. NEUMAYERs zwecks Beobachtung des Venusdurchganges auf den Kerguelen und dank seines Organisationstalentes zustandekam. Am 21. Juni 1874 stach die "Gazelle" von Kiel aus unter Kapitän G. v. SCHLEINITZ zu ihrer zweijährigen Weltreise in See, ausgestattet mit dem bestverfügbaren Instrumentarium, einer einschlägigen wissenschaftlichen Bibliothek und sehr detaillierten wissenschaftlichen Instruktionen v. NEUMAYERs (vgl. Expeditionswerk 1889; I, 34ff.). Die Auswertung des von dem einzigen wissenschaftlichen Begleiter, dem Biologen Dr. STUDER, sowie von den Offizieren, insbesondere von den beiden Bordärzten, angestellten Messungen sowie gesammelten Beobachtungen und Materialien durch eine große Zahl von Spezialisten - darunter auch die Kieler Professoren G. KARSTEN und E. ENGLER (Botanik) - nahm sehr viel Zeit in Anspruch. Als dann das zunächst gar nicht geplante, schließlich vom Hydrographischen Amt der Admiralität herausgegebene fünfbändige Expeditionswerk (1888-90) erschien,

Abb. 7: Otto KRÜMMEL - Mitbegründer der Ozeanographie in Deutschland und Professor für Geographie an der Universität Kiel

konnte man nur erstaunt sein über die gewaltige Leistung eines mit vergleichsweise geringem finanziellen und personellen Aufwand betriebenen Unternehmens, das Deutschland in die vorderste Front der internationalen Meeres- und insbesondere Tiefsee-Forschung führte. Kleinere Unternehmungen folgten, wie die in den Sommern 1881/82/84 von dem deutschen Kriegsschiff "Drache" in der Nordsee durchgeführten ozeanographischen Untersuchungen, die später O. KRÜMMEL (1886) wissenschaftlich ausgewertet hat ebenso wie auch die Tiefenlotungen des Siemens-Dampfers "Faraday" im Nordatlantik (1883c).

Mit vierjähriger Verzögerung wurde 1879 an der Kieler Universität der erste Lehrstuhl für Geographie eingerichtet, den zunächst Theobald FISCHER für vier Jahre bekleidete, ohne jedoch aktiv Anteil an der Entwicklung der Meereskunde zu nehmen. Nach seinem Weggang nach Marburg wurde dann Otto KRÜMMEL (1883) nach Kiel berufen, dessen Nominierung ausdrücklich mit Bezug auf die Meereskunde wie folgt begründet worden war: "Für die Nennung des Dr. KRÜMMEL in erster Linie ist die spezielle Richtung seiner Studien auf Ozeanographie und Hydrographie mitbestimmend gewesen, welche für die Kieler Universität aus mehrfachen Gründen, besonders wichtig erscheint..." (zit. n. MATTHÄUS 1967a). Mit der Berufung KRÜMMELSs, der 1889 noch die Ernennung zum Dozenten an die Kais. Marine-Akademie folgte, wurde der Kieler Geographie für über 35 Jahre bis zum Ende des Ersten Weltkrieges eine ganz spezielle und lagespezifische fachliche Ausrichtung aufgeprägt, die sie in Forschung und Lehre auf das Meer hinaus wies (vgl. ausführlich bei KORTUM/PAFFEN 1979). Wenn auch noch nicht offiziell akademischer Vertreter einer Meereskunde als Universitätsdisziplin, wurde KRÜMMEL doch ihr Wegbereiter und Vorläufer auf dem Lehrstuhl für Geographie, auch wenn dieser ihm natürlich vorrangig Lehrverpflichtungen für das Gesamtgebiet der Geographie abverlangte. In der Forschung war dagegen das Meer dominant. So betrafen von den bis zur Jahrhundertwende unter KRÜMMELs Anleitung abgeschlossenen 7 Dissertationen 5 meereskundliche Themen, darunter 3 zum Problem der Meeresströmungen (KORTUM/PAFFEN 1979; 116). KRÜMMELs zunächst mehr unauffällige Mitarbeit in der Kieler Kommission zur wissenschaftlichen Untersuchung der deutschen Meere, wurde zum ersten Mal augenfällig in der Organisation, Teilnahme und Berichterstattung der "Deutschen Plankton-Expedition" 1889 mit dem Dampfer "National".

Anlaß zu diesem ersten Vorstoß der jungen Kieler Meeresforschung war kurz folgender: Victor HENSEN (SCHWENKE 1977) hatte sich bei seinen Untersuchungen über den Fischbestand der Ostsee der Populationsstatistik an Hand der abgelegten Eimengen verschiedener Fischarten zugewandt und in dem im Eiernetz regelmäßig befindlichen, zunächst als störend empfundenen Beifang an kleinen bis mikroskopisch kleinsten Tieren und Pflanzen bald ein ungeheures Reservoir an Lebewesen erkannt, "das für die Erforschung des Stoffwechsels und der Gesamtproduktion an organischer Substanz des Meeres von entscheidender Bedeutung sei" (POREP 1970; 103). Als dann 1884 die Seidengaze mit extrem feiner Maschenweite als Bespan-

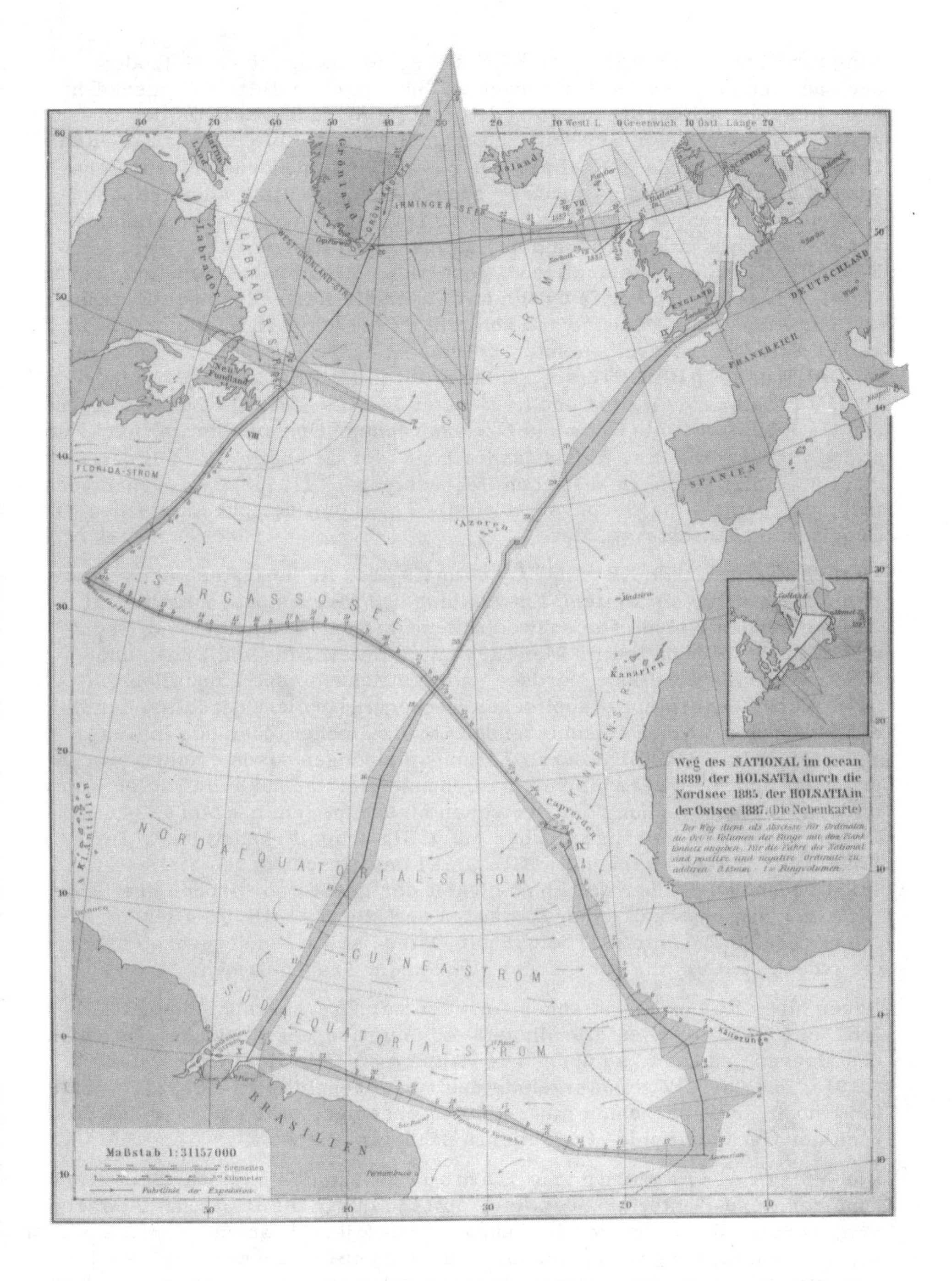

Abb. 8: Das erste ozeanische Kieler Unternehmen: Die Deutsche Plankton-Expedition in den Nordatlantik 1889

nung für Netze aufkam, begann HENSEN seine quantitativen Methoden auch auf den noch bis 1887 sogenannten "pelagischen Auftrieb" auszudehnen. In seiner Kieler Rektoratsrede benutzte er dann erstmals den Begriff "Plankton" (über Herkunft und etymologische Ableitung vgl. POREP 1970; 106). So wurde in Kiel als neuer Zweig der modernen Meeresforschung die "Planktologie" in ihrer spezifischen quantitativ-analytischen Methodik geboren, worüber es nach der 1890 erfolgten Veröffentlichung von HAECKELs "Plankton-Studien" zu einem erbitterten Streit kam (POREP 1970; 111ff.). Die dreieinhalbmonatige "Plankton"-Expedition, deren Weg von Kiel zur Südspitze Grönlands, über die Bermudas nach Ascension und zur Amazonas-Mündung und schließlich zurück nach Kiel führte, war ein reines Kieler Unternehmen unter Leitung V. HENSENs mit den Zoologen F. DAHL und K. BRANDT als Nachfolger von MÖBIUS, dem Botaniker Fr. SCHÜTTE sowie dem Arzt und Hygieniker B. FISCHER als Bakteriologen und O. KRÜMMEL als Geo- und Ozeanographen. Er verfaßte im Band I des Expeditionswerkes die "Reisebeschreibung" (1892) und im Band II den Bericht über die "Geophysikalischen Beobachtungen" (1893a), wozu man wissen muß, daß damals die Geophysik noch als Teilgebiet der physikalischen Geographie betrachtet wurde.

Zu dieser Zeit wurde KRÜMMEL erstmals auch in der Ostsee aktiv, und zwar in einer für die weitere Entwicklung der Meeresforschung in Kiel entscheidenden Weise. Die schwedischen Ozeanographen G. EKMAN und O. PETTERSSON hatten im Mai 1893 unter Beteiligung von Dänen und Schotten für die nördliche Nordsee und westliche Ostsee einschließlich ihrer Verbindungen ein synoptisches Forschungsprojekt bezüglich der für die Fischwanderungen entscheidenden physikalischen Zustände in Gang gebracht. Als KRÜMMEL durch Zeitungsmeldungen davon erfuhr, brachte er es auf dem Weg persönlicher Beziehungen fertig, auch die Kieler Kommission zur Erforschung der deutschen Meere an dem bis Mai 1894 laufenden Projekt zu beteiligen. Über die völlig neuen Erkenntnisse "Zur Physik der Ostsee" berichtete KRÜMMEL an verschiedenen Stellen (u.a. 1895) ebenso wie "Über die Abhängigkeit der großen nordischen Seefischereien von den physikalischen Zuständen des Meeres" (1896). Diese erste internationale Zusammenarbeit in der Ostsee sollte Konsequenzen haben, die jedoch erst um die Jahrhundertwende zum Tragen kamen.

Neben einer Reihe theoretischer Arbeiten zur Ozeanographie hat KRÜMMEL sich auch - selten allerdings - zu anthropogeographischen Aspekten des Meeres geäußert, so über "Die Haupttypen der natürlichen Häfen" (1891a) und über "Zwei Jahrzehnte deutsche Seeschiffahrt" (1893b). Was ihn jedoch über Jahrzehnte hinaus unvergessen gemacht hat, war das "Handbuch der Ozeanographie" (vgl. hierzu nächsten Abschnitt).

Die Meeresforschung in Hamburg war seit 1869 durch die Gründung der Nord-Deutschen Seewarte, ab 1875 durch die Deutsche Seewarte zwar vorrangig praxisorientiert ausgerichtet, jedoch wurden von den wissenschaftlichen Mitarbeitern auch durchaus wissenschaftliche Fragen und Grundlagenforschung der Ozeanographie und maritimen Meteorologie behandelt. Für letztere hatte G. v. NEUMAYER von Anfang an den in Rußland geborenen, 1870 in Heidelberg mit einer botanischen Dissertation über "Wärme und Pflanzenwachstum" promovierten, dann aber im St. Petersburger Observatorium zum Meteorologen gewordenen Wladimir KÖPPEN (1846-1940) als Mitarbeiter verpflichtet. Er hat in den 44 Jahren seiner Zugehörigkeit zur Deutschen Seewarte nicht nur ihre Geschichte entscheidend mitgestaltet, sondern ist selbst ein nicht wegzudenkendes Stück Geschichte der Meteorologie und Klimatologie und damit auch der modernen Klimageographie geworden. 1886-88 arbeitete unter KÖPPEN über Klimaschwankungen Eduard BRÜCKNER (1862-1927), der gerade (1885) als erster geographischer Doktor der Universität München unter dem jungen Privatdozenten A. PENCK über den eiszeitlichen Salzachgletscher promoviert hatte - eine für die Geographie, insbesondere Eiszeitforschung und Alpengeographie schicksalhafte Begegnung. 1888 wurde BRÜCKNER ohne Habilitation nach Bern berufen, von wo er über Halle (1904) als Nachfolger A. PENCKs 1906 nach Wien ging. Dort werden wir ihm in der Adria-Forschung wieder begegnen.

NEUMAYER war auch die treibende Kraft bei der Verwirklichung des auf eine Idee des österreichischen Polarforschers Karl WEYPRECHT (1875) zurückgehenden ersten internationalen Polarjahres 1882/83, das dann auf NEUMAYERs Anregung sowohl im Nord- wie im Südpolargebiet mit gleichzeitigen, teils genormten, teils fakultativen Beobachtungen meteorologischer, erdmagnetischer, astronomischer und hydrographischer Art zur Durchführung kam. Deutschland war mit je zwei Stationen im Nord- (Cumberland-Sund/Baffin-Ld. und Labradorküste) sowie Südpolargebiet (Süd-Georgien und Falkland-In.) beteiligt, deren Beobachtungsdaten dann NEUMAYER gemeinsam mit C. BÖRGER, Teilnehmer der zweiten deutschen Nordpolar-Expedition und ab 1874 Direktor des Marine-Observatoriums Wilhelmshaven, ausgewertet hat (1866; vgl. auch GEORGI 1964).

Da Hamburg noch keine eigene Universität besaß und das wissenschaftliche Personal der Seewarte das laufend anfallende ozeanographische und meteorologische Meß- und Beobachtungsmaterial - nach KRÜMMEL (1896) 8 000 vollständige und 4 000 "abgekürzte" Schiffsjournale in der Zeit von 1875 bis 1895 - wissenschaftlich aufzubereiten arbeitsmäßig nicht in der Lage war, fand NEUMAYER, der von 1885-1905 ununterbrochen den Vorsitz im Zentralausschuß der deutschen Geographen führte, die Lösung des Problems in der sukzessiven Bearbeitung dieses Materials durch Doktoranden vornehmlich der Geographie von anderen deutschen Universitäten, wobei die Dissertationen dann in der Regel in der 1878 gegründeten Schriftenreihe "Aus dem Archiv der Deutschen Seewarte" veröffentlicht wurden. Darüber hinaus verstand NEUMAYER es auch, examinierte Geographen an die "Seewarte" zu ziehen, die dadurch zu einer vorzüglichen Lehr- und Arbeitsstätte für meereskundlich interessierte Geographen wurde und so entscheidenden Anteil an der Entwicklung der geographischen Meereskunde gewann.

Einer der ersten war Otto KRÜMMEL, der nach vierjähriger Dozententätigkeit am Geographischen Institut der Universität Göttingen 1882 für anderthalb Jahre zur Deutschen Seewarte überwechselte, wo er in Georg NEUMAYER einen "väterlichen Freund und unermüdlichen Förderer seiner ozeanischen Studien fand" (M. ECKERT 1913; 545). KRÜMMEL wurde hier die Bearbeitung des ozeanographischen Teils des Segelhandbuchs für den Atlantischen Ozean (1885) übertragen, für das KÖPPEN - wie auch später für die Segelhandbücher des Indischen (1892) und Stillen Ozeans (1897) - die Kapitel zur Meteorologie und Klimatologie schrieb. Diese "Segelhandbücher" erschienen in Ergänzung zu den zugehörigen Atlanten des Atlantischen Ozeans (1883), des Indischen (1891) und des Stillen Ozeans (1896). 1894 übernahm dann der Geograph G. SCHOTT für lange Jahre KRÜMMELs Aufgabe. Was KRÜMMEL ab 1883 bis 1910 für Kiel wurde, nämlich der erste akademisch lehrende und forschende geographische Ozeanograph Deutschlands, das sollte in der Folgezeit - in vergleichbarer Weise und gelegentlicher Konkurrenz beider zueinander - für Hamburg G. SCHOTT werden.

Gerhard SCHOTT (1886-1961) hatte sich nach dem Studium der Geographie und Naturwissenschaften in Jena und Berlin auf Anregung seines Lehrers F. v. RICHTHOFEN der Meereskunde zugewandt und nach einem Arbeitsaufenthalt in der Deutschen Seewarte 1891 in Berlin mit einer Dissertation über "Oberflächen-Temperaturen und Strömungen der ostasiatischen Gewässer" promoviert. Der Veröffentlichung der wissenschaftlichen Ergebnisse einer anschließend auf einem Segelschiff durchgeführten Forschungsreise 1891/92 in die ostasiatischen Gewässer (1893) folgte dann 1894 die endgültige Einstellung bei der Deutschen Seewarte, der er bis 1931 angehörte. Bis in die 1890er Jahre dominierten in SCHOTTs Arbeiten in echt geographischer Tradition seit A. v. HUMBOLDT die Meeresströmungen, wozu er nach verschiedenen Vorarbeiten 1898 seine große Übersichtskarte der Meeresströmungen herausbrachte, die zu einer Kontroverse mit KRÜMMEL führte und später, um die Schiffahrtswege erweitert, in mehreren verbesserten Auflagen erschien. Was für KRÜMMEL die Teilnahme an der "Deutschen Plankton-Expedition" 1889 bedeutet hatte, das wurde für SCHOTT 1898 seine Teilnahme als Ozeanograph an der von dem Leipziger Zoologen Karl CHUN geleiteten "Deutschen Tiefsee-Expedition" auf dem Dampfer "Valdivia", die vor allem dem Leben in der Tiefsee des östlichen Atlantischen und Indischen Ozeans bis zur Eiskante der Antarktis galt und an der aus Kiel C. APSTEIN als Planktologe teilnahm. Nach Vorberichten (u.a. SCHOTT 1899) folgte SCHOTTs umfangreiche Darstellung der "Ozeanographie und maritimen Meteorologie" mit einem Atlas (1902) im ersten von insgesamt 25 Bänden des Expeditionswerkes (vgl. MESSERSCHMITT in G.Z. 1903). Diese Expedition eröffnete SCHOTT die Vertrautheit mit der dritten ozeanographischen Dimension, die ihm für seine späteren großen geographischen Regionaldarstellungen der einzelnen Ozeane sehr zustattenkommen sollte.

Das Adria-Zentrum der österreichisch-ungarischen Meeresforschung in Triest, Pola und Fiume entwickelte sich ab den 1870er Jahren ähnlich wie die Kieler Meeresforschung, jedoch zunächst mit dem Schwergewicht auf der physikalischen und chemischen Seite oder - wie in Österreich oft genannt - physiographischen Seite, während die meeresbiologische Forschung trotz ihrer hervorragenden Grundlegung durch J.R. LORENZ erst später hinzukam, vor allem nachdem 1875 eine österreichische zoologische Station in Triest und 1891 durch das Berliner Aquarium eine weitere in Rovigno gegründet worden war. Da es über die Entwicklung der österreichischen Meeresforschung, sowohl generell (LUKSCH u. WOLF 1895) wie auch speziell für die Adria (MERZ 1910) vorzügliche Übersichten, u.a. auch eine geographiespezifische von J. LUKSCH "Über den Anteil der Monarchie an der Erweiterung der maritimen Erdkunde" (1898) gibt, so sollen hier nur die Hauptzüge dieser Entwicklung bis zur Jahrhundertwende kurz herausgestellt werden.

Als wichtige Grundlage entstand Anfang der 1870er Jahre der vom Militärgeographischen Institut in Wien hervorragend ausgeführte "Seeatlas des Adriatischen Meeres", der außer einer Neuaufnahme der Küsten erstmalig vor allem eine genaue Kenntnis der Bodengestalt und Bodenbedekkung dieses Seegebietes lieferte. Ozeanographisch bedeutsam wurden dann die von den Professoren der Marine-Akademie-Schule in Fiume, E. STAHLBERGER, J. WOLF und J. LUKSCH, ab 1874 angestellten physikalischen Untersuchungen während mehrerer Schiffsunternehmungen in der Adria. Die Ergebnisse - von dem Zoologen J. KÖTTSDORFER nach der meeresbiologischen Seite erweitert - sind in "Vier Berichten an die Kgl. ungarische Seebehörde in Fiume..." (1877/78) niedergelegt und hinsichtlich Bodenrelief und -bedeckung, horizontaler und vertikaler Verteilung von Temperatur und Salzgehalt sowie Wasserzirkulation mit über Jahrzehnte gültig gebliebenen Karten zusammengefaßt in "Physikalische Untersuchungen im Adriatischen und Sicilisch-jonischen Meer während des Sommers 1880" (WOLF u. LUKSCH 1881).

Ein neuer Abschnitt begann Ende der 1880er Jahre mit der Gründung einer "Commission für die Erforschung des östlichen Mittelmeeres" seitens der Kais. Akademie der Wissenschaften in Wien. Dazu führte ab 1890-94 im Zusammenwirken mit der Kriegsmarine die als Expeditionsschiff umgerüstete S.M.S. "Pola" fünf Fahrten in verschiedene Teile des östlichen Mittelmeeres durch, vor allem zum Zweck meeresbodentopographischer, physikalisch-ozeanographischer (J. LUKSCH), chemischer (K. NATTERER) und zoologischer Tiefsee-Forschungen. Ihre Ergebnisse sind in den Denkschriften der Akademie der Wissenschaften in Wien (Bd. 59-63, 1892-96) veröffentlicht. 1895-98 wurden die Untersuchungsfahrten von S.M.S. "Pola" auf Anregung der Kriegsmarine mit dem im Kern gleichen Wissenschaftlerstab ins Rote Meer fortgesetzt, wobei in zwei je siebenmonatigen Reisen 1895/96 und 1897/98 die nördliche und südliche Hälfte des Roten Meeres durchforscht wurden (Denkschr. d. Akad. d. Wiss. Wien Bd. 64f., 1897-1901). LUKSCH schließt seinen Bericht mit der Feststellung, daß Staat, wissenschaftliche Organisationen und Einzelpersonen zusammengewirkt haben, "die Meereskunde zu fördern und ein Gebiet der Erdkunde zu erweitern, welches, unter den Wissenschaften eines der jüngsten, dennoch in neuerer Zeit für die praktischen Bedürfnisse der Menschen große Bedeutung gewonnen hat" (1898; 65).

6.2.3. Der Stand der Meereskunde in zusammenfassenden Darstellungen der Ozeanographie (Bibliographien, Hand- und Lehrbücher)

Seit der Erstveröffentlichung von MAURYs "Physischer Geographie des Meeres" 1855 war in den 1860er und 70er Jahren insbesondere durch die Hinwendung zur Tiefseeforschung eine solche Fülle von neuen wissenschaftlichen Fakten und Erkenntnissen aus dem Weltmeer geschöpft worden, daß einerseits der einzelne die Übersicht zu verlieren drohte, anderseits die Materialanhäufung geradezu nach Synthese der Vielzahl von Einzelergebnissen und zusammenfassenden Übersichten verlangte. Dem ersteren wurde seit Anfang der 1870er Jahre durch die Schaffung von ozeanographischen Bibliographien abgeholfen, die zunächst von den großen geographischen Zeitschriften erstellt wurden, so PETERMANNs Geographische Mitteilungen, der Zeitschrift der Gesellschaft für Erdkunde zu Berlin (ab 1895 mit der Bibliotheca geographica) sowie HETTNERs Geographische Zeitschrift (ab 1895). Wichtigste und international bedeutendste Bibliographie auch der Ozeanographie aber wurde das 1866 von E. BEHN in PERTHERS' Geographischer Anstalt gegründete "Geographische Jahrbuch", in welchem ab 1872 in den zunächst zweijährlich, ab 1900 unregelmäßig erscheinenden Berichten über "Fortschritte der Ozeanographie" alle neuen meereskundlichen Publikationen einschließlich der Zeitschriftenaufsätze bibliographisch gegliedert und z. T. erläutert zusammengestellt worden sind - eine damals wie heute noch unentbehrliche Informationsquelle bis 1938 (hierzu ausführlicher später). Daneben finden sich Literaturberichte und -zusammenstellungen aber auch in den seit 1873 zunächst vom Hydrographsichen Amt der Kais. Admiralität in Berlin herausgegebenen "Annalen der Hydrographie und maritimen Meteorologie", deren Herausgabe ab 1892 an die Deutsche Seewarte in Hamburg überging. Speziell für die Adria hat A. MERZ (1910) eine fast vollständige Zusammenstellung und kritische Würdigung der meereskundlichen Literatur geliefert.

Die zweite Herausforderung der neuen Meereskunde nach zusammenfassenden Übersichtsdarstellungen brach sich in den 1880er Jahren in geradezu erstaunlicher Häufung Bahn. Hierbei sind zwei Gruppen von Publikationen und ihrer Benutzer zu unterscheiden. Die erste resultiert vor allem aus dem Aufschwung der fachlich selbständig gewordenen Geographie an den Universitäten und damit auch in den höheren Schulen, woraus sich die Notwendigkeit verbesserter Lehrbücher ergab. Den Reigen eröffnete H. WAGNER durch seine völlige Neubearbeitung von GUTHEs "Lehrbuch der Geographie" ab 1879 in immer wieder verbesserten Auflagen mit einem rund fünfzigseitigen Abschnitt über "Das Meer". Dem folgten 1884 A. SUPANs "Grundzüge der Physischen Erdkunde", gleichfalls mit einem "Das Meer" betitelten Abschnitt (2. Aufl. 1896, 80 S.), und im gleichen Jahr 1884 in A. KIRCHHOFFs "Unser Wissen von der Erde" (Bd. I: Allg. Erdkunde) die von dem österreichischen Physiker und Meteorologen Julius HANN bearbeitete Physische Geographie mit einem 75 Seiten umfassenden "Abriß der Hydrographie". Gemeinsam ist diesen im größeren Rahmen einer Allgemeinen Geographie gedrängten Zusammenfassungen des meereskundlichen Wissens in der Zeit von 1880-1900, daß sie trotz gewisser Qualitätsunterschiede hinsichtlich der Fakten und Kausalzusammenhänge gegenüber den älteren Darstellungen (z.B. OTTO 1800, BERGHAUS 1837/38) zwar wesentlich gehaltvoller und erkenntnisreicher sind, zumeist aber bei im Grunde gleichem Gliederungsschema wie jene geographiemethodisch kaum Fortschritte aufweisen und leider hinsichtlich der von RICHTHOFEN 1883 so klar formulierten wissenschaftstheoretischen Grundsätze zum Wesen der neuen Geographie Entscheidendes gerade im Hinblick auf die chorologische Betrachtungsweise vermissen lassen. Die beste geographische Interpretation eines meereskundlichen Lehrbuchabschnittes der damaligen Zeit war zweifellos der von Hermann BERGHAUS neubearbeitete "Hydrographische Atlas" (1891) aus Heinrich BERGHAUS' Physikalischem Atlas.

Die andere Gruppe zusammenfassender Darstellungen der Meereskunde bestand in Monographien, die sich mehr an Fachleute, teils nautische Praktiker, teils Wissenschaftler wandten. Dazu gehören chronologisch zunächst zwei Publikationen aus Österreich, wo durch dessen aktiver Teilnahme an der ozeanographischen und insbesondere Adria-Forschung ein lebhaftes Informationsbedürfnis geweckt worden war. E. GELCICHs "Grundzüge der Geographie des Meeres" (1881) sind jedoch bei weitem nicht das, was der Titel verheißt, sondern ein gemeinverständlicher "Leitfaden für das leichtere Verständnis der speziellen oceanographischen Werke und den Gebrauch der Segelanweisungen für transatlantische Routen" (Vorwort). Auch das zweibändige, erste deutschsprachige "Handbuch der Oceanographie", im Auftrag der Marine-Section im K.K. Reichs-Kriegs-Ministerium unter Mitwirkung von fünf Professoren der K.K. Marine-Akademie herausgegeben von Ferd. ATTLMAYER (1883), das im ersten Band die Ozeanographie einschließlich der marinen Tierwelt, im zweiten die maritime Meteorologie und sehr ausführlich die ozeanischen Routen behandelt, ist in erster Linie für die Bedürfnisse der Marine-Offizieree geschrieben.

Anders das mit Vorwort vom gleichen Jahr datierte deutsche "Handbuch der Ozeanographie", das zwar auch vom Sektionsvorstand im Hydrographischen Amt der Admiralität, Georg v. BOGULAWSKI, begonnen wurde (Bd. I. 1884), durch die Aufnahme in die von dem Geographen und Begründer der Anthropogeographie Friedrich RATZEL gegründete "Bibliothek geographischer Handbücher" aber doch eine gänzlich andere Einstellung und Zielrichtung verrät. Der Anregung RATZELs folgend, "den jetzigen Standpunkt der wissenschaftlichen Meereskunde möglichst genau darzustellen" (S. VIII), befaßt sich der Autor in der "Einleitung" deshalb auch ausführlich mit der wissenschaftssystematischen Stellung der Ozeanographie, wobei er sich durchaus der großen Schwierigkeiten bewußt ist, die in ihrer nahen Verwandtschaft zu vielen Gebieten der naturwissenschaftlichen und geographischen Forschung sowie in der gegenseitigen Abgrenzung liegen. Man muß allerdings bedenken, daß bei Abfassung des ersten Bandes, der die räumlichen Verhältnisse des Weltmeeres und der Meeresbecken, die chemischen und physikalischen Eigenschaften des Meerwassers sowie die maritime Meteorologie und die daraus resultierenden Temperaturverhältnisse der Ozeane - jeweils auch in der regionalen Differenzierung - behandelt, RICHTHOFENs richtungsweisende Grundsatzdeklaration (1883) zur neuen Geographie noch nicht vorlag. Zu diesen fachlichen Abgrenzungsschwierigkeiten sagt RICHTHOFEN im Rückbezug auf das vorher behandelte Verhältnis von Physik der Atmosphäre zur Klimatologie: "In ähnlicher Weise würden sich die Unterschiede der Aufgaben, welche sich dem Physiker und Chemiker einerseits und dem Geographen andererseits darbieten, bezüglich der stofflichen Zusammensetzung und der Eigenschaften der Hydrosphäre durchführen lassen. Auch hier fußt der Geograph auf den von jenen ausgeführten allgemeinen Bestimmungen und bedient sich der von ihnen erhaltenen Untersuchungsmethoden" (1883; 12). Daß BOGUSLAWSKI durchaus ein weiteres Sinnverständnis von Ozeanographie in Richtung auf eine maritime Geographie vorschwebte, spricht aus seiner Inhaltsplanung für den zweiten Band, für den er außer den Kapiteln über die ozeanographische Vertikalzirkulation und die Bewegungserscheinungen der Meeresgewässer auch Kapitel über das Tier- und Pflanzenleben im Meer sowie "über den Einfluß, welche die ozeanographischen Forschungen der Neuzeit auf das Kulturleben der Menschheit ausgeübt haben", wenigstens in kurzen Zügen vorgesehen hatte. Daß es nicht dazu kam, daran hinderte G. v. BOGUSLAWSKI der Tode (1884). Nachdem Otto KRÜMMEL dem ehemaligen Professor der mathematischen Physik in Gießen und ab 1880 Nachfolger von H. WAGNER auf dessen Königsberger Lehrstuhl, Karl ZÖPPRITZ, der 1878 eine beachtliche Theorie zur Hydrodynamik der Meeresströmungen aufgestellt hatte, zunächst den Vortritt für die Weiterbearbeitung des Handbuches gelassen hatte, dieser aber bald darauf (1885) auch verstorben war, übernahm KRÜMMEL endgültig die Bearbeitung des zweiten Bandes. Er erschien 1887 nur mit den Kapiteln über Wellen, Gezeiten, Vertikalzirkulation sowie über Meeresströmungen im allgemeinen und in den einzelnen Ozeanen, wozu KRÜMMEL eine von ihm bearbeitete Weltkarte beigab.

War der erste Band des Handbuches in seinem Inhalt bald überholt, so blieb der zweite Band, in dem KRÜMMELs außerordentliche Kenntnis der einschlägigen Literatur einschließlich der historischen, sein Hang zur Darstellung der geschichtlichen Entwicklung von Ideen und Theorien sowie seine stark mathematisch orientierte und systematisierende Denkweise erstmals voll zur Geltung kamen, für mehr als zwanzig Jahre unübertroffen und international anerkannt die Grundlage der damaligen Ozeanographie, vor allem im Hinblick auf die Bewegungsvorgänge der ozeanischen Gewässer. KRÜMMEL war auch der erste, der das erst in den 70er Jahren erkannte und von dem Kapitän und späteren Abteilungsvorsteher in der Deutschen Seewarte L.E. DINKLAGE 1874 erstmals für die peruanischen Küstengewässer erklärte Phänomen des Kaltwasserauftriebs (SCHOTT 1891; 215, 293) ausführlich und zusammenhängend auch in seiner damals bekannten Verbreitung an den tropischen bis subtropischen Westküsten der Kontinente dargestellt hat. Dieses wenig später in einer geographischen Dissertation von A. PUFF (1890) ergänzend behandelte Phänomen, das von so eminent praktischer Bedeutung für die Fischerei, aber auch von außerordentlicher Tragweite für das geographische Verständnis der betreffenden Küstenregionen wurde, ist hundert Jahre nach seiner Entdeckung erneut in das Interessensfeld der modernen Ozeanographie unserer Tage geraten (vgl. u.a. DIETRICH 1972). Bis in die 70er Jahre waren das Auftriebsphänomen (upwelling) und die Entwicklung numerischer Modelle zu deren Erklärung ein Forschungsschwerpunkt der regionalen Ozeanographie in Kiel (vgl. Jahresberichte des Instituts für Meereskunde 1970-79).

KRÜMMELs strenge Wissenschaftlichkeit hinderte ihn jedoch nicht, unter dem Titel "Der Ozean" auch eine gemeinverständliche, mit vielen Abbildungen von ozeanographischen Instrumenten und Karten ausgestattete "Einführung in die allgemeine Meereskunde" (1886a; 2. verb. Aufl. 1902) zu veröffentlichen - ein Gegenstück einmal zu GELCICHs "Grundzügen der Physischen Geographie des Meeres" (1881), nur inhaltlich anspruchsvoller und wesentlich geographischer, zum anderen zur "Allgemeinen Meereskunde" des Geologen J. WALTHER (1893), die mehr eine biologische Meereskunde darstellt. Eine vorzügliche Ergänzung zum "Handbuch der Ozeanographie" ist G. SCHOTTs Überblick über "Die Ozeanographie in den letzten zehn Jahren" (1895) sowie für die Jahre 1895 und 1896 (1898), womit er im wesentlichen Entwicklung und Stand der physikalisch-meereskundlichen Forschung bis gegen Ende des 19. Jhs. erfaßte, und zwar speziell aufbereitet für Geographen in der gerade gegründeten "Geographischen Zeitschrift" A. HETTNERs. Über die zahlreichen Fakten und Literaturhinweise hinaus sind die beiden Beiträge auch aus methodologischen Gründen von besonderem Interesse. Zum einen hält SCHOTT auch in der Ozeanographie die Zeit für gekommen, "da man von einer vorwiegend statistischen und die mittleren Verhältnisse zunächst behandelnden Methode übergeht zum synoptischen Detailstudium" (1898; 34), wofür er als Beispiel eine Marburger geographische Dissertation von C. PULS (1895) über den äquatorialen Stillen Ozean mit 12 Monatskarten der Oberflächentemperatur und Meeresströmungen heranzieht. Zum anderen versucht SCHOTT eine wichtige terminologische Klarstellung hinsichtlich der Begriffe "Meereskunde" und "Ozeanographie" (1895; 325). Er unterstellt zwar, daß "Erdkunde" im Sinne RICHTHOFENs (1883; 25) "allumfassend" sei und daher inhaltlich mehr als "Geographie" - eine Auffassung, die sich im Gebrauch dieser Begriffe nicht allgemein durchgesetzt hat -, und schließt daraus, daß auch "Meereskunde" umfassender sei als "Ozeanographie", so daß die Meereskunde von diesem Standpunkt aus auch Gegenstände wie z.B. die maritime Meteorologie, die Biologie des Meeres und andere mehr der allgemeinen Geophysik zugehörige Fragen zugewiesen werden könnten. Trotzdem setzt SCHOTT aber "Meereskunde" und "Ozeanographie" gleich, wohl weil er sich der Schwierigkeit der generellen Unterscheidung bewußt ist, schlägt jedoch vor, in Gedanken immer "physikalische" vor Meereskunde zu setzen - eine weder für den deutschen, noch weniger für den internationalen Sprachgebrauch praktikable Lösung. Auch O. KRÜMMEL sah sehr wohl diese terminologischen wie semantischen Schwierigkeiten, wenn er vom "Studium der Ozeanographie im weitesten Sinn (d.h. der vollständigen Geographie der Meere analog der Länderkunde)" spricht (1896; 89). Den Gesamtzustand der Meereskunde gegen Ende des 19. Jhs. aber dürfte ein Satz KRÜMMELs wohl am treffendsten charakterisieren: "Die Meereskunde einschließlich der maritimen Meteorologie ist gegenwärtig soweit gefördert, daß die Grundzüge ihrer Lehren wohl schon ziemlich feststehen; aber im Einzelaufbau ist noch eine Fülle von Arbeit zu leisten" (1896; 96).

6.3. DIE AUSBAUPHASE DER GEOGRAPHISCHEN MEERESKUNDE, 1900-1920

6.3.1. Wichtige Projekte und Tendenzen

H. BECK (1973) läßt die Frühphase der modernen Geographie mit dem Tod F. RATZELs (1904) und F. v. RICHTHOFENs (1905) enden, da er in beiden die bedeutendsten deutschen Repräsentanten der Geographie dieser Zeit sieht. Ähnlich gliedert auch WÜST (1964) in seinem "Beitrag zur Geschichte der Ozeanographie" speziell unter dem Gesichtspunkt der Tiefseeforschung, obwohl er die Zeitspanne 1873-1914 als "Ära der Exploration" zusammenfaßt. Die zwei Jahrzehnte 1904-1924 gelten überlappend zur folgenden Periode als "Übergangsstadium zur systematischen Forschung". Aus unserer speziellen disziplinhistorischen Sicht bietet sich jedoch mehr die Jahrhundertwende sowohl für das Ende der Frühphase wie für den Beginn der zweiten bis zum Ende des Ersten Weltkrieges reichenden Phase an. An äußeren Ereignissen traten damals ein: 1899 kehrte die so erfolgreiche Tiefsee-Expedition der "Valdivia" zurück und setzte zunächst einmal einen gewissen Schlußpunkt unter die großräumig-explorative deutsche Tiefseeforschung. Im gleichen Jahr fand der Internationale Geographen-Kongreß unter Vorsitz von F. v. RICHTHOFEN in Berlin und damit erst-, aber bis heute auch letztmalig in Deutschland statt, der u.a. auch die bedeutendsten Ozeanographen und Polarforscher versammelte.

Das erste Projekt betraf die internationale Kooperation zur Erforschung der europäischen Meere (O. PETTERSSON 1901), die sich - wie schon gezeigt - bereits 1893/94 angebahnt hatte, auf schwedische Initiative hin dann auf Vorkonferenzen in Stockholm (1899) und Christiania (1900) mit O. KRÜMMEL als Delegiertem des Deutschen Reiches geplant und vereinbart worden war. Zu diesem Zweck wurde 1900 die "Deutsche wissenschaftliche Kommission für Meeresforschung" (DWK) gegründet, der einerseits die Kieler "Commission zur wissenschaftlichen Untersuchung der deutschen Meere" angegliedert (bis 1920), andererseits der 1902 begründete "Conseil permanent international pour l' exploration de la mer" mit Sitz in Kopenhagen und O. KRÜMMEL als ständigem deutschen Mitglied übergeordnet wurde. Ziel dieser Organisation, die unter der englischen Abkürzung ICES heute noch besteht, war "die Vorbereitung einer rationellen Bewirtschaftung des Meeres auf wissenschaftlicher Grundlage" im Bereich der nordeuropäischen Meere. Die "Deutsche wissenschaftliche Kommission" bestand am Anfang aus den beiden Kieler Professoren O. KRÜMMEL und K. BRANDT (Zoologie), dem Heringsexperten und Direktor der Biologischen Anstalt Helgoland F. HEINCKE sowie H. HENKING vom Deutschen Seefischerei-Verein Hannover und dem Vorsitzenden W. HERWIG aus Berlin (vgl. KRÜMMEL 1904).

Das andere Großprojekt, zu dessen internationaler Kooperation auf dem Internationalen Berliner Geographenkongreß die Weichen gestellt wurden, war die Verständigung über die deutsch-britisch-schwedische Zusammenarbeit in der Antarktis-Forschung (E. v. DRYGALSKI 1901). Sie brachte nach zwei Vorläufern, der "Belgica"-Expedition (1897-99) unter A. de GERLACHE und der norwegisch-britischen "Southern Cross"-Expedition (1898-1900) unter E. BORCHGREVINK, zu Beginn des 20. Jahrhunderts zwischen 1901-04 eine organisatorisch verbundene Kooperation mit verabredeter regionaler Arbeitsaufteilung von vier Einzelexpeditionen in der Antarktis zustande: die Deutsche Südpolar-Expedition mit dem "Gauß" unter der wissenschaftlichen Leitung des Berliner Geographen E. v. DRYGALSKI, die "Scottia"-Expedition unter W. BRUCE, die englische "Discovery"-Expedition unter R. SCOTT und die schwedische "Antarctic"-Expedition unter O. NORDENSKJÖLD, gefolgt von der "Français"-Expedition (1903-05) unter J.B. CHARCOT. Damit verbunden war gleichzeitig eine internationale meteorologische Beobachtungskooperation 1901-04 in den Gewässern südlich 30° S.

Als drittes in die Zukunft weisendes Projekt für den Start in das neue Jahrhundert empfahl der Berliner Geographen-Kongreß neben der Schaffung der schon 1891 von A. PENCK angeregten Internationalen Weltkarte 1:1 Mio auf Antrag von O. KRÜMMEL die Inangriffnahme einer allgemeinen Tiefenkarte der Ozeane. Dazu trat 1903 in Wiesbaden die in Berlin gebildete Kommission zusammen, bestehend aus Fürst ALBERT I. von Monaco, den deutschen Professoren F. v. RICHTHOFEN, O. KRÜMMEL und A. SUPAN, M.R. MILL und J. MURRAY für Großbritannien, J. THOULET/ Frankreich, F. NANSEN/Norwegen, O. PETTERSSON/Schweden und dem russischen Admiral MAKAROFF. Hier wurden die Richtlinien für den Blattschnitt und die Gestaltung der "Carte générale bathymetrique des océans" festgelegt, die - in 24 Blättern in 1:10 Mio aufgrund von 18 400 Tiefenlotungen im wissenschaftlichen Kabinett des Fürsten von Monaco bearbeitet - bereits 1904 in erster Auflage dem Internationalen Geographen-Kongreß in New York vorgelegt werden konnte (vgl. VIGLIERI 1968). Seit 1975 wird das inzwischen unter dem Namen "General Bathymetric Chart of the Oceans" oder kurz GEBCO international firmierende Kartenwerk in 5. Auflage - unter deutscher Beteiligung am Blatt 5.01 Norwegian Sea - in 18 Blättern völlig neubearbeitet herausgegeben (vgl. ULRICH 1980).

Schließlich markiert noch ein weiteres bedeutsames Ereignis im Jahre 1900 den Beginn einer neuen Phase meereskundlicher Aktivitäten in Deutschland: die Gründung des Museums und Instituts für Meereskunde in Berlin durch Initiative und unter Leitung von F. v. RICHTHOFEN. Diese Vorgänge um die Jahrhundertwende, denen man weitere wie die Eröffnung des Kaiser-Wilhelm- oder späteren Nord-Ostsee-Kanals 1896 hinzufügen könnte, lassen die Ansetzung des Beginns einer neuen Phase in der Entwicklung der Meereskunde, speziell in Mitteleuropa, zum Zeitpunkt der Jahrhundertwende wohl als berechtigt erscheinen. Hinzu kommen aber noch fundamentale innere Wandlungen sowohl innerhalb der Geographie wie auch der Ozeanographie, die sich, wenn auch zunächst wenig auffällig, zu Beginn des neuen Jahrhunderts anbahnten.

Die ganz überwiegend naturwissenschaftlich geprägte Frühphase der modernen Geographie endete zwar nicht abrupt mit der Jahrhundertwende; doch beginnt sich seit Anfang des 20. Jahrhunderts eine allmähliche Schwergewichtsverlagerung bemerkbar zu machen. Zwei allgemeine Bestrebungen veränderten seit der Jahrhundertwende das Gesicht der Geographie und damit letztlich auch die Gewichtung der Meereskunde: Zum einen die Befreiung aus den Fesseln des wissenschaftlichen Naturalismus, zum anderen das Ringen um ein systematisches Lehrgebäude auch für das Gesamtgebiet der Kulturgeographie. Unter dem Einfluß Otto SCHLÜTERs (Halle) und Siegfried PASSARGEs (Hamburg) begann sich das Konzept der Landschaft als zentralen und disziplinspezifischen Forschungsobjektes der Geographie zu entfalten, und entwickelte sich in Verbindung damit, ganz besonders von SCHLÜTER vertreten, die Kulturlandschaftsforschung oder Morphologie der Kulturlandschaft mit einer ausgeprägt historisch-genetischen Komponente. Es ist die sogenannte "morphologische oder physiognomische Periode" in der Entwicklung der Anthropogeographie (vgl. OVERBECK 1954). Das Landschaftskonzept sollte aber auch für die deutsche Meereskunde gerade im Rahmen der Geographie von schwerwiegender Bedeutung werden, nicht zuletzt auch im Zusammenhang mit den Wandlungen innerhalb der Ozeanographie.

Dort gewannen, teilweise schon vor der Jahrhundertwende, Tendenzen einer immer tiefergreifenden physikalisch-theoretischen Fundierung zur sogenannten "dynamischen Ozeanographie" hin mehr und mehr an Boden - ein paralleler Vorgang zu einer schon früher einsetzenden Entwicklung in der Meteorologie, die nach Gründung zahlreicher nationaler Beobachtungsnetze und meteorologischer Zentralstellen (u.a. Berlin 1830, Wien 1851) bereits 1873 ihren Ersten Internationalen Meteorologen-Kongreß in Wien abhielt und damit den Weg der Eigenständigkeit beschritt. Die vor allem auf theoretischen Erkenntnissen von HELMHOLTZ und KELVIN basierende mathematisch-physikalische Ausrichtung der Meteorologie, die in einigen Ländern bereits vor der Jahrhundertwende durch eigene Professuren vertreten war (u.a. Christiana/Oslo H. MOHN, Graz J. HANN), griff vor allem in Skandinavien (V.W. BJERKNES, W. EKMAN, O. PETTERSSON, J.W. SANDSTRÖM) aus der Erkenntnis gleichartiger physikalischer Prozesse und Gesetzmäßigkeiten in der atmo- wie hydrosphärischen Zirkulation auch die Ozeanographie über (vgl. WELANDER 1968). Da im Ausland kaum irgendwo die enge disziplinäre Bindung der Meereskunde an die Geographie wie im deutschsprachigen Raum bestand, gingen auch von dort die frühesten und stärksten Bestrebungen zur Verselbständigung der Ozeanographie im Rahmen der sich ebenfalls um diese Zeit allmählich aus der Geographie lösenden Geophysik aus. So bemühte sich Fürst ALBERT I. von Monaco seit 1906 um die Durchführung eines ersten internationalen Ozeanographen-Kongresses im Zusammenhang mit der bevorstehenden Eröffnung des von ihm 1899 begründeten "Musée océanographique" in Monaco. Der Kongreß-Plan scheiterte im Grunde an "the as yet unsufficient evolution of oceanography and... the heterogeneity of the oceanographic community (J. CARPINE-LANCRE 1968; 165). Der erste internationale ozeanographische Kongreß fand bezeichnenderweise erst 1929 in Sevilla statt. Wie auf den Internationalen Geographen-Kongressen in Genf (1908) und Rom (1912) blieb vor allem in Deutschland die Meereskunde in der Zeit bis nach dem Ersten Weltkrieg wissenschaftsorganisatorisch fest in der Geographie verankert. Aber die Zeichen der Zeit waren unübersehbar, sollten sich jedoch erst in der nächsten Entwicklungsphase zwischen den beiden Weltkriegen entscheidend durchsetzen.

6.3.2. Deutsche maritime Forschungsunternehmen vor dem I. Weltkrieg

Von diesen sollen hier nur kurz die bedeutsamsten Forschungsreisen und -projekte ohne eingehende Würdigung ihrer Ergebnisse zusammenfassend vorgestellt werden. Sehen wir an dieser Stelle von den räumlich enger begrenzten Dauerforschungsprojekten der Deutschen Wissenschaftlichen Kommission für Meeresforschung in der Nord- und Ostsee sowie der Österreicher in der Adria ab und dem Mittelmeer ab, dann sind es vor allem zwei Interessenkomplexe. Der erste betrifft die Antarktis und die angrenzenden Meeresräume. Die von dem Berliner Geographen und Geophysiker Erich v. DRYGALSKI geleitete Deutsche Südpolar-Expedition 1901/03 mit dem Forschungsschiff "Gauß" stellt den ersten Vorstoß der deutschen Forschung in den Südpolarraum dar, sieht man von der subpolaren Beobachtungsstation auf Süd-Georgien während des Internationalen Polarjahres 1882/83 ab. Sie ist wiederum, wie schon Ende der 1860er Jahre die deutsche Nordpolar-Forschung durch den Geographen A. PETERMANN, ausschließlich von der deutschen Geographie in Gang gesetzt worden. Nachdem G. v. NEUMAYER bereits ab 1872 "Die Erforschung des Südpolargebietes" (Verh. Ges. f. E. Berlin) als Fernziel propagiert hatte, war endlich 1895 auf dem Deutschen Geographentag in Bremen mit Unterstützung E. v. DRYGALSKIs (1896) und anderer eine Kommission für die Planung einer deutschen Antarktis-Expedition gebildet worden. Nach Bewilligung der finanziellen Mittel seitens der Reichsregierung und gründlicher Vorbereitung von Berlin (Institut für Meereskunde), Hamburg (Deutsche Seewarte) und Kiel (O. KRÜMMEL) aus konnte von dort 1901 die erste "Deutsche Südpolar-Expedition" auf die Reise gehen. An ihr nahmen außer dem wissenschaftlichen Leiter Erich v. DRYGALSKI (näheres zur Person siehe später) als Geograph,

Ozeanograph und Eisspezialist folgende Wissenschaftler teil: Dr. Friedrich BILDINGSMAIER (Berlin) als Meteorologe und Geophysiker (Erdmagnetismus), Dr. Hans GAZERT als Arzt und Bakteriologe, Dr. Emil PHILIPPI als Geologe, Dr. Ernst VANHÖFF (Kiel) als Zoo- und Planktologe sowie für die Kerguelen-Station als Leiter der Botaniker und Pflanzengeograph Dr. Emil WERTH, der Geophysiker Dr. Karl LUYKEN und der auf den Kerguelen verstorbene Meteorologe vom Zugspitz-Observatorium Dr. ENZENSPERGER. Kerguelen-Station und Hauptexpedition, die mit dem "Gauß" vom 22.2.1902 bis 8.2. 1903 im Packeis vor dem von ihr entdeckten und benannten Kaiser-Wilhelm II. -Land mit dem "Gaußberg" festsaß und überwinterte, brachten eine so außerordentliche Fülle von Materialien, Daten und Erkenntnissen mit, daß ihre wissenschaftliche Verarbeitung und publikatorische Ausarbeitung unter der Gesamtredaktion E. v. DRYGALSKIs 20 Bände und 2 Atlanten füllte und sich über die Zeit von 1905-1932 erstreckte. Um so unverständlicher muß es anmuten, daß in der vom Bundesminister für Forschung und Technologie herausgegebenen Schrift über das "Antarktisforschungsprogramm der Bundesrepublik Deutschland" (1980) trotz des Hinweises auf die "Verpflichtung der Bundesrepublik Deutschland als traditionsreiche Wissenschafts- und Kulturnation, an der Erforschung eines weitgehend unerschlossenen Kontinents mitzuwirken", sowohl jeder Hinweis auf die durch die erste Deutsche Südpolar-Expedition begonnene Tradition der deutschen Antarktis-Forschung wie auch auf die zweite Deutsche Antarktis-Expedition 1911/12 fehlt, obwohl die Forschungsstation am FILCHNER-RONNE-Schelfeis im Arbeitsgebiet der letzteren nach G. v. NEUMAYER benannt wurde.

Diese von dem deutschen Forschungsreisenden Wilhelm FILCHNER geplante, organisierte und geleitete Expedition mit der "Deutschland" hat zwar ihr ehrgeiziges Ziel einer Durchquerung der Antarktis zwischen Weddell- und Roßmeer nicht erreicht, ist aber im Weddelmeer fast bis 78° S vorgedrungen. Davon tragen heute das angrenzende Prinzregent Luitpold-Land (zu Ehren des bayrischen Protektors der Expedition) und das FILCHNER-Schelfeis ihre Namen. Vor allem aber hat sie, wenn auch durch den Kriegsausbruch um fast ein Jahrzehnt verspätet, beachtliche wissenschaftliche Ergebnisse auf meereskundlichem Gebiet gebracht. Außer dem Kieler Zoo- und Planktologen H. LOHMANN, der die Expedition bis Buenos Aires begleitete und die Ergebnisse seiner zoo- und insbesondere planktologischen Untersuchungen während der Reise zwischen 50° N und 35° S in den Veröffentlichungen des Instituts für Meereskunde Berlin (1912) publiziert hat, sowie einem Geologen (Dr. F. HEIM) und Meteorologen (Dr. BARKOW) nahm als Ozeanograph und Geograph W. BRENNECKE von der Deutschen Seewarte an der Expedition teil. Er hat die bedeutsamen Ergebnisse seiner Reihenmessungen von Temperatur, Dichte, Salz- und Sauerstoffgehalt von 0 bis 3 000 m Tiefe zwischen 80° N und 78° S, dargestellt in einem großen Nord-Süd-Vertikalschnitt durch den Atlantik, sowie die neunmonatige Eistrift der "Deutschland" in einem über 200 Seiten starken Werk veröffentlicht (1921). Ein Jahr später erschien W. FILCHNERs Buch "Zum sechsten Erdteil" (Berlin 1922) - eine Art Rechtfertigung der menschlich nicht sehr glücklich verlaufenden zweiten Deutschen Südpolar-Expedition mit der "Deutschland", die 1913 an die geplante, jedoch durch den Ersten Weltkrieg verhinderte österreichische Antarktis-Expedition verkauft wurde.

Die zweite Gruppe von Forschungsreisen zur See waren die Fahrten der Vermessungsschiffe der Kriegsmarine, vor allem von S.M.S. "Planet" und "Möwe", die ihre wissenschaftliche Beratung und Aufgabenstellung im wesentlichen von der Deutschen Seewarte, insbesondere durch G. SCHOTT (1906) erhielten. Bei der Fahrt der "Planet" 1906/07 um das Kap der Guten Hoffnung durch den Indischen Ozean in den Bismarck-Archipel, an der als Ozeanograph wiederum W. BRENNECKE teilnahm, wurden neben Tiefenlotungen und physikalisch-ozeanographischen Messungen bei nur beschränkter Berücksichtigung der Meeresbiologie erstmals auch in größerem Umfang von Bord aerologische Höhenluftmessungen und Wetterbeobachtungen mittels Drachen-, Pilot- und Registrierballonaufstiegen sowie stereophotogrammetrische Küstenaufnahmen durchgeführt. Die Ergebnisse sind in fünf Bänden (1909) niedergelegt, die ozeanographischen im Bd. III durch BRENNECKE. Sie wurden ergänzt und räumlich erweitert durch die Fahrten von S.M.S. "Möwe" in den Jahren 1911-13 in den west- und ostafrikanischen Gewässern besonders der deutschen Schutzgebiete. Ein Teil der ozeanographischen Messungen und Beobachtungen wurde von G. SCHOTT gemeinsam mit B. SCHULZ und P. PERLEWITZ ausgewertet (SCHOTT et al. 1914).

An dieser Stelle muß ein Großprojekt erwähnt werden, das - sicherlich aus verschiedenen geistigen Wurzeln - der Initiative zweier Einzelpersönlichkeiten entsprang. Es ist das Projekt einer "internationalen Erforschung des Atlantischen Ozeans in physikalischer und biologischer Hinsicht", das zum ersten Mal 1908 auf dem Internationalen Geographen-Kongreß in Genf von G. SCHOTT als geographischem Ozeanographen und O. PETTERSSON/Stockholm als Vertreter der dynamischen Ozeanographie in zwei Vorträgen der wissenschaftlichen Öffentlichkeit vorgestellt wurde. SCHOTT (1908) ging dabei von dem Gedanken aus, daß die wenig bekannten ozeanographischen wie meteorologischen Vorgänge im Westen des Nordatlantiks den Schlüssel für das Verständnis für die lebenswichtigen Vorgänge und Phänomene an der europäischen Seite liefern. Dabei sei die Kenntnis der Größe und Gesetzmäßigkeiten der wechselnden Schwankungen und unperiodischen Wärmeführung des Golf- und Nordatlantischen Stromes - gegebenenfalls im Zusammenhang mit den atmosphärischen Vorgängen - witterungsklimatisch und über die Planktonproduktion fischereibiologisch für Westeuropa von allergrößter Bedeutung. SCHOTT legte dem Kongreß, der nicht nur eine entsprechende Resolution annahm, sondern auch bereits eine Kommission nominierte mit O. KRÜMMEL und G. SCHOTT als deutschen Vertretern, zur Lösung "für eine der dringendsten auf dem Gebiet der Meereskunde zu leistenden Aufgaben" (Resolution) ganz konkrete methodische und organisatorische Vorschläge für ein Arbeitsprogramm vor, das nach dem Muster der Kopenhagener Organisation für die europäischen Meere regelmäßige Terminfahrten mit synoptischen Beobachtungen auf festgelegten repräsentativen Schnittlinien vorsah. In den folgenden Jahren stand das Projekt auf der Tagesordnung aller einschlägigen internationalen Tagungen - so 1910 bei der feierlichen Eröffnung des ozeanographischen Museums in Monaco (SCHOTT 1910), die fast einem inoffiziellen Ozeanographen-Kongreß gleichkam, ferner auf dem Internationalen Geographen-Kongreß in Rom 1913 und zuletzt anläßlich der Feier zur Eröffnung des Panama-Kanals 1914. Der Ausbruch des Ersten Weltkrieges setzte dem Projekt ein Ende, bis es 30 Jahre nach der Geburt der Idee - leider ohne ihre Urheber und Vorkämpfer zu erwähnen - 1938 in der Deutschen Nordatlantischen Expedition des "Meteor" (2. Teilfahrt) sowie der Internationalen Golfstrom-Untersuchung 1938 wieder auflebte (DEFANT 1939).

6.3.3. Die Entwicklung der Meereskunde in den deutschsprachigen Forschungszentren

Nach der Jahrhundertwende vollzogen sich auch in der Deutschen Seewarte in Hamburg tiefgreifende Wandlungen. 1903 hatte G. v. NEUMAYER die Leitung der Seewarte nach 28jähriger außerordentlich fruchtbarer und auch für die Geographie segensreicher Tätigkeit abgegeben. Im gleichen Jahr richtete W. KÖPPEN die erste deutsche Drachenstation in Großborstel nahe Hamburg ein, nachdem er im Zuge der von ihm mitgetragenen Entwicklung der synoptischen Meteorologie und Witterungskunde bereits gegen Ende des 19. Jhs. durch seine Freiballonfahrten, Drachenversuche, Registrier- und Pilotballonaufstiege zum Pionier der Aerologie als Höhenwetterkunde geworden war. Dabei assistierte ihm der 1901 bei KRÜMMEL in Kiel mit einer Darstellung der Isothermen und thermischen Anomalien des Deutschen Reiches promovierte P. PERLEWITZ, der fortan der Deutschen Seewarte angehörte. Das neue Jahrhundert aber eröffnete KÖPPEN von Hamburg aus mit seiner ersten "Klassifikation der Klimate", die bezeichnenderweise in der noch jungen "Geographischen Zeitschrift" 1900 erschien und für die moderne Geographie so eminent bedeutungsvoll und folgenschwer werden sollte. Die darin beigegebene Karte gewinnt für unsere Betrachtung eine ganz besondere Bedeutung, weil hier erstmals auch die Ozeane in die klimaregionale Gliederung einbezogen sind, obwohl ihnen das Grundprinzip der KÖPPENschen Klimaklassifikation, die Vegetationsbezogenheit, ja eigentlich fehlt.

Ein wichtiger Vorgang war 1903 aber auch die Ernennung G. SCHOTTs zum Vorstand der Abteilung I. Die größeren Möglichkeiten eigenverantwortlicher Forschungstätigkeit fanden ihren Niederschlag in SCHOTTs großer Zahl von Publikationen der verschiedensten Thematik (vgl. Lit.-Verz. bei SCHULZ 1936). Ganz neue Aufgaben erwuchsen der neuen Abteilung durch die weitgehende Umstellung im ozeanischen Verkehr von der Segel- auf die Dampfschiffahrt. Abgesehen davon, daß der Datenfluß durch Schiffsjournale einerseits durch die windunabhängigen verkürzten Dampferrouten regional lückenhafter wurde, andererseits die größere Saisonunabhängigkeit der Dampfschiffahrt eine über das ganze Jahr gleichmäßigere Dateninformation gewährleistete, verloren die Segelhandbücher immer mehr an praktischer Bedeutung. Für die Dampfschiffahrt wurden die Oberflächenströmungen bedeutsamer als die Windsysteme. Daher erschien SCHOTTs "Übersichtskarte der Meeresströmungen und Dampferwege" bis 1917 in fünf immer wieder verbesserten Auflagen. Das bedeutete für die Meeresströmungsforschung aber auch: weg von den Mittelwerten des durchschnittlichen Strömungsverhaltens und Hinwendung zur Erfassung des jahreszeitlichen, monatlichen oder noch kurzfristigeren periodischen und aperiodischen Strömungsverhaltens. Bereits 1905 wurde von SCHOTTs Abteilung das erste Dampferhandbuch für den Atlantischen Ozean herausgebracht. Dem gleichen Zweck dienten zunächst auch die "Monatskarten für den Indischen Ozean" (1909), die wegen der mit den Monsunen verbundenen Umwälzungen im Luft- und Wasserozean aber auch von hohem wissenschaftlichen Wert sind (SCHOTT 1909). Unterstützt wurde SCHOTT seit 1904 durch Dr. Wilh. BRENNECKE (1875-1924), der nach dem Studium der Meteorologie und Geographie in Berlin, wo er von 1898-1903 zunächst Assistent und häufiger Teilnehmer des berühmten RICHTHOFEN-Kolloqiums war, in Hamburg ganz zum Ozeanographen wurde (vgl. oben). Ihm verdankt die Ozeanographie "die gesicherte Erkenntnis..., daß ein mächtiger, hemisphärischer, horizontaler Wasseraustausch in mittleren Tiefen des Ozeans (und wohl aller Ozeane) von Süd nach Nord und umgekehrt stattfindet" (SCHOTT in Anm. d. Hydr. 1924; 50).

Als durch die Begründung des Kolonial-Instituts in Hamburg 1908 auch ein Lehrstuhl für Geographie mit einem Geographischen Seminar eingerichtet wurde, auf den aus Breslau Siegfried PASSARGE (1867-1958) berufen wurde, da lag es in Anbetracht der vornehmlichen Blickrichtung Hamburgs aufs Meer und nach Übersee nahe, auch die Meereskunde mit in den Forschungs- und Lehrbetrieb einzubeziehen (vgl. PASSARGE 1939). Dies geschah ab 1910 durch regelmäßige Abhaltung von Vorlesungen und Übungen zur Klimatologie und Meereskunde, an denen ab 1912 auch G. SCHOTT durch Lehraufträge beteiligt wurde. Als 1910 erstmals die Umwandlung des Kolonial-Instituts in eine Universität zur Diskussion stand, da wies PASSARGE (1939; 66ff.) in seiner Eingabe vorrangig auf die Vorteile Hamburgs hin, die durch "das außerordentlich reiche Lehr- und Beobachtungsmaterial der Seewarte und die Heranziehung des dortigen Vertreters der Meereskunde" geradezu "die spezielle Pflege der Meereskunde als eines Zweiges der modernen Geographie hier" herausforderten. Unter Hinweis auf den Umstand, daß 1910 noch keine einzige Universität Deutschlands eine Professur speziell für Meereskunde aufwies, da KRÜMMEL in Kiel, obwohl Spezialist auf diesem Gebiet, einen Lehrstuhl für Geographie bekleidete und in Berlin trotz eines Instituts und Museums für Meereskunde keine Professur für Ozeanographie existierte, hielt PASSARGE es für "das Gegebene, die reichen Hilfsmittel der Seewarte für die neue Hochschule in der Weise zu verwerten, daß Professor Dr. SCHOTT einen Lehrauftrag für wissenschaftliche und praktische Meereskunde" erhielte. Bis zur Realisierung dieser Vorstellungen sollte allerdings noch ein Jahrzehnt ins Land gehen.

Abb. 9: Geographen auf See: Reichsforschungsdampfer "Poseidon" bei Routineuntersuchungen für den ICES in der Ostsee

Gleichwohl arbeitete bereits damals bei SCHOTT regelmäßig eine Anzahl von Doktoranden, die - von anderen Universitäten kommend - das in Fülle bei der Seewarte gespeicherte Beobachtungsmaterial zu oft von SCHOTT angeregten Dissertationen verarbeiteten. Zwei von diesen müssen hier besonders erwähnt werden, weil sie von Bedeutung für die Entwicklung der Ozeanographie wie Meeresgeographie wurden. So hat der aus Hamburg stammende Rudolf LÜTGENS (1881-1972) nach einem Studium der Geographie, Naturwissenschaften und Volkswirtschaftslehre 1905 bei RICHTHOFEN mit einer Dissertation über "Oberflächentemperaturen im Indischen Ozean" promoviert an Hand von Material der Deutschen Seewarte. Vom gleichen Jahr ab unternahm LÜTGENS für die Deutsche Seewarte zahlreiche Seereisen durch den Atlantik und um Kap Hoorn vornehmlich zum Zweck von Verdunstungsmessungen (1910 und 1911). In dieser Zeit begann dann während seiner Reisen in Südamerika allerdings der Wandel vom Ozeanographen zum später so bedeutenden Wirtschaftsgeographen.

1911 promovierte nach einem vielseitigen Studium der Geographie und Naturwissenschaften in Göttingen bei H. WAGNER der ebenfalls aus Hamburg stammende Bruno SCHULZ (1888-1944) mit einer in der Deutschen Seewarte auf SCHOTTs Vorschlag erarbeiteten Dissertation über "Die Strömungen und Temperaturverhältnisse des Stillen Ozeans nördlich 40° N". Die damit geknüpfte Verbindung zur Deutschen Seewarte setzte er auch nach Eintritt in den Hamburger höheren Schuldienst nebenamtlich fort durch Vertretung des an der antarktischen "Deutschland"-Expedition 1911/13 beteiligten Dr. BRENNECKE. In der 1912 neueingerichteten ozeanographischen Abteilung unter Leitung G. SCHOTTs bearbeitete und veröffentlichte SCHULZ damals die von L. MECKING auf einer Weltreise 1911/12 gesammelten ozeanographischen Beobachtungen (1914) sowie die der Forschungsreise von S.M.S. "Möwe" im Jahr 1911 (SCHOTT et al. 1914). Während des ersten Weltkrieges arbeitete SCHULZ dann als Vorstand des Marine-Observatoriums in Ostende, das wie auch die Deutsche Seewarte ganz im Dienst der Kriegsmarine-Führung stand.

Die Entwicklung der Meereskunde in Kiel erfuhr nach der Jahrhundertwende durch die Erweiterung der Aufgaben im Rahmen des "ständigen internationalen Rates" und der "Deutschen wissenschaftlichen Kommission für Meeresforschung" zwangsläufig eine starke Ausrichtung zur praktischen und angewandten Ozeanographie hin. Zur Durchführung der vertraglich vereinbarten jährlichen vier Terminfahrten in den regional aufgeteilten Untersuchungsgebieten in der Nord- und Ostsee mit 15 bzw. 13 Stationen hatte das Deutsche Reich 300 000 Mark für den Neubau des "Reichsforschungsdampfers Poseidon" sowie mit Preußen zusammen jährlich 150 000 Mark für die laufenden Arbeiten bewilligt. Dazu wurde in Kiel ein der Universität angeschlossenes "Laboratorium der Kgl. Preußischen Kommission" mit je einer Abteilung für die biologischen und hydrographischen Untersuchungen aller gesammelten Wasser- und Grundproben eingerichtet, letzteres unter Leitung von O. KRÜMMEL, dem auch die wissen-

VERÖFFENTLICHUNGEN
DES
INSTITUTS FÜR MEERESKUNDE
UND DES
GEOGRAPHISCHEN INSTITUTS
AN DER UNIVERSITÄT BERLIN
HERAUSGEGEBEN VON DEREN DIREKTOR **FERDINAND FRHR. v. RICHTHOFEN**

Heft 6

August 1904

Die Deutschen Meere
im
Rahmen der internationalen Meeresforschung

Öffentlicher Vortrag, gehalten im Institut für Meereskunde
am 5. und 6. März 1903

von

Dr. Otto Krümmel
Professor der Geographie an der Universität Kiel

Mit drei Tafeln in Steindruck und zwölf Abbildungen im Text

KÖNIGLICHE HOFBUCHHANDLUNG
ERNST SIEGFRIED MITTLER UND SOHN
BERLIN SW12, KOCHSTRASZE 68—71

Abb. 10: Terra marique als Motto: Anfänge der ICES in der Nord- und Ostsee als internationale Gemeinschaftsaufgabe von Geographie und Meereskunde

schaftliche Ausrüstung des Forschungsdampfers und die Organisation der Terminfahrten oblag. An diesen nahmen häufig auch interessierte Gäste wie O. BASCHIN und W. MEINARDUS aus Berlin oder R. LÜTGENS und W. BRENNECKE aus Hamburg teil, der sich in Kiel für seine Forschungsreise mit der "Planet" vorbereitet hatte. Die jährlich anfallenden 1 000 bis 1 500 Meerwasserproben wurden ab 1903 von zwei Chemikern als ständigen Assistenten des hydrographischen Laboratoriums (Drs. RUPPIN u. KEMNITZ) analysiert, wo auch die Wasser- und Grundproben der Deutschen Südpolar-Expedition 1901/03 untersucht wurden.

Neben den von W. HERWIG unter dem Titel "Die Beteiligung Deutschlands an der Internationalen Meeresforschung" herausgegebenen Tätigkeitsberichten der "Deutschen wissenschaftlichen Kommission" und ihrer Abteilungen (Bd. 1-7, 1905-08) wurden die wissenschaftlichen Ergebnisse einmal im Bureau des Zentralausschusses für die Internationale Meeresforschung in Kopenhagen, in dem auch Fridtjof NANSEN mitwirkte, gesammelt und in verschiedenen Publikationsserien veröffentlicht. Zum anderen erschienen die deutschen Forschungsergebnisse in den "Mitteilungen aus dem Laboratorium für Internationale Meeresforschung in Kiel" getrennt für die hydrographische und biologische Abteilung. Und schließlich dienten außerhalb der offiziellen Berichterstattung die "Wissenschaftlichen Meeresuntersuchungen, N.F. Abt. Kiel" als Forum für größere Beiträge mit reinem Forschungscharakter, so u.a. auch für eine Reihe von meereskundlichen Dissertationen aus dem Kieler Geographischen Institut (vgl. Zusammenstellung bei KORTUM/PAFFEN 1979; 116f.). Die Zusammenarbeit mit dem Berliner Meereskunde-Institut förderte KRÜMMEL auch durch Beteiligung an den Wintervorträgen, indem er dort über "Die deutschen Meere im Rahmen der internationalen Meeresforschung" berichtete (1904a).

Wenn in Kiel die Ozeanographie im Lehrbetrieb auch keine herausragende Rolle spielte - KRÜMMEL las turnusmäßig im Rahmen der Allgemeinen Geographie Ozeanographie zusammen mit Geophysik und Meteorologie -, im Forschungsbetrieb rangierte sie zweifellos ganz vorne. Anfang 1903 wurde das Kieler Geographische Institut erstmals personell verstärkt durch die Habilitation und anschließende Dozententätigkeit von Max ECKERT (1868-1938), über deren Vorgeschichte leider nichts bekannt ist: Vielleicht waren es steigende Studentenzahlen oder die arbeitsmäßige Belastung KRÜMMELs durch seine organisatorischen Verpflichtungen im Rahmen der internationalen Meeresforschung, die eine Stellenvermehrung notwendig machten, oder auch das anregende Beispiel des Berliner Meereskunde-Instituts mit seiner volkswirtschaftlich-historischen Abteilung, das in dieser Richtung eine Erweiterung des Kieler Institutsbetriebes veranlaßte, zumal es um die Jahrhundertwende auch ministerielle Bestrebungen für eine meereskundlich-institutionelle Aufwertung Kiels gegeben hatte. Jedenfalls brachte ECKERT, der nach dem Studium der Geographie, Geschichte und Nationalökonomie in Leipzig mit Promotion bei F. RATZEL (Das Karrenproblem, 1895) nach Assistenz- und Schuldienst in Leipzig nach Kiel kam, hier neue Impulse und eine Bereicherung der Thematik in den nach 20 Jahren KRÜMMELschen Lehrtätigkeit etwas gleichförmig gewordenen

Lehrplan des Kieler Instituts, vor allem durch seine Vorlesungen und Übungen zur Wirtschafts- und Verkehrsgeographie. Dabei mögen RATZELs Interessen für den globalen Meeresraum, wie sie etwa in seiner politisch-geographischen Studie über "Das Meer als Quelle der Völkergröße" (1900) zum Ausdruck kamen, ECKERT ebenso wie die Kieler Atmosphäre angeregt haben, diesen maritimen Grundgedanken auch in seine wirtschafts- und verkehrsgeographischen Lehrveranstaltungen und Publikationen einfließen zu lassen, so in seinen "Grundriß der Handelsgeographie" (Leipzig 1905), seinen Aufsatz über "Die wirtschaftsgeographische und handelspolitische Bedeutung des Weltmeeres" (1912) und schließlich - schon lange fern von Kiel und der Kartographie zugewandt - zusammenfassend noch einmal in einem Buch über "Meer und Weltwirtschaft" (1928). Durch ECKERTs Berufung 1907 nach Aachen auf eine neue wirtschaftsgeographische Professur schwand vorerst die Möglichkeit, ähnlich Berlin auch Kiel zur Keimzelle eines durch kulturgeographische Perspektiven verbreiterten meeresgeographischen Zentrums werden zu lassen.

1907 habilitierte sich zwar in Kiel mit Georg WEGEMANN (1879-1961) ein Schüler KRÜMMELs, der - 1899 mit einer an KRÜMMELs frühe Arbeiten anknüpfende Dissertation über "Die Oberflächenströmungen des nordatlantischen Oceans nördlich 50° n. Br. ..." (1900) promoviert - sich jedoch ganz in KRÜMMELs Fußstapfen bewegte und ab 1908 sich neben dem Schuldienst als Dozent (1921 ao. Prof.) bis Anfang der 40er Jahre am geographischen Lehrbetrieb beteiligte. WEGEMANN, der ein fleißiger Zuarbeiter für KRÜMMEL und für "dessen Handbuch der Ozeanographie" war, hat einen Überblick über "Neuere Methoden der Gezeitenforschung" (1908) gegeben und letztmalig 1920 eine späte ozeanographische Nachlese über den "Täglichen Gang der Temperatur der Meere und seine monatliche Veränderlichkeit mit besonderer Berücksichtigung der Beobachtungen... der Gazelle-Expedition von 1874-76" (1920) veröffentlichte. Er entsprach in seiner mathematisch-exakten Denk- und auf numerische Ergebnisse zielenden Arbeitsweise ganz seinem Vorbild Otto KRÜMMEL, ohne jedoch an dessen wissenschaftliches Format heranreichen zu können.

Die Krönung von KRÜMMELs wissenschaftlichem Lebenswerk erfolgte am Ende seiner Kieler Zeit durch die alleinige Herausgabe des nach 20 Jahren rapider meereskundlicher Fortschritte völlig neubearbeiteten "Handbuches der Ozeanographie" in den Jahren 1907 und 1911 (vergleiche oben). Dazwischen lag 1910 seine Übersiedlung nach Marburg auf den durch den Tod seines Kieler Vorgängers Th. FISCHER frei gewordenen Lehrstuhl. W. MATTHÄUS, Mitarbeiter im Institut für Meereskunde Warnemünde der Deutschen Akademie der Wissenschaften zu Berlin (Ost), das 1960 einem Forschungskutter den Namen "Otto KRÜMMEL" gegeben hat, hat den Ozeanographen KRÜMMEL mit folgenden Worten gewürdigt: "Während heute die Ozeanographie längst der Obhut der Geographie entwachsen ist, gebührt KRÜMMEL das Verdienst, die Ozeanographie als systematische Teilwissenschaft der Geographie gegründet zu haben", gleichzeitig aber auch "die Meereskunde in ihrer Entwicklung zur selbständigen

Wissenschaft einen großen Schritt vorangebracht" zu haben - eine Entwicklung, die Otto KRÜMMEL jedoch nicht mehr erlebte. Ein Jahr nach Erscheinen des zweiten Bandes seines Handbuches starb er nur 58jährig im Herbst 1912 (ECKERT 1913).

Ein zweiter Schüler KRÜMMELs mit akademischen Ambitionen war Hans SPETHMANN (1885-1957), der sich nach Promotion (1909) bei KRÜMMEL mit einer vulkanologischen Arbeit über Island der Meereskunde zuwandte und als Assistent des Hydrographischen Laboratoriums an Terminfahrten teilnahm, woraus mehrere Arbeiten über die Tiefenverhältnisse (1911a) und Bodenzusammensetzung der westlichen Ostsee (1911b) resultierten. 1910 ging SPETHMANN ans Geographische Institut der Ostsee-Küstenuniversität Greifswald, wo er mit Gustav BRAUN (1881-1940) zusammentraf. Dieser hatte nach seiner Königsberger Promotion über ostpreußische Seen (1903) und begonnenen küstenmorphologischen Studien 1907 anläßlich seiner Greifswalder Habilitation einen ausgezeichneten Überblick über den Stand und die Methoden der internationalen Meeresforschung im Bereich der nordeuropäischen Meere sowie über die bis 1907 erzielten Ergebnisse in regionaler Differenzierung gegeben. Mit Recht mahnte er als Geograph an, über der einseitigen hydrographischen und biologischen Beschäftigung mit dem Meerwasser und mit Strömungstheorien das maritime "Gefäß" nicht zu vergessen, was BRAUN dann in seinem "Ostseegebiet" (1912) nachgeholt hat. BRAUN ging 1910, SPETHMANN 1911 nach Berlin. Greifswald aber entwickelte in der Zeit bis 1920 kaum meereskundliche Ambitionen, noch weniger Rostock, wo erst 1908 eine ao. Professur mit Willi ULE, dessen Hauptinteressengebiet die Fluß- und Seenkunde war. Erst 1911 wurde hier ein Geographisches Institut eingerichtet.

Leonhard SCHULTZE-JENA (1872-1955), der 1911 die Nachfolge O. KRÜMMELs in dessen sämtlichen Funktionen antrat, brachte nun alle Voraussetzungen für eine Erweiterung der KRÜMMELschen Meeresgeographie in tiergeographischer und meeresökologischer Hinsicht mit. Er hatte sich nach Promotion bei E. HAECKEL in Jena (1891) dort 1899 für das Fach Zoologie habilitiert, war dann aber auf seiner Forschungsreise 1903/05 durch das westliche und zentrale Südafrika mehr und mehr zum Geographen geworden, so daß ihm 1908 in Jena eine außerordentliche Professur für Geographie übertragen wurde. Was ihn für den Kieler Lehrstuhl besonders qualifiziert machte, war - neben seinen kolonial-geographischen Kenntnissen und Arbeiten über SW-Afrika und Neu-Guinea im Hinblick auf das dem Geographischen Institut angeschlossene Völkerkunde-Museum - vor allem seine große zoologisch-meeresökologische Arbeit über "Die Fischerei an der Westküste Afrikas" (1907). Aber trotz anfänglicher Bemühungen um eine intensivere tiergeographische Bestandsaufnahme der deutschen Meere reichten zwei Jahre in Kiel, in denen fünf ozeanographische Dissertationen, z.T. noch als Erbe KRÜMMELs abgeschlossen wurden (vgl. KORTUM/PAFFEN 1979) nicht aus, bleibende Spuren zu hinterlassen.

Mit Ludwig MECKING (1879-1952) wurde 1912 zum dritten und letzten Mal auf den Kieler Lehrstuhl ein Geograph berufen, der in seinem Denken und wissenschaftlichen Werk wie auf seinen Reisen aufs engste mit dem maritimen Raum verbunden war. MECKINGs meeresgeographische Interessengebiete waren gegenüber den KRÜMMELschen deutlich anders gelagert und ganz wesentlich durch seine Berliner "Lehrzeit" vorgeprägt worden. Die Probleme der Physik und Chemie des Meerwassers beschäftigten ihn kaum, wohl dagegen Fragen der Meeresströmungen vor allem im Zusammenhang mit dem Meereis, mit dem er sich nach seiner einschlägigen Dissertation (1906) in mehreren Veröffentlichungen befaßte (u.a. 1909). Der zweite Komplex war, ebenfalls als Erbe seiner Berliner Zeit, die Polarforschung, zu der er neben kleineren Beiträgen vor allem eine 70seitige Abhandlung über den Stand der Geographie der Antarktis beisteuerte (Geogr. Z. 1908/09). Der dritte, mit den beiden vorgenannten eng verknüpfte Problemkreis betraf MECKINGs gleichfalls in Berlin begonnene maritim-klimatologische Arbeiten (vgl. MECKING/MEINARUS 1911 u. 1911/15), von denen hier nur noch die beiden Arbeiten über die klimatische Bedeutung des Golfstromes erwähnt seien (1911 u. 1918). Während des Ersten Weltkrieges, als für mehr als vier Jahre wissenschaftliche Aktivitäten auf den Meeren kaum noch möglich waren, schrieb MECKING seinen zweiten Bericht über die Fortschritte der Ozeanographie in den Jahren 1910-14 für das Geographische Jahrbuch (38, 1915/18), nachdem er diese Aufgabe von O. KRÜMMEL bereits für die Jahre 1903 bis 1909 (Bd. 24, 1910) übernommen hatte. Im historischen Rückblick erscheint es bezeichnend, daß MECKING dann nach dem Krieg diese Berichterstattertätigkeit an B. SCHULZ in Hamburg weitergab. Denn obwohl MECKING im Kieler Geographischen Institut, wie vordem KRÜMMEL, turnusmäßig alle 2 Jahre im Rahmen der zweisemestrig aufgeteilten Allgemeinen Physischen Geographie auch die Ozeanographie las, kündigte sich in zwei Kieler Lehrveranstaltungen über "Küsten und Häfen" sowie "Geographie der Seehäfen" doch auch bereits seine Wandlung zum Kulturgeographen an, die er mit dem Weggang von Kiel im Herbst 1920 mit der Nachfolge von W. MEINARDUS in Münster vollzog. Damit endete für das Kieler Geographische Institut, "dem Otto KRÜMMEL den Charakter einer meereskundlichen Forschungsstätte gegeben hatte" (MEINARDUS in Pet. Mitt. 1939; 138), die rund 40jährige "maritime Phase" seiner heute über hundertjährigen Lebensgeschichte.

Der maritime Schwerpunkt lag bereits in Berlin. Im Zuge des bereits angebrochenen Zeitlaters des politischen und wirtschaftlichen Imperialismus und einer dadurch herausgeforderten, wenn auch zunächst widerstrebend betriebenen Kolonial- und Seemachtpolitik des Deutschen Reiches bestand in den 1890er Jahren gemäß dem vom Kaiser ausgegebenen Motto "Deutschlands Zukunft liegt auf dem Wasser" ein beachtliches nationales Bedürfnis nach Bewußtseinsweckung in der Bevölkerung des deutschen Binnenlandes für die große Bedeutung des Weltmeeres und der Kunde und Kenntnis desselben. Dies lag im nationalen Interesse, um mit der rapiden weltwirtschaftlichen Entwicklung Schritt halten zu können.

MEERESKUNDE

SAMMLUNG VOLKSTÜMLICHER VORTRÄGE
ZUM VERSTÄNDNIS DER NATIONALEN BEDEUTUNG VON
MEER UND SEEWESEN

HEFT 51

DER GOLFSTROM

IN SEINER HISTORISCHEN, NAUTISCHEN UND KLIMATISCHEN BEDEUTUNG

VON

DR. LUDWIG MECKING

5. Jahrgang 3. Heft	BERLIN 1911 ERNST SIEGFRIED MITTLER UND SOHN KÖNIGLICHE HOFBUCHHANDLUNG KOCHSTRASSE 68—71	Preis 50 Pf.

Abb. 11: Ein altes meeresgeographisches Thema in einer neuen Serie: L. MECKINGs Abhandlung über den Golfstrom

Abb. 12: Zentrum der Meeresgeographie in Berlin: Das von RICHTHOFEN begründete Institut und Museum für Meereskunde, Saal mit Lotapparaten

Daraus erwuchsen Ende der 1890er Jahre Bestrebungen von privater und amtlicher Seite, die auf die Errichtung eines nautischen Instituts als Museum und lehrender Bildungsanstalt sowie auf eine Erweiterung des Unterrichts maritimer Fragen und Gegenstände zielten. Dies kam den Intentionen F. v. RICHTHOFENs sehr entgegen, der neben KRÜMMEL schon sehr früh die im letzten Viertel des 19. Jhs. begonnene umwälzende Entwicklung in der Meereskunde und ihre zunehmende Bedeutung für die Geographie erkannt hatte. Aber im Gegensatz zu dem stillen Stubengelehrten KRÜMMEL war RICHTHOFEN mehr von der weltoffenen und welterfahrenen, extrovertierten Art eines A. v. HUMBOLDT. Und so kam es, daß das zunächst für Kiel geplante Projekt des Preußischen Kultusministeriums, mitbedingt wohl durch die stärkere Persönlichkeit v. RICHTHOFENs, im Jahre 1900 als Institut für Meereskunde mit angeschlossenen meereswissenschaftlichen und -wirtschaftlichen Sammlungen an der Friedrich-Wilhelm-Universität zu Berlin verwirklicht wurde. Nichts verdeutlicht die innige Verbindung von Geographie und Ozeanographie in der damaligen Zeit besser als die Tatsache, daß "das Institut für Meereskunde, welches von selbst in engste Angliederung an das Geographische Institut trat, in dessen Arbeitsgebiet diese Wissenschaft bisher einen integrierenden Teil gebildet hatte" (v. RICHTHOFEN 1902), mit dem Geographischen Institut in Personalunion zunächst von F. v. RICHTHOFEN, nach dessen Tod von 1906 bis 1921 von A. PENCK geleitet wurde. RICHTHOFEN selbst hat die Eröffnung des von ihm konzipierten und unter Mitwirkung von E. v. DRYGALSKI und E. v. HALLE fast vollendeten Museums für Meereskunde am 5.3.1906 nicht mehr erlebt. Aber in seiner Universitätsrede über "Das Meer und die Kunde vom Meer" (1904) hat er in allgemeinverständlicher, meisterhafter Form noch einmal die Ziele und Aufgaben des Instituts und Museums in programmatischer Weise umrissen, wobei er den Bogen von den maritimen Entdeckungs- und Forschungsreisen über die ozeanographischen, meeresbiologischen und meereswirtschaftlichen bis zu Meerestechnik und maritimem Natur- und Umweltschutz spannte, und damit im Grunde bereits ein Arbeitsprogramm der "Geographie des Meeres" absteckte. Über die Einrichtung des Museums und die Entwicklung des Instituts für Meereskunde bis 1912 hat A. PENCK (1912) anschaulich und ausführlich berichtet (vgl. ausführlich hierzu KORTUM 1983).

Das Institut war von vornherein in zwei Abteilungen gegliedert: eine "geographisch-naturwissenschaftliche", d.h. ozeanographische im weitesten Sinne, unter Leitung E. v. DRYGALSKI (1865-1949), der nach anfänglichem Studium der Mathematik und Naturwissenschaften, dann aber als Schüler v. RICHTHOFENs in Bonn, Leipzig und Berlin dort 1887 mit einem geophysikalischen Dissertationsthema promovierte und nach drei Assistentenjahren am Geodätischen Institut Berlin sowie zwei glaziologisch ausgerichteten Reisen an die Westküste Grönlands 1891 und 1892/93 sich 1898 in Berlin für Geographie und Geophysik habilitiert hatte. Der zweiten "historisch-volkswirtschaftlichen Abteilung" oblag die wissenschaftliche Beschäftigung mit den vielfältigen Nutzungsformen des Meeres und der Küsten durch den Menschen. Aus heutiger Sicht mag die Bezeichnung dieser Abteilung ebenso überraschen wie die Tatsache, daß sie einem Nationalökonomen, nämlich Ernst v. HALLE, zur Leitung übertragen wurde, der sich allerdings in mehreren Schriften mit Fragen des Welthandels und Seeverkehrs befaßt hatte. Ohne die Gründe im einzelnen zu kennen, ist jedoch zu bedenken, daß es um die Jahrhundertwende weder ein festgefügtes Lehrgebäude der Kulturgeographie gab, zu dem erst Otto SCHLÜTER und andere vor dem Ersten Weltkrieg in Deutschland die Fundamente legten, noch eine wissenschaftlich fundierte allgemeine Wirtschaftsgeographie, deren Vorläufer, die Handelsgeographie, vornehmlich als Waren- und Produktenkunde, zwischen Volkswirtschaftlern und Geographen durchaus umstritten war. Erst während des ersten Jahrzehnts dieses Jahrhunderts begann die Wirtschaftsgeographie methodologisch klarere Konturen anzunehmen vor allem durch die beiden RATZEL-Schüler E. FRIEDRICH in Leipzig und M. ECKERT in Kiel, der einem grundlegenden Aufsatz über "Wesen und Aufgaben der Wirtschaftsgeographie" (Dt. Geogr. Bl. 1904) seinen "Grundriß der Handelsgeographie" (1905) mit der "Allgemeinen Wirtschafts- und Verkehrsgeographie" als Band I folgen ließ. So gesehen war RICHTHOFENs Idee einer historisch-volkswirtschaftlichen Abteilung im Institut für Meereskunde im Jahre 1900 eine echte Pioniertat, die erst im Laufe der Zeit Früchte auch im Hinblick auf den Meeresraum tragen sollte.

Neben der wissenschaftlichen Arbeit in den beiden Abteilungen wurden in den Wintersemestern ab 1900/01 von auswärtigen Gelehrten öffentliche Vorträge gehalten, die wie O. KRÜMMELs Bericht über "Die deutschen Meere im Rahmen der internationalen Meeresforschung" (1904a) zum Teil in den 1902 von v. RICHTHOFEN begründeten zunächst gemeinsamen "Veröffentlichungen des Instituts für Meereskunde und des Geographischen Instituts" publiziert wurden. Von diesen unter dem Motto "Terra marique" stehenden "Veröffentlichungen", die nach den Vorstellungen RICHTHOFENs die Geographie des Landes und der Meere nach der naturwissenschaftlichen wie wirtschaftlichen Seite umfassen sollte, erschienen bis 1911 15 Hefte.

E. v. DRYGALSKI, der während der von ihm geleiteten Deutschen Südpolar-Expedition 1901/03 von Berlin abwesend war, war auch anschließend durch die Bearbeitung der Expeditionsergebnisse über Jahre in Anspruch genommen. Aus der Vielzahl von Expeditionsberichten seien hier außer DRYGALSKIs populärer Darstellung (1904) nur die in den "Veröffentlichungen des Instituts für Meereskunde ..." (1902, H. 1/2 und 1903, H. 5) sowie das unter DRYGALSKIs Redaktion zwischen 1905-31 herausgegebene 22bändige Expeditionswerk genannt (vgl. dazu vorher). In dieser Zeit wurden die ozeanographischen und maritim-klimatologischen Lehrveranstaltungen überwiegend von Wilhelm MEINARDUS (1867-1952) bestritten, der nach dem Studium der Geographie und Meteorologie mit Mathematik und Physik in Berlin 1893 bei RICHTHOFEN mit einer Arbeit über die klimatischen Verhältnisse des nordöstlichen Indischen Ozeans promoviert und sich nach dreijähriger Assistentenzeit am Meteorologischen Observatorium Potsdam 1899 in Berlin habilitiert hatte. Die Deutsche Südpolar-Expedition unterhielt im Institut für Meereskunde ein ständiges Büro, in dem von 1904-09 Ludwig MECKING (1879-1952) als Assistent tätig war. Dieser hatte nach dem gleichen geographisch-meteorologischen Studium wie MEINARDUS 1905 bei RICHTHOFEN mit einer Arbeit über "Die Eisdrift aus dem Bereich der Baffinbay ..." (1906) promoviert und sich anschließend gemeinsam mit MEINARDUS, und nach dessen Berufung nach Münster (1906) mit längerem Aufenthalt in der Deutschen Seewarte, an die Bearbeitung des meteorologischen Materials der Deutschen Südpolar-Expedition sowie der gleichzeitig stattgefundenen "Internationalen Meteorologischen Kooperation 1901/04 in den Gewässern südlich 30° S" gemacht. Die Ergebnisse - z.T. gemeinsam mit MEINARDUS -, die eine erste grundlegende Darstellung des Klimas der höheren südlichen Breiten darstellen, bilden mit einem umfangreichen "Meteorologischen Atlas" (1911-15) einen Teil des Südpolar-Expeditionswerkes (Bd. III, 2 1911). Mit einem Teilkomplex über die klimatischen Verhältnisse im Umkreis der Drakestraße zwischen Westantarktis und Südamerika hat MECKING sich unter H. WAGNER in Göttingen habilitiert (1909).

Mit dem gleichzeitigen Weggang 1906 von DRYGALSKI nach München und MEINARDUS nach Münster sowie dem Ausscheiden v. HALLEs sah PENCK sich nach seiner Berufung von Wien nach Berlin im Institut für Meereskunde zu einer personellen wie arbeitsmäßigen Neuorientierung genötigt. Er holte zunächst den unter ihm 1904 in Wien habilitierten Prager Alfred GRUND (1875-1914 gef.), der sich durch Teilnahme an ozeanographischen Kursen in Bergen unter Björn HELLAND-HANSEN schnell vom bereits renommierten Karsthydrographen zum Ozeanographen wandelte und -1907 zum Professor ernannt - die geographisch-naturwissenschaftliche Abteilung im Institut für Meereskunde übernahm. GRUND richtete hier als erstes ein ozeanographisches Laboratorium ein, begann wegen der Meerferne von Berlin mit Studenten als ozeanographische Vorübungen zunächst hydrographische Untersuchungen am Sakrower See bei Potsdam und organisierte schließlich für Studenten ozeanographische Beobachtungen auf Feuerschiffen in der Elbmündung.

Als GRUND 1910 nach Prag berufen wurde, folgte ihm, ebenfalls aus Wien kommend, Alfred MERZ (1880-1925), der nach Studium der Geographie und Meteorologie und Promotion 1906 bei PENCK in Wien sowie reichen ozeanographischen Erfahrungen in der Adria sich 1910 mit seinen "Hydrographischen Untersuchungen im Golf von Triest" (1911) in Berlin für Geographie habilitierte. Als Nachfolger im Amt von GRUND setzte er das von diesem Begonnene konsequent fort, so 1911/12 die Beobachtungen auf Feuerschiffen der Nordsee, die dann F. WENDICKE (1913) für eine Dissertation auswertete, sowie die Untersuchungen am Sakrower See, die für MERZ (1912) ozeanographischen Modellcharakter hatten. Eine neue Aufgabe ergab sich, als die seit 1891 bestehende zoologische Station Rovigno/Istrien des Berliner Aquariums einzugehen drohte und, von der neugegründeten Kaiser-Wilhelm-Gesellschaft aufgekauft, als Deutsche Zoologische Station am Mittelmeer weitergeführt wurde mit Nutzungsrecht für das Berliner Institut für Meereskunde. Der biologische Leiter Dr. KRUMBACH wurde gleichzeitig Kustos am Institut für Meereskunde und hielt ab 1913 gemeinsam mit MERZ als Ozeanograph meereskundliche Kurse für Berliner Studenten in

Rovigno ab. Damit war ein schon länger angestrebtes Ziel, die Ergänzung der "physiographischen Meeresforschung" (PENCK) nach der meeresbiologischen Seite hin, wozu man 1911 den Kieler Meeresbiologen H. LOHMANN für eine einsemestrige Gastprofessur gewonnen hatte, wenigstens in Ansätzen erreicht.

1911 konnte MERZ während einer deutschen Kabellegung zwischen Monrovia/Liberia und Pernambuco/Brasilien erstmals auf offenem Ozean wertvolle meereskundliche Studien über Temperatur, Salzgehalt und Verdunstung machen, wobei er sich einer von PENCK auf einer Seereise nach Südafrika 1904 angewandten Methode bediente, die LÜTGENS dann auf seinen Atlantikreisen vervollkommnete (1912). Das bis 1914 angefallene Material an Verdunstungsmessungen auf dem Meer hat dann Georg WÜST (1880-1977) nach einem Studium der Geographie und Ozeanographie, Meteorologie und Naturwissenschaften zu einer Dissertation verarbeitet, mit der er 1914 bei MERZ im Fach Geographie promovierte und die grundlegend für viele spätere Arbeiten über den Wasserhaushalt und die Wasserzirkulation in den Ozeanen wurde. WÜST trat nach Kriegsdienst als Heeresmeteorologe 1919 als Assistent ins Institut für Meereskunde ein, wo er in den beiden folgenden Jahrzehnten eine tragende Rolle in der Berliner Geographie und Meereskunde spielen sollte. MERZ - 1914 zum Professor ernannt - war während des Ersten Weltkrieges neben der Herausgabe der Zeitschrift der Gesellschaft für Erdkunde vor allem für die Marineleitung tätig, um für die Zwecke der Seekriegsführung exakte Unterlagen über die Gezeiten an den Küsten der nordwesteuropäischen Meere zu erstellen - eine Tätigkeit, welche auf die Nachkriegsarbeiten des Instituts in mehrfacher Hinsicht Auswirkungen haben sollte.

Die historisch-volkswirtschaftliche Abteilung des Instituts blieb nach von HALLEs Weggang ab 1907 zunächst ohne Leitung, weil sich laut PENCK (1912; 427) unter den Nationalökonomen keine geeignete Persönlichkeit für diese Aufgabe habe finden lassen. An einen Geographen hat man damals anscheinend noch nicht gedacht, obwohl Max ECKERT, als er mit seinem Kieler maritimen Erfahrungen 1907 auf eine wirtschaftsgeographische Professur nach Aachen ging, zweifellos der richtige Mann gewesen wäre. So wurde erst 1911 Gustav BRAUN die Leitung der Abteilung übertragen, der - obwohl bis dahin überwiegend mit küstenmorphologischen und Ostseestudien befaßt - nach PENCKs Aussage Schule machte. Gleichzeitig mit ihm kam aus Greifswald der Kieler KRÜMMEL-Schüler Hans SPETHMANN ans Berliner Geographische Institut (1911-14), wo er sich nach einer interessanten Wasserhaushaltsberechnung der Ostsee (1912) mit seinen "Studien zur Ozeanographie der südwestlichen Ostsee" (1913) habilitierte. Nach BRAUNs Berufung nach Basel übernahm der 1906 in Berlin mit einer Arbeit über die morphologische Wirkung von Meeresströmungen im Mittelmeer promovierte und 1909 in Marburg habilitierte Alfred RÜHL (1882-1935) die Leitung der Abteilung und machte durch seine methodisch eigenwilligen und systematischen Untersuchungen aus ihr eine bedeutende Lehr- und Forschungsstätte der Wirtschaftsgeographie.

Als eine besondere Leistung aus dem Berliner Meereskunde-Institut sind die von Dr. M. GROLL dort bearbeiteten und 1912 herausgegebenen, für die damalige Zeit wohl besten Tiefenkarten der drei Ozeane zu erwähnen. Neben der ab 1907 vom Institut für Meereskunde herausgegebenen Reihe "Meereskunde", die einen Teil der seit Eröffnung des Instituts in den ersten 12 Jahren vor rund 100 000 Hörern gehaltenen 415 volkstümlichen Vorträge in Jahresbänden zu 12 Heften enthält, wurden ab 1912 wegen der immer reichlicher anfallenden Arbeiten aus dem eigenen Haus die bis dahin mit dem Geographischen Institut gemeinsam herausgegebenen "Veröffentlichungen" in alleiniger Regie als "Veröffentlichungen des Instituts für Meereskunde" gemäß der Abteilungsgliederung sogar in eine "geographisch-naturwissenschaftliche" und eine "historisch-volkswirtschaftliche Reihe" aufgeteilt. Der ganz überwiegend meerbezogene Themenkreis, der in seiner außerordentlichen Breite den Rahmen der eigentlichen Ozeanographie deutlich sprengte, charakterisiert das Berliner Institut für Meereskunde eigentlich als ein "Institut für Meeresgeographie". Hier wurde damals schon institutionalisiert echte "Geographie des Meeres" in umfassend geographischem Sinne betrieben, was ja auch in der fachpluralistisch vielseitigen personellen Zusammensetzung zum Ausdruck kam und wie es der Idee und dem wissenschaftlich weitgespannten Blick des Initiators dieses lange Zeit einmaligen Instituts, Ferdinand v. RICHTHOFEN, entsprach. Heute gibt es in Großbritannien, den USA und der UdSSR ähnlich arbeitende Institute (vgl. Teil III).

In Österreich begann nach Erlahmen der Adria-Forschung gegen Ende des vorigen Jahrhunderts, markiert durch die Rückblicke von LUKSCH und WOLF (1895) sowie von LUKSCH (1898), kurz nach der Jahrhundertwende durch die 1903 erfolgte Gründung des "Vereins zur Förderung der naturwissenschaftlichen Erforschung der Adria" eine Renaissance derselben aus kleinen Anfängen. Dabei sollte sich als Folge der Berufung A. PENCKs nach Berlin (1906) zwischen dem dortigen Institut für Meereskunde und der österreichischen Adria-Forschung eine Reihe für beide Seiten wertvoller personeller Querverbindungen ergeben, wie beim Berliner Meereskunde-Institut bereits angedeutet. In den Jahresberichten des "Adria-Vereins" finden sich ab 1904 gute Übersichten des Biologen C.J. CORI und des frisch promovierten A. MERZ über die Fortschritte der zoologisch-botanischen wie physikalisch-geographischen Untersuchungen in der Adria. Diese erstreckten sich zunächst auf den nördlichsten Teil, wo CORI und MERZ intensiv den Golf von Triest durchforschten (MERZ 1911), anschließend der Geograph G. GÖTZINGER die Gewässer westlich Istriens, wofür ab 1908 eine vereinseigene Motorjacht zur Verfügung stand. In diesem Zusammenhang sei noch einmal auf MERZ' äußerst wertvolle meereskundliche Literaturübersicht über die Adria besonders der Jahre 1897-1909 verwiesen (MERZ 1910).

Nach der Gründung des "Reale Comitato talassografico" (1910) der Società per il progresso delle Scienze, die bereits vorher die Untersuchung der italienischen Meere mit Hilfe von Kriegsschiffen begonnen hatte, wurde eine gegenseitige Abstimmung notwendig, die auf einer österreichischitalienischen ozeanographischen Konferenz 1910 in Venedig durch Bildung einer gemeinsam italienisch-österreichischen Adria-Kommission erfolgte. Von ihr wurden nach dem Vorbild der Organisation und Forschungsmethoden der internationalen Erforschung der nordeuropäischen Meere regelmäßige Terminfahrten auf acht Querschnittsrouten durch die gesamte Adria mit allen dazu notwendigen meteorologischen und ozeanographischen Messungen bis zum Meeresgrund sowie Bodenuntersuchungen einschließlich der Meeresbiologie festgelegt. Von österreichischer Seite wurden die zwei- bis dreiwöchigen Terminfahrten auf den vier vorgeschriebenen Querprofilen mit der S.M.S. "Najade" viermal jährlich im Auftrag der Regierung durch den "Adria-Verein" durchgeführt. Die Gesamtleitung hatte der Nachfolger von A. PENCK auf dem Wiener Lehrstuhl der Geographie, Eduard BRÜCKNER, die Leitung der ozeanographischen Arbeiten der 1910 mit seinen Berliner Erfahrungen als ord. Professor der Geographie nach Prag zurückgekehrte Alfred GRUND, unterstützt von E. BRÜCKNER und dem Wiener Geologie-Assistenten Dr. G. GÖTZINGER. Die meeresbiologischen Arbeiten standen unter Leitung von C. CORI, dem Direktor der Zoologischen Station Triest. Der meteorologische Beobachtungsdienst unterstand dem Fregattenkapitän W. v. KESLITZ vom Hydrographischen Amt in Pola. Darüber hinaus nahmen meist auch noch interessierte wissenschaftliche Begleiter der verschiedenen Fächer an den Fahrten teil. Die erste Terminfahrt fand im Frühjahr 1911 statt (BRÜCKNER 1911), die zwölfte und letzte im Frühjahr 1914, über deren Verlauf und hydrographische Ergebnisse - wie auch zuvor - A. GRUND u.a. regelmäßig in den Bänden 1911-14 der Geographischen Gesellschaft Wien berichtet hat. Der Ausbruch des Ersten Weltkrieges verhinderte nicht nur die Publikation der Gesamtergebnisse im größeren Rahmen, sondern auch die Fortsetzung des so erfolgreich begonnenen Projektes, das die Adria ähnlich der Ostsee zu einem der besterforschten Meeresteile machte. Dabei stand ganz eindeutig das wissenschaftliche Interesse im Vordergrund, wobei die führende Rolle des Faches Geographie bei voller Berücksichtigung auch der meeresbiologischen Belange unübersehbar war.

Das räumlich weitgespannte Projekt einer internationalen Erforschung des gesamten Mittelmeeres - ähnlich der internationalen Erforschung der nordeuropäischen Meere - war dagegen von Anfang an dominant von den praktischen und wirtschaftlichen Belangen der Meeresfischerei getragen und demzufolge auch viel stärker meeresbiologisch orientiert. Der Antrag zu einem solchen Unternehmen wurde von italienischer Seite (Prof. D. VINCIGUERRA, Rom), da es gar kein anderes internationales Forum dafür gab, 1908 auf dem Internationalen Geographen-Kongreß in Genf gestellt, wo O. KRÜMMEL die ozeanographischen Sitzungen präsidierte. Hier wurde auch bereits eine Kommission aus Vertretern der europäischen Mittelmeer-Anrainerländer gebildet mit dem Direktor der Zoologischen Station Triest als österreichischem Vertreter. Anläßlich der feierlichen Eröffnung des Ozeanographischen Museums in Monaco im Frühjahr 1910 (über die Kommissionsverhandlungen vgl. SCHOTT 1910) trat die Kommission unter Vorsitz des Fürsten ALBERT I. und unter Hinzuziehung erfahrener Ozeanographen zusammen und beschloß ein im wesentlichen von O. KRÜMMEL auf Grund der in den nordeuropäischen Meeren gewonnenen Erfahrungen erarbeitetes vorläufiges Programm. In den folgenden Jahren geschah jedoch nichts, bis auf Drängen und Einladung des Fürsten von Monaco Anfang 1914 in Rom eine Mittelmeer-Konferenz zustandekam, wo unter Auswertung der richtungsweisenden Erfahrungen der italienisch-österreichischen Adria-Forschung ein präzisiertes Programm mit regelmäßigen Terminfahrten auf 29 festgelegten Profilen durch das gesamte Mittelmeer zwischen Gibraltar und den Dardanellen beschlossen wurde (vgl. ausführlich BRÜCKNER 1914), Der Ausbruch des Ersten Weltkrieges verhinderte jedoch die für 1916 geplante Aufnahme der Arbeiten der internationalen Mittelmeer-Forschung, die dann erst nach dem Kriegsende, nunmehr ohne Österreich, mit neuen Mitgliedern der "Commission international pour l' exploration scientifique de la mer Mediterranée" und neuem Programm in Gang kam (CORVETTO 1968).

6.3.4. Die Meereskunde in der akademischen Lehre und ihre Lehrbücher

Auch eine so praxisbezogene Wissenschaft wie die Ozeanographie kann sich nicht ohne angemessene akademische Vertretung in Forschung und Lehre des Hochschulbereiches weiterentwickeln. Dies geschah, da es im ersten Viertel des 20. Jhs. noch keine Professuren für Ozeanographie im deutschen Sprachraum gab, hier ausschließlich durch das Fach Geographie, das die Zahl seiner Lehrstühle seit der Mitte des 19. Jhs. von drei (Göttingen, Berlin, Wien) bis gegen 1920 mehr als verzehnfacht hatte. Deshalb muß hier die Frage gestellt werden: Wie schlug sich, außer in Kiel und Berlin, in der Zeit zwischen 1900 und 1920 als geographische Teildisziplin die *Meereskunde im geographischen Lehrangebot* der deutschsprachigen Hochschulen nieder? Bei Durchsicht ihrer geographischen Lehrveranstaltungsprogramme von Beginn dieses Jahrhunderts an muß man aus heutiger Sicht geradezu erstaunt sein, in welchem Umfang damals meeresgeographische Themen behandelt wurden, soweit sie aus den Informationen darüber (u.a. in Pet. Mitt. u. Geogr. Z.) direkt erkennbar und nicht in allgemeine Vorlesungstitel wie "Allgemeine Hydrographie" oder "Physische Geographie" eingeschlossen sind. Es gab kaum ein Geographisches Institut, das nicht maritim-geographische Vorlesungsthemen (Seminare wurden nicht erfaßt) im Lehrangebot hatte, am ausgiebigsten natürlich Berlin; aber selbst Alpenuniversitäten wie Bern und Zürich, Innsbruck und Wien schlossen sich nicht aus. Ein wesentlicher Grund dafür lag natürlich in der Verankerung der Meereskunde in damaligen Studien- und Prüfungsordnungen für Lehramtskandidaten an höheren Schulen, vor allem in Preußen. Die Mehrzahl der Vorlesungstitel betraf zweifellos die Allgemeine Ozeanographie oder Meereskunde; es kamen aber auch Themen wie "Geographie des Meeres" (v. DRYGALSKI/Berlin) oder "Geographie der irdischen Wasserhülle" (RATZEL/Leipzig) vor. Die selteneren maritim-kulturgeographischen Titel befaßten sich ganz überwiegend mit dem Meer als Verkehrsraum oder historisch-meeresgeographischen Fragen (KRETSCHMER/Berlin). Schließlich stößt man aber auch auf eine Reihe regional-meeresgeographischer Vorlesungstitel, angefangen von den Deutschen Meeren, insbesondere der Ostsee (BRAUN/ Greifswald), über das Mittelmeer (u.a. FISCHER/Marburg, PHILIPPSON/ Bonn) bis zu den drei Ozeanen, wobei zumeist die Randländer mit in die Betrachtung einbezogen wurden. Im statistischen Mittel hatten in dieser Zeit von rund 30 deutschsprachigen Hochschulen in jedem Semester jeweils 6-7 Geographische Institute meeresgeographische Vorlesungstitel im Lehrangebot, was einem durchaus üblichen mittleren Turnus von 4-5 Semestern entspricht.

Das bedeutet, daß die maritime Geographie damals voll in den akademischen Lehrbetrieb der wissenschaftlichen Geographie integriert war. Ebenso spielte sie auch auf den deutschen Geographen-Tagungen der damaligen Zeit eine mit allen anderen geographischen Teildisziplinen völlig gleichberechtigte, bisweilen sogar herausragende Rolle wie auf dem 15. Deutschen Geographentag in Danzig 1905, wo sieben Berichte der Deutschen Südpolar-Expedition 1901/03 ein Drittel aller wissenschaftlichen Vorträge ausmachten und die Hälfte des Verhandlungsbandes füllten. Aus den Erfahrungen dieser Expedition, deren Schwerpunkt im maritimen Bereich gelegen hatte, sah E. v. DRYGALSKI damals schon klar die Zukunft der wissenschaftlichen Meereskunde in der Verbindung der physikalisch-chemischen und biologischen Betrachtungsweisen und Methoden voraus, was letztlich in eine meeresökologische Sicht ausmünden mußte.

Die in dieser disziplingeschichtlichen Phase zweifellos gefestigte und ausgebaute Stellung der Meereskunde auch im geographischen Hochschulbetrieb machte natürlich auch ein entsprechendes Angebot an Lehrbüchern im weitesten Sinn erforderlich. In den ersten zwei Jahrzehnten des 20. Jhs. waren und blieben H. WAGNERs Lehrbuch der Geographie (4. neubearb. Aufl. 1912) und A. SUPANs Grundzüge der Physischen Erdkunde (6. umgearb. u. verb. Aufl. 1916) die meistgebrauchten Hochschul-Lehrbücher der geographischen Wissenschaft. In beiden waren die einschlägigen Kapitel über "Das Meer" zwar den Fortschritten der ozeanographischen Erkenntnisse entsprechend in unterschiedlicher Intensität verbessert, ergänzt und erweitert worden, aber in der Stoffgliederung blieben sie sich über Jahrzehnte unverändert gleich. Es fehlte nach wie vor eine echt geographische Behandlung des Weltmeeres durch Herausarbeiten geographisch-synthetischer Raumindividuen und -typen, wie dies in den Klimazonen und -regionen KÖPPENS (1900) oder den ozeanisch-fanunistischen Zonen und Regionen SCHLEIDENs (1888) bereits geschehen war. Es fehlte - zumindest in den Lehrbüchern mit ihrer streng kategorialen Stoffgliederung im Gegensatz zu manchen Vorlesungstiteln - eine "Geographie des Meeres", die nicht wie bei SUPAN die "Küsten und ihre Bildungsprozesse" unter der "Morphologie des Landes", die "Deltabildung" und "Arbeit des Meeres" unter "Dynamik des Landes" oder wie bei WAGNER die "Regenregionen über dem Meer" nur bei der Darstellung der Lufthülle behandelt.

Fast gleichzeitig waren zu Anfang des Jahrhunderts KRÜMMELs vermehrte Zweitauflage seiner "Einführung in die allgemeine Meereskunde" (Der Ozean, 1902) und SCHOTTs "Physische Meereskunde" (Slg. GÖSCHEN 1903) erschienen, die - im Umfang, Aufbau und Inhalt ähnlich und gleichwertig - zwar auch nur das Meer als solches behandelten, aber gegenüber den obigen Lehrbuchdarstellungen die größere Authentizität beanspruchen konnten. Das gleiche gilt ebenso für KRÜMMELs kurzgefaßte "Allgemeine Meereskunde" in G. v. NEUMAYERs "Anleitung zu wissenschaftlichen Beobachtungen auf Reisen" (3. Aufl. 1906; I, 562-594) wie für MECKINGs kurze, aber sehr präzise Darstellung der "Ozeanographie" und "Klimatologie" in O. KENDEs "Handbuch der geographischen Wissenschaft" (1914; I, 82-104), die mit KRÜMMELs Abschnitt "Die Ozeane" in A. SCOBELs "Geographischem Handbuch" (1909, I; 201-236) vergleichbar ist.

Dem stehen nun zwei Hauptwerke der geographischen Meeresforschung gegenüber, die in gewisser Weise die Eckpfeiler eines geschlossenen Lehrgebäudes der Meeresgeographie während der Ausbauphase der Meereskunde zwischen 1900 und 1920 und darüber hinaus repräsentieren: Otto KRÜMMELs völlige Neubearbeitung des "Handbuchs der Ozeanographie" (1907/11) und Gerhard SCHOTTs "Geographie des Atlantischen Ozeans" (1912). Aus KRÜMMELs Sicht baut sich die "Ozeanographie" analog dem System der geographischen Wissenschaft wie folgt auf (1907; I, 2f.):

> "Die allgemeine Ozeanographie wird die räumlichen, stofflichen und energetischen Merkmale der irdischen Meeresdecke als eine Einheit zu betrachten haben, also der Reihe nach die Gestalt, Größe und Tiefe des Ozeans, die Sedimente und chemischen und physikalischen Eigenschaften des Meerwassers, und zuletzt die Bewegungsformen in Gestalt von Wellen, Gezeiten und Strömungen. Sind hier im wesentlichen die Hilfsmittel der Physik und Chemie bei der Bearbeitung heranzuziehen, so werden die der Biologie anzuwenden sein, wenn der Ozean auch als Wohnraum der Organismen betrachtet wird, ... die der Anthropogeographie aber, um die Beziehungen des Menschen zum Meer zu untersuchen, die bei fortschreitender Kultur immer vielseitiger und bedeutsamer werden.
> Die spezielle Ozeanographie wird jeden einzelnen Meeresraum für sich nach den soeben entwickelten Gesichtspunkten behandeln."

Das ist zwar sowohl gegenüber RICHTHOFENs wie unserem heutigen Geographieverständnis etwas vage formuliert, läßt aber doch erkennen, daß KRÜMMELs Ozeanographie-Auffassung im Prinzip meeresgeographisch-umfassend ist. In der Ausführung zieht KRÜMMEL sich dann allerdings auf die eingeengte Anwendung des Ozeanographie-Begriffes im Sinne einer "allgemeinen physikalischen Geographie des Meeres" zurück. MEINARDUS (1912) hebt jedoch in seiner 33seitigen Besprechung des Werkes hervor, daß KRÜMMEL "auch die biologischen und anthropogeographischen Beziehungen in gedankenreichen Exkursen häufig berührt" und daß ebenso "die Wechselbeziehungen zwischen den ozeanographischen Erscheinungen und den Vorgängen in der Atmosphäre, am Meeresgrund und an den Küsten... im ganzen Werk tausend Belege" finden. Im ersten Band (1907) behandelt KRÜMMEL in den beiden ersten Kapiteln (S. 7-214) zunächst die Meeresräume nach ihrer Größe, vertikalen und horizontalen Gliederung, wobei die verschiedenen Klassifikationsmöglichkeiten ausgiebig diskutiert werden, ausmündend in einem "natürlichen System der Meeresräume", sowie die Ablagerungen und Morphologie des Meeresbodens, die jedoch über eine Morphographie kaum hinausgeht. Im dritten Kapitel (215-526) befaßt KRÜMMEL sich dann mit den physikalischen und chemischen Eigenschaften des Meerwassers sowie der räumlichen Verteilung von Salzgehalt, Temperaturen und Meereis. Im zweiten Band (1911) mit dem Untertitel "Die Bewegungen des Meeres" werden die Wellen (1-198), die Gezeiten (199-412) und schließlich am umfangreichsten die Meeresströmungen (413-728) abgehandelt, wie schon im ersten Band meist nach einem ähnlichen Grundmuster der Stoffanordnung: geschichtliche Entwicklung der Kenntnis und der Theoriebildung über die betreffende Erscheinung, Beschreibung ihrer Erscheinungsformen und der zugrundeliegenden allgemeinen Gesetze und schließlich ihr Auftreten in den verschiedenen Meeresräumen.

KRÜMMELs Handbuch wurde lange Zeit ein auch international vielbeachtetes Standardwerk, an das 50 Jahre später G. DIETRICH im Vorwort seiner "Allgemeinen Meereskunde" (1957) ausdrücklich anknüpft mit dem Hinweis auf die "letzte deutsche zusammenfassende Behandlung der Ozeanographie", deren Stoffgliederung er weitgehend wiederholt. Nach DIETRICH (1970; 105) bietet KRÜMMELs Handbuch der Ozeanographie "eine unübertroffene Zusammenfassung des Wissensstandes in der physikalischen Ozeanographie und physischen Geographie des Weltmeeres zu Beginn unseres Jahrhunderts. Dieses Handbuch läßt uns immer wieder erstaunen, was damals bereits alles durchdacht worden war...".

Auf der anderen Seite war G. SCHOTTs "Geographie des Atlantischen Ozeans" der Prototyp einer regionalen Meereskunde im Stil einer Länderkunde, wobei SCHOTT als Vorbild J. PARTSCHs Meisterwerk "Mitteleuropa" diente. Vorausschauend hatte SCHOTT (1912; VI) klar erkannt: "Wenn die neuere Meereskunde nicht lediglich in eine Physik, Chemie oder Biologie des Weltmeeres zerfallen soll", dann müsse neben die allgemein-ozeanographische Behandlung der Naturerscheinungen des Meeres in kategorienmäßiger Anordnung das "abgerundete geographische Bild eines Einzelozeans als einer geographischen Einheit" gestellt werden. Als methodischen Grundansatz wie auch vergleichbares Ziel für die geographische Behandlung eines Ozeans betrachtet SCHOTT "die zusammenfassende Beschreibung von Festländern und einzelnen Festlandsteilen nach natürlichen Landschaften, mit einem Wort die Pflege der Landschaftsgeographie...". Hier wird - sicherlich unter dem Einfluß des ja gleichzeitig in Hamburg wirkenden S. PASSARGEs - erstmalig auch für die geographische Untersuchung und Darstellung maritimer Räume das Landschaftskonzept als Betrachtungsgrundlage gefordert. Beide, die länder- wie landschaftskundliche Betrachtungsweise hat SCHOTT in seiner "Geographie des Atlantischen Ozeans" zu verwirklichen versucht, indem er nach

BIBLIOTHEK

GEOGRAPHISCHER HANDBÜCHER

BEGRÜNDET VON FRIEDRICH RATZEL.

NEUE FOLGE.

HERAUSGEGEBEN VON PROF. DR. **ALBRECHT PENCK.**

Unter Mitwirkung von

Professor Dr. **Ed. Brückner** in Wien; Professor **Hans Crammer** in Salzburg; Professor Dr. **Oskar Drude,** Direktor des Botanischen Gartens in Dresden; Dr. **F. A. Forel,** Professor an der Universität Lausanne in Morges; Dr. **Karl v. Fritsch,** weil. Professor an der Universität in Halle; Professor Dr. **Alfred Grund** in Berlin; Professor Dr. **Sigmund Günther** in München; Professor Dr. **Ernst Hammer** in Stuttgart; Dr. **Julius Hann,** Professor an der Wiener Universität; Professor Dr. **Kurt Hassert** in Köln; Professor Dr. **Albert Heim** in Zürich; Professor Dr. **Rudolf Kötzschke** in Leipzig; Professor Dr. **Konrad Kretschmer** in Berlin; Professor Dr. **Otto Krümmel** in Kiel; Professor Dr. **G. Pfeffer,** Kustos für Zoologie am Naturhistorischen Museum in Hamburg; Professor Dr. **Kurt Sapper** in Tübingen; Professor Dr. **Adolf Schmidt** in Potsdam; Professor Dr. **Karl Weule,** Direktor des Museums für Völkerkunde in Leipzig.

STUTTGART.
VERLAG VON J. ENGELHORN.
1907.

vom Verfasser

F2/a

HANDBUCH

DER

OZEANOGRAPHIE

VON

DR. OTTO KRÜMMEL,
ordentlichem Professor der Geographie an der Universität in Kiel.

BAND I.

Die räumlichen, chemischen und physikalischen Verhältnisse des Meeres.

Mit 69 Abbildungen im Text.

Zweite völlig neu bearbeitete Auflage
des im Jahre 1884 erschienenen Band I des Handbuchs der Ozeanographie
von weil. Prof. Dr. **Georg v. Boguslawski.**

STUTTGART.
VERLAG VON J. ENGELHORN.
1907.

Abb. 13: Langjähriges Standardwerk und Krönung der Arbeiten des Kieler Meeresgeographen O. KRÜMMEL: Das "Handbuch der Ozeanographie"

Geographie

des

Atlantischen Ozeans

Von

Prof. Dr. GERHARD SCHOTT

Abteilungsvorstand bei der Deutschen Seewarte in Hamburg

Mit 1 Titelbild, 28 Tafeln und 90 Textfiguren

HAMBURG
Verlag von C. Boysen
1912

Abb. 14: Maritime Länder- und Landschaftskunde: G. SCHOTTs "Geographie des Atlantischen Ozeans"

einer ausführlichen Darstellung der Entwicklungs- und Erforschungsgeschichte und Übersicht über Grenzen, Gliederung und Größe des Atlantiks zunächst dessen Geologie und Morphologie einschließlich der Küsten-, Hafen- und Inseltypen behandelt. Der Darstellung der Tiefenverhältnisse und Bodenbedeckung im Überblick wie nach Einzelräumen folgt erst die der natürlichen Eigenschaften des atlantischen Wassers, die dann - und das ist das Neue - in eine erläuterte Gliederung des Atlantischen Ozeans in "natürliche Regionen" vornehmlich auf der Grundlage der Meeresströmungen und anderer Wassereigenschaften ausmündet. Hier wird praktisch G. DIETRICHs Prinzip der Gliederung des Weltmeeres in hydrographische Regionen 44 Jahre früher vorweggenommen, leider ohne daß dort Bezug auf SCHOTT genommen wird (1956). Erst danach behandelt SCHOTT das Klima des Atlantischen Ozeans, zunächst kurz nach geographischer Verteilung der meteorologischen Grundelemente und ausführlich nach Klimaregionen, sowie die Lebensbezirke des Atlantiks einschließlich der Fischereiverhältnisse, denen als letztes Kapitel die Darstellung des atlantischen Verkehrs folgt. Diesen anthropogeographischen Teil hielt SCHOTT in verschiedenen Richtungen für ausbaufähig, während er andererseits den Sinn "mancher Angaben über gewisse geophysikalische Tatsachen der atlantischen Tiefseegewässer" in einer Geographie des Atlantischen Ozeans selbst in Frage stellte (1912; VII).

Interessant sind nun die rezensorischen Urteile zweier prominenter Fach- und Zeitgenossen SCHOTTs über seine "Geographie des Atlantischen Ozeans" im Vergleich. W. MEINARDUS (1913), der dem "neuartigen Unternehmen", weil es sich auch an Nicht-Fachgenossen wende, keine streng wissenschaftliche Absicht unterstellt, befaßt sich über zwei Seiten fast ausschließlich mit dem allgemein-ozeanographischen Faktengehalt des Werkes und verliert über die Einteilung des Ozeans in natürliche Regionen ganze vier nichtssagende Zeilen. Gerade darin aber sieht nun HETTNER (GZ 1913; 538) die Quintessenz und den besonderen geographischen Wert von SCHOTTs Leistung: in der "Übertragung der Behandlungsweise der Länderkunde auf die Meere" und in der Darstellung des Zusammenwirkens aller Erscheinungen die geographische Betrachtungsweise zur vollen Geltung gebracht zu haben. In KRÜMMELs und SCHOTTs Werken ebenso wie in MEINARDUS' und HETTNERs divergierenden Beurteilungen stehen sich nicht nur jeweils zwei in ihrer Denkweise wesensverschiedene Persönlichkeiten, sondern auch zwei grundverschiedene Selbstverständnisse von Geographie gegenüber, die auch heute wieder, z.T. scheinbar kompromißlos, miteinander ringen. Von nun ab wird uns in unserer disziplingeschichtlichen Betrachtung die Frage "Allgemeine Ozeanographie" und/oder "regionale Geographie des Meeres" bis in die Gegenwart hinein begleiten, wo in GIERLOFF-EMDENs "Geographie des Meeres" eine regionale Geographie des Meeres als notwendige Alternative nicht einmal erwähnt und SCHOTTs Geographien der Einzelozeane außer ihrer bibliographischen Aufführung so gut wie ignoriert werden.

SCHOTT hat sechs Jahre später auch ein regional enger begrenztes Beispiel einer "maritimen Länderkunde" geliefert: die "Geographie des Persischen Golfes und seiner Randgebiete" (1918a; 111 S.). Sie stellt zusammen mit der gleichzeitig und parallel dazu von SCHOTT veröffentlichten "Ozeanographie und Klimatologie des Persischen Golfes und des Golfes von Oman" (1918b) eine echte und vollständige Regionalgeographie dieses schon während des Ersten Weltkrieges geopolitisch hochbrisanten Raumes dar, weshalb SCHOTT allein 60 Seiten der Behandlung der Bevölkerung und Siedlungen, des Handels und Verkehrs sowie der machtpolitischen Verhältnisse widmet - immer jedoch unter dem Gesichtspunkt, daß die Länder um den Golf "vom Meer aus gesehen" betrachtet werden, d.h. aus der maritimen Perspektive. Vor allem mit SCHOTTs Schlußkapitel über den "Persischen Golf als politische Bühne" gewinnen beide Darstellungen trotz veränderter weltpolitischer und weltwirtschaftlicher Situation nach über 60 Jahren heute wieder höchste Aktualität, die geradezu zu einer Neubearbeitung der "Geographie des Persischen Golfes" unter Berücksichtigung der "Meteor"-Expedition von 1963 herausfordert (zu SCHOTT allgemein vgl. SCHULZ 1936).

6.4. HÖHEPUNKT UND KRISE DER GEOGRAPHISCHEN MEERESKUNDE 1920 - 1945

6.4.1. Gesamtcharakterisierung der Epoche

Das Ende des Ersten Weltkrieges mit dem Zusammenbruch der Mittelmächte und der Aufgabe ihrer Monarchien, mit der Vernichtung der deutschen Kriegsflotte und eines Großteils der Handelsflotte brachte für Deutschland nicht nur fürs erste den Verlust der Seegeltung, sondern insgesamt eine tiefe Zäsur in allen Lebensbereichen. Mit dem Ausschluß aus allen internationalen Organisationen wurde auch die deutsche Wissenschaft schwer getroffen, die zunächst mit der Gründung der Notgemeinschaft der deutschen Wissenschaft reagierte. Getroffen wurde vor allem aber die wissenschaftliche Geographie, die in ihrem weltweiten Forschungsfeld sowohl durch den Verlust der deutschen Kolonien als auch durch ein zunächst überwiegend ablehnend bis feindlich eingestelltes Ausland in ihren Operationsmöglichkeiten stark eingeengt wurde. Sicherlich war dies auch mit ein Grund für die bald nach dem Krieg von deutscher Seite angestrebten wissenschaftlichen Aktivitäten auf den freien Meeren und damit für einen erheblichen Bedeutungszuwachs der Meereskunde im Rahmen der wissenschaftlichen Geographie.

Die Einengung und Isolierung der deutschen Geographen, die sich erst ab 1923 langsam zu lockern begann, mehr aber wohl noch die Erlebnisse und Erfahrungen der Kriegsgeneration, die Zweifel an vielem Überkommenen hervorriefen, haben in den zwanziger und dreißiger Jahren zu einem in der deutschen Geographie bislang nicht erlebten Gärungsprozeß und heftigen Methodenstreit - z.T. mit persönlichen Angriffen - geführt. BANSEs "Neue Geographie", PASSARGEs "Landschaftsgeographie", SPETHMANNs "Dynamische Länderkunde" und das Verhältnis Allgemeine Geographie - Länderkunde und manch andere Streitfrage um die zukünftige Gestaltung der Geographie erhitzten die Gemüter und füllten die deutschen geographischen Zeitschriften mit methodologischen Beiträgen und Pamphleten. Nur um die Stellung und den Inhalt der Meereskunde gab es eigenartigerweise keine Auseinandersetzungen, obwohl sich hier gegen Ende der zwanziger

Jahre tiefgreifende und nachhaltige Wandlungen fast lautlos vollzogen, die schließlich in Deutschland zur Loslösung der Ozeanographie von ihrer Mutterwissenschaft, der Geographie, und für diese zum weitgehenden Verlust des Weltmeeres als geographischem Forschungsgegenstand führten.

6.4.2. Die Einzelentwicklung in den deutschen Meeresforschungszentren

Österreich war nach dem Untergang der Doppelmonarchie und dem Verlust der Länder an der Adria zum Binnenstaat geworden und ohne Meeresanschluß aus dem Kreis der bis dahin führend an der Adria- und Mittelmeerforschung beteiligten Mittelmeeranrainer ausgeschieden.

Aber auch in Kiel traten nach Kriegsende grundlegende Wandlungen ein, vor allem hinsichtlich der dort bislang so intensiv und erfolgreich betriebenen geographischen Meeresforschung. Sicherlich gefördert durch die äußeren Umstände, die kriegsbedingten Funktionsverluste Kiels als ehemaligen Reichskriegshafen und Standort der Marine-Akademie, Werften etc., erfolgte nach dem Weggang von L. MECKING Mitte 1920 nach Münster eine völlige Neuausrichtung des Kieler Universitätsfaches Geographie, bei der das Meer als Objekt geographischer Forschung kaum noch eine Rolle spielte. Am deutlichsten dokumentierte KRÜMMELs Schüler WEGEMANN - seit 1921 ao. Professor - mit seiner völligen Abkehr von der aktiven ozeanographischen und Hinwendung zur schleswig-holsteinischen Seenforschung den in Kiel nach dem Ersten Weltkrieg sehr radikal vollzogenen Umschwung zu einer ausgeprägt "kontinentalen" Geographie. Nirgendwo hat sich die im vorigen Abschnitt bereits angedeutete Umorientierung der wissenschaftlichen Geographie von der naturwissenschaftlich geprägten Frühphase zur überwiegend kultur-geographisch beherrschten Nachkriegsperiode stärker und abrupter ausgewirkt als in Kiel (im einzelnen vgl. KORTUM/PAFFEN 1979). Hier wirkte ab 1922 Leo WAIBEL (1888-1952) als Inhaber des geographischen Lehrstuhls und einer der Wegbereiter der ökologischen sowie funktionalen Betrachtungsweise in der Kulturgeographie, die um 1930 die Wandlung von der "morphologisch-physiognomischen" zur "funktional-dynamischen Periode" zu vollziehen begann (vgl. OVERBECK 1954) - ein Vorgang, der sich wahrscheinlich aus gemeinsamen ideengeschichtlichen Wurzeln ähnlich und fast gleichzeitig dann auch innerhalb der deutschen Ozeanographie abspielen sollte (vgl. unten).

Erst um die Mitte der 1930er Jahre begann sich in Kiel wieder eine vielseitige Meeresforschung zu organisieren, nun aber ohne das Fach Geographie. Im Vorlesungsverzeichnis der Universität Kiel tauchte erstmals 1934/35 eine eigene Rubrik "Meereskunde" auf, ab 1937 als Fachgruppe "Limnologie und Meereskunde", unter der u.a. der 1934 von Berlin an die Universität Kiel umhabilitierte H. WATTENBERG (Ozeanographie), ferner F. WASMUND (Meeresgeologie), C. HOFFMANN (Meeresbotanik) und A. REMANE (Meereszoologie) Lehrveranstaltungen über die Nord- und Ostsee ankündigten. Daraus entstand dann Mitte 1937 unter A. REMANE als Direktor ein selbständiges Institut für Meereskunde an der Universität Kiel - das zweite in Deutschland - mit vier meeresbiologischen Abteilungen und einer ozeanographischen unter Leitung WATTENBERGs, der 1944 zum Ordinarius für Meereskunde und Direktor des Instituts ernannt, im gleichen Jahr bei einem Bombenangriff im völlig zerstörten Institutsgebäude mit neun Institutsangehörigen den Tod fand.

Die Deutsche Wissenschaftliche Kommission für Meeresforschung (DWK) in Berlin hatte zwar nach dem Ersten Weltkrieg mit ihren verschiedenen Mitgliedsorganisationen (Kieler Kommission, Biologische Anstalt Helgoland, Seefischerei-Verein) ihre Arbeiten in der Nord- und Ostsee mit dem noch bis 1940 aktiven Reichsforschungsdampfer "Poseidon" und anderen Schiffen wieder aufgenommen, jedoch nunmehr ohne Mitwirkung der Kieler Geographen. Deren ozeanographische Aufgaben wurden ab 1920 durch die Deutsche Seewarte in Hamburg unter Leitung von G. SCHOTT in seiner Eigenschaft als ordentlichem Mitglied der DWK übernommen. Dabei stand ihm vor allem B. SCHULZ zur Seite, der dank seines vielseitigen naturwissenschaftlichen Studiums wie kaum ein anderer in der Lage war, die Ozeanographie über die Meereschemie mit der Meeresbiologie zu verknüpfen. Unter diesem Gesichtspunkt fanden dann auch in den zwanziger Jahren unter Beteiligung aller Ozeanographen der Seewarte und des Planktologen A. WULF von der Biologischen Anstalt Helgoland zahlreiche Untersuchungsfahrten in der Nord- und Ostsee statt, die 1926 und 1927 mit "Poseidon" bis in die westliche Barentssee ausgedehnt werden konnten. Die Ergebnisse dieser und der späteren Arbeiten im Rahmen der DWK und des Rates der internationalen Meeresforschung fanden vor allem ihren Niederschlag in den seit 1925 wiedererschienenen "Berichten der Deutschen wissenschaftlichen Kommission für Meeresforschung" (N.F., Bd. I-IX, 1925-40).

Während in Kiel nach dem Ersten Weltkrieg ein völliger Bruch mit der fast 40jährigen geographisch-meereskundlichen Tradition erfolgte, erfuhr diese in H a m b u r g durch verschiedene Umstände vor allem im akademischen Bereich eine starke Aufwertung. Dafür sorgte zunächst die Erhebung und Erweiterung des Kolonial-Instituts zur Hansischen Universität im Jahre 1919 sowie die nunmehrige reichsweite Anerkennung aller Lehrveranstaltungen und Examina des der Mathematisch-Naturwissenschaftlichen Fakultät zugeordneten Faches Geographie, weiterhin mit S. PASSARGE als Lehrstuhlinhaber. Die 1921 erfolgte Ernennung G. SCHOTTs zum Honorarprofessor bedeutete eine stärkere Verknüpfung von Deutscher Seewarte und Universitäts-Geographie, zumal SCHOTT als Mitglied der DWK tatkräftig jüngere Fachkollegen fördern konnte. Hinzu kam, daß Bruno SCHULZ sich 1920 als Nachlese seiner kriegsbedingten Tätigkeit beim Marine-Observatorium in Ostende mit einer Arbeit über "Die periodischen und unperiodischen Schwankungen des Mittelwasserstandes an der flandrischen Küste" als erster in Hamburg für das Fach Geographie mit besonderer Betonung der Meereskunde habilitierte, hauptamtlich jedoch bei der Deutschen Seewarte tätig wurde. 1921 habilitierte sich außerdem R. LÜTHGENS in Hamburg für das Fach Geographie, insbesondere Wirtschaftsgeographie, bewahrte sich aber seine erste Liebe für Meereskunde in einem zeitlebens besonderen und für Hamburg typischen Interesse für das Meer als Wirtschafts- und Verkehrsraum. Mit seiner Arbeit über "Spezielle Wirtschaftsgeographie auf landschaftskundlicher Grundlage" (Mitt. Geogr. Ges. Hamburg 1921) lieferte er einen fundamentalen Beitrag zur damals noch unvollkommenen Methodologie der Wirtschaftsgeographie, trat damit aber gleichzeitig in krassen Widerspruch zu A. RÜHLs mehr vom wirtschaftswissenschaftlichen Begriff der menschlichen Arbeit ausgehender Auffassung über "Aufgaben und Stellung der Wirtschaftsgeographie" (G. Z. 1918). Es lag nahe, daß LÜTHGENS sich, ähnlich wie RÜHL in Berlin, auch an der Entwicklung der in dieser Zeit immer stärker an Gewicht gewinnenden Geographie des Seeverkehrs und der Häfen beteiligte, u.a. mit einem Beitrag über "Die deutschen Seehäfen" (1934).

Mit SCHOTT, SCHULZ und LÜTHGENS, wozu sich bis zu seinem frühen Tod 1924 noch W. BRENNECKE mit meereskundlichen und später E. KUHLBRODT mit maritim-klimatologischen Lehraufträgen gesellten, wurden die maritim-geographischen Belange an der Hansischen Universität wie nirgendwo außer Berlin vorzüglich vertreten. Zudem erhielt auch SCHULZ nach seiner Ernennung zum außerplanmäßigen (1925) und Honorarprofessor (1926) mit Lehrauftrag für Meereskunde an der Hamburger Universität wie SCHOTT die Möglichkeit, für die Verarbeitung des umfangreichen Beobachtungsmaterials, das auch im Rahmen des Programms der DWK vor allem aus Nord- und Ostseebereich bei der Deutschen Seewarte anfiel, Doktoranden meist aus dem Fach Geographie heranzuziehen, deren Arbeiten alle in der Reihe "Aus dem Archiv der Deutschen Seewarte" erschienen. Assistiert von seinem Mitarbeiter Kurt KALLE als Biochemiker begründete SCHULZ damals innerhalb des Faches Geographie ein hydrographisch-biologisches Kolloquium - eine Bestätigung der gut 20 Jahre alten Voraussage E. v. DRYGALSKIs über die Zukunft der Meereskunde.

Abb. 15: Altes Zentrum der Hydrographie und der Geographie des Meeres in Hamburg: Das Deutsche Hydrographische Institut, vormals Deutsche Seewarte

Anfang der zwanziger Jahre war ein weiterer Geograph in den Dienst der Deutschen Seewarte getreten: Arnold SCHUMACHER (1889-1967). Er kam aus dem Kieler Geographischen Institut, wo er 1919 bei MECKING mit sei- Arbeit "Über beträchtliche Temperaturschwankungen von Tag zu Tag im Gebiet der deutschen Nordseeküste" (A. d. Arch. Dt. Seewarte 38, 1920) promoviert hatte. In den ersten Jahren seiner Tätigkeit in der Seewarte, der er bis zum Kriegsende und darüber hinaus ihrer Nachfolgeorganisation, dem deutschen Hydrographischen Institut, bis zur Pensionierung treu blieb, arbeitete er sich vor allem in ozeanographische Meß- und Beobachtungsmethoden ein, so daß er 1925 zur Teilnahme an der deutschen "Meteor"-Expedition aufgefordert wurde. Daraus resultierte eine große Zahl von Publikationen (Veröff.-Verz. in Ann. d. Hydr. 1967; 23-26). Aus geographischer Sicht verdienen vor allem seine zahlreichen Arbeiten über Meeresströmungen und ihre kartographische Darstellung Interesse und Erwähnung; sie machten ab den dreißiger Jahren neben der regional-ozeanographischen Mitarbeit an den verschiedenen von der Seewarte herausgegebenen Seehandbüchern die Hauptthematik seiner wissenschaftlichen Tätigkeit aus. So brachte er in einer Festschrift für seinen Lehrer Ludwig MECKING, dessen einziger aktiv meereskundlich orientierter Schüler er blieb, einen wichtigen Beitrag "Über das subtropische Konvergenzgebiet im Südatlantischen Ozean" (1949).

1931 trat Gerhard SCHOTT in den Ruhestand (Veröff. Verz. Ann. d. Hydr. 1936; 329-335) und vollbrachte in den folgenden zehn Jahren seine größte, maritime Geographiegeschichte machende Leistung mit seinen bis heute unübertroffenen Geographien der drei Ozeane (siehe oben). Die Nachfolge in SCHOTTs Funktionen als Vorstand der ozeanographischen Abteilung in der Deutschen Seewarte sowie als Hydrograph der DWK trat Bruno SCHULZ an. 1930, 1933 und 1935 nahm er, zweimal leitend, an drei kleinen "Meteor"-Fahrten in die Irminger See und das Europäische Nordmeer teil und organisierte und leitete 1931 die internationale hydrographische Kattegat-Untersuchung. Aber trotz allem blieb SCHULZ Geograph, was er nicht nur durch seine Mitwirkung in Kommissionen der Internationalen Geographen-Union und im Vorstand der Hamburger Geographischen Gesellschaft bekundete, sondern mehr noch durch seine viermalige Berichterstattung über die Fortschritte der Ozeanographie im "Geographischen Jahrbuch" für die Zeit von 1915 bis 1937, die Mitarbeit an geographischen Lehr- und Handbüchern oder seine wegweisenden Ostsee-Vorträge auf den Deutschen Geographentagen in Breslau 1925 und Danzig 1931 sowie seine mehr populären Darstellungen der "Deutschen Nordsee" (1920 u. 1937) und der "Deutschen Ostsee, ihrer Küsten und Inseln" (1931) in den "Monographien zur Erdkunde" (Bd. 39 u. 47). Um so mehr muß es überraschen, daß trotz des inzwischen im Fach Ozeanographie vollzogenen Standortwechsels zur Geophysik hin dem im Fach Geographie promovierten und habilitierten

Bruno SCHULZ 1939 der neueingerichtete Lehrstuhl für Meereskunde an der Universität Hamburg übertragen wurde. Der Ausbruch des Zweiten Weltkrieges im gleichen Jahr verhinderte allerdings weitgehend den Aufbau des Instituts, zumal SCHULZ - wieder an die Deutsche Seewarte und ab 1943 nach Norwegen kriegsdienstverpflichtet - ein Jahr vor Kriegsende im Mai 1944 erst 57jährig verstarb (Veröff.-Verz. in Ann. d. Hydr. 1944; 183-188). 1945 wurde auch die Deutsche Seewarte ein Opfer des Bombenkrieges.

Während des Zweiten Weltkrieges stand die Deutsche Seewarte naturgemäß fast ausschließlich im Dienst der Seekriegsführung und Sicherung der Versorgung Deutschlands von See her. Von größter Bedeutung war dafür die genaue Kenntnis der Eisverhältnisse in den kaltgemäßigten und subpolaren Meeresbereichen. Zwar hatte die Seewarte seit 1903 jährlich in den Annalen der Hydrographie über die Eisverhältnisse jedes Winterhalbjahres in den außerdeutschen Gewässern der Ostsee berichtet und seit 1922 tägliche Eisberichte herausgegeben sowie in den Monatskarten für die einzelnen Ozeane auch die Eisgrenzen festgehalten, es fehlte jedoch eine umfassende, großräumige wissenschaftliche Auswertung.

Die M e e r e i s f o r s c h u n g war in Deutschland seit langem eine Domäne der Geographie und geographisch geschulter Ozeanographen. Was von den beiden FORSTER (1783/84) begonnen, wurde über die kartographischen Arbeiten von H. BERGHAUS (1850) und A. PETERMANN (1865b/c) von den Österreichern J. PAYER (1871) und K. WEYPRECHT (1879) im Nordpolar-, von den Deutschen E. v. DRYGALSKI (1921) und W. BRENNECKE (1921) im Südpolargebiet sowie in zahlreichen Arbeiten L. MECKINGs (zuletzt 1932) und W. MEINARDUS' (1906), G. SCHOTTs und B. SCHULZ' bis zu J. BÜDEL und J. BLÜTHGEN in Greifswald (vgl. weiter unten) fortgesetzt. Das besondere geographische Interesse an der Meereisforschung resultiert sicherlich einerseits aus deren komplexer Problematik, in der meteorologische, makro- und regional-klimatologische sowie physikalisch-morphologische Faktoren zusammenwirken, sowie aus der eminent wichtigen wirtschafts- und verkehrsgeographischen Bedeutung des Meereises, zum anderen zweifellos auch aus der Tatsache, daß das Meereis in seinen Erscheinungsformen und deren Verbreitung sowie der jahreszeitlichen Verteilung von außerordentlicher raumdifferenzierender, ja geradezu "landschaftsprägender" Effizienz im maritimen Bereich der borealen und polaren Breiten ist.

So war es auch nicht verwunderlich, daß man sehr bald nach Kriegsbeginn zum Leiter des Eisdienstes in der Deutschen Seewarte den Berliner Geographen Julius BÜDEL (geb. 1903) bestellte, einen Schüler von E. BRÜCKNER in Wien. BÜDEL, bis dahin überwiegend mit Fragen der Eiszeitmorphologie befaßt, wußte die praktischen Belange mit wissenschaftlichen Interessen zu verbinden, so daß aus seiner Tätigkeit noch während des Krieges eine Reihe grundlegender Publikationen zur Meereisforschung entstand: neben einer Übersicht über die Vereisung der Küsten Europas und Asiens (Der Seewart 1942) vor allem die Abhandlung über "Das Luftbild im Dienste der Eisforschung und Eiserkundung" (1943). Damit hatte die Deutsche

Seewarte bereits 1929 in der Ostsee begonnen (SCHULZ 1929), war durch den Arktisflug des Luftschiffes "Graf Zeppelin" 1931 sowie das Flugzeugmutterschiff "Schwabenland" der wissenschaftlich an sich unergiebigen Deutschen Antarktis-Expedition 1938/39 unter A. RITSCHER vorzügliches Bildmaterial zusammengekommen. BÜDEL hat dieses und anderes Material, erhärtet durch zahlreiche Flüge ins Nordpolargebiet, für die Bearbeitung des "Atlas der Eisverhältnisse des Nordatlantischen Ozeans mit Übersichtskarten der Eisverhältnisse des Nord- und Südpolargebietes" (1944, 1950) verwertet. Denn als Krönung der geographischen Meereisforschung, von der er die physikalische Eisforschung unterschied, betrachtete er "die Aufstellung charakteristischer Vereisungstypen und ihre Verfolgung über das ganze Weltmeer" (1943; 322).

In Greifswald hat sich zwar kein eigentliches Zentrum der Meeresforschung entwickelt, jedoch im Rahmen des Geographischen Instituts der Universität eine sehr intensive Ausrichtung auf Ostseestudien, vor allem unter der Leitung von Gustav BRAUN, nunmehr als Lehrstuhlinhaber und Direktor des Instituts von 1918-33, gefolgt von Hermann LAUTENSACH bis Ende des Zweiten Weltkrieges. BRAUNs eigene Arbeiten nach dem Ersten Weltkrieg betreffen vor allem das Problem der Niveauschwankungen und die Entwicklung der Ostsee (1932), sowie die Küsten und Häfen Pommerns (1926/7 u. 1930), Finnlands (1927) und Schwedens (1931). Auch ein Großteil von BRAUNs Schülern befaßte sich küstenmorphologischen Einzelfragen, u.a. W. HARTNACK (1924-31), R. UHDEN (1927), W. WERNICKE (1930) und K. SCHÜTZ (1931-39). Mitte der dreißiger Jahre begann dann Joachim BLÜTHGEN (1912-73), zwar mehr aus klimatologischem als ozeanographischem Interesse, jedoch unter umfassend geographischen Gesichtspunkten mit seinen Untersuchungen über die Vereisungsverhältnisse der Ostsee, vor allem mit Hilfe von Material der Deutschen Seewarte Hamburg, weshalb die Arbeiten über die Eisverhältnisse des Bottnischen Meerbusens (1936), der Gävle-Bucht (1937) und des Finnischen und Rigaischen Meerbusens (1938) ebenso wie seine Habilitationsschrift über die "Geographie der winterlichen Kaltlufteinbrüche in Europa" (1940) alle im "Archiv" der Seewarte erschienen. Die zahlreichen Zeitschriftenaufsätze BLÜTHGENs zur gleichen Problematik finden sich zusammengefaßt in der ausführlichen Bibliographie der erst nach dem Zweiten Weltkrieg erschienenen Abhandlung über "Die Eisverhältnisse der Küstengewässer von Mecklenburg-Vorpommern" (1954).

Im Berliner Institut für Meereskunde brachte das Jahr 1921 einen entscheidenden Wendepunkt ebenso wie für Alfred MERZ persönlich. Schon 1919/20 hatte die Gefahr bestanden, daß MERZ an die Deutsche Seewarte oder andernorts auf einen geographischen Lehrstuhl berufen würde. Aus diesem Grunde trat A. PENCK von dem seit Gründung des Meereskunde-Instituts bestandenen Doppeldirektorat in Verbindung mit dem des Geographischen Instituts zugunsten von A. MERZ zurück, der gleichzeitig zum ordentlichen Professor der Geographie ernannt wurde. So äußerlich und formal dieser Vorgang für das Institut auch gewesen sein mag, so symbolhaft erscheint er im Rückblick; denn mit der Verselbständigung des

Instituts für Meereskunde unter eigener Leitung setzte - von den Initiatoren sicherlich unbeabsichtigt - im Grunde in Berlin auch der Verselbständigungsprozeß der Ozeanographie als Wissenschaftsdisziplin ein. MERZ hatte bis zu diesem Zeitpunkt den Rahmen seiner Lehrveranstaltungen über die Meereskunde hinaus weiter gesteckt und auch andere Bereiche der Geographie einbezogen. Von nun an beschränkte er sich jedoch ganz auf die Ozeanographie.

Aus MERZ' Kriegsaufgaben für die Marineleitung erwuchs nach dem Krieg auch das erste größere Projekt, welches das Institut nach achtjähriger Unterbrechung wieder in unmittelbaren Kontakt mit dem Meer brachte. Von 1920-23 wurde vom Institut für Meereskunde in Zusammenarbeit mit der Deutschen Seewarte und der Marineleitung (Vermessungsschiffe "Triton" und "Panther") nach einem von MERZ entworfenen Plan eine grundlegende Untersuchung der Gezeiten in der Nordsee durchgeführt, worüber Lotte MÖLLER - seit Anfang der zwanziger Jahre MERZ' Schülerin und Assistentin - auf dem Breslauer Geographentag 1925 berichtet hat (vgl. MERZ 1921 u. den Atlas der Gezeiten... d. Dt. Seewarte 1925).

Die schon aus dem Krieg rührenden guten Verbindungen von MERZ zur Marineleitung in Berlin waren auch die Basis für das zweite, viel größere maritime Projekt: die Deutsche Atlantische Expedition 1925/27. Eine schon bald nach dem Krieg aus Marinekreisen stammende Anregung zur Durchführung einer großen dreijährigen Expedition in die Südsee, wozu MERZ bereits den Plan ausgearbeitet und großes Interesse bei der Wissenschaft und den politischen Parteien im Reichstag erregt hatte, scheiterte an den politischen Unruhen und der Inflation im Jahr 1923. Anfang 1924 kam dann durch Initiative des weitsichtigen Präsidenten der Notgemeinschaft der deutschen Wissenschaft, Staatsminister a.D. F. SCHMITT-OTT, eine Vereinbarung zustande, die auf Vorschlag von A. MERZ eine zweijährige Expedition auf dem von der Kriegsmarine gestellten Vermessungsschiff "Meteor" ermöglichte. Die Vorbereitung und wissenschaftliche Planung lag ganz in Händen von A. MERZ. Da jedoch über diese aus wissenschaftlicher Sicht so überaus erfolgreich verlaufende Expedition vorher und mehr noch nachher so viel publiziert worden ist, sollen hier nur für unsere disziplingeschichtliche Betrachtung wesentlichen Punkte herausgestellt werden (vgl. die programmatischen Ausführungen von MERZ 1925 u. PENCK 1925).

Das wissenschaftliche Ziel für den Geographen und Ozeanographen MERZ war, mit den im ersten Viertel des 20. Jhs. entwickelten neuesten Methoden und Instrumenten großräumig eine "Bearbeitung des Problems von der allgemeinen Horizontal- und Vertikalzirkulation der ozeanischen Wassermassen" durchzuführen, ein Problem, das schon von OTTO (1800) spekulativ erkannt und von HUMBOLDT (1814 u. später) präzisiert, von E. LENZ (1847) bereits modellhaft angegangen und von SCHOTT (1902) und BRENNECKE (1921) partiell einer Lösung näher gebracht worden war. Darüber kam es zu einer heftigen Kontroverse zwischen SCHOTT/BRENNECKE und MERZ/WÜST (Z. Ges. f. E. Berlin 1922/23) um die Interpretation und Bewertung der "Challenger"- und "Gazelle"-Meßdaten - eine Kontroverse, die unterschwellig vielleicht mehr ein Streit der beiden Institutionen war, zumal SCHOTTs international geplantes Projekt einer hydrographisch-biologischen Bestandsaufnahme des Nordatlantiks vor dem Ersten Weltkrieg an letzterem gescheitert war. Vielleicht spielte dies auch eine gewisse Rolle bei der Wahl des Südatlantiks als Zielgebiet für die neue Expedition, zumal hier schon verschiedene deutsche Schiffe wissenschaftlich operiert hatten, von den beiderseitigen Anliegern kaum Konkurrenz zu erwarten war und der Südatlantik eine in sich geschlossene, einfachere Raumeinheit mit einer breiten Polargrenze bildet.

Am 16.4.1925 trat die "Meteor" als schwimmendes Forschungslaboratorium eingerichtet, unter Fregattenkapitän F. SPIESS und der wissenschaftlichen Leitung von A. MERZ mit folgendem Wissenschaftlerstab von Wilhelmshaven aus ihre zweijährige Reise an: neben den drei MERZ-Schülern G. WÜST, G. BÖHNECKE und H. MEYER, der in einer Dissertation die atlantischen Oberflächenströmungen in neuartiger Weise behandelt und kartographisch dargestellt hatte (1923), von der Deutschen Seewarte A. SCHUMACHER mit Sonderaufgaben für Verdunstungs- und stereophotogrammetrische Wellenmessungen; außer diesen ihrer wissenschaftlichen Herkunft nach geographischen Ozeanographen als Chemiker A. WATTENBERG (TH Danzig), als Geologe O. PRATJE (Königsberg), statt seiner im zweiten Jahr der Mineraloge W. CORRENS (Berlin), als Bio- und Planktologe E. HENTSCHEL (Hamburg) sowie als Meteorologe E. KUHLBRODT (Dt. Seewarte) und der Aerologe J. REGER (Observatorium Lindenberg). Der unerwartete tragische Tod von Alfred MERZ in Buenos Aires am 17.8.1925 bürdete Kapitän SPIESS die Gesamtleitung und G. WÜST die Leitung der ozeanographischen Arbeiten auf, zu denen Anfang 1927 kurzfristig noch A. DEFANT als Nachfolger MERZ' in der wissenschaftlichen Leitung und als späterer Herausgeber des Expeditionswerkes stieß.

Bald nach der Rückkehr der Expedition am 25.5.1927 nach Wilhelmshaven trat DEFANT auch die Nachfolge von MERZ als Lehrstuhlinhaber und Direktor des Instituts und Museums für Meereskunde in Berlin an. Mit Albert DEFANT (1884-1974), der sich nach dem Studium der Mathematik, Physik und Geographie und Promotion in Innsbruck (1905) zunächst der Meteorologie zugewandt und nach der Habilitation (1909) für Meteorologie und Klimatologie ab 1919 in Innsbruck eine Professur für Geophysik bekleidet hatte, übernahm 1927 ein Geophysiker den bis dahin geographischen Lehrstuhl am Institut für Meereskunde in Berlin. DEFANT wurde damit der erste Ordinarius für Ozeanographie in Deutschland. Damit vollzog sich zwar kein abrupter Wandel, obwohl DEFANTs Einfluß als rein geophysikalisch orientierter Ozeanograph auf die akademische Lehre, die Forschungsausrichtung des Instituts und seiner Schüler wie auch auf die jüngeren Mitarbeiter sehr tiefgreifend war. Jedoch blieb die ursprüngliche Gesamtkonzeption von Institut und Museum mit der bewährten Abteilungsgliederung unangetastet und der Personalbestand im wesentlichen erhalten.

Abb. 16: Das Forschungsschiff "Meteor" (I) auf der Expedition in den Südatlantischen Ozean (1925-27), hier vor der Küste Patagoniens

1929 habilitierte sich G. WÜST, wohl als erster in Deutschland für das Fach Ozeanographie, mit einer Arbeit über Schichtung und Tiefenzirkulation im Pazifischen Ozean (1929). Er blieb - zunächst als Kustos, 1936 ao. Professor und 1942 als Vorsteher der geographisch-naturwissenschaftlichen Abteilung - bis zum Kriegsende im Institut tätig. G. BÖHNECKE - zunächst Assistent, dann Kustos - wurde 1935 Direktor des Marine-Observatoriums in Wilhelmshaven. 1930 habilitierte sich auch Lotte MÖLLER, die 1928 aus MERZ' Nachlaß dessen an MARSIGLI anknüpfende hydrographische Untersuchungen in den türkischen Meerengen (Dardanellen und Bosporus) von 1918/19 bearbeitet hatte (1928), mit einer Arbeit über die Zirkulation im Indischen Ozean (1930) für das Fach Geographie mit Schwerpunkt Hydrographie, woraus die im Vergleich zu WÜSTs Habilitation für Ozeanographie noch keineswegs einheitliche Ausrichtung des Instituts für Meereskunde ersichtlich wird. 1934/35 wurde sie dort Kustos und Professor und war nach dem Zweiten Weltkrieg als apl. Professor für Hydrographie am Geographischen Institut der Universität Göttingen tätig, der Wiege der geographischen Meereskunde in Deutschland mit WAPPÄUS und KRÜMMEL, MECKING und SCHULZ.

Die Aufarbeitung des von der "Meteor"-Expedition gesammelten Materials, vor allem der Tausenden von Echolotungen, machte die Einstellung eines wissenschaftlichen Kartographen erforderlich. Dieser wurde 1930 in Theodor STOCKS (1899-1964) gefunden, der nach einem Studium der Geographie, Geologie und Geophysik 1923 in Hamburg im Fach Geographie promoviert hatte. In Berlin entwickelte er sich schnell zum ozeanischen Kartographen von internationalem Ruf, der sich als einer der ersten mit den Methoden der kartographischen Echolotauswertung wissenschaftlich auseinandersetzte (vgl. Veröff.-Verz. in Ann. d. Hydr. 1964; 42f). In Fortsetzung der von M. GROLL (1912) im Institut für Meereskunde begonnenen kartographischen Arbeiten über die Tiefen- und Reliefverhältnisse der Ozeane, die auch die Grundlage für eine neue Flächenberechnung der ozeanischen Tiefenstufen durch E. KOSSINNA (1921) waren, hat STOCKS in den dreißiger Jahren vor allem für Bd. III des "Meteor"-Werkes die "Morphologie des Atlantischen Ozeans" (gemeinsam mit WÜST) mit einer neuen Übersichtskarte 1:20 Mio und die Grundkarten 1:5 Mio der ozeanischen Lotungen im Südatlantik bearbeitet. Daraus erwuchs seine kritisch vergleichende Untersuchung über die Fortschritte in der Erforschung des atlantischen Bodenreliefs von 1854 bis 1934 (1936).

1935 promovierte bei DEFANT in Berlin nach einem Studium der Ozeanographie und Meteorologie mit Mathematik, Physik und Geographie Günther DIETRICH (1911-1972) mit einer Arbeit über "Aufbau und Dynamik des südlichen Agulhasstromgebietes". Damit kündigte sich bereits ein zukünftiges Hauptforschungsthema DIETRICHs an: die Meeresströmungen, die auch bei KRÜMMEL, SCHOTT, MECKING, SCHULZ, SCHUMACHER und anderen von der Geographie gekommenen Meereskundlern am Anfang ihrer wissenschaftlichen Betätigung gestanden hatten, so wie es bei den terrestrischen Geographen lange Zeit fast Regel war, mit einer morphologischen Arbeit zu beginnen. In den folgenden Jahren und Arbeiten, die bei DIETRICH mit mehreren Forschungsfahrten in den Nordatlantik verbunden waren, kristallisierte sich sehr bald seine spezifische wissenschaftliche Konzeption der Meereskunde heraus, die - von der Einheit des Meeres und der Meeresforschung durchdrungen - vor allem auf synthetische Erfassung des Zusammenwirkens aller Vorgänge und Erscheinungen im Meer zielte. Dabei stand für DIETRICH immer die räumliche Differenzierung eines maritimen Phänomens und im weiteren eine möglichst vollständige Erfassung der Meeresregionen im Vordergrund, um über die Methode des regionalen Vergleichs schließlich zum Prinzipiellen der meereskundlichen Struktur und Raumgliederung vorzudringen. Frühe Zeugnisse dafür sind etwa seine vergleichende Betrachtung über "Aufbau und Bewegung von Golfstrom und Agulhasstrom" (1936), sein in der Zeitschrift der Berliner Gesellschaft für Erdkunde erschienener meereskundlicher Überblick über "Das amerikanische Mittelmeer" (1939) und an gleicher Stelle eine Darstellung der "Gezeiten als geographische Erscheinung" (1944) oder unter anderem Titel "Über ozeanische Gezeitenerscheinungen in geographischer Betrachtungsweise" (Ann. d. Hydr. 1943), beides als Nebenfrucht seiner 1943 in Berlin eingereichten geophysikalisch-ozeanographischen Habilitationsschrift. DIETRICH wurde so zum letzten geographisch orientierten, jedoch geophysikalisch-ozeanographisch geschulten Meereskundler aus der Berliner Schule, dem wir wie WÜST nach dem Zweiten Weltkrieg in Kiel wiederbegegnen werden (vgl. hierzu Teil III).

Nach der Südatlantik-Expedition der "Meteor" wandte sich das Interesse der deutschen Meeresforschung vor allem dem Nordatlantik zu, um hier mit den erprobten Methoden teils gleiche Aufgabenstellungen, teils andere Probleme zu verfolgen. Die zwischen 1929 und 1939, wiederum mit Unterstützung der Kriegsmarine und der Notgemeinschaft der deutschen Wissenschaft bzw. ihrer Nachfolgeorganisation, der Deutschen Forschungsgemeinschaft, durchgeführten zehn Forschungsfahrten - davon acht mit "Meteor" - gingen wissenschaftlich und organisatorisch größtenteils vom Berliner Institut für Meereskunde aus und standen abwechselnd unter der wissenschaftlichen Leitung von DEFANT und BÖHNECKE, jedoch waren außer DIETRICH, WATTENBERG u.a. auch Wissenschaftler der Deutschen Seewarte beteiligt (u.a. SCHULZ, KALLE, THORADE). Es handelte sich zunächst um vier kleine "Meteor"-Fahrten 1929-35, die der Erforschung der ozeanischen Polarfront in den isländisch-grönländischen Gewässern dienten, zum zweiten um die zweigeteilte Deutsche Nordatlantische Expedition im Frühjahr 1937 und der ersten Hälfte 1938, die das westafrikanische Kaltwasserauftriebsgebiet zwischen Kanaren und Kapverden sowie den Anschluß an die südatlantischen Profile nordwärts bis 30° N zum Gegenstand hatten, zum dritten um die Beteiligung an der von der Internationalen Union für Geodäsie und Geophysik koordinierten Internationalen Golfstrom-Untersuchung. Über diese Fahrten, ihre Ziele und Ergebnisse hat A. DEFANT in der Gesellschaft für Erdkunde zu Berlin und deren Zeitschrift einen Gesamtüberblick gegeben, den er mit der die Situation in der Geographie Ende der 30er Jahre charakterisierenden Feststellung einleitete: "Es wäre eine sicher zu bedauernde Tatsache, wenn die Geographie, obwohl die Erdoberfläche zu drei Viertel vom Weltmeer eingenommen wird, nicht hinreichend Kenntnis von der Meereskunde nehmen würde" (1939; 81).

In der historisch-volkswirtschaftlichen Abteilung des Instituts für Meereskunde, die seit 1912 von A. RÜHL geleitet wurde, waren die maritim-geographischen Aktivitäten weitaus geringer. Das mag schon ein Zahlenvergleich der in den beiden Veröffentlichungsreihen des Instituts für Meereskunde seit Begründung der Neuen Folge 1912 erschienenen Publikationen demonstrieren. Während in der geographisch-naturwissenschaftlichen Reihe A von 1912-44 41 bzw. ab 1920 35 Hefte erschienen, waren es in der historisch-volkswirtschaftlichen Reihe B nur 15 bzw. 13 Hefte, von denen zudem 8 festländische Themen behandelten. Der von RICHTHOFEN konzipierte umfassend meeresgeographische Charakter des Gesamtinstituts scheint in der historisch-volkswirtschaftlichen Abteilung mit der Zeit immer mehr in Vergessenheit geraten zu sein, zumal auch RÜHL selbst zur Entwicklung einer Kulturgeographie des Meeres wenig beigetragen hat, u.a. seine im Hinblick auf das Hinterland von Häfen allerdings grundlegende Untersuchung der "Nord- und Ostseehäfen im deutschen Außenhandel" (1920a) sowie seinen gleichzeitigen Aufsatz über "Die Typen von Häfen nach ihrer wirtschaftlichen Stellung" (1920b). Alfred RÜHL knüpfte damit an Untersuchungen aus der Frühzeit des Instituts für Meereskunde an, u.a. von K. WIEDENFELD über die nordwesteuropäischen Welthäfen (Veröff. Nr. 3, 1903), "Die Seehäfen der Rheinmündungen und ihr Hinterland" (Dt. Geogr. Tag Köln 1903) sowie über "Die deutschen Seehäfen der Nord- und Ostsee" (Nauticus 8, 1906). Darüber hinaus hat RÜHL in seinen seit 1920 ausschließlich wirtschaftsgeographischen Vorlesungen turnusmäßig auch den Seeverkehr behandelt. Nach RÜHLs Tod 1935 übernahm Carl TROLL - bis dahin Leiter der kolonialgeographischen Abteilung im Geographischen Institut der Universität Berlin - für kurze Jahre die Leitung der historisch-volkswirtschaftlichen Abteilung.

Als das Institut und Museum für Meereskunde in Berlin nach vierundvierzigjährigem Bestehen und Geschehen 1944 dem Bombenkrieg zum Opfer fiel, endete nicht nur für alle seine Angehörigen ein vertrautes Dienstverhältnis, sondern auch die verhältnismäßig kurze, aber ruhmvolle und erfolgreiche Geschichte eines bis dahin in ihrer Art einmaligen Institution, die trotz des inneren Wandels in der Leitung und Neuausrichtung des Lehrstuhls für Ozeanographie ihre ursprünglich enge Bindung an die Geographie bis zum Schluß nie aufgegeben hat.

6.4.3. Maritim-geographische Einzelforschung an deutschen Hochschulen

Durch die personelle Mobilität im Hochschulbereich kam es dazu, daß z.T. schon vor, mehr noch nach dem Ersten Weltkrieg Geographen mit meereskundlichen Interessen von den Zentren der Meeresforschung in Kiel und Berlin an andere Hochschulen berufen wurden und damit auch meereskundliches Gedankengut unmittelbar verpflanzt und verbreitet wurde. So gingen von Berlin aus: E. v. DRYGALSKI nach München (1906-35), W. MEINARDUS nach Münster (1906-20) und Göttingen (1920-35), A. GRUND nach Prag (1910-14), G. BRAUN nach Basel (1912-18) und Greifswald (1918-35), nach dem Zweiten Weltkrieg A. DEFANT nach Innsbruck, Lotte MÖLLER nach Göttingen, G. WÜST (1946-59) und G. DIETRICH (1959-72) nach Kiel; von Kiel aus gingen: O. KRÜMMEL nach Marburg (1910-12), L. SCHULTZE-JENA nach Marburg (1913-38), L. MECKING nach Münster (1920-35) und Hamburg (1935-49). Nur von Hamburg aus gab es wohl wegen der in der Regel hauptamtlichen Tätigkeit in der Deutschen Seewarte keine Bewegung.

Es würde nun zu weit führen, hier die Schicksale der Genannten an ihren neuen Wirkungsstätten sowie die aus ihren Anregungen erwachsenen vielfachen Verzweigungen zu verfolgen, die der aus wenigen kräftigen Hauptwurzeln genährte Wissenschaftsbaum der Meereskunde in Deutschland getrieben hat. Hier sollen nur einige in der bisherigen Darstellung zurückgetretene Problemkreise vor allem der Kulturgeographie des Meeres angesprochen und kurz erläutert werden. Denn mit dem allgemeinen Vormarsch der Kulturgeographie im deutschen Sprachraum seit der Jahrhundertwende, die zwischen den beiden Weltkriegen insgesamt wie in ihren Teildisziplinen allmählich zu einem systematischen Lehrgebäude fand, gewannen auch kulturgeographische Aspekte des Meeres mehr und mehr an Bedeutung. Allerdings klagte noch Anfang der dreißiger Jahre L. MECKING (G.Z. 1933; 53) zu recht: "Das Meer pflegt in Lehrbüchern noch wenig anthropogeographisch beachtet zu werden", trotz mancher grundlegender Untersuchungen in Einzelfragen. Nur M. ECKERT machte eine Ausnahme in seinem "Neuen Lehrbuch der Geographie" (Bd. I, 1931): im Schlußkapitel seiner fünfzigseitigen Darstellung der Meereskunde bringt er eine knappe, vierseitige "Kulturgeographie des Meeres", die an mehreren verstreuten Stellen einige Ergänzungen hinsichtlich der "Seehäfen", "Welthandelsflotte und Weltverkehrshäfen" und "Politischen Geographie des Meeres" erfuhr. Er konnte sich dabei auf seine eigene Abhandlung "Meer und Weltwirtschaft" (1928) stützen. Zusammen mit dem Buch des DRYGALSKI-Schülers Edwin FELS (geb. 1888) - ab 1938 o. Professor für Wirtschaftsgeographie an der Berliner Wirtschaftshochschule - über "Das Weltmeer in seiner wirtschafts- und verkehrsgeographischen Bedeutung" (1931) wurde damit eine echte "Kulturgeographie des Meeres" in Deutschland begründet, die sich in einigen Teilbereichen selbständig, in anderen mehr im Rahmen kulturgeographischer Teildisziplinen weiterentwickelte und heute wiederum von großer Bedeutung wird.

So fand der Seeverkehr in Kurt HASSERTs völlig umgearbeiteter 2. Auflage seiner "Allgemeinen Verkehrsgeographie" (II, 1931) mit zweihundert Seiten die bis dahin wohl umfassendste geographische Darstellung, auch hinsichtlich der Bibliographie. Ein spezielles Kapitel der maritimen Handels- und Verkehrsgeographie sind die Küsten und Häfen. Ihnen hat L. MECKING sein Hauptinteresse zugewandt, als er sich in Münster und Hamburg in weitgehender Abkehr von der aktiv forschenden Meereskunde ganz auf die Küsten und Küstenlandschaften in ihren meerbezogenen kulturgeographischen Funktionen als wissenschaftliches Hauptarbeitsgebiet zurückzog mit Themen wie "Europas Völker und das Meer" (1925), "Die Stellung der Guinea-Küste in der Kolonisation" (1940/41), "Japans maritime und kontinentale Stellung" (1941), "Japan und das Meer" (1944) und "Apuliens Stellung im Seeverkehr" (1943) sowie seine Hamburger Abschiedsvorlesung 1949 über "Kontinentalität und Ozeanität im heutigen Weltbild" (vgl. Schr.-Verz. in Mecking-Festschrift 1949). Hierhin gehört auch der interessante Beitrag in der DRYGALSKI-Festschrift (1925) über den "Einfluß der Küsten auf die Völker" von Gustav v. ZAHN (1871-1946), der - als RICHTHOFEN- und DRYGALSKI-Schüler 1909 mit einer Untersuchung "Über die zerstörende Arbeit des Meeres an Steilküsten" in München habilitiert - bis 1936 den Lehrstuhl für Geographie in Jena innehatte. MECKINGs Hauptthema aber wurde in Fortführung eines Kieler Vorlesungstitels die Geographie der Häfen, die ihren gedanklichen Ursprung in seiner Weltreise 1911/12 und Japanreise 1925/26 hatte. Von den zahlreichen, z.T. in der Berliner Sammlung "Meereskunde" erschienenen Beiträgen sei hier nur die methodisch grundlegenden Abhandlungen über "Die Seehäfen in der geographischen Forschung" (1930) sowie über die Großlage der Seehäfen (1931) genannt. Darüber hinaus waren die Häfen und Hafenstädte aus ganz verschiedenen Perspektiven in den zwanziger und dreißiger Jahren ein beliebtes Untersuchungsobjekt von Geographen (vgl. LÜTGENS 1934) und Wirtschaftswissenschaftlern. In der Festschrift für den RICHTHOFEN-Assistenten und wissenschaftlichen Nachlaßverwalter Ernst TIESSEN (1871-1949) - ab 1913 Professor an der Handelshochschule Berlin - beschäftigten sich von den elf "Beiträgen zur Wirtschaftsgeographie" (1931) allein fünf mit "Hafenproblemen", unter gleichem Titel eingeleitet von G. BRAUN (vgl. WINKLER 1931).

Eng verknüpft mit dem in der Wirtschaftsgeographie der 1920er Jahre viel diskutierten Standortproblem war und ist das der Fischereiwirtschaft, das im Hinblick auf die Fanggebiete ein maritimes biologisch-ozeanographisches Problem (vgl. die Kieler Arbeiten der Preuß. u. später des Dt. wiss. Komm. f. Meeresforschung), hinsichtlich der Fischereihäfen und fischverarbeitenden Industrie, des Fischumschlages und Marktes jedoch ein kulturgeographisches Problem der Küsten und ihres Hinterlandes ist. Geographische Arbeiten unter diesem Blickwinkel waren jedoch bis in die dreißiger Jahre äußerst selten. Der ersten grundlegenden geographischen Untersuchung von M. LINDEMANN über "Die Seefischereien, ihre Gebiete, Betriebe und Erträge in den Jahren 1869-78" (1880) und einem Aufsatz von M. ECKERT in seiner Kieler Zeit "Über die Produktivität des Meeres" (1905) folgte lange Zeit nichts. In der historisch-volkswirtschaftlichen Reihe des Instituts für Meereskunde Berlin findet sich ebenso wenig ein fischereiwirtschaftlicher Beitrag wie unter den ca. hundert Dissertationen aus dem Geographischen Institut der Universität Kiel in der Zeit von 1887 bis 1945. Erst Ende der dreißiger Jahre begann Fritz BARTZ (1908-70) systematisch eine Fischerei-Geographie zu entwickeln. Die Anregung dazu erhielt er während seines Studiums der Geographie, Biologie und Volkswirtschaft in Berlin durch A. RÜHL und als Student auf einer Fangreise mit einem deutschen Fischdampfer in die Gewässer um Island. Nach der Promotion (1935) in Bonn bei L. WAIBEL mit einer tiergeographischen Dissertation über Tibet ging BARTZ nach Kalifornien und bereiste in den folgenden Jahren die Westküste Nordamerikas von Mexiko bis Alaska und über die Aleuten die pazifischen Küsten Ostasiens bis Nordchina. Daraus entstanden noch während des Zweiten Weltkrieges zahlreiche fischereigeographische Arbeiten, u.a. über die Seefischerei Koreas (Z.f. Erdkde. 1940) und die von Tschiba als "Kleinräumige Studie zur Geographie der japanischen Meereswirtschaft" (G.Z. 1940), über die Seefischerei Japans (Pet. Mitt. 1940) und die Lachsfischerei im nördlichen Stillen Ozean (Marine-Rdsch. 1943) sowie "Die Bedeutung der atlantischen Fischgründe für die Ernährung der europäischen Völker" (1941). Mit einer größeren Arbeit über "Fischgründe und Fischereiwirtschaft an der Westküste Nordamerikas" (1942) habilitierte sich BARTZ 1941 in Kiel und kündigte mit seiner Abhandlung über "Die großen Fischereiräume der Welt" (1944) bereits ein großes Zukunftsprojekt an, das er nach dem Krieg in Kiel in Angriff nahm: seine große dreibändige regionale Fischereigeographie der Weltmeere (vgl. hierzu in Teil III). In all seinen Arbeiten, welche die ganze Spanne von den biogeographisch-meeresökologischen über die fischerei-betriebswirtschaftlichen bis zu den sozialgeographischen Aspekten umfassen, steht immer der gesamte Fischereiwirtschaftsraum im Mittelpunkt - eine echt maritim-geographische Betrachtungsweise.

6.4.4. Die Höhepunkte in der Entwicklung der geographischen Meereskunde in Deutschland

Es sind in erster Linie drei Ereignisse, die den Höhepunkt in der langen Entwicklung der Meereskunde in Deutschland während der letzten historischen Phase unseres Betrachtungszeitraumes von 1650 bis 1945 markieren. Das erste ist der Abschluß des 22bändigen "Gauß"-Werkes der ersten Deutschen Südpolar-Expedition 1901/03, dessen Herausgabe zwar schon 1905 durch E. v. DRYGALSKI begonnen, durch die unerwartete Materialfülle und den Ersten Weltkrieg jedoch stark verzögert, mit gewichtigen Schwerpunkten erst in den zwanziger Jahren bis 1932 zu Ende geführt wurde. Zu nennen sind hier besonders der dritte Teil der "Ergebnisse der Internationalen Meteorologischen Kooperation 1901-1904" von W. MEINARDUS über "Die Luftdruckverhältnisse und ihre Wandlungen südlich von 30° s. Br." (Bd. III, 1/2, 1928), der zur Klimatologie des Südpolargebietes mehr enthält, als der Titel vermuten läßt, und die allgemeinen Ergebnisse der Untersuchungen über Temperatur und Luftdruck des Südpolargebietes sowie über die Höhe und den Wasserhaushalt der Antarktis im Zusammenhang mit den umgebenden Meeren zusammenfaßt. Hieran schließen - zwar früher erschienen (Bd. I, 4, 1921) - DRYGALSKIs Ausführungen über "Das Eis der Antarktis und der subantarktischen Meere" an - 150 Jahre nach den ersten Schilderungen durch die beiden FORSTER eine glänzende zusammenfassende Darstellung der gesamten südpolaren Eisprobleme und des Meereises aus der Sicht des glaziologisch geschulten Geographen. Den Schlußpunkt - wenn auch vor dem Erscheinen der Bände VIII-XX zur Botanik und Zoologie - setzte E. v. DRYGALSKI jedoch mit seiner Abhandlung über "Ozean und Antarktis" (Bd. VII, 5, 1926). Weit hinausgehend über die Präsentation und

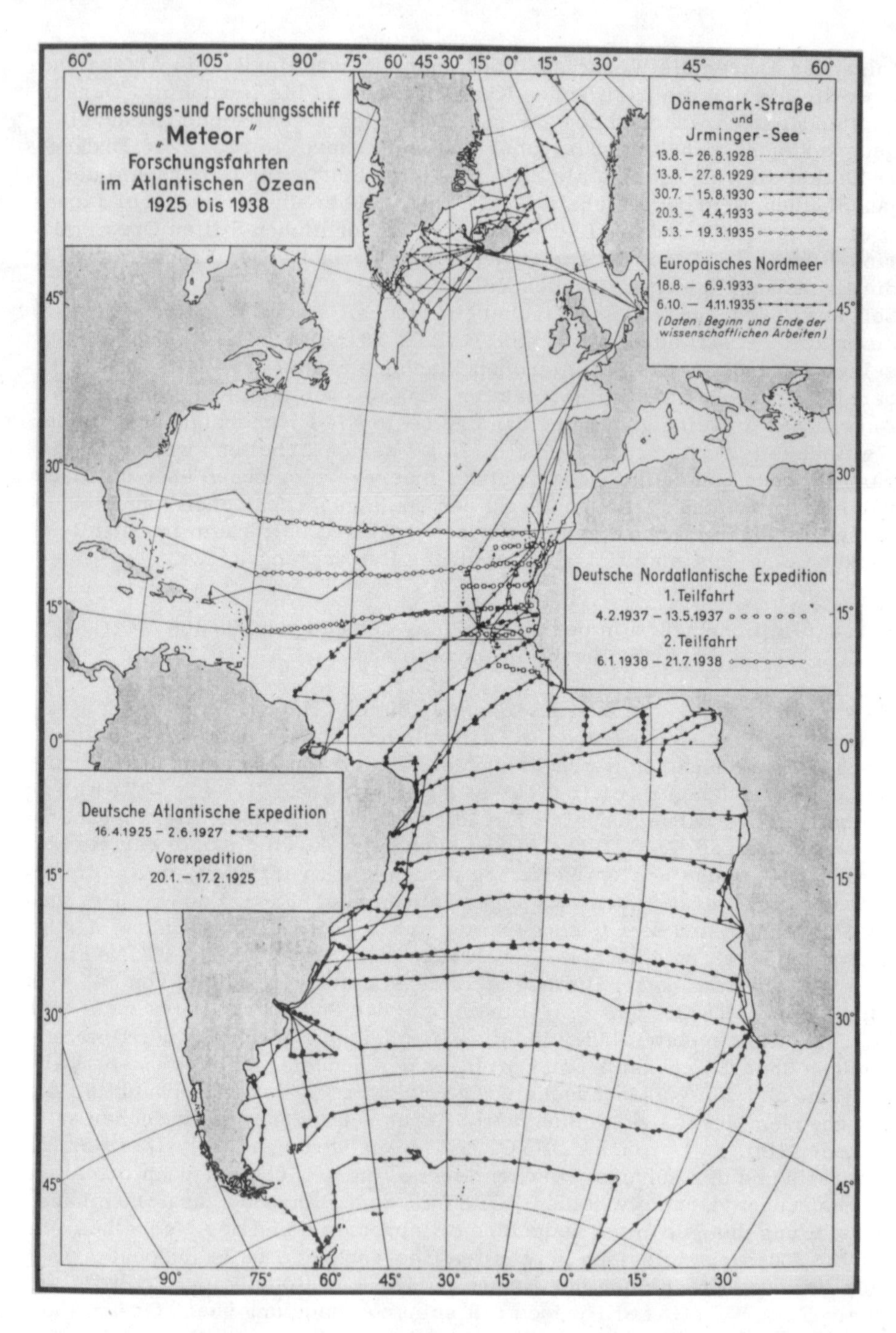

Abb. 17: Die erste systematische Erforschung eines Ozeans: Arbeiten des Forschungsschiffes "Meteor" (I) im Atlantischen Ozean zwischen den Weltkriegen

Analyse der ozeanographischen Phänomene, werden diese mit den rein geologischen, chemischen und biologischen Untersuchungen von hoher Warte aus überblickt. So gewinnt diese Abhandlung den Charakter einer großartigen Zusammenfassung, "eines echt geographisch synoptischen Bildes, dessen Grundzug die Bedeutung der Antarktis im Haushalt des Meeres ist" (MECKING in Mitt. Geogr. Ges. München 1926). Gerade wegen der engen Verknüpfung ozeanographischer und antarktisch-glaziologischer und -klimatologischer Untersuchungen und der daraus gewonnenen Erkenntnis, daß das Meer von den hohen südlichen Breiten her tiefgreifend beeinflußt wird, erhalten die beiden Abhandlungen DRYGALSKIs zusammen mit W. BRENNECKEs ozeanographischen Ergebnissen der zweiten Deutschen Südpolar-Expedition 1911/12 (1921) einen so fundamentalen Wert, der durch die Ergebnisse der "Meteor"-Expedition 1925/27 noch eine Steigerung in der wissenschaftlichen Gewichtung erfahren sollte. Die bei der Rückkehr der Expedition 1903 wegen des Ausbleibens sensationeller geographischer Entdeckungen vorschnell laut gewordenen abfälligen Urteile, die den Kaiser damals veranlaßten, der zweiten Deutschen Südpolar-Expedition 1911/12 jegliche Unterstützung zu versagen, sind durch das von 105 Wissenschaftlern erarbeitete und von E. v. DRYGALSKI vorzüglich redigierte gewaltige "Gauß"-Werk Lügen gestraft worden; denn es ist als ein Markstein in die Geschichte der südpolaren Meeresforschung eingegangen, an den die Antarktisforschung der Bundesrepublik heute anknüpfen kann.

Das zweite Großereignis in der Meeresforschung der zwanziger Jahre - und weit darüber hinaus wirkend - war die Deutsche Atlantische Expedition 1925/27 auf der "Meteor" (vgl. oben). Dieses Unternehmen, das neben dem großen wissenschaftlichen Erfolg auch von eminent politischer Bedeutung für die Wiedererlangung des internationalen Ansehens Deutschlands wurde, hat die von A. MERZ gesteckten hohen Ziele voll und ganz erreicht: mittels 67 300 Lotungen im erstmaligen Großeinsatz des erst nach dem Ersten Weltkrieg betriebsreif gewordenen Echolotes und durch die Serienmessungen aller nur erreichbaren ozeanographischen, planktologischen und meteorologischen Parameter auf 310 Stationen der 14 Ost-West-Querprofile im Abstand von 5° zu 5° zwischen 20° N und 55° (max. 64°) S mit insgesamt 9 400 korrespondierenden Temperatur- und Salzgehaltsmessungen von der Oberfläche bis zum Meeresboden sowie 217 Drachen- und 812 Pilotballonaufstiegen wurde eine so vollständige systematische Erforschung eines großen Ozeanraumes erzielt, wie dieses in dieser Größenordnung, Fülle und Güte des Beobachtungsmaterials bis dahin noch nie geschehen war.

Die "Meteor"-Expedition 1925/27 war nach ihrer Grundidee, Planung und Organisation durch den ordentlichen Professor der Geographie A. MERZ und seine Schüler WÜST, BÖHNECKE und MEYER bei voller Anerkennung des Gemeinschaftscharakters des Gesamtunternehmens und der nautischen Leistung in erster Linie aber wohl doch eine Großtat der Berliner Meereskunde und Geographie, ideell getragen von MERZ' Doktorvater und großem Förderer A. PENCK (1926 m. Schr.-Verz. von MERZ) sowie publizistisch von der Gesellschaft für Erdkunde zu Berlin, deren Vorstand A. MERZ und G. WÜST damals angehörten. Bereits während und kurz nach der Reise wurden von allen Wissenschaftlern Einzelberichte in der Reihenfolge der abgefahrenen Profile erstellt, die in der Zeitschrift der Berliner Gesellschaft 1926 und 1927 mit Abschlußberichten von F. SPIESS und A. DEFANT publiziert und dann in einem von der Notgemeinschaft der deutschen Wissenschaft herausgegebenen Sammelband (1926/27) zusammengefaßt worden sind. Wenn darin DEFANT in seinem Schlußbericht "Über die wissenschaftlichen Aufgaben und Ergebnisse der Expedition" diese schlicht als eine "systematische hydrographische Aufnahme eines ganzen Ozeanraumes" charakterisiert, dann bedeutet dies eine erstaunlich verengte Sicht des geophysikalischen Ozeanographen. Denn in Wirklichkeit handelte es sich um eine umfassend geowissenschaftliche und damit auch physisch-geographische Aufnahme des Südatlantiks von der festen Unterlage, d.h. der Reliefgestaltung und Bodenbedeckung, bis zur Grenze der überlagernden Troposphäre hinauf. Dafür waren nach der Zusammensetzung des Wissenschaftlerstabes alle Voraussetzungen ergeben, und davon zeugen auch die Einzelergebnisse der Teiluntersuchungen. Wer jedoch die noch überschaubaren Einzelberichte der Teilnehmer liest, muß bei höchster Anerkennung der Einzel- wie Gemeinschaftsleistung gleichwohl den geographisch-meereskundlichen Überbau vermissen, den E. v. DRYGALSKI mit seinem "Ozean und Antarktis" (1926) dem "Gauß"-Werk zu geben vermochte.

Das von A. DEFANT herausgegebene 16bändige Gesamtwerk über die Deutsche Atlantische Expedition 1925/27 - kurz "Meteor"-Werk genannt -, dessen dreißig Teilbände größtenteils zwischen 1932-42 erschienen sind (mit Nachlieferungen bis 1963), umfaßt außer dem Reisebericht (Bd. I) und den Echolotungen (II) die Morphologie und Sedimentologie des Südatlantiks (III), die Ozeanographie (IV-VII) und Meereschemie (VIII/IX) sowie die Biologie (X-XIII) und Meteorologie des Südatlantiks (XIV-XVI). Das Gesamtwerk bietet eine solche Fülle von Daten und Beobachtungen, neuen Erkenntnissen, aber auch neuen Problemen auf allen genannten Gebieten, daß es die moderne Meeresforschung auf eine neue Grundlage zu stellen vermochte und das Gesicht der Ozeanographie grundlegend veränderte. Es darf aber auch nicht verschwiegen werden, daß jeder Band bzw. jede sachliche Bandgruppe im Streben nach Gesamtdarstellung des jeweiligen Sachgebietes für sich zwar eine Meisterleistung von hervorragenden Solisten darstellt, die jedoch ihren Part - schon wegen der großen zeitlichen Unterschiede im Erscheinen der Bände und Einzellieferungen - mehr oder weniger für sich und weitgehend unabhängig voneinander bestreiten mußten. Keiner der Autoren hat diesen Umstand begreiflicherweise klarer erkannt und auch zum Ausdruck gebracht als der Bio- und Planktologe Ernst HENTSCHEL. In der Einleitung zum Band X (1932) schrieb er zwar im Rückblick auf frühere ozeanische Expeditionen: "Das Forschungsergebnis zerfällt in eine Reihe ganz selbständiger Einzelarbeiten. Soweit auf Grund davon zusammenfassende Darstellungen über die biologischen Verhältnisse des Arbeitsgebietes versucht worden sind, haben sie selten befriedigenden Erfolg gehabt. Eigentlich lesbar sind die meisten von ihnen kaum; sie pflegen mehr Zusammenfassungen des Einzelnen zu sein, als Verarbeitung des Ganzen mit einer durch die großen Probleme bestimmten Gedankenführung". HENTSCHEL könnte damit genauso gut das "Meteor"-Werk als Ganzes gemeint haben. Für ihn ist daher das Kernstück seiner vier Bände "Biologie" der "Die biologischen Hauptgebiete des südatlantischen Ozeans" beschreibende dritte Hauptteil von Bd. XI (1936), von dessen Notwendigkeit ihn bezeichnenderweise vor allem KÖPPENs "Klimate der Erde" (1923) sowie SCHOTTs "Geographie des Atlantischen Ozeans" (1926) überzeugt habe - letztere, weil sie die für das Verständnis der biologischen Verhältnisse notwendige Kenntnis der allgemein-geographischen, physikalischen und chemischen sowie Strömungsverhältnisse als "für die meisten Zwecke völlig genügende zusammenfassende Darstellung dieser Dinge" vermittele. Dementsprechend sei auch die Behandlungsweise dieses dritten Teiles "mehr eine spezielle geographische", während HENTSCHEL in einem kurzen vierten Teil die "Allgemeinen Ergebnisse seiner Untersuchungen in eine "Geobiologie" oder "Ozeanobiologie" zu kleiden versucht, "welche ihrem Wesen und ihren Methoden nach ein Gegenstück zur Geophysik" des Meeres sein würde (vgl. auch in SCHOTT 1942; Kap. IX).

Was HENTSCHEL in vorbildlicher und meisterlicher Weise für seinen Part "Biologie des südatlantischen Ozeans" demonstriert hat, eine geographische Synthese, die gleichzeitig ein Zeugnis für die zwingende Notwendigkeit der geographischen Betrachtungsweise ist, das fehlt leider dem Gesamtwerk der "Meteor"-Expedition: die das ganze verbindende Gesamtschau und zusammenhaltende Klammer, ein geographischer Schlußband analog DRYGALSKIs "Ozean und Antarktis", der den geosphärischen Raumausschnitt des Südatlantiks als ein regional begrenztes Geosystem in seiner geographischen Raumstruktur darzustellen hätte. Die Voraussetzungen dazu hat das "Meteor"-Werk in unübertrefflicher und großenteils heute noch gültigen Form geliefert.

Es war ein sicherlich nicht beabsichtigtes, aber glückliches Zusammentreffen, daß G. SCHOTT 1942 zum Abschluß des Großteils des "Meteor"-Werkes die 1926 nur unwesentlich verbesserte zweite Auflage seiner "Geographie des Atlantischen Ozeans" nunmehr in einer vollständig neu bearbeiteten dritten Auflage herausbringen konnte, die er im Vorwort einleitete: "Dies ist ein völlig neues Buch". Zusammen mit der schon 1935 erschienenen "Geographie des Indischen und Stillen Ozeans", für deren Erarbeitung SCHOTT 1929 eine einjährige Weltreise zwecks Gewinnung persönlicher Anschauung und Materials unternommen hatte, repräsentierten die beiden "Geographien der drei Ozeane das dritte bedeutsame Ereignis dieser letzten Phase in der Entwicklung der geographischen Meereskunde. Diesen Ozeanmonographien kam in gewisser Weise die Funktion der geographischen Synthese zu, wenn auch im erweiterten Rahmen des Gesamtozeans, zumal in beiden Werken SCHOTTs Sohn Wolfgang die Bearbeitung der Bodenbedeckung und E. HENTSCHEL die Darstellung des

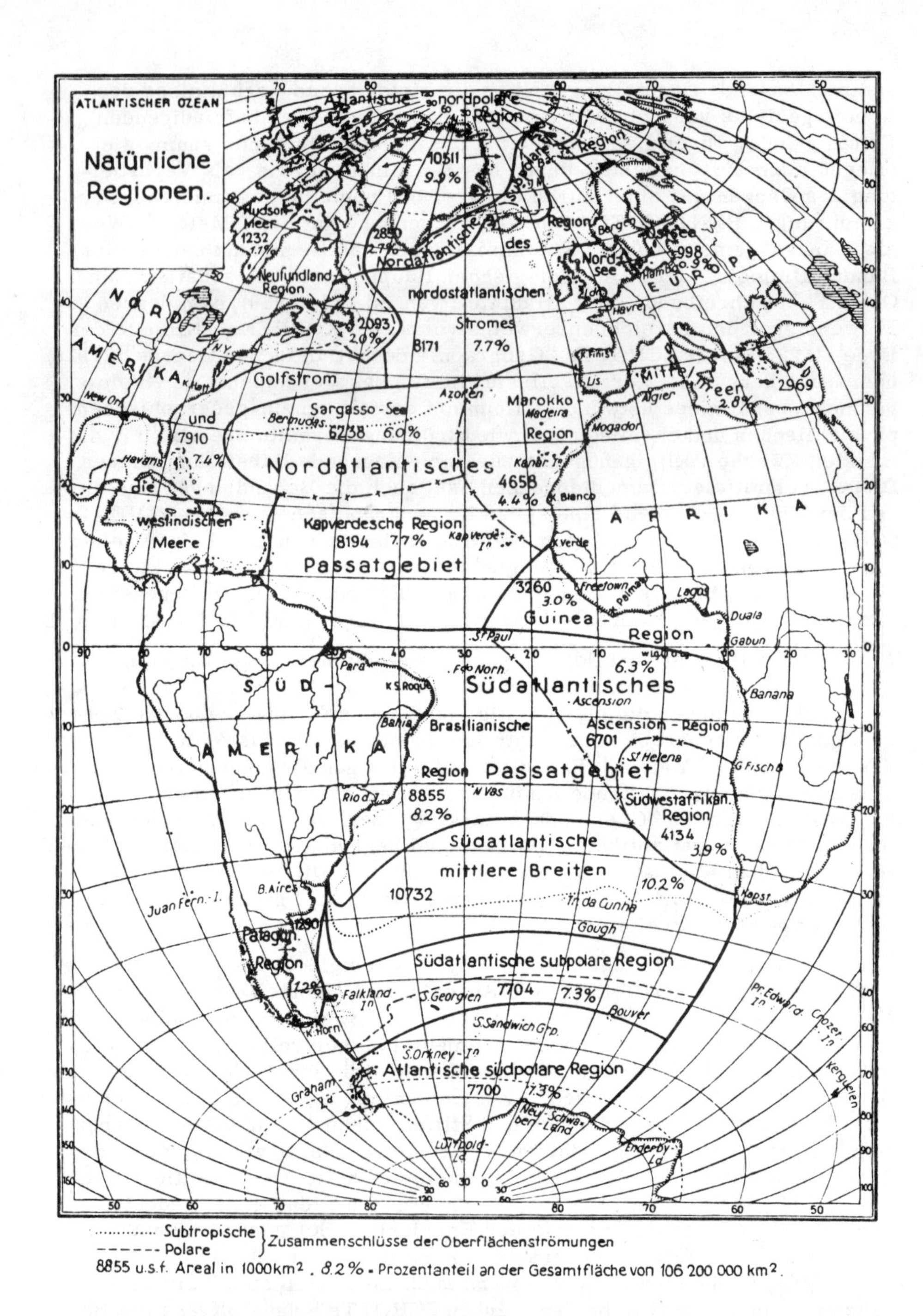

Abb. 18: Ein immer noch aktuelles Thema: G. SCHOTTs Versuch einer naturgeographischen Gliederung des Atlantiks

Lebens in den drei Ozeanen übernommen hatte. Beide Werke, im äußeren Aufbau der Stoffgliederung identisch und gegenüber den früheren Auflagen der "Geographie des Atlantischen Ozeans" scheinbar wenig verändert (vgl. hierzu Abb. 18, SCHOTT: Natürliche Regionen, Karte) bringen jedoch neben der inhaltlichen Neugestaltung auch eine grundsätzliche, methodisch bedeutsame Änderung in der Stoffanordnung, indem SCHOTT nunmehr nach einem kurzen Überblick über die Gesamtheit der nun vorangestellten meteorologisch-klimatischen und dann ozeanographischen Haupttatsachen den Versuch unternimmt, in den neuformulierten "natürlichen Regionen" als Meeres-"Landschaften" die meteorologisch-klimatischen und ozeanographischen Fakten und Faktoren zur Deckung zu bringen und "zu vereinen in dem gemeinsamen Bild ihres dynamischen Zusammenspieles" (1935, X). Es ist, wie SCHOTT richtig bemerkt, "wenigstens ein Schritt vorwärts zu der sicher wünschenswerten Gesamtschilderung einzelner Meeresräume". Den nächsten Schritt, die Synthese mit der von HENTSCHEL erarbeiteten, allerdings erst weniger differenzierten Gliederung in biologische Hauptgebiete, hat SCHOTT nicht mehr getan, obwohl - wie auch der Vergleich der Gliederungen erweist (1935; Fig. 52 u. 98/1942; Fig. 68 u. 118) - engste Beziehungen zwischen den räumlich differenzierten klimatischen, ozeanographischen und biogeographischen Verhältnissen bestehen. "Weiter zu gehen, verbietet sich jedoch zur Zeit", meint SCHOTT und überläßt diese Aufgabe der Zukunft.

In verallgemeinerter Form hat SCHOTT 1936 in Anwendung auf das gesamte Weltmeer sein Konzept der "natürlichen Regionen" der Ozeane näher erläutert und mit der synonymen Begriffsverwendung "Meereslandschaften" ihre prinzipielle Verwandtschaft zum terrestrischen Landschaftsbegriff zum Ausdruck gebracht. Das Prinzip ist hier wie dort das gleiche, nur daß statt der raumdifferenzierenden terrestrischen Geofaktoren die im Meerwasser begründeten räumlich differenzierenden Merkmale zur Anwendung kommen, d.h. daß durch Zusammenschau der ozeanischen und maritim-klimatischen Fakten eine Synthese der wichtigsten Eigenschaften und Vorgänge im Wasserkörper und im Luftkörper darüber angestrebt wird, wobei die obersten Wasserschichten und untersten Luftschichten eine Vorrangstellung einnehmen. Die sich aus den Diskrepanzen von öfter unkongruenten Arealen atmosphärischer und maritimer Geofaktoren ergebenden Abgrenzungsschwierigkeiten, die im übrigen genauso auf den Festländern existieren, löst SCHOTT in der Art, daß grundsätzlich weder die ozeanographischen noch die maritim-klimatologischen Fakten Priorität haben, sondern die jeweils dominante Erscheinung in den Vordergrund gerückt wird. Daß diesem Verfahren eine gewisse Subjektivität der Entscheidung in der Grenzlinienführung anhaftet, darüber war SCHOTT sich sehr wohl selbst im klaren, wenn er sagt (1935; 207): "In jeder natürlichen Region soll sich - eine theoretisch leicht zu stellende, heute nur sehr teilweise erfüllbare Forderung - zu einem geschlossenen Gesamtbild vereinender Querschnitt der Eigenschaften und Vorgänge im Wasserkörper, einschließlich der biologischen Tatsachen, und der Querschnitt der entsprechenden Eigenschaften und Vorgänge im Luftkörper darüber, soweit Ozean und Atmosphäre in Wechselwirkung stehen".

Wenn G. WÜST im gleichen Band von Petermanns Mitteilungen (1936) unter Weglassung der sehr wesentlichen Parenthese in SCHOTTs obigem Zitat dieses, obwohl in Anführungsstrichen verwendet, auch noch syntaktisch verändert, so ist dies ebenso anfechtbar wie GIERLOFF-EMDENs Verfahren, unter Wiederverwendung des durch WÜST entstellten SCHOTTschen Zitates nur WÜSTs Kritik an SCHOTT und dessen natürlichen Regionen vorzubringen, ohne im Kapitel "zu den Gliederungsprinzipien" des Weltmeeres SCHOTTs wissenschaftliche Intentionen in dieser Hinsicht näher zu erläutern (1980; 27). Außerdem war es bereits eine Fehlinterpretation der SCHOTTschen Absichten durch WÜST, und mehr noch durch GIERLOFF-EMDEN, wenn beide SCHOTTs natürliche Regionen für eine allgemeingültige systematische geographische Namengebung des Weltmeeres und seiner Teile ablehnen - etwas, was SCHOTT selbst nie angestrebt hat. Es ist allerdings sehr die Frage, ob WÜSTs Gliederungsversuch des Weltmeeres und seiner Namengebung aufgrund der Gliederung des Meeresbodenreliefs (1936) diesem Anspruch gerecht wird, auch wenn es seit einiger Zeit üblich geworden, in Ozeankarten die Namengebung nach der Schwellen- und Beckengliederung vorzunehmen, allerdings keineswegs durchgehend und konsequent (z.B. Europäisches Nordmeer, Sargassomeer etc.). WÜSTs Gliederung der großen ozeanischen Hohlformen nach dem Meeresbodenrelief ist unbestritten gerechtfertigt unter dem Gesichtspunkt der submarinen Geomorphologie und zweifellos auch von allergrößter Bedeutung für das Verständnis der tiefsten Stockwerke der Vertikalzirkulation in den Ozeanen wie umgekehrt die festländische Orographie für die regionale Luftzirkulation. WÜST schlägt sich jedoch mit seinen eigenen Argumenten, wenn er SCHOTTs maritime "Landschaftsgliederung" wegen der angeblichen Unsichtbarkeit der Grenzen an der Meeresoberfläche ablehnt. Wieviel mehr trifft dies erst für das völlig unsichtbare Meeresbodenrelief zu! Die beiden Gliederungen von SCHOTT und WÜST sind von ihrer Grundkonzeption wie auch Zweckbestimmung her so grundverschieden, daß ihnen jede Vergleichbarkeit abgeht.

SCHOTTs "Länderkunden" der drei Ozeane erfuhren im polaren Bereich bereits 1925 eine wertvolle Ergänzung durch L. MECKINGs Länderkunde der Polarländer (engl. Ausgabe 1928), die zwar von den Küstenräumen ausgeht, jedoch mit dem "Meer als Urmotiv". Denn: "Im Norden das relativ kleine Eismeerbecken umrahmend, im Süden vom Eismeergürtel umringt, sind die polaren Länder besonders auch mit dem Meere, seinem Eis und seiner Wärme, seinen Strömungen und Nährquellen für Tier und Mensch verknüpft". Dem gleichen Thema war auch MECKINGs Universitätsvortrag in Münster über "Die Polarwelt in ihrer kultur-geographischen Entwicklung" (1925) gewidmet.

Aus der gleichen Zeit stammt auch eine kleinräumige Länderkunde, in deren Mittelpunkt eine Meerenge steht, "Die Straße von Gibraltar" (1927) von Otto JESSEN (1891-1951). Aus Dithmarschen stammend, hat er als Schüler von DRYGALSKI in München schon mit seiner Dissertation (1912) über die Dünen der Nordfriesischen Inseln ebenso wie mit seiner die Alluvialmorphologie der Nordseeküste von der Schelde bis zur Eider auf eine neue Grundlage stellenden Habilitationsschrift über "Die Verlegungen der Flußmündungen und Gezeitentiefs an der festländischen Nordseeküste in jungalluvialer Zeit" (1922) und auch in späteren Arbeiten seinen Hang zur Küste nicht verhehlen können. JESSENs "Straße von Gibraltar", deren Funktion als Brücke und Schranke zwischen zwei Meeren und zwei Kontinenten in physisch- und bio-, anthropo- und kulturgeographischer Hinsicht sowie in ihren Fernwirkungen auf 280 Seiten ausführlich dargestellt werden, wurde eine auch maritim-geographische Meisterleistung ohne Beispiel und Nachfolge, die man zweifelsohne den Höhepunkten jenes Zeitabschnittes zurechnen darf.

6.4.5. Die Abspaltung der geophysikalischen Ozeanographie und die Krise der geographischen Meereskunde

Trotz der oben dargelegten Höhepunkte in der Entwicklung der geographischen Meereskunde erlebten diese in ihrer letzten historischen Phase aber auch den fachlichen Zerfall und eine damit verbundene tiefe Krise ihres Selbstverständnisses, als nämlich die neue Ozeanographie seit den späten zwanziger Jahren aus der wissenschaftlichen Geographie auszuscheren begann, um sich in ihrer wissenschaftssystematischen Stellung ganz der Geophysik zuzuwenden. Wenn es auch nicht Sache von Geographen sein kann, den inneren Wandlungsprozeß der Ozeanographie, der in Deutschland ihren Stellungswechsel zur Geophysik bedingte, hier im Detail darzulegen, so müssen hierzu, soweit es die geographische Meereskunde betrifft, doch einige Feststellungen angeführt werden.

Die in Skandinavien schon um die Jahrhundertwende eingeleitete Ausrichtung der dortigen Ozeanographie auf theoretisch-physikalische Fragestellungen wurde im deutschsprachigen Raum durch grundlegende Arbeiten besonders zu Problemen der Gezeitenerscheinungen in Mittel- und Randmeeren eingeleitet (vgl. bei WÜST 1964a mit Schr.-Verz. DEFANTs). MERZ selbst, obwohl im eigenen Selbstverständnis Geograph, hat mit seinen an DEFANT anknüpfenden Gezeitenuntersuchungen in der Nordsee (1920-23), vielleicht unbewußt, den Umschwung in der Berliner Meereskunde zur geophysikalischen Ozeanographie mit vorbereitet. Im Grunde lag dieser Prozeß der wissenschaftssystematischen Umorientierung der Ozeanographie auch in Deutschland in der Luft und wäre auch von einem noch lebenden Alfred MERZ nicht aufgehalten worden. Bereits Ende der 1920er Jahre schrieb A. DEFANT für das Handbuch der Experimentalphysik (Bd. 2 "Geophysik") eine "Physik des Meeres" (1928) und im Vorwort zu seinem den norwegischen und schwedischen Kollegen gewidmeten Lehrbuch der "Dynamischen Ozeanographie" (Bd. III der "Einführung in die Geophysik", 1929): "Die Entwicklung der Ozeanographie ist dank der Fortschritte meereskundlicher Meesungen und Bearbeitungsmethoden ozeanographischen Beobachtungsmaterials bei jenem wichtigen Wendepunkt angelangt, bei dem von der mehr beschreibenden Beobachtungsweise zu einer strengeren Behandlung zusätzlicher Erscheinungen übergegangen werden kann. Die Ozeanographie folgt in dieser Entwicklung immer mehr ihrer Schwesterdisziplin, der Meteorologie..." 35 Jahre später stellte WÜST (1964a; 61) rückblikkend fest: in der Leitung des Instituts für Meereskunde Berlin und der Herausgabe des "Meteor"-Werkes "konnte DEFANT in den zentralen dynamischen Problemen der Ozeane die endgültige Hinwendung der Ozeanographie zur Geophysik vollenden..." Damit war zumindest DEFANTs persönlicher wissenschaftstheoretischer Standort fixiert. Seine Ansicht über die Stellung der Meereskunde im System der Wissenschaften blieb jedoch bis in die vierziger Jahre zwiespältig, wie aus manchen Äußerungen deutlich wird. Seine kurze Antrittsrede anläßlich der Aufnahme in die Preußische Akademie der Wissenschaften 1936 begann er: "Die Ozeanographie ist eine junge Wissenschaft; als Teilgebiet der Geographie und Geophysik hat sie sich neben der Physik der Erdfeste und Atmosphäre erst in dem letzten Jahrhundert durch allmählichen Übergang von der mehr beschreibend-statistischen Arbeitsweise zur streng quantitativen Behandlung gesetzmäßig vor sich gehender Erscheinungen rasch entwikkelt." Und 1941 berichtete DEFANT über "Forschungen und Fortschritte der geographisch-geophysikalischen Ozeanographie" (Forsch. u. Fortschr. 17, 1941). Erst ein Blick in seine 1961 erschienene zweibändige "Physical Oceanography", die als Manuskript in der deutschen Erstfassung bereits 1945 vorgelegen hatte, vermag diese Zwiespältigkeit in etwa zu erklären. In der Einleitung sagt DEFANT teils wörtlich, teils sinngemäß: Die Ozeanographie als Wissenschaftszweig von den Ozeanen und den in ihnen auftretenden Phänomenen ist ein "Teil der Erdwissenschaften und gehört, soweit sie qualitative Beschreibungen gibt, zu den geographischen Wissenschaften", womit er wohl die Summe der geographischen Teildisziplinen meint. Das Ziel dieser Ozeanographie sei einerseits "das gleiche wie das der Allgemeinen Geographie, die Klassifikation der verschiedenen Stoff- und Energieeigenschaften der Phänomene in verschiedene Kategorien und ihrer systematischen Wechselbeziehungen...". Andererseits gruppiere die regionale Geographie "alle räumlich koexistierenden und interagierenden Erscheinungen auf der Basis eines gemeinsamen Verbreitungsgebietes... Vom geographischen Standpunkt gibt es daher eine allgemeine und eine regionale Ozeanographie, die beide grundsätzlich statistische und beschreibende Methoden anwenden". Demgegenüber habe der schnelle Fortschritt der exakten Naturwissenschaften zu dem "rapiden Wandel von der geographischen zur geophysikalischen Behandlung der ozeanographischen Probleme" und "zu einer quantitativen Konzeption ozeanographischer Phänomene" geführt. "In dieser Hinsicht ist Ozeanographie ein Zweig der Geophysik und wird als selbständige Wissenschaft anerkannt...". Diese methodischen Äußerungen DEFANTs lassen sich nur so verstehen, daß er den Unterschied zwischen einer geographischen und einer geophysikalischen Ozeanographie einzig und allein in den von beiden auf das gleiche Objekt angewandten Arbeitsmethoden erblickt, hier eine angeblich statistische, qualitativ-beschreibende, dort eine quantitativ-exakte. Darin kommt aber auch zugleich ein profundes Mißverständnis über das Wesen der modernen Geographie zum Ausdruck, das sich bedauerlicherweise durch häufige Wiederholung in Kreisen der modernen geophysikalischen Ozeanographie bis in die Gegenwart hinein fortgesetzt hat, zumal heute kaum noch junge Ozeanographen - wie früher in der Regel - Geographie als Studienfach mitbetreiben.

Wie langsam sich dieser Prozeß des wissenschaftssystematischen Standortwechsels in Wirklichkeit vollzog, zeigt sich deutlich im Verhalten der meisten deutschen Ozeanographen in der Zeit zwischen den beiden Weltkriegen. Zwar etablierte sich Anfang der zwanziger Jahre in der 1919 gegründeten Internationalen Union für Geodäsie und Geophysik (IUGG) eine ozeanographische Sektion, später als International Association of Physical Oceanography (IAPO), fand 1929 in Sevilla der "Erste Internationale Kongreß der Ozeanographie, marinen Hydrographie und kontinentalen Hydrologie" statt, auf der u.a. A. DEFANT, G. WÜST und B. SCHULZ Vorträge hielten. Aber ein Jahr vorher hatte WÜST anläßlich der 100-Jahr-Feier der Berliner Gesellschaft für Erdkunde - d.h. unter geographischer Ägide - eine große international besuchte Ozeanographen-Konferenz organisiert, deren Verhandlungen in einem eigenen Ergänzungsheft III (1928) der Zeitschrift der Gesellschaft für Erdkunde Berlin veröffentlicht wurden. Und nach wie vor sprachen Geographen und Ozeanographen auf den Deutschen Geographentagen über meereskundliche Themen, wie 1925 in Breslau, auf dem von insgesamt zwanzig wissenschaftlichen Vorträgen allein sechs der Meereskunde in zwei großen Fachsitzungen gewidmet waren mit E. v. DRYGALSKI, G. SCHOTT, B. SCHULZ, L. MÖLLER und C. TROLL als Redner oder in Danzig 1931 (u.a. G. BRAUN, A. DEFANT, B. SCHULZ, G. SCHOTT). Auch die umfangreiche Sektion "Océanographie" auf dem Internationalen Geographen-Kongreß in Amsterdam 1938, in der auf vier Sitzungen - u.a. von A. DEFANT präsidiert - Fragen der allgemeinen Zirkulation, der internen Wellen in den Ozeanen und des Meeresbodenreliefs unter Beteiligung von G. WÜST, L. MECKING und J. BLÜTHGEN diskutiert wurden, ist Beweis für die noch zwiespältige Stellung der Ozeanographie und für die unentschiedene Haltung der Ozeanographen, die vor allem in Deutschland ihre noch ganz überwiegend wissenschaftlich-geographische Herkunft nicht verleugnen wollten oder konnten.

Auch die sehr unterschiedlich primäre Ausrichtung der drei ozeanographischen Lehrstühle in Deutschland charakterisiert durch die fachwissenschaftliche Herkunft der drei darauf Berufenen das damals noch wenig ausgeprägte Selbstverständnis der neuen Ozeanographie: Während in Berlin seit 1927 mit A. DEFANT die geophysikalische Orientierung im Vordergrund stand, obwohl die durch F. v. RICHTHOFEN und E. v. DRYGALSKI, A. PENCK, A. GRUND und A. MERZ überkommene ursprüngliche geographische Betrachtungsweise durch G. WÜST und G. DIETRICH keineswegs völlig vernachlässigt wurde, war in Kiel die von Anfang an sehr ausgeprägte und nach der fast vierzigjährigen Ära von O. KRÜMMEL bis L. MECKING seit Anfang der 1920er Jahre wieder allein herrschende meeresbiologische Ausrichtung bestimmend für die Berufung eines meereschemisch versierten Ozeanographen gewesen, repräsentiert seit 1934 bzw. 1944 (Ordinariat) durch H. WATTENBERG. In Hamburg jedoch mit einer von der Deutschen Seewarte her alten, vor allem durch G. SCHOTT fast über vierzig Jahre gewahrten geographisch-meereskundlichen Tradition, die sich dank PASSARGEs Einfluß auch in den akademischen Bereich übertrug und fortsetzte, war es fast selbstverständlich, daß diese jahrelange

Bindung der Meereskunde an die Geographie auch in der Berufung eines geographisch orientierten Ozeanographen in der Person von B. SCHULZ ihren Ausdruck finden mußte.

Auf der anderen Seite fand die Entwicklung innerhalb der Ozeanographie um die gleiche Zeit nicht nur eine Parallele in der "Dynamischen Klimatologie" des Schweden T. BERGESON (Met. Z. 1930); vielmehr griff der "Dynamismus" als Reaktion auf die kausal-mechanistische Denkweise des 19. Jhs. und als Zeiterscheinung vor allem der Nachkriegszeit im Bemühen um das Erkennen prozessualer Vorgänge im Natur- wie im geistigen Geschehen auch auf andere Disziplinen über (z.B. dynamische Psychologie), so auch auf die deutsche Geographie u.a. in SPETHMANNs "Dynamischer Länderkunde" als Aufbegehren gegen die Statik des länderkundlichen Schemas oder in der während der dreißiger Jahre einsetzenden "funktional-dynamischen" Betrachtungsweise in der Anthropogeographie (OVERBECK 1954).

Bei der Entwicklung der Ozeanographie zu einer geophysikalischen Disziplin war es im Grunde nicht überraschend, daß sich eine Reihe deutscher Geographen aus der aktiv forschenden Ozeanographie mehr und mehr zurückzog, wobei die Motive für die Hinwendung zu mehr terrestrisch-geographischen Fragenkomplexen im einzelnen sehr verschieden gewesen sein mögen, insgesamt aber die Tendenzwende kennzeichnen. Genannt seien hier u.a. G. WEGEMANN in Kiel, L. MECKING in Münster, R. LÜTGENS in Hamburg, G. BRAUN in Greifswald und H. SPETHMANN in Köln. Gleichzeitig machte sich in den dreißiger Jahren auch ein deutliches Nachlassen des meereskundlichen Interesses im geographischen Schrifttum, insbesondere in den Zeitschriften bemerkbar, vor allem im Vergleich zum Hochstand während der zwanziger Jahre.

Bereits 1927 hatte A. HETTNER in seinem Lebenswerk über die "Geschichte, das Wesen und die Methoden der Geographie" im mit siebzehn Zeilen weitaus kürzesten Abschnitt zur "Geographie des Meeres" im Kapitel über die Zweige der Geographie unmißverständlich festgestellt (S. 139): "Auch die geographische Betrachtung des Meeres wird zu sehr mit der allgemeinen naturwissenschaftlichen Betrachtung vermengt. Die Meereskunde oder... Ozeanographie gehört wohl in eine allgemeine Erdwissenschaft, aber ebenso wenig wie die Meteorologie in die Geographie". Diese Feststellung HETTNERs traf sicherlich auf die neue geophysikalische Ozeanographie zu. HETTNER zog daraus die Folgerung, daß die Geographie auch bei den Meeren den chorologischen Gesichtspunkt anwenden müsse; "sind doch die Meere neben den Ländern die andere große Erscheinungsform der Erdoberfläche, und wie es die Aufgabe der Länderkunde ist, die Länder im Zusammensein und Zusammenwirken aller Erscheinungen der anorganischen und organischen Natur und der Menschheit aufzufassen, so muß auch die geographische Betrachtung der Meere deren allseitige Betrachtung anstreben, die des Wassers mit der der darüber liegenden Atmosphäre und des Pflanzen- und Tierlebens und der menschlichen Lebensäußerungen verbinden". Um so unverständlicher ist allerdings, wenn HETTNER sechs Jahre später in seiner allgemeinen "Vergleichenden Länderkunde", die in seiner Auffassung von einer neuen Allgemeinen Geographie "eine synthetische, den inneren Zusammenhang der Erscheinungen herausarbeitende Darstellung sein" müsse (1933; I, 4), das Meer ganz bewußt und ausdrücklich von der Behandlung ausschloß, weil die Erscheinungen des Meeres ganz verschieden von denen des Landes seien und anderen Gesetzen gehorchten. Trotz dieser sonderbaren Logik folgerte HETTNER dann: "Eine Geographie des Meeres ist heute schon möglich und geht als eine mehr oder weniger selbständige Wissenschaft neben der des Landes einher". Hier wird eine der geistigen Wurzeln für die spätere Abkehr der Geographie vom Meer deutlich, die bei der Autorität des einflußreichen Methodikers Alfred HETTNER nicht unterschätzt werden darf. Denn darin drückte sich auch die äußere und innere Distanziertheit vieler deutscher Geographen zum Meer aus: das Meer als eine fremde, andere Welt, zu der man keinen rechten Bezug hatte. A. PHILIPPSON (1921/23) kam in seinen "Grundzügen der Allgemeinen Geographie" (2. Aufl. 1930/33) erst gar nicht über die Atmosphärenkunde und Morphologie hinaus. So konnte G. SCHOTT (1936; 165) mit Recht schreiben: "Es sind Stimmen, gewichtige Stimmen laut geworden, die das Meer überhaupt aus geographischen Darstellungen verbannen wollen; es gehöre ausschließlich zur Geophysik". Er gibt denn auch selber zu: "Unzweifelhaft hat sich das Schwergewicht der Meeresforschung von einer ursprünglich geographisch orientierten Disziplin verlagert vorzugsweise auf die physikalisch-chemische Erfassung der Wassereigenschaften im Zusammenspiel mit der mathematischen Berechnung der Bewegungsvorgänge im Meer, andererseits mit der Verbreitung der niederen und höheren Organismen ...". Hierin wird die Krise der geographischen Meereskunde in den dreißiger Jahren überdeutlich ebenso wie in SCHOTTs besorgter Frage: "Was bleibt bei dieser Sachlage für den Geographen zu tun?"

Zunächst einmal half man sich im Bereich der Lehrbücher der allgemeinen Geographie damit, daß man kompetente Ozeanographen zu Rate zog oder selber zu Wort kommen ließ, was bis dahin nicht üblich war. So schrieb SCHOTT, nachdem er 1924 die dritte umgearbeitete Auflage seiner "Physischen Meereskunde" herausgebracht hatte, für die in 7. Auflage von E. OBST herausgegebenen SUPANschen "Grundzüge der Physischen Erdkunde" (1927) den an Informationsgehalt sehr reichen Abschnitt "Das Meer", dem er ein besonderes Schlußkapitel über "Der Mensch und das Meer" anhängte. Und 1936 verfaßte B. SCHULZ für den Band I der Allgemeinen Geographie in KLUTEs Handbuch der geographischen Wissenschaft den Teil "Allgemeine Meereskunde". Beide Darstellungen gehen jedoch methodisch nicht über das bis dahin Gebotene hinaus, bieten aber die inzwischen durch die Anwendung geophysikalischer und geo- wie biochemischer Methoden komplexer gewordenen ozeanographischen Erkenntnisse nicht nur in einer für Geographen durchschaubar aufbereiteten Form an, sondern sind dabei auch um die Anwendung geographischer Gesichtspunkte bemüht, so wenn SCHULZ - ähnlich wie SCHOTT - nach der Darstellung der "Meeresräume" nach Größe und Gliederung, Bodenrelief und -bedeckung "die geographisch wichtigsten Eigenschaften des Meerwassers" sowie "die Bewegungen des Meerwassers und ihre geographische Bedeutung"

behandelt. Trotzdem ist SCHULZ sich bewußt, daß die Meereskunde "wenigstens in manchen Zweigen immer mehr den Charakter eines Teilgebietes der Geographie verloren" hat und im System der Wissenschaften "heute zusammen mit der Physik der Atmosphäre und der des festen Erdkörpers das Wissensgebiet der Geophysik" bildet. SCHULZ' Feststellung zielt auf einen sehr wesentlichen Punkt in der Entwicklung der Meereskunde: daß es nämlich keineswegs die gesamte Meereskunde als Teildisziplin der Geographie war, die den Stellungswechsel zur Geophysik vornahm, sondern daß es sich dabei nur um einen bestimmten Teilkomplex handelte, nämlich die physikalische und chemische Betrachtung und Erforschung des maritimen Wasserkörpers. Es scheint, daß dies auch der gedankliche Hintergrund der oben zitierten nicht sehr glücklichen Formulierungen DEFANTs war. Und so ist auch SCHULZ' Auffassung zu verstehen, wonach sich weder die Bedeutung der Meereskunde für die Geographie vermindert habe, noch die Bedeutung der geographischen Betrachtungsweise für die Meereskunde geringer geworden sei (1936; 227). Leider hat sich diese Aussage in der Zukunft in das genaue Gegenteil verkehrt. Erst heute kommt es zu einem Wandel.
Was jedoch diesen Entwicklungsvorgang folgenschwer für die Geographie belastete, war die Mitnahme der bis dahin für die geographische Teildisziplin gültigen und anerkannten Bezeichnungen "Meereskunde" und "Ozeanographie" an den neuen wissenschaftssystematischen Standort in der Geophysik. Dadurch stand dieser gerade erst ein halbes Jahrhundert alte Zweig der modernen Geographie unversehens sozusagen namenlos da, was sich allerdings erst nach dem Zweiten Weltkrieg voll auswirkte, als man zunehmend bedenkenloser von "Meereskunde" und "Ozeanographie" nur noch im Sinne eben jener geophysikalischen Richtung zu sprechen sich angewöhnte und vor allem in der jungen Generation beider Fachdisziplinen die Erinnerung an den ehemals geographischen Ursprung der Meereskunde oder Ozeanographie völlig verloren ging. DEFANT hatte immerhin noch die differenzierenden Termini "dynamische Ozeanographie" oder "geographisch-geophysikalische Ozeanographie" verwendet.

Grundsätzlich liegt in der Verselbständigung eines Zweiges eines Wissenschaftsfaches wie im Falle der Umorientierung eines Teiles der ehemaligen Ozeanographie zur Geophysik hin nichts Bedauerliches. Der Vorgang war auch nichts Einmaliges in der jüngeren disziplingeschichtlichen Entwicklung der Geographie. Schließlich gingen Geodäsie und Geophysik i.e.S. schon früher diesen Weg, auch wenn W. MEINARDUS 1938 in seiner "Mathematischen Geographie" als erstem Teil der 11. Auflage von H. WAGNERs Lehrbuch der Geographie noch einmal die Erinnerung an alte Verbindungen wach rief, jedoch nur, um den Studierenden ein propädeutisches Hilfsmittel in die Hand zu geben. Vor allem aber ist die Meteorologie der Ozeanographie auf dem Weg der wissenschaftlichen Verselbständigung zeitlich vorangeschritten. Niemand ist jedoch vor hundert Jahren auf den Gedanken gekommen, die Klimatologie der Geographie streitig machen zu wollen - im Gegenteil, Meteorologen wie W. KÖPPEN haben ihr Bestes getan, die Klimakunde durch die Entwicklung einer regional-klimatologischen Betrachtungsweise in der Geographie fest zu verankern. Und als die

auch erst nach dem Zweiten Weltkrieg - in dem Lehrbuch der Allgemeinen Geographie - mit ihrer "Klimageographie" (J. BLÜTHGEN 1964) um der moderne Meteorologie begann, eigene physikalisch-dynamische Vorstellungen von der Klimatologie zu entwickeln, hat sich die Geographie - wenn auch erst nach dem Zweiten Weltkrieg - in dem Lehrbuch der Allgemeinen Geographie mit ihrer "Klimageographie" (J. BLÜTHGEN 1964) um der Eindeutigkeit willen dagegen abgesetzt, ähnlich wie kurz vorher schon die "Vegetationsgeographie" (J. SCHMITHÜSEN 1959) und die "Hydrogeographie" (R. KELLER 1961) gegen die ehemalige, von Botanikern mitvertretene Planzengeographie und die von Geologen und Limnologen, physikalischen und biologischen, wasserwirtschaftlichen und ingenieurtechnischen Gewässerkundlern betriebene Hydrologie. Dieser Vorgang erscheint damit als ein genereller Entwicklungsprozeß innerhalb der wissenschaftlichen Geographie, besonders der Physischen Geographie, der durch die Befreiung vom stofflichen Ballast an sich wesensfremder Rand- und Nachbargebiete erst zum Selbstverständnis der Geographie der Gegenwart geführt hat. Damit kam es zur Selbstbesinnung auf das ihr eigene Forschungsobjekt: die Länder und Landschaftsräume der Erde, wozu unbestreitbar auch die Ozeane, Mittel- und Randmeere sowie ihre natürlichen Regionen als "Meereslandschaften" gehören.

Hier liegt das große Verdienst G. SCHOTTs in geographie-methodologischer Hinsicht, eine neue Auffassung der geographischen Meereskunde begründet und angebahnt zu haben, indem er das Konzept der geographischen Landschaft in die Meereskunde einführte - zunächst allerdings nur, um es in der regionalen Geographie der Ozeane erfolgreich in Anwendung zu bringen. So ist wohl auch Th. STOCKS' etwas mißverständlicher Ausspruch zu verstehen (1960; 293): "Die Spezielle Meereskunde dagegen hat die regionalen Auswirkungen aller Eigenschaften und Bewegungs- bzw. Ausbreitungsvorgänge zum Thema und die notwendige Rückverbindung zur Geographie wahrzunehmen. In dem Maße, wie sich die allgemeine Meereskunde zu einem Teil der Geophysik entwickelte und weitgehend von der Geographie gelöst hat, hat sich die spezielle als Fach innerhalb der Geographie gefestigt." Wenn wir von der Widersinnigkeit absehen, den generellen Zweig der Meereskunde der Geophysik, den speziellen der Geographie zuweisen zu sollen, was im Grunde nur durch die verwirrende doppelsinnige Verwendung eines undifferenzierten Terminus "Meereskunde" zustandekommt, dann müssen wir abschließend feststellen: Die Aufgabe der speziellen geographischen Meereskunde ist mit den beiden Regionalgeographien der drei Ozeane durch G. SCHOTT erst in Angriff genommen und im großen Rahmen programmatisch abgesteckt worden. Eine allgemeingeographische Meereskunde existiert seit Ende des Zweiten Weltkrieges nicht mehr. Darin liegt das folgenschwere Versagen der deutschen Geographie als Wissenschaftsdisziplin, die Meereskunde in ihrer allgemeinen Auffassung aufgegeben zu haben ohne den geringsten Versuch, sie dem sich wandelnden Selbstverständnis der Geographie inhaltlich und methodisch anzupassen - folgenschwer deshalb vor allem, weil dieses Versagen entscheidend mit dazu beigetragen hat, in Deutschland das geographische, insbesondere physischgeographische Interesse am Meeresraum und damit an 360 Mio qkm Erdoberfläche erlahmen und erlöschen zu lassen.

III. KONZEPTIONELLE ENTWICKLUNG EINER "GEOGRAPHIE DES MEERES" UND IHR HEUTIGER METHODISCHER STAND

1. Einleitende Bemerkungen zur Theorie und Methode einer Geographie des Meeres

Die am Ende des vorangegangenen Teils geschilderte Zerstörung des Berliner Instituts für Meereskunde im Zweiten Weltkrieg bedeutete praktisch das Ende auch der geographisch betriebenen Meereskunde, wie sie in Deutschland zumindest seit der Gründung jener Einrichtung durch RICHTHOFEN betrieben wurde.

Im folgenden soll die Entwicklung des wissenschaftlichen Verhältnisses der Geographie zum Meer nach dieser Zäsur in wesentlichen Leitlinien nachgezeichnet werden. Hierbei muß zum Verständnis der heutigen Situation auch ausführlicher auf Tendenzen in anderen Ländern eingegangen werden, die für die Ende der 70er Jahre unerwartet einsetzende "Renaissance" der Geographie des Meeres in Deutschland von Bedeutung waren oder noch werden könnten. Ziel ist es somit, die ideen- und disziplingeschichtliche Betrachtung bis in die Gegenwart fortzuführen und hieraus Anregungen für eine bessere Fundierung und weitere Ausgestaltung dieser Fachrichtung zu gewinnen.

Will man die Periodisierung des historischen Teils fortführen, könnte die Nachkriegsentwicklung als siebte Phase bis zur Gegenwart gerechnet werden, wobei zweckmäßigerweise aus der Sicht der Geographie zwei Phasen unterschieden werden können: In der ersten, bis zum Tode DIETRICHs 1972 reichenden Zeitspanne erfolgte ein umfassender Wiederaufbau der deutschen Meeresforschung, wobei in der noch besonders zu würdigenden Person dieses Meeresforschers noch teilweise Traditionen der Berliner Schule fortlebten. Im gleichen Jahr begannen die Gesamtprogramme der Bundesregierung für Meeresforschung und Meerestechnik mit ihren in starkem Maße anwendungsbezogenen und somit wirtschaftsrelevanten Projekten. Nicht zuletzt wurde Ende 1970 die Resolution 2749/XXV der Vereinten Nationen verabschiedet, die das Weltmeer jenseits der Hoheitsgrenzen zum "gemeinsamen Erbe der Menschheit" erklärte. Hiermit begann eine langjährige Auseinandersetzung interessierter Staatengruppen um die "Neuordnung" bzw. "Neuaufteilung der Meere", die erst Ende 1982 mit der Vorlage der neuen Seerechtskonvention einen vorläufigen Abschluß fand. Die politische und wirtschaftliche Bedeutung der Ozeane und neue Technologien der Meeresnutzung im Bereich der Seefischerei oder der Ausbeutung mariner Rohstoffe beschäftigten nicht nur in hohem Maße Regierungen und internationale Organisationen, sondern erweckten auch das Interesse von Wissenschaftsbereichen, die vordem kaum etwas mit maritimen Fragen zu tun gehabt hatten. Diese neue "Herausforderung des Meeres", die sich auch für die moderne Geographie mit ihrem gewandeltem Selbstverständnis ergibt, führte schließlich Ende der 70er Jahre zu einer überraschenden Entfaltung meeresgeographischer Interessen. Es sei hier nur zugefügt, daß zahlreiche Artikel und Vorschriften der neuen Seerechtskonvention im engsten Sinne geographischer Natur sind und sich die Zonierungen des Meeresraumes oder etwa Meerengenprobleme aus elementaren topographischen Tatsachen der Küstenkonfiguration ergeben, wobei die Distanz als wichtigster Parameter der modernen Geographie und Raumwissenschaft eine besondere Rolle spielt.

Das allgemein zunehmende Interesse an maritimen Fragen führte Ende der 70er Jahre zu einer "Wiederentdeckung des Meeres" durch die Geographie in Unterricht, Lehre und Forschung, die sich in einer erneuten methodisch-theoretischen Grundsatzdiskussion um die Aufgaben und Ziele einer "Maritimen Geographie" einerseits und einem umfangreichen Lehrbuch der "Geographie des Meeres" (GIERLOFF-EMDEN 1980) niederschlug.

Gerade die überwiegend kritische Aufnahme dieser ersten inhaltlich detailliert ausgeführten Darstellung eines neuformierten Teilbereichs der Geographie hat die Notwendigkeit einer klaren Zielfindung und Aufgabenstellung deutlich gemacht, ohne die die Geographie im Rahmen der anderen konkurrierenden Wissenschaftsgebiete mit Interessen am gemeinsamen Forschungsobjekt "Weltmeer" nicht bestehen wird.

Die Forderung nach einer eigenständigen Geographie des Meeres bzw. Marinen oder Maritimen Geographie ergab sich erstmals in der disziplingeschichtlichen Periode nach 1945. Diese Frage hatte sich vor dem Zweiten Weltkrieg angesichts der engen Verknüpfung von Geographie und Meereskunde in dieser Form nicht gestellt. Infolgedessen stehen theoretische und methodische Überlegungen zum systematischen Einbau, zur Aufgabenstellung und inhaltlichen Gestaltung einer neuen, zu den etablierten Teilbereichen der allgemeinen Geographie tretenden Geographie des Meeres in den Vordergrund der Diskussion. Die durch die schnellen Fortschritte der Ozeanographie und Spezialisierung der anderen Meereswissenschaften geförderte neue Situation erforderte von der Geographie eine grundsätzliche Festlegung ihres Verhältnisses zum Meer und eine Zusammenschau von Einzelaspekten, die sie von ihrem Fachanspruch her mit nur ihr eigenen Methoden besser bearbeiten kann als konkurrierende Disziplinen.

Diese zur Weiterarbeit im marinen Bereich notwendige Standortfindung ist gegenwärtig in theoretischer, methodischer und inhaltlicher Hinsicht noch nicht ganz abgeschlossen, so daß hier nur eine Zwischenbilanz gezogen werden kann. Mehrere meeresgeographische Gesamtdarstellungen befinden sich zur Zeit in Arbeit und werden die weitere konzeptionelle Ausgestaltung fördern. So kann es in diesem Gesamtrahmen nicht die Aufgabe sein, eine gänzlich neue Konzeption für die Geographie des Meeres zu entwickeln. Hierzu ist die Zeit noch nicht reif. Auch auf die Darbietung anderenorts verfügbarer meeresgeographischer Fakten und Zusammenhänge muß im ideengeschichtlichen Zusammenhang weitestgehend verzichtet werden.

Vielmehr sollen im folgenden nach einer notwendigerweise zusammenfassenden Behandlung der neueren Fortschritte der Meereskunde die bislang vorliegenden konzeptionellen Ansätze zur Begründung einer eigenständigen Geographie des Meeres in im In- und Ausland in vergleichender Sicht dokumentiert und analysiert werden. Die theoretischen Grundlagen und inhaltlichen Schwerpunkte der Konzeptionen von PAFFEN (1964), FALICK (1966), MARKOV (1971, 1976), COUPER (1978a) und nicht zuletzt UTHOFF (1983a) sind zwar im einzelnen teilweise unterschiedlich, lassen sich aber insgesamt einem Grundgerüst zuordnen, das auch konzeptionellen Vorstellungen der Meereskunde entspricht (DIETRICH 1970) und fruchtbarer Ausgangspunkt für eine erneute intensive Beschäftigung der Geographie mit spezifischen Problemen des Meeresraums und der Meeresnutzung sein kann.

Neben der grundsätzlichen Diskussion unterschiedlicher Konzeptionen wird auch auf neuere Gesamtdarstellungen zum Fragenkreis "Das Meer und seine Nutzung" eingegangen, die im weitesten Sinne ihrem Charakter nach "meeresgeographisch" ausgerichtet sind. Hierzu gehören nicht nur zahlreiche meereskundliche Hochschultextbücher der USA, sondern auch mehrere populärwissenschaftliche Darstellungen. Aus deren inhaltlicher Strukturierung und überwiegend gelungener Problematisierung lassen sich manche Anregungen für eine Vertiefung des spezifisch meeresgeographischen Ansatzes herleiten. Erwähnt seien in diesem Zusammenhang nur Probleme wie Meeresverschmutzung oder Tiefseebergbau sowie Planungsfragen in intensiv genutzten Küstengewässern.

Der Begriff Geographie des Meeres wird heute mit Recht mit der Küstenforschung verknüpft, die im Gegensatz zum offenen Meer nach dem Krieg kontinuierlich von Geographen weiterbetrieben wurde. Wenn hier auch vorwiegend gesamtozeanische Aspekte im Vordergrund stehen sollen, wird sich eine erneute aktive Beteiligung der Geographie an der Meeresforschung am ehesten von der Litoralzone aus erreichen lassen.

Die Geographie als Fachwissenschaft besteht heute nur noch als Einheit im "kleinsten gemeinsamen Nenner" unterschiedlicher erkenntnistheoretischer und forschungsmethodologischer Positionen. Grundsätzliche Unterschiede in den Auffassungen von ihrem Wesen und ihren Aufgaben, wie sie etwa im Vergleich von UHLIG (1970), PAFFEN (1973) oder BARTELS (1980) deutlich werden, müssen sich auch in divergierenden "views of the sea" (WALTON 1972) niederschlagen, ohne daß auf diese Hintergründe hier eingegangen werden kann.

Ferner muß vorweg festgehalten werden, daß sich die unterschiedliche Entwicklung der Geographie in einzelnen Ländern sowie auch kulturhistorisch begründete und gewachsene Abweichungen in der allgemeinen Perzeption und Bewertung des ozeanischen Raumes auf die Ausgestaltung der gegenübergestellten theoretisch-methodischen Konzeptionen einer Geographie des Meeres auswirken. Letztlich ist ihnen aber allen gemeinsam, daß sie die Geographie angesichts der sich in neuer Form stellenden "Herausforderung des Meeres" (DIETRICH) wieder stärker in der "maritimen Dimension" (BARSTON/BIRNIE 1980) engagieren wollen. Dies für die Lösung anstehender Aufgaben zu fördern, ist auch das Ziel der abschließenden Bestandsaufnahme.

2. Zur Entwicklung der Meereskunde in Deutschland seit 1945 aus der Sicht der Geographie

2.1. MODERNE GESAMTDARSTELLUNGEN DER MEERESKUNDE

Zur heutigen Begründung und Einordnung einer Meeresgeographie ist ein ausführlicher Blick auf die meereskundlichen Nachbardisziplinen erforderlich, als er hier erfolgen kann. Ohne solide ozeanographische Ausbildung und Kenntnisse muß es Geographen naturgemäß schwerer fallen, sich in dieser Richtung zu betätigen. - Es wäre vermessen, in diesem Zusammenhang auf wenigen Seiten die Grundlagen der neuen Entwicklung der Meereskunde (Ozeanographie) in der Bundesrepublik nachzeichnen zu wollen. Es gibt mehrere problem- und institutsbezogene Zusammenstellungen, die den raschen Wiederaufbau seit Anfang der 60er Jahre ausreichend dokumentieren. Der folgende Abriß kann weder vollständig sein, noch objektiv: Denn es sollen entsprechend der allgemeinen Zielsetzung dieser Abhandlung nur jene verbindenden Aspekte herausgestellt werden, die Beziehungen der Meereskunde zur Geographie gleich welcher Art erkennen lassen.

Die Fülle neuer Erkenntnisse, die besonders seit Einrichtung der meereskundlichen Sonderforschungsbereiche der DFG in Hamburg (SFB 94: Interaktion Ozean-Atmosphäre) und Kiel (SFB 95: Interaktion Meer-Meeresboden) und seit Indienststellung des Forschungsschiffes "Meteor" erzielt wurden, schlagen sich u.a. in den Publikationen der "Meteor-Forschungsergebnisse" nieder. Die Kieler Institutsreihen "Kieler Meeresforschungen" und "Collected Reprints" (seit 1974) zeigen die Vielfalt der Fragestellungen in den einzelnen Subdisziplinen der Meeresforschung. Die laufenden Jahresberichte dieses Instituts oder etwa des Deutschen Hydrographischen Instituts geben einen Gesamtüberblick über aktuelle Arbeiten.

Der Erkenntniszuwachs seit den 50er Jahren in allen Teilbereichen der Meereskunde wird u.a. auch deutlich, wenn man die noch heute grundlegende, in mehrere Sprachen übersetzte "Allgemeine Meereskunde" von G. DIETRICH in der ersten Auflage von 1957 und die durch KRAUSS und SIEDLER erweiterte dritte Auflage von 1975 vergleicht. An Umfang ist diesem Standardwerk nur die in englischer Sprache erschienene zweibändige "Physical Oceanography" von A. DEFANT (1961) vergleichbar, während die dreibändige "Ozeanologie" von E. BRUNS inzwischen in Teilen veraltet ist (1958-1968).

Kürzere Lehrbücher über das Gesamtgebiet der Ozeanographie sind dagegen bis heute in deutscher Sprache rar. Zu erwähnen sind besonders DIETRICH 1970, ROSENKRANZ 1977 und das als ausführlichere Übersicht für Studierende der Geographie wohl besonders geeignete Buch "Grundlage der Ozeanologie", das unter Leitung von U. SCHARNOW von einem Forscherkollektiv der DDR 1978 vorgelegt wurde. Dieses ist auch deshalb von besonderem Interesse, da nicht nur in erheblichem Maße sowjetische Fortschritte in der Meeresforschung verarbeitet werden, sondern durch die ausführlichere Berücksichtigung der Meeresküsten (Kap. 4) und des Meereises (Kap. 9) im Gegensatz zu vergleichbaren Text- und Lehrbüchern für den Hochschulgebrauch die geographischen Traditionen der deutschen Meereskunde besonders gewahrt blieben. In diesem Sinne wurde die Arbeit des Berliner Instituts für Meereskunde von Ozeanographen in der DDR weitergeführt (BRUNS, BROSIN, SAGER, MATTHÄUS, ROSENKRANZ u.a.).

Die zahlreichen amerikanischen Hochschullehrbücher zur Meereskunde sind von ihrer Ausstattung und meist klar gegliederten Konzeption her eine ausgezeichnete Grundlage, wenn man sich ohne spezielle Wünsche einen schnellen, umfassenden Überblick über den neuesten Stand der internationalen Meeresforschung verschaffen will. Ähnliche Gesamtdarstellungen fehlen weitgehend im deutschen Sprachraum. - Hier sei nur auf einige dieser angelsächsischen Textbücher hingewiesen, die seit 1970 erschienen sind und teilweise mehrere Auflagen erlebten. Sie verknüpfen in der Regel sehr geschickt die geographischen Grundlagen mit Aspekten der physischen, chemischen und biologischen Ozeanographie sowie mit Erkenntnissen der marinen Geophysik und Meeresbiologie. Interessanterweise werden in ihnen auch vielfach Fragen der Meeresnutzung behandelt. Eine vergleichende Analyse dieserrArbeiten wäre eine gesonderte Untersuchung wert (GORDON 1970, DUXBURY 1971, GROSS 1972, DAVIS 1972, SKINNER/TUREKIAN 1973, ANIKOUCHINE/STEINBERG 1973, VON ARX 1975, TUREKIAN 1976, PIRIE 1977, TCHERNIA 1980, PICKARD/EMERY 1982 u.a.).
Als allgemeines Nachschlagewerk von je nach Fragestellung unterschiedlichem Nutzen liegt seit 1966 die "Encyclopedia of Oceanography" von FAIRBRIDGE vor. Das in seinem Untertitel ähnliche Werk von FLEMMING/MEINCKE (1977) "Das Meer - Enzyklopädie der Meeresforschung und Meeresnutzung" (engl. Titel: "The Undersea") ist dagegen in die lange Reihe der überwiegend populärwissenschaftlichen Sammelwerke zu diesem in der Öffentlichkeit seit Anfang der 70er Jahre stärker beachtetem Teil der Erdoberfläche einzuordnen. Begriffe wie "inner space", "wet NASA" oder auch die Seerechtsproblematik haben besonders auch in den USA eine Flut derartiger maritimer Publikationen ausgelöst, die teilweise übersetzt wurden.

Was die Textbücher des angelsächsischen Bereichs anbetrifft, ist der Wunsch nach einer mehr beschreibenden als theoretischen Grundlegung der Ozeanographie unübersehbar. Der Trend zur "Descriptive Oceanography" äußert sich nicht nur bei PICKARD/EMERY 1982, sondern auch in der englischen Übersetzung von TCHERNIA (1980). Es kann hier nur mit Genugtuung vermerkt werden, daß hierbei auch auf Denkmodelle der traditionellen deutschen Meereskunde zurückgegriffen wird und sich in der Geographie wurzelndes Gedankengut neuerdings wieder stärker bemerkbar macht. Im Vorwort zu TCHERNIA (1980; X) heißt es hierzu u.a.:

> "To maintain the character of a book of elementary introduction, we have made more use of the classical treatises of SCHOTT, SVERDRUP, DEFANT und DIETRICH than others, more recent, but still debatable and difficult to integrate into a synthesis of primary instruction".

Man kann erstaunt feststellen, daß diesem neueren Werk die gesamten farbigen Kartenabbildungen aus SCHOTTs "Geographie des Atlantischen Ozeans" beigegeben wurden, die somit offensichtlich in ihrer Art auch nach 40 Jahren noch nicht überholt sind.

Meereskundler haben es im allgemeinen immer gut verstanden, ihre Forschung einer breiten Öffentlichkeit nahezubringen. Dieses liegt aber auch sicher teilweise an einem latenten Interesse am "geheimnisvollen" Meeresraum insgesamt. Ohne zumindest eine kurze geographische Einführung kommen Publikationen dieser Art ebensowenig aus wie einführende Textbücher. Aus diesem Grunde sind speziell die Einführungskapitel aller ozeanographischen Lehrbücher besonders aufschlußreich.

Auf die breite Palette der neueren allgemeinverständlichen Darstellungen über das Meer in deutscher Sprache in Form von preiswerten Sachbüchern oder aufwendigen großformatigen und reich bebilderten Ausgaben kann hier nur hingewiesen werden. Zu den aus geographischer Sicht lesenswerten gehören sicher COKER 1966, LOFTAS 1970, MARFELD 1972, BROSIN/ BRUNS 1972 oder DEACON/DIETRICH 1973.

Neuerdings erregten zwei "Atlanten" der Ozeane einiges Aufsehen, in deren Texten und Abbildungen die verschiedenen Bereichen der Ozeanographie und Meeresnutzung behandelt werden (BRAMWELL 1979: Der große KRÜGER-Atlas der Ozeane; COUPER 1983: The Times Atlas of the Oceans). Diese allgemein informativen, mit zahlreichen Karten versehenen Editionen kommen den Zielen einer Geographie der Meere sehr entgegen. Sie sollten aber nicht mit den ozeanographischen Spezialatlanten des Weltmeeres insgesamt oder einzelner Teilbereiche verwechselt werden (DIETRICH/ULRICH: Atlas zur Ozeanographie 1968; GORSHKOW 1978, u.a.). Die russische Meereskartographie erweist sich noch immer als international führend. Es wurde zu Recht von WALTON 1974 und COUPER 1978a gefordert, der bislang international gegenüber den Fortschritten der bathymetrischen Kartenwerke (ULRICH 1982) weniger entwickelten allgemeinen Kartographie des Weltmeeres von Seiten der Geographie des Meeres weit mehr Aufmerksamkeit zu widmen (vgl. auch KETTERMANN/HERGE 1980). Auch UTHOFF (1983a) betont die Notwendigkeit, sektorale und regionale Seenutzungskartierungen als Grundlage für meeresgeographische Untersuchungen und politische Planungen in Angriff zu nehmen. Defizite in dieser Hinsicht sind bereits im Bereich der Nord- und Ostsee offenkundig (vgl. Rat von Sachverständigen ... 1980, HUPFER 1979 u.a.). - Die moderne Meeresforschung ist mit ihren spezialisierten Teildisziplinen inzwischen soweit fortgeschritten, daß sie als Wissenschaftsbereich nur schwer zusammenfassend übersehen werden kann. Oft sind es Außenstehende, wie Wissenschaftsjournalisten, die sich an einführende Übersichten heranwagen. Eine gleiche Rolle könnten sicher auch in Zukunft die Geographen spielen, denen immer eine besondere Stärke in der Fähigkeit zur Synthese nachgesagt wurde.

Die integrierende Funktion der Geographie mit ihren speziellen chorologischen und neuerdings raumwissenschaftlichen Methoden wurde von PAFFEN (1964) erstmals im Zusammenhang mit der Meeresgeographie hervorgehoben und von COUPER (1978a) sogar noch erweitert.

> "Denn dank ihrer spezifischen, auf regionale Zusammenschau aller Erscheinungen gerichteten, raumvergleichenden und raumgliedernden Betrachtungsweise kann die Geographie eine stark vermittelnde und verbindende Stellung zwischen den an der Meeresforschung beteiligten Wissenschaften einnehmen und hier in gewissem Sinne sogar eine integrierende Aufgabe übernehmen, sofern sie sich ihrer im gleichen Maße dinglichen und forschenden Aufgaben im marinen Bereich bewußt wird" (PAFFEN 1964; 46).

Diese vor zwanzig Jahren erfolgte grundsätzliche Feststellung gilt teilweise noch heute verstärkt, nachdem sich geoökologisches Systemdenken sowohl in der physischen Geographie als auch in der Meereskunde stärker durchgesetzt hat. Dieses ist gerade in der Modellkonstruktion für regionale marine oder litorale Ökotope anwendbar. Besonders die moderne Meeresbiologie hat sich in dieser Hinsicht entwickelt und entspricht in manchen Aspekten teilweise der von PAFFEN 1964 für die Maritime Geographie geforderte "Landschaftskunde" des Meeres. Die Meeresbiologen werden die Geographen brauchen können, wenn sie Projekte im Küstenbereich angehen, besonders in aktuellen Problembezügen des marinen Naturschutzes (vgl. GESSNER 1957, TAIT 1971, TAIT/DE SANTO 1975, TARDENT 1979 u.a.). Neben einer möglichen Zusammenarbeit im Bereich der Meeres- und Küstenökologie sowie auf dem Gebiet der später behandelten Schulerdkunde ergeben sich weitere Kooperationsmöglichkeiten durch die Tatsache, daß die Geographie heute noch immer den physisch-geographischen und wirtschafts- und kulturgeographischen Objektbereich verklammert. Dadurch könnte der modernen Geographie sicher eine Integrationsfunktion neuer Art zukommen, wenn es gilt, nutzungsbezogene Fragen oder Probleme der Meeresverschmutzung anzugehen.

Anfang der 60er Jahre wurde von der Geographie als Wissenschaft der Wiedereinstieg in die moderne deutsche Meeresforschung verpaßt, es gilt nun, einen neuen Anfang zu finden. Es ist müßig, heute über die Hintergründe der damaligen Entwicklung nachzudenken. Im Nachhinein gesehen muß die Auseinanderentwicklung beider Geowissenschaften im Rahmen sachlicher Spezialisierungen, die an und für sich nichts Bedauerliches ist und am Beispiel der Meteorologie einen Präzedenzfall hatte, nicht nur der Umorientierung der Meereskunde auf quantitative Verfahren und theoretische Methoden der geophysikalischen Erforschung der ozeanischen Hydrosphäre angelastet werden (vgl. ausführlich PAFFEN 1964). Die bis heute zumindest in der Forschung und größtenteils auch in der Lehre anhaltende Arbeitsteilung nach dem "Verlust des Meeres" (KORTUM 1982) ist auch weitgehend ein Verschulden der Geographen, die damals u.a. mit der Landschaftsforschung und Länderkunde voll beschäftigt waren. Das Engagement C. TROLLs als Mitglied im Deutschen Landesausschuß für Meeresforschung und des 1957 gegründeten Scientific Committee on Oceanic Research (SCOR), das ihn die Bekanntschaft namhafter Meeresforscher eintrug, reichte nicht aus, ein dauerhaftes Mitwirken in der deutschen Meereskunde zu sichern. Immerhin konnte PAFFEN 1962 auf Vorschlag TROLLs aber noch - wenn auch auf wenige Seiten beschränkt - in der ersten "Denkschrift zur Lage der Meeresforschung" die Forschungsziele einer Marinen Geographie darstellen. Dies geschah unter der Überschrift "Die Aufgaben der einzelnen Forschungsgebiete der Meereskunde" damals gleichberechtigt neben der Physikalischen Ozeanographie, Meeresbiologie, Maritimen Meteorologie, Meeresgeologie, Marinen Geophysik und der Schiffbaulichen Forschung (BÖHNECKE/MEYL 1962; 57-59; vgl. auch PAFFEN 1964; 40).

Seinerzeit wurde - und dies mag aus heutiger Sicht kurzsichtig gewesen sein - nur die physikalische Geographie des Meeres berücksichtigt ("Die Kulturgeographie steht hier außer Betracht", PAFFEN 1962; 57).
Die wichtigsten Aufgaben wurden von Seiten der Geographie in jener Denkschrift auf dem Sektor der Küstenmorphologie, der submarinen Reliefkartographie und Morphologie, in der Meereisforschung und in Untersuchungen zum Wasser- und Stoffhaushalt des Meeres sowie im biogeographischen Bereich gesehen. PAFFEN hat dann 1964 in seinem grundlegenden, mit zahlreichen bibliographischen Hinweisen versehenen Beitrag zur "Maritimen Geographie" die Stellung einer weiter zu entwickelnden Geographie des Meeres und ihre zukünftigen Aufgaben im Rahmen der deutschen Meeresforschung ausführlich präzisieren können. Der PAFFENsche Ansatz, der eigentlich ein Neubeginn sein sollte, wurde leider mehr ein Ausklang, denn eine breite Wirkung blieb ihm bis Ende der 70er Jahre versagt. Nur wenige Geographen interessierten sich noch für die Meeresforschung, unter ihnen besonders über einen langen Zeitraum hinweg der MECKING-Schüler GIERLOFF-EMDEN, der aufgrund seiner umfangreichen eigenen Vorarbeiten 1980 mit seinem Lehrbuch "Geographie des Meeres" einen neuen Ansatz versuchte (hierzu ausführlicher 5.2.).

2.2. G. DIETRICHs BEDEUTUNG FÜR DIE GEOGRAPHIE DES MEERES

Die erwähnte Denkschrift zur Lage der Meeresforschung bedeutete in mancher Beziehung einen entscheidenden Wendepunkt in dem Verhältnis zwischen der Meereskunde und der Geographie. Die folgende Entwicklung der Ozeanographie wurde in sehr starkem Maße von Günter DIETRICH bestimmt, der 1972 kurz vor der Einweihung des neuen Instituts für Meereskunde am Fördeufer in Kiel verstarb. Er konnte die Krönung seines Wirkens nicht mehr miterleben. DIETRICHs herausragende Bedeutung für die deutsche und auch internationale Meereskunde kann auch aus der Sicht der Geographie kaum unterschätzt werden und bedarf aus mehreren Gründen einiger näherer Ausführungen, die diesem großen Meereskundler aber kaum gerecht werden können.

DIETRICH war wie sein Kieler Amtsvorgänger WÜST noch sehr stark von der alten Berliner Tradition des RICHTHOFENschen Instituts geprägt und hat seine engen Beziehungen zur Geographie immer deutlich werden lassen. Sowohl WÜST wie auch DIETRICH setzten somit im gewissen Sinne die im

Abb. 19: Bewahrer der geographischen Traditionen der Ozeanographie nach dem Zweiten Weltkrieg in Kiel: Georg WÜST (links) und Günter DIETRICH (rechts)

Rahmen der disziplingeschichtlichen Entwicklung ausführlicher dargestellte spezifisch deutsche meeresgeographische Tradition in Kiel fort.

WÜSTs Bedeutung für die Geographie des Meeres ist 1960 anläßlich seines 70. Geburtstages von Th. STOCKS treffend herausgestellt worden.

> "So wie WÜST sich seinen Platz in der Geographie erhalten hat, genießt er auch in der Geophysik Rang und Ansehen ... Immer fand WÜST die Synthese zwischen der physikalischen und geographischen Seite der Ozeanographie ... und mit Recht darf die deutsche Geographie ihn zu den ihren rechnen" (Lit. Verz. A, STOCKS 1960; 295).

Ein Viertel der 112 von WÜST veröffentlichten Arbeiten wurden in geographischen Zeitschriften publiziert, vor allem in der Zeitschrift der Gesellschaft für Erdkunde, deren Beirat und Redaktionsausschuß er von 1929 bis Kriegsende angehörte.

Kiel war neben Berlin immer ein Hauptzentrum der deutschen Meeresforschung gewesen (vgl. KORTUM/PAFFEN 1979). Gerade in der Nachkriegszeit mußte dieser Hochschulstandort in dieser Beziehung eine besondere Rolle entfalten. Das Institut für Meereskunde mußte nach der Bombenzerstörung ihres Gebäudes am Kitzeberger Fördeufer, bei dem WATTENBERG u.a. den Tod fanden, unter WÜST in einer schwierigen Zeit aus dem Nichts heraus neu aufgebaut werden. Schließlich fand es in einer alten Villa in der Hohenbergstraße eine räumlich aber begrenzte Bleibe bis zum Bezug des Neubaus (WÜST et al. 1956).

WÜST pflegte während seiner Tätigkeit als Ordinarius für Ozeanographie von 1946 - 1959 ein gutes Verhältnis zu den Kieler Geographen, ohne daß sich von deren Seite besondere maritime Interessen andeuteten. Er las im Turnus neben seiner allgemein ozeanographischen oder maritim-meteorologischen Grundvorlesung über ausgesuchte Themen der regionalen Ozeanographie, die auch für die Geographen als Ergänzung ihres terrestrischen Lehrangebots von großem Interesse waren, so über Nord- und Ostsee, das Mittelmeer oder den Atlantischen und Pazifischen Ozean in vergleichender Betrachtung. Man kann auch nach der Ausrichtung seiner Ausführungen zur Bodenmorphologie der Meere festhalten, daß WÜST als ehemaliger Teilnehmer der südatlantischen "Meteor"-Expedition in den 20er Jahren in Kiel Meeresgeographie im besten Sinne des Wortes betrieb. Georg WÜST wirkte nach seiner Emeretierung noch einige Jahre an der Förde und starb erst 1976 hochbetagt in Erlangen. Seinen Amtsnachfolger DIETRICH überlebte er somit noch um 4 Jahre. Im Ruhestand wurde WÜST noch Zeuge des ungeahnten, mit staatlichen Forschungsgeldern geförderten Ausbaus der Meereskunde unter seinem Nachfolger, der bereits kurz nach seinem Amtsantritt die internationale Auswertung der ozeanographischen Daten des Polar Front Survey des internationalen geophysikalischen Jahres 1957/58 nach Kiel zog und 1964 maßgeblich an der Vorbereitung und Durchführung der ersten deutschen Tiefsee-Expedition nach dem Weltkrieg mit der gerade in Dienst gestellten neuen "Meteor" in den Indischen Ozean beteiligt war.

In einer bis zur Gegenwart geführten Geschichte der Meeresgeographie steht DIETRICH am Ende der großen, im historischen Teil herausgestellten Naturforscher, die im universalen Sinne Meeresforschung betrieben. Diese Reihe reicht von VARENIUS über FORSTER, HUMBOLDT und KRÜMMEL bis WÜST und DIETRICH.

DIETRICH war im Grunde - das zeigen sowohl sein Lebensweg und seine gesamten Arbeiten - nicht nur ein großer Meeresforscher, sondern auch ein auf das Meer spezialisierter Geograph. Er hätte dieser Einordnung nicht widersprochen. Er war durch sein Lehrbuch "Allgemeine Meereskunde" und andere Werke bereits berühmt und international anerkannt, als er nach Kiel kam. Wie sein Vorgänger WÜST kam er aus der Berliner Schule und führte in Kiel die meeresgeographische Tradition fort, wenn auch ohne stärkere Bindungen an die dortigen Vertreter des alten Mutterfachs. Diese Aspekte sollten für die folgenden Betrachtungen besonders herausgestellt werden: Bis zu DIETRICHs Tod war die Meeresgeographie zumindest in ihren physisch-geographischen Teilbereichen im Rahmen der von DIETRICH vertretenen regionalen Ozeanographie in besten Händen. Dies zeigte sich auch, als für seine Nachfolge in Deutschland kein Nachfolger mit ähnlicher Arbeitsrichtung zu finden war.

DIETRICHs Werk wurde ausführlicher von ROLL (1973) in einem Nachruf gewürdigt. Auf seine Bedeutung speziell für die Geographie des Meeres wiesen KORTUM/PAFFEN (1979; 93-97) im größeren Zusammenhang in der Geschichte des Geographischen Instituts in Kiel hin. Es entspricht der Grundintention der vorwiegend ideengeschichtlichen und personenbezogenen Darstellung dieser Schrift, DIETRICH zumindest mit einigen kurzen Bemerkungen als letzten "Polyhistor der Ozeanographie" einzuordnen, "der die Meeresforschung in allen ihren vielfältigen Teilgebieten hinreichend übersah" (ROLL 1973; X).

DIETRICH wurde 1911 in Berlin geboren und interessierte sich seit früher Zeit für alle maritimen Dinge. 1935 schloß er sein Studium der Ozeanographie, Meteorologie, Mathematik, Physik und Geographie mit einer Dissertation über den Aufbau und die Dynamik des südlichen Agulhasstromgebiets ab. Danach war er als Assistent am Institut für Meereskunde in Berlin unter Albert DEFANT und Georg WÜST tätig und nahm an mehreren Forschungsfahrten im Nordatlantik teil. Während seiner Dienstzeiten am Marineobservatorium in Wilhelmshaven und Greifswald in der Kriegszeit konnte er sich 1943 an der Universität Berlin mit einer Arbeit über die Schwingungssysteme der Gezeiten in den Ozeanen habilitieren. Gleichzeitig nahm er die für die deutsche geographische Meereskunde in der Vergangenheit so wichtige Kustodenstelle am Berliner Institut bis Kriegsende ein.

1950 wurde DIETRICH Referatsleiter für regionale Meereskunde am Deutschen Hydrographischen Institut in Hamburg und hielt an der dortigen Universität nach der Umhabilitierung zunächst als Dozent, dann ab 1957 als Professor Vorlesungen. In jenen Jahren erschien vom DHI (1956) das "Handbuch des Atlantischen Ozeans", das einen längeren Abschnitt über die "meeresgeographischen Verhältnisse" enthielt. Während der Hamburger Jahre fand DIETRICH auch Zeit zur Vollendung seiner "Allgemeinen Meereskunde" (1957).

Nach seinem Wechsel zur Universität Kiel 1959 baute er das dortige Institut durch geschickte Vertretung in verschiedenen Gremien mit umfangreichen staatlichen Mitteln zur überregionalen und bald international anerkannten Forschungszentrale aus. Er sorgte auch für die Indienststellung neuer Forschungsschiffe und die Zuweisung von Planstellen.

DIETRICHs mehr als 130 Veröffentlichungen zeigen eine sehr große Spannweite seiner Interessen von der physikalischen Ozeanographie über Meßtechnik bis zur regionalen, zusammenfassenden Darstellung einzelner Meeresgebiete oder ganzer Ozeane, die ihm wohl dank seiner geographischen Schulung besonders gut lagen. Schwerpunktmäßig befaßte er sich ferner mit der Dynamik der großen ozeanischen Stromsysteme, der Schichtung und Zirkulation der Wassermassen sowie mit dem ihn in den letzten Jahren stärker beschäftigendem Problem der Veränderlichkeit im Ozean (1966, vgl. auch MONIN 1977). Seine Hauptinteressen galten ferner der ozeanischen Polarfront im Nordatlantik (Atlas 1970), dem Überströmungsphänomen auf dem Island-Färöer-Rücken ("Overflow"-Expeditionen 1960 und 1973), den Atlantischen Tiefseekuppen (1967, vgl. ULRICH 1977), der Norwegischen See (1969) und später dem Indischen Ozean. Um seine angegriffene Gesundheit zu schonen, nahm DIETRICH eine Gastprofessur auf dem Captain COOK-Lehrstuhl für Ozeanographie an der Universität von Hawaii an. Somit kann man sagen, daß er auf allen Ozeanen zu Hause war.

Die Geographen und besonders die Geographie des Meeres verdanken DIETRICH viel: Zunächst hielt er im Geographischen Institut Kiel seine immer gut besuchten Mittwochs-Vorlesungen für Geographen ab, die sich ähnlich wie schon vorher bei WÜST u.a. mit der Bodenmorphologie der Ozeane, der Hydrographie der Nord- und Ostsee, dem Atlantischen Ozean oder dem Weltmeer allgemein befaßten.

Die Geographen verdanken ihm nicht zuletzt in der Reihe "Das geographische Seminar" den Band "Ozeanographie - Physische Geographie des Weltmeeres", der bis Ende der 70er Jahre immer wieder als grundlegenden, gut verständlichen Gesamtdarstellung seit der Erstausgabe 1959 mehrere teilweise erweiterte Neuausgaben erlebte. Obwohl im wesentlichen eine Kurzfassung seiner "Allgemeinen Meereskunde", blieb verständlicherweise der wohlgelungene Versuch seiner vergleichenden Geographie der Ozeane stärker im Vordergrund (im Lehrbuch, Ausgabe 1957; 420-457, in der "geographischen Kurzauflage", Auflage von 1970; 82-111). Fragen der ozeanischen Raumgliederung spielten, wie ausgeführt, bis in die 30er Jahre eine größere Rolle in der meeresgeographischen Auseinandersetzung (vgl. Kontroverse SCHOTT/WÜST). DIETRICH basierte sein neuartiges Gliederungsprinzip zur Abgrenzung natürlicher hydrographischer Regionen auf einen ausgewählten Komplex, der durch das dreidimensionale Stromfeld in Oberflächennähe gegeben ist: "Aus didaktischen Gründen wird einer genetisch begründeten Einteilung und nicht einer auf die Wirkung bezogenen der Vorzug gegeben" (DIETRICH 1970; 82, vgl. Karte "Regionen des Weltmeeres" Abb. 17 ebendort, S. 83; vgl. ferner auch ausführlicher DIETRICH 1956, 1972). Durch Verwendung der Prinzipien des geographischen Vergleichs als Methode hat DIETRICH hier eine mögliche Gliederung entwickelt, die auf empirischen ozeanographischen Messungen beruht. Keine Gliederung kann allerdings für alle Zwecke gleichdienlich sein (vgl. hierzu auch PAFFEN 1964; 59). Dennoch hat dieses innovative Prinzip sich auch in der Geographie zumindest in der Lehre weitgehend durchgesetzt. - Die Diskussion um die maritime Raumgliederung wird später von WALTON (1974) und SOLNTSEV (1979) erneut aufgegriffen.

Die Geographie verdankt DIETRICH nicht zuletzt auch, daß sich in der guten deutschen Schule der Meerestopographie und Morphologie der Ozeane ein Geograph in die Formenvielfalt des Meeresbodens einarbeiten konnte. Auf Empfehlung von C. TROLL holte DIETRICH 1959 den 1925 in Dresden geborenen Johannes ULRICH an das Kieler Institut für Meereskunde. Als damaliger Projektleiter des DFG-Schwerpunktprogramms "Meeresforschung" suchte DIETRICH bewußt einen Geographen zur Auswertung der bei Forschungsfahrten anfallenden, umfangreichen bathymetrischen Lotungsergebnisse. In Fortsetzung der anerkannten Arbeiten von Max GROLL (Berlin) und später Theodor STOCKS (Hamburg) hat sich ULRICH seitdem mit seiner ganzen Kraft der Bodenmorphologie des Weltmeeres sowie neuerdings auch der Kartographie des Meeresbodens sowie Fragen der Rohstoffgewinnung aus der Tiefsee zugewandt. Er steht, wie ein Blick durch die Zeitschriften zeigt, mit bislang über 50 Schriften zu Einzelfragen der Meeresbodentopographie noch mitten im Schaffen und bedarf hier keiner weiteren Herausstellung (ULRICH 1969, 1979, 1980, 1982, 1983). ULRICH ist heute der einzige im engeren Bereich der Meereskunde tätige Geograph. Die langjährige Zusammenarbeit von DIETRICH und ULRICH wird in dem gemeinsam herausgegebenen "Atlas zur Ozeanographie" (1968) dokumentiert, der zumindest in physisch-geographischer und auch kartographischer Hinsicht als ein Markstein der modernen deutschen Geographie des Meeres anzusehen ist.

DIETRICHs Erbe wirkt noch heute in mancher Weise fort und wahrt - wenn auch abgeschwächt - die Kontinuität einer langen Tradition. Sein Schüler J. MEINCKE etwa übernahm in seinen Untersuchungen zum "Overflow" und Golfstrom (1983) wie zahlreiche andere Meereskundler in aller Welt, die unter DIETRICH studierten, die vielfach geographisch geprägten Ansichten dieses Meereskundlers.

Es stellt sich die Frage, ob DIETRICH ein meeresgeographisch-ozeanographisches Gesamtkonzept gehabt hat. Er war eher der ständig suchende und ideenreiche Praktiker, der die Arbeit auf See liebte, der große Organisator und auch Forscher, der ständig hinter der Vielfalt die Einheit suchte (ROLL 1973; X). Er bemühte sich ständig um die verknüpfende Zusammenschau. Auch dies mag ein Ergebnis seiner geographischen Ausbildung gewesen sein. In theoretischer Hinsicht hat er sich zusammenhängend zu den konzeptionellen Grundlagen wenig geäußert. Analysiert man seine Werke und Schriften, wird in mancher Hinsicht eine Fortentwicklung seiner Einstellung zur Ozeanographie und Meeresforschung insgesamt deutlich.

Seine Dissertations- und Habilitationsthemen lassen noch seine Tätigkeiten im Berliner Institut und im Dienst der Praxis durchschimmern. Die ersten Passagen seines Lehrbuchs in der Ausgabe von 1957 stellen durch Hinweise auf A.v. HUMBOLDT (einleitendes Zitat aus dem "Kosmos" I, 1845) und KRÜMMEL einen geographischen Gesamtbezug her, der aber nur als Anknüpfungspunkt einer engeren Sicht für die Ozeanographie dient:

> "Sie löste sich aus ihrer Randstellung in der Geographie und Biologie und wurde so zu einer selbständigen Wissenschaft ... So ist die Kenntnis von Stoff, Raum und Lebewesen die Voraussetzung der Forschung in der Meereskunde. Der wesentliche Inhalt der gegenwärtigen Forschung ist auf die Vorgänge gerichtet, denen Stoff, Raum und Lebewesen unterliegen, und damit auch die Kräfte, die sie beherrschen. Eigentlicher Inhalt der forschenden Meereskunde ist also der Energiehaushalt des Meeres, der Stoffkreislauf, die Veränderlichkeit des Meeresraumes und der Lebenszyklen. Diese Prozesse schließen eng untereinander verflochten physikalische, chemische und biologische Vorgänge ein, so daß in der Meeresforschung fast alle Zweige der Naturwissenschaften benötigt werden" (DIETRICH 1963; 465).

An anderer Stelle (1959; 5) nahm er speziell Bezug auf das Verhältnis zur Geographie:

> "Damit ist heute die Bedeutung der geographischen Betrachtungsweise nicht geringer geworden. Sie gelangt nach wie vor in der speziellen Meereskunde zur Anwendung. In ihr werden die einzelnen Meeresräume behandelt ... und ihre Beziehungen zum Menschen."

Diese letztgenannten Perspektiven standen später in der Eröffnungsrede anläßlich der unter dem Leitthema "Das Meer" stehenden Kieler Universitätstage 1967 in DIETRICHs Vortragsthema "Die Herausforderung des Meeres" im Vordergrund. Die sechs Herausforderungen beziehen sich insbesondere auf anthropogeographische Sachbereiche: Genaue Vorhersage der Vorgänge im Meer (Seegang, Sturmfluten), die Nutzung der Rohstoffe des Meeres, die Nutzung der "lebenden Schätze" durch Fischerei, der Schutz vor Verschmutzung, die Sicherung der Schiffahrtswege und schließlich die Bedeutung des Meeres für die nationale Verteidigung. Diese Herausforderungen der anwendungsbezogenen Bereiche der Meereskunde erfordern als Antwort eine intensive Forschung. Hierin deutet sich in DIETRICHs Gedanken bereits eine stärkere wirtschafts- und sozialgeographische Komponente in der Meeresforschung an, die die bislang betonten physisch-geoökologischen Aspekte ergänzt und heute von der Geographie wieder verstärkt aufgegriffen werden muß.

Die hier nur kurz zusammengefaßte konzeptionelle Vorstellung DIETRICHs hat er wenig später in Hawaii für das von ihm herausgegebene Umschau-Buch "Erforschung des Meeres" (1970) mit einigen leider nur kurzen Hinweisen zum "Inhalt der Meeresforschung" als schematisches Diagramm (1970; 11) zusammengestellt. Dieses Schema wurde in der Folgezeit, vielfach übernommen und stellt - wenn man so will - das meeresgeographische Konzept und Vermächtnis DIETRICHs dar.

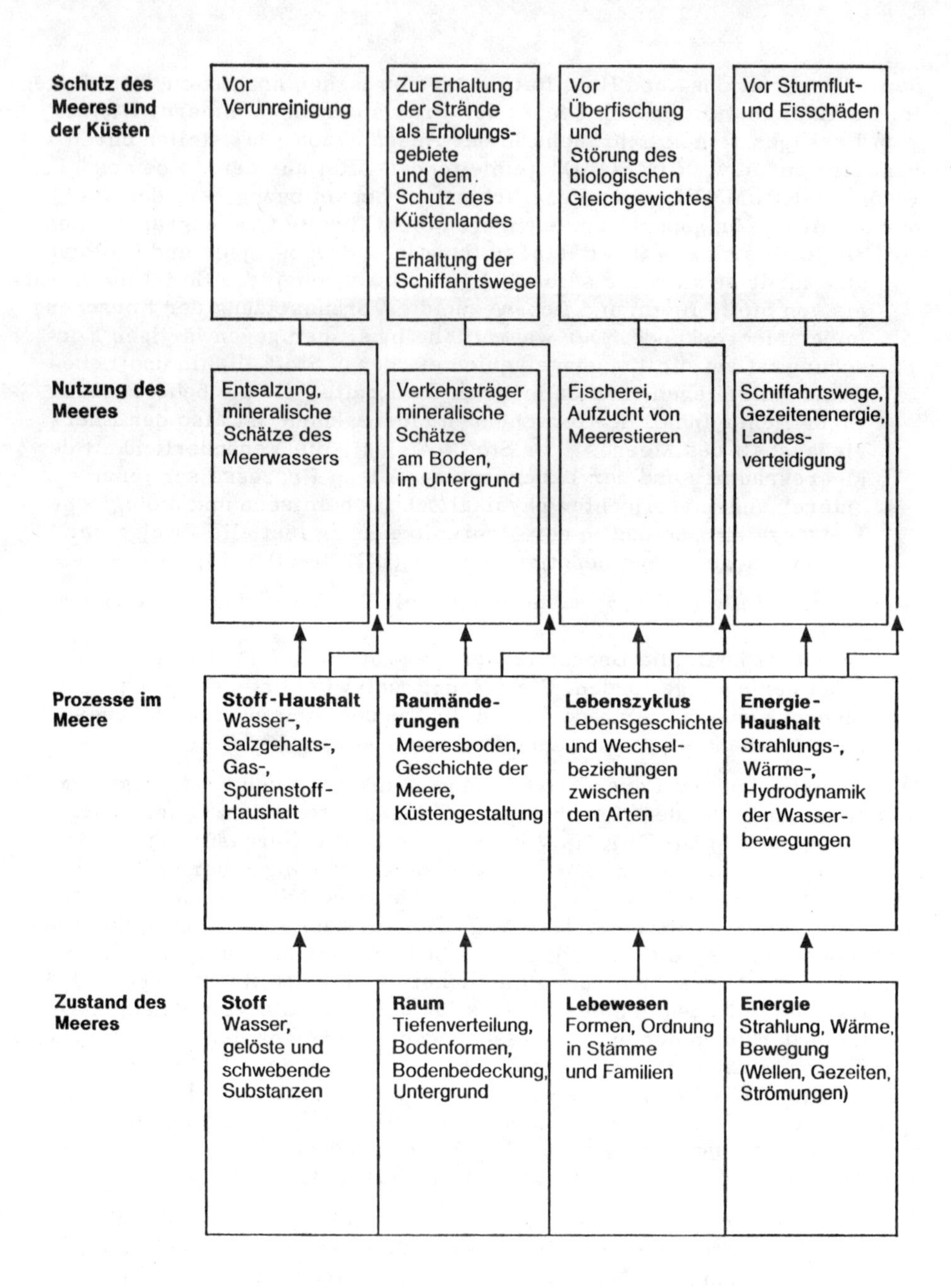

Abb. 20: DIETRICHs Konzeption vom "Inhalt der Meeresforschung"

Das Schema verfolgt in vier Säulen, die den Stoff, den Raum, die Lebewesen und Energie im Meer zunächst als "Zustand des Meeres", darstellen, durch die über dieser Grundlage angeordneten höheren Erkenntnisstufen zur Erforschung der im Meer in raumzeitlicher Hinsicht ablaufenden Prozesse. Als dritte, nächsthöhere "Inhaltsschicht" der Meeresforschung steht nun - und hier beginnt die wirtschafts- und kulturgeographische Verflechtung - die "Nutzung der Meere" in allen ihren Formen (zu Stoff: Meerwasserentsalzung, mineralische Schätze des Meerwassers; zu Raum: Verkehrswege, mineralische Schätze des Meeresbodens; zu Lebewesen: Fischerei, Aufzucht von Meerestieren; zu Energie: Schiffahrtswege, Gezeitenenergie, Landesverteidigung). An der Spitze des DIETRICHschen Konzepts schließlich steht der gegenwärtig immer wichtiger werdende Inhalts- und Arbeitsbereich "Schutz des Meeres und der Küsten" vor Verunreinigungen, auch zur Erhaltung der Strände als Erholungsgebiete sowie zur Sicherung der Schiffahrtswege und Schutz vor Überfischung und Störung des biologischen Gleichgewichts. Die Geographen haben diesen konzeptionell einfachen, aber wohlbegründeten Entwurf einer inhaltlichen Strukturierung der Meeresforschung und ihrer Teildisziplinen in meeresgeographischer Hinsicht bisher wenig beachtet und ausgebaut. Es liegt auf der Hand, daß dieses Konzept auch durch die Verknüpfung von Land und Meer im für Geographen in jederlei Beziehung hochinteressanten Küstenraum eine Grundlage für eine systematische Behandlung der Meeresgeographie abgeben kann. Er ist ein großer integrativer Entwurf einer als Einheit gesehenen Meeresforschung zum Wohle der Menschheit, der auch bereits divergierende Interessen in der Meeresnutzung erkennen läßt. Das Schema paßt vielleicht besser in die heutige Zeit als ein ausschließlich fachintern von der Geographie begründeter, taxonomischer Programmansatz für eine Geographie des Meeres. GIERLOFF-EMDEN (1980) hat das Schema mehrfach übernommen, verzichtet aber auf eine eingehende Interpretation und nutzte nicht die sich bietende Chance einer systematisierenden Stoffzusammenstellung nach diesem Prinzip. Es sei hier nur erwähnt, daß das DIETRICHsche Schema sehr wohl verfeinert und umorganisiert werden kann, so daß letztlich in Verbindung mit den später behandelten Konzepten von MARKOV (1971), COUPER (1978a) und UTHOFF (1983a) eine tragbare Synthese möglich erscheint.

2.3. GESELLSCHAFTLICHE BEDEUTUNG UND EINZELFRAGEN DER MODERNEN DEUTSCHEN MEERESFORSCHUNG AUS GEOGRAPHISCHER SICHT

Einen schnellen übersichtlichen Einblick in die aktuellen Arbeiten und einzelnen Projekte seit den 60er Jahren erlauben die Denkschriften zur Lage der Meeresforschung in der Bundesrepublik (BÖHNECKE/MEYL 1962; DIETRICH/SCHOTT 1968; für die 80er Jahre HEMPEL 1979). Entsprechende Dokumentationen liegen auch für die anderen an der zunehmend in internationalen Arbeitsteilung betriebenen Meeresforschung beteiligten Nationen vor (USA: National Research Council 1969; UdSSR: vgl. DOBROVOLSKIY 1967). Zudem wurden von dem Bundesminister für Bildung und

Wissenschaft (1972) bzw. für Forschung und Technologie (1976) Gesamtprogramme für Meeresforschung und Meerestechnik zusammengestellt, die für den Zeitraum 1972 - 1975 bzw. 1976 - 1979 die Hauptaufgaben und Forschungsziele sowohl in der Grundlagenforschung als auch im Bereich der Anwendung (rohstoffbezogene Fragen und Meerestechnik, Seefischerei, Wehrtechnik u. a.) umreißen.

Die einleitenden Hinweise im "Gesamtprogramm Meeresforschung und Meerestechnik 1972 - 1975" zur allgemeinen gesellschaftlichen Bedeutung der Meeresforschung in der Bundesrepublik Deutschland lassen eine große Zahl von Aspekten erkennen, die ein Prinzip auch als Arbeitsbereiche einer auszubauenden Wirtschafts- und Kulturgeographie der Küsten und Meere angesehen werden können. Es heißt in der erwähnten Dokumentation u. a. (Bundesminister für Bildung und Wissenschaft 1972; 6)

"Das Meer hat für viele gesellschaftlichen Bereiche in der Bundesrepublik Deutschland eine besondere Bedeutung:

- Die Reinhaltung des Meeres, der Küstengewässer und Strände dient der Erhaltung des biologischen Gleichgewichts, so daß die Nahrungsquellen des Meeres genutzt werden können und diese Räume für die Erholung der Bevölkerung zur Verfügung stehen;
- Die Weltmeere spielen als Eiweiß-Quelle für die Ernährung der Menschheit eine zunehmende Rolle; deutsche Sachverständige können wichtige Beiträge leisten, diese Möglichkeiten zu erschließen und Techniken für eine optimale Nutzung zu entwickeln;
- mineralische Rohstoffe am Meeresboden und in seinem Untergrund können im Hinblick auf die zukünftige Versorgung der deutschen Wirtschaft mit Metallen wirtschaftlich von Bedeutung werden; aus den Vorkommen von Erdöl und Erdgas in Schelfmeeren - wie der Nordsee - wird bereits ein beachtlicher Anteil des Weltbedarfs gedeckt;
- Festlandsküste und Inseln sind gegen Ufererosion und Sturmfluten zu schützen, die damit in Zusammenhang stehenden Seebaumaßnahmen gewinnen auch mit der vermehrten Nutzung des Küstengebietes als Erholungsraum größere Bedeutung;
- ein großer Teil des deutschen Im- und Exports wird auf dem Seewege durchgeführt; der wachsende Seeverkehr und die stark zunehmenden Schiffsgrößen erfordern den Neubau oder die Erweiterung von Häfen sowie Verbreiterung und Vertiefung der Schiffahrtswege im Küstenbereich.

Zwar sind die Küsten der Bundesrepublik Deutschland relativ begrenzt, jedoch liegt die Nutzung des Meeres im wichtigen Interesse eines großen Teils der deutschen Wirtschaft. Für die Zukunftssicherung einer Industrienation wie der Bundesrepublik Deutschland ist es wesentlich, an der Vermehrung unserer Kenntnis über das Meer mitzuarbeiten und dieses Wissen auch für andere Länder verfügbar zu machen. Auf diese Weise können wir unserer Verantwortung für die Zukunft der Menschheit entsprechen.

Die vielseitige Bedeutung des Meeres für die menschliche Gesellschaft in unserer Zeit bedingt zahlreiche Aufgaben für seine Erforschung und für die Entwicklung der Technik zu seiner optimalen Nutzung. Neue Erkenntnisse über das Meer vermögen nicht nur unserer Weltbild zu vertiefen, sondern auch zu einer sorgfältigen Erhaltung der marinen Umwelt unter angemessener Verwendung seiner Schätze beizutragen. Die maritimen Belange der Bundesrepublik Deutschland erfordern eine Beteiligung an der internationalen betriebenen Meeresforschung unter Bildung von Schwerpunkten.

Die Meeresforschung in Deutschland hat eine lange Tradition; sie nimmt im weltweiten Vergleich in der Gruppe der führenden Länder auch heute einen guten Platz ein. Mit dem zweiten Gesamtprogramm für Meeresforschung und Meerestechnik sollen Wege gewiesen werden, die Chancen für Forschung und Entwicklung noch wirkungsvoller und und zielstrebiger wahrzunehmen."

Die Forschungsprojekte der einzelnen Teildisziplinen der modernen Meereskunde im einzelnen lassen darüber hinaus in der Problematisierung und Formulierung in vielfacher Beziehung Fragen erkennen, die bereits vor dem II. Weltkrieg von Bedeutung waren und damals teilweise von Geographen bearbeitet wurden. Die vier Hauptthemenbereiche der Grundlagenforschung wurden in dem folgenden "Gesamtprogramm Meeresforschung und Meerestechnik 1976 - 1979" nur geringfügig abgeändert und ergänzt, so auch die neuen Schwerpunkte Warmwassersphäre und Antarktisforschung, die heute wie um die Jahrhundertwende eng mit der Meeresforschung allgemein verbunden ist (vgl. HEMPEL 1979). In der durchaus auch meeresgeographisch zu interpretierenden Projekt-Übersicht heißt es dabei u.a. in dem Abschnitt über "grundlegende wissenschaftliche Untersuchungen über das Meer" (Bundesminister für Bildung und Wissenschaft 1972, S. 14-15):

"Die Erforschung des Meeres und seiner Grenzflächen bleibt auch künftig eine wichtige Aufgabe. Die deutschen Arbeiten konzentrieren sich dabei auf ausgewählte Themen in wichtigen Bereichen der physikalischen, chemischen und biologischen Ozeanographie, der Meeresgeologie, der Seegeophysik und der maritimen Meteorologie, räumlich vor allem auf Nord- und Ostsee, den Atlantik und das Mittelmeer.

Unsere Kenntnisse über das Meer und die Vorgänge im Meer sind weder vollständig noch in allen Teilen zuverlässig. Sie zu verbreitern und zu vertiefen ist deshalb weiterhin eine vorrangige Aufgabe der Meeresforschung. Dabei konzentrieren sich die deutschen Arbeiten einschließlich der großen Expeditionen des Forschungsschiffes "Meteor" im Einklang mit den Empfehlungen der zuständigen internationalen Gremien auf .... folgende Aufgabenbereiche:

1) Untersuchung der Bewegungsvorgänge im Meer, besonders der räumlichen und zeitlichen Veränderungen der Meeresoberfläche sowie der Schichtung und Strömung der Wassermassen in Abhängigkeit von den wirkenden Kräften, darunter dem Wind und den Gezeiten. -

Abb. 21: Das Forschungsschiff "Meteor" (II) vor dem Neubau des Instituts für Meereskunde an der Universität Kiel (1972)

2) Untersuchung der Wechselwirkung zwischen Ozean und Atmosphäre, hauptsächlich des Energie-, Impuls- und Massenaustausches zwischen den Grenzschichten des Ozeans und der Atmosphäre sowie der Thermodynamik der Atmosphäre über dem Meer und den Küsten, auch in Hinblick auf langfristige Veränderungen,

3) Untersuchung des Stoffhaushalts des Meeres, in erster Linie der Zusammenhänge zwischen chemischen und biologischen Kreisläufen in Abhängigkeit von den verschiedenen Umweltbedingungen,

4) Untersuchungen der Lebenszyklen im Meer, besonders der Struktur und Produktivität von Pflanzen- und Tiergemeinschaften und des Stoff- und Energieflusses innerhalb der marinen Nahrungsketten, und

5) Untersuchung der Eigenschaften des Meeresbodens und seines tieferen Untergrundes, vor allem der sich ständig verlagernden Flachsee-Sedimenten der Nord- und Ostsee, des stabilen ostatlantischen Kontinentalabhangs und des Mittelmeerraumes als Zone aktiver Gebirgsbildung.

AUSGEWÄHLTE THEMEN DER GRUNDLAGENFORSCHUNG:

A) Bewegungsvorgänge im Meer, Wechselwirkung zwischen Ozean und Atmosphäre (Physikalische und chemische Ozeanographie, Maritime Meteorologie) - Nord- und Ostsee, Atlantik, Mittelmeer:
- Entwicklung hydrodynamisch-numerischer Verfahren, Untersuchungen von Wasserbewegungen in natürlichen Meeresgebieten
- Änderung des großräumigen Stromfeldes und des Massentransports in Abhängigkeit von meteorologischen Parametern
- Dynamik des Überströmens von kaltem Wasser über die untermeerischen Rücken zwischen Grönland und Schottland ("Overflow"-Expedition 1973)
- Untersuchung der Auftriebsgebiete vor NW-Afrika ("Roßbreiten"-Expedition 1970, CINECA-Expeditionen 1972 und 1974)
- Untersuchung physikalischer Prozesse in ausgewählten Seegebieten (Austausch, Diffusion etc.)
- Feinstruktur der Dichte- und thermischen Schichtung im Ozean
- Wechselwirkung an Grenzflächen
- Interne Wellen und Meeresströmungen in verschiedenen Tiefenhorizonten des Meeres (in Abhängigkeit vom Windfeld)
- Energie-, Impuls- und Massenaustausch an der Grenzschicht Ozean/Atmosphäre
- Maritim-meteorologische Prozesse in den Tropen ("Gate"-Expedition 1974)

B) Stoffhaushalt des Meeres (Biologische, chemische und physikalische Ozeanographie) - Nord- u. Ostsee, Atlantik: wässer:

- Entwicklung und Verbesserung von Analysemethoden zur quantitativen Bestimmung von Nährstoffen, Spurenelementen und Schadstoffen
- Bestandsaufnahme, räumliche Verteilung und chemische Veränderungen von Stoffen in Abhängigkeit vom biologischen Stoffkreislauf und physikalischen Parametern
- Chemische Indikatoren für die Ausbreitung und Identifizierung von Wasserkörpern
- Präzisionsbestimmungen des Salzgehaltes, der Leitfähigkeit und der Dichte von Wasserproben aus allen Ozeanen
- Chemische Prozesse und Austausch und Austauschvorgänge in sauerstoffarmen und geschichteten Wasserkörpern
- Quantitative Erfassung der chemisch-biologischen Prozesse an der Grenzfläche Sediment/Wasser
- Analyse des Zusammenhangs zwischen Primärproduktion, Sekundärproduktion und Dekomposition sowie den gelösten anorganischen, organischen und Spurenstoffen im Meer, besonders in Auftriebsgebieten
- Stofftransport und Stoffbilanzierung im Vergleich küstennaher und küstenferner Meeresgebiete

C) Lebenszyklus im Meer (Biologische und chemische Ozeanographie, Meeresgeologie) - Nord- und Ostsee, NE-Atlantik, westafrikan. Gewässer:

- Lebenszyklus, Ökologie, Physiologie und Taxonomie ausgewählter Gruppen von Meerestieren und -pflanzen
- Bestandsaufnahme, Struktur, Populationsdynamik und Produktivität ausgewählter Pflanzen- und Tiergemeinschaften
- Energiebilanz und Stoffkreislauf in der Nahrungskette, quantitatives Verhältnis zwischen Urproduktion und sekundären Produktionsstufen
- Produktionsbiologische Untersuchungen im nährstoffreichen Auftriebswassergebiet vor Westafrika (CINECA- Expeditionen 1972 und 1974)
- Untersuchung der Lebens- und Stoffwechselvorgänge in der oberen Deckschicht des Meeres und am Boden von Flachmeeren
- Die Rolle von Bakterien und Pilzen im Stoffkreislauf des Meeres
- Auswirkungen von Wasserzusammensetzung und Primärproduktion auf Sedimentbildung, Bodenfauna und mikrobiologische Prozesse

D) Eigenschaften des Meeresbodens und seines tieferen Untergrundes (Meeresgeologie, Seegeophysik, physikalische und chemische Ozeanographie) - Nord- und Ostsee, Atlantik, Mittelmeer, Arabisches Meer:

- Sedimentverteilung und Sedimentbildung in ausgewählten Gebieten, insbesondere in verschiedenen Klimazonen, Teilnahme an internatio-

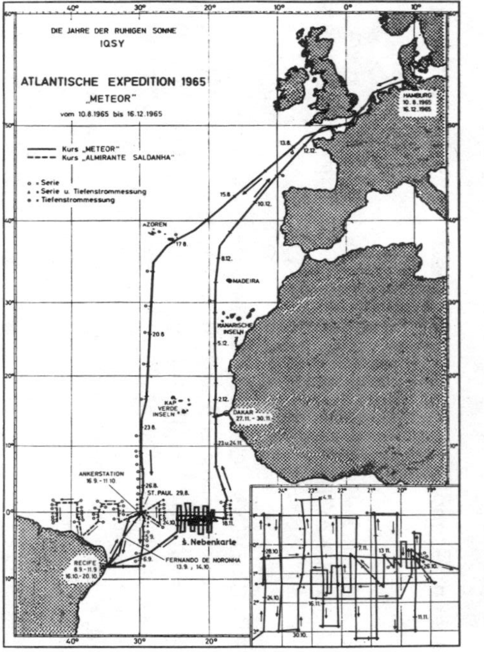

Abb. 22: Die Beteiligung der Bundesrepublik Deutschland an Projekten der internationalen Meeresforschung: Fahrtroute und Meßstationen der "Meteor" (II) in den äquatorialen Gewässern des Atlantischen Ozeans im Jahr der ruhigen Sonne 1965

nalen Tiefsee-Bohrprojekten
- Untersuchungen über Materialverlagerungen oberflächennaher Sedimente
- Physikalisches Verhalten von Fremdstoffen am Meeresboden
- Wechselwirkungen zwischen Wasserbewegung und Sediment."

Allein schon wegen der zeitweise abgebrochenen Forschungstradition wird es für Geographen schwer, wenn nicht gar unmöglich sein, im ozeanographischen Bereich wieder Anschluß an diese Vorhaben der Grundlagenforschung zu bekommen (KORTUM 1979, UTHOFF 1983). Diese Einsicht schließt aber nicht aus, daß die Geographie die auf teuren Forschungsschiffen mit aufwendigen Meßprogrammen und Rechenauswertungen gewonnenen Ergebnisse der Meeresforschung aus ihrer Sicht verarbeitet. Eine Teilnahme mit begrenzter Aufgabenstellung erscheint aber durchaus möglich und sinnvoll, so im Bereich der Meeresbodentopographie, der Meereisforschung oder Fernerkundung. "Remote Sensing" wird in Zukunft im Rahmen der weiträumigen Routineerfassung wichtiger Parameter in der Ozeanographie eine wichtigere Rolle spielen. In den USA sind einige entsprechend ausgebildete Geographen bereits in dieser Richtung tätig. Auch in der Bundesrepublik zeigen etwa die in dem Sonderheft "Arbeiten zur Geographie der Meere zusammengefaßten Artikel, daß die in München vertretene Richtung wichtige Bereiche abdeckt, in denen die Geographie besonders zur heutigen Meeresforschung beitragen kann (GIERLOFF-EMDEN/ WILHELM 1973).

Schließlich sollte es auch in Zukunft wieder öfter vorkommen, daß sich Geographen an Expeditionen auf Forschungsschiffen beteiligen. Dies wird nicht nur die Hochschulstandorte an der Küste in Bremen, Hamburg und Kiel betreffen. Erste Ansätze sind bereits vorhanden. So lief die "Poseidon" des Instituts für Meereskunde im März 1984 mit nahezu ausschließlich "geographischer Besatzung" unter der Fahrtleitung von ULRICH zu umfangreichen bathymetrischen Vermessungsarbeiten ins Kattegat aus, die in Zusammenarbeit mit dänischen Geographen der näheren Erforschung und Deutung der dortigen Rinnensysteme dienten (vgl. ULRICH 1983). Weitere ähnliche Projekte sind in Vorbereitung.

3. Zur theoretischen Grundlegung und Methode einer Maritimen Geographie

3.1. BEMERKUNGEN ZUR KONZEPTIONELLEN ENTWICKLUNG DER MEERESGEOGRAPHIE NACH 1945 UND IHRER ALLGEMEINEN WISSENSCHAFTSSYSTEMATISCHEN STELLUNG

Wer in GIERLOFF-EMDENs "Geographie des Meeres" (1980) eine präzise Definition, Standortbestimmung und Aufgabenstellung für die "Geographie des Meeres" sucht, sieht sich enttäuscht, es sei denn, er gibt sich mit den folgenden, einem Lehrbuch in keiner Weise angemessenen Sätzen des Vorwortes (1980; V) zufrieden: "Die Geographie des Meeres befaßt sich mit dem Weltmeer, d.h. mit den Ozeanen und Küsten als Umwelt. Es werden die allgemeinen Erscheinungen und Prozesse im Raum und die Eigenart besonderer Räume, wie die Küsten, behandelt... Die Geographie des Meeres ist eine Darstellung eigener Art, die neben den Lehrbüchern der Allgemeinen Meereskunde zu nutzen ist". Auch das 1. Kapitel über die "Wissenschaft vom Meer" bringt unter der Überschrift "Definition und Gliederung der Meereskunde" nur eine Wiederholung des Vorwortes und den Hinweis auf PAFFEN 1964. Umso vordringlicher, ja unerläßlich erscheint es, hier dem Untertitel des genannten Aufsatzes in den folgenden Kapiteln ausführlich und in erweiterter Form Raum und Gehalt zu geben.

Zunächst ist, um der offensichtlichen begrifflichen Verwirrung zu entrinnen, der auch GIERLOFF-EMDEN nicht entgangen ist, eine terminologische Klärung und Trennung dringend notwendig. Die moderne Geographie sollte das Begriffspaar "Ozeanographie" (deutsch und international) und "Meereskunde" (ausschließlich deutsch) weder aus Tradition noch aus Anhänglichkeit an eine in Deutschland von ihr entwickelte und lange gepflegte Teildisziplin, noch für einen von ihr mit neuem Gehalt zu erfüllenden Zweig meeresgeographischen Inhaltes weiter verwenden, zumal die Termini "Ozeanographie" wie "Meereskunde" ihre ursprüngliche Eindeutigkeit längst verloren haben und heute mindestens von einer, wenn nicht mehreren selbständigen Wissenschaftsdisziplinen benutzt werden. International gesehen existiert "Ozeanographie" heute mindestens in drei verschiedenen Verständnisumfängen:
Die weiteste Fassung ist zweifellos das von BIGELOW (1931) artikulierte und vor allem in den USA verbreitete Konzept von "Ozeanography" als einer allumfassenden "Mutterwissenschaft", die sich "mit den Eigenschaften des Meeresgrundes und seiner Grenzzonen, mit dem Meerwasser und dessen Bewohnern" sowie mit der "Berührungszone zwischen Meer und Atmosphäre" befaßt. "Alle diese Bereiche, deren Probleme notwendigerweise von unterschiedlichen Disziplinen her angegangen werden, sind untereinander viel zu sehr verflochten, als daß man sie auseinanderreißen könnte" (Lit. Verz. A, SCHLEE 1974; 9f.). Die innere Differenzierung einer solchen ozeanographischen Einheitswissenschaft oder "maritimen Allwissenschaft" wird dann durch die Zusätze "physikalische, geologische, biologische, medizinische, theoretische, regionale etc. Ozeanographie" gekennzeichnet. Diese pragmatische, integrierende Auffassung der Ozeanographie im Sinn von "Ocean Sciences" umfaßt teilweise auch Aspekte der Meeresnutzung und neuerdings der anthropogenen marinen Verschmutzung.

Dieser allumfassende Sinngehalt von Ozeanographie, der dem vor allem in den Ostblockländern verbreiteten Begriff "Ozeanologie" gegenübersteht (vgl. SCHARNOW 1978) und teilweise auch mit der deutschen "Meereskunde" im weiteren Sinne korrespondiert, liegt auch den drei bisherigen internationalen Kongressen zur Geschichte der Ozeanographie zugrunde. Während im Kieler Institut für Meereskunde mit Ausnahme der Meeresgeologie und -geographie alle Zweige der physischen Meeresforschung von der Regionalen und Theoretischen Ozeanographie über die Meeresphysik und -chemie sowie Maritime Meteorologie bis zu den fünf marinen Teildisziplinen der Biologie noch unter ein und demselben Begriffsdach vereint sind, nennt sich die entsprechende britische Institution in Wormley/Survey wohl nicht ohne Absicht und eindeutiger "Institute of Oceanographic Sciences".

Die vor allem in Europa verbreitete eingeengte Fassung von "Ozeanographie" oder "Meereskunde im engeren Sinn", die auch der ehemaligen geographischen Teildisziplin zugrunde lag, ist in ihrem Verständnis ausschließlich physikalische Ozeanographie oder Meereskunde (vgl. das Lehrbuch von G. DIETRICH 1957 u. 1975). Als "Physik des Meeres" ist heute demnach "Ozeanographie ein Zweig der Geophysik und wird als selbständige Wissenschaft anerkannt, vergleichbar mit der Meteorologie (Physik der Atmosphäre) und der Geophysik im engeren Sinn (Physik der Erde)" (nach A. DEFANT 1961). Dennoch bricht DEFANT als Vorreiter der neuen Richtung nicht alle Brücken zur Geographie ab. Ozeanographie ist nach DEFANT (1961, XIII) der Wissenschaftszweig, der sich mit den Ozeanen und den darin auftretenden Phänomenen befaßt. Sie ist Teil der Erdwissenschaften und gehört, soweit sie qualitative Beschreibungen von Phänomenen gibt, zu den geographischen Wissenschaften. Sie (die Ozeanographie) verwendet Methoden, die denen der anderen geographischen Wissenschaften im wesentlichen ähnlich sind, und ihr Ziel ist das gleiche wie das der Allgemeinen Geographie: die Klassifikation der verschiedenen Stoff- und Energieeigenschaften des Phänomens in verschiedenen Kategorien und ihre systematischen Wechselbeziehungen mit Hilfe präziser Definitionen. Die Regionale Geographie gruppiert alle räumlich zusammen existierenden und zusammenwirkenden Erscheinungen auf der Basis eines gemeinsamen Verbreitungsgebietes, das größer oder kleiner sein kann. Vom geographischen Standpunkt gibt es daher eine Allgemeine und eine Regionale Ozeanographie, die beide grundsätzlich statistische und beschreibende Methoden anwenden.

Der schnelle Fortschritt der exakten Naturwissenschaften in jüngster Zeit hat zu einem immer schnelleren Wandel von der geographischen zur geophysikalischen Behandlung der ozeanographischen Probleme geführt. Das gab Anlaß zu einer quantitativen Konzeption ozeanographischer Phänomene.

Den zweifellos unüblichsten und engsten Sinngehalt hat E. BRUNS (1958) - im Rahmen seines und des sowjetischen Ozeanologie- oder Meereskunde-Verständnisses als Hydrologie der Ozeane oder Lehre von den Gesetzesmäßigkeiten der Vorgänge in der ozeanischen Sphäre - der Ozeanographie oder Hydrographie des Meeres zugewiesen. Für ihn ist "Ozeanographie" nur noch die Seevermessung und -kartographie sowie die hydrographische Beschreibung einzelner Meere und Ozeane nach Umriß und Ausmaßen, Tiefe und Relief. Sie ist demgemäß als Spezialzweig der Geodäsie zu verstehen (1958; 8).

Im Grunde hatte G. SCHOTT bereits vor der letzten Jahrhundertwende (1895) diese semantische Unschärfe der Termini "Ozeanographie" und "Meereskunde" empfunden, als er unter Hinweis auf die gelegentlich gemachte Unterscheidung zwischen "Geographie" und "Erdkunde" - letztere in umfassenderem Sinn - für den nach seiner Meinung ähnlich allumfassenden Begriff "Meereskunde" bei Gleichsetzung mit "Ozeanographie" den Zusatz "Physikalische Meereskunde" vorschlug. So recht SCHOTT mit dieser klärenden Interpretation hatte, - obwohl selten so gehandhabt -, recht unangemessen erscheint der ohne Erläuterung isoliert für sich stehende Satz bei GIERLOFF-EMDEN (1980; 3): "Meereskunde gilt als umfassenderer Begriff, Ozeanographie als enger gefaßt" - eine Formulierung, die in dieser Allgemeingültigkeit keineswegs zutreffend ist.

Neben "Ozeanologie", "Ozeanographie" und "Meereskunde" existiert im deutschen Sprachraum spätestens seit Ende des vorigen Jahrhunderts noch ein übergeordneter neutraler Begriff "Meeresforschung". Die unendliche Weite und der Charakter des Weltmeeres als "Mare liberum" haben, zunächst aus den Bedürfnissen der Seeschiffahrt und Seefischerei heraus, schon früh zu internationalen Vereinbarungen (Brüsseler Konferenz 1853), Zusammenschlüssen (Londoner Konferenz für Maritime Meteorologie 1874) und Organisationen (Zentral-Ausschuß für Internationale Meeresforschung ab 1902 in Kopenhagen) zum Zwecke systematischer Grundlagen - wie angewandter Forschung im maritimen Raum geführt. Daraus hat sich eine weltweite und umfassende "Meeresforschung" (Oceanic Research) im weitesten Sinn entwickelt, an der heute eine Vielfalt von wissenschaftlichen Instituten, hydrographisch-ozeanographischen, nautischen und meteorologischen Ämtern und Dienste sowie vor allem ein kompliziertes, verflochtenes System internationaler Organisationen beteiligt ist (vgl. die Zusammenstellung bei BÖHNECKE/MEYL 1962; 17-22). Die entsprechenden Termini für "Meeresforschung" im angelsächsischen Sprachraum wie "maritime science", "marine science", "ocean science" oder "science of the sea" sind weniger präzise in ihrer Singularform als die französische Pluralform "Sciences de la mer".

"Meeresforschung" repräsentiert ebensowenig eine einheitliche Sachwissenschaft, wie es keine allumfassende "Festlandsforschung" als ganzheitliche Einzelwissenschaft gibt. Vielmehr liefert die dingliche Erfüllung sowohl des gesamtozeanischen wie auch festländischen Raumes der Erde die Forschungsobjekte zahlreicher Wissenschaftsdisziplinen. Deshalb bedeutet es eine neuerliche, zusätzliche sprachliche Verwirrung, wenn - wie in der DFG-Denkschrift "Meeresforschung" immer wieder geschehen - "Meeresforschung" mit "Ozeanographie" und "Meereskunde" verwechselt oder gleichgesetzt wird.

"Meeresforschung" im weitesten Sinne kann nur als eine Kooperation aller am Meeresraum interessierten Sach- und Raumwissenschaften verstanden werden, die sich in wechselseitiger Befruchtung und gegenseitiger Ergänzung um die Erforschung des Naturhaushaltes des genannten Meeresbereiches einschließlich der überlagernden Lufthülle und der Bodenunterlage sowie um die Erforschung der menschlichen Nutzungsmöglichkeiten des Weltmeeres bemühen. Durch die zunehmende Teilnahme der Disziplinen Geologie und Geophysik an der Meeresforschung in der Bundesrepublik sowie der Einbindung anwendungsbezogener Fächer hat sich hier allerdings seit der ersten DFG-Denkschrift (BÖHNECKE/MEYL 1962) ein grundlegender Wandel vollzogen (vgl. Aufgaben der Meeresforschung in den achtziger Jahren, HEMPEL 1979). Heute wird mehr die multidisziplinäre Perspektive betont, in der durchaus auch ein Platz für die Geographie sein kann und muß.

Sowohl von der historischen Entwicklung der frühen Meereskunde aus geographischem Ursprung wie von der Sache her ist in keiner Weise einzusehen, weshalb die heutige Geographie als Wissenschaftsdisziplin nicht innerhalb einer kooperativen Meeresforschung eine aktive Rolle an richtiger Stelle und in dem ihr eigenen Disziplinverständnis spielen soll. Schließlich ist die sogenannte "geographische" oder nach SCHMITHÜSEN neuerdings "geosphärische" Substanz in der Vielfältigkeit der "geographischen Erscheinungen" nicht an das feste Land gebunden, noch endet sie an den Küsten, sondern setzt sich prinzipiell im maritimen Bereich fort, wenn auch in z.T. anderen Erscheinungsformen und einer gegenüber den Festländern sozusagen umgekehrten vertikalen Schichtung, sieht man vom "Luftmeer" (HUMBOLDT 1845) ab. Das Relief und der Untergrund der festen Erdkruste liegt dagegen im ozeanischen Raum der Erde untergetaucht an der Untergrenze eines stellenweise bis über 11 000 m mächtigen Wasserkörpers, der sich im Gegensatz zum festen Land in ständiger innerer wie oberflächennaher Bewegung durch Austauschvorgänge befindet. Ebenso ist auch die marine Biosphäre, abgesehen von der Vogelwelt, eingetaucht ins Meer und erfüllt, obwohl bis in größte Meerestiefen existent, in der Masse subaquatisch den Raum der durchleuchteten oberen 200 m - Schicht des Weltmeeres, allerdings wie auf den Festländern in räumlich sehr unterschiedlicher Artenentfaltung und Lebensdichte.

Geht man ferner davon aus, daß das Weltmeer geographisch gesehen nicht ausschließlich nur als Teil der Hydrosphäre betrachtet werden darf, wie berechtigterweise sowohl aus der Sicht der modernen Ozeanographie als auch der Meereskunde alter Prägung als Teil der Physikalischen Geographie, sondern daß das Weltmeer in erster Linie ein wesentlicher Teil der Erdoberfläche ist, dann gehören auch die wie auf dem Lande regional sehr differenzierten Möglichkeiten der Meeresnutzung (als Gegenstück zur Landnutzung), die über die Ozeane und Meere hinweg die Küsten und Erdteile verbindenden Verkehrs- und Handelswege und -einrichtungen sowie die Völker und Kulturen prägende Kraft des Weltmeeres und ihre Erscheinungsformen zur "maritimen geographischen Substanz". Sie erfordert von der wissenschaftlichen Geographie eine der festländischen gleichrangige und gleichwertige geographische Behandlung der Meere. Wer das unbestreitbare Faktum der "geosphärischen" Einheit von Weltmeer und Festländern anerkennt, kommt nicht umhin, auch eine "Geographie des Meeres" zu akzeptieren.

Die vielfältigen Aufgaben der Geographie im maritimen Bereich und die Wiederbelebung und Intensivierung ihrer Bearbeitung ließen sich natürlich im Rahmen des traditionellen Systems und Lehrgebäudes des Faches Geographie durchführen, und zwar durch eine bewußte Ausweitung des Blickes über die Festlandsränder hinaus auf die Meere, was in manchen geographischen Teildisziplinen ja schon seit längerem, in allerdings sehr unterschiedlichem Umfang geschieht. Aus mancherlei Gründen erscheint es jedoch nützlich und ratsam, die Aufgabenstellung der Geographie im maritimen Bereich in einen bewußt der festländischen Geographie gegenüberzustellenden "Geographie des Meeres" oder "Maritimen Geographie" zu konzentrieren.

Dieser letztgenannte Terminus ist nach seiner frühen Prägung als "Maritime Geography" durch den Engländer J.K. TUCKEY (1815) in Deutschland erstmals 1892 von E. GELCICH in einem als "Beitrag zur Geschichte der Maritimen Geographie" veröffentlichten Aufsatz über die "Geschichte der oceanischen Schiffahrtsregeln und Segelhandbücher" verwendet worden, womit hier - wie auch schon bei TUCKEY - zwar ohne nähere Erläuterung - eine Art "Seefahrtsgeographie" gemeint war. 1964 hat dann KH. PAFFEN den Begriff "Maritime Geographie" in Analogie zur "Maritimen Meteorologie" (damals in Unkenntnis bereits früheren Anwendung), allerdings in einem wesentlich umfassenderen Sinne, wieder in die Diskussion eingeführt, nachdem er 1962 (in BÖHNECKE/MEYL, Denkschrift "Meeresforschung"; 57ff.) noch von "Mariner Geographie" gesprochen hatte. Zwar ist dieser Terminus im internationalen Sprachgebrauch ebenso verwendbar und in Anwendung - so neuerdings vor allem in der Sowjetunion und auch teilweise in den USA -; für den deutschen Sprachgebrauch scheint er jedoch wegen einer gewissen Mehrdeutigkeit in Form von "Marinegeographie" im Sinne von "Seefahrtsgeographie" weniger empfehlenswert zu sein. Gegenüber dem Begriff "Geographie des Meeres" besitzt der Terminus "Maritime Geographie" den Vorteil einer einfacheren adjektivischen Verwendung in Form von "maritim-geographisch". Dasselbe gilt übrigens auch für die terminologisch gleichfalls mögliche Form "Meeresgeographie" bzw. "meeresgeographisch", die eine adäquate Begriffsbildung zur "Meereschemie" und "Meeresgeologie" darstellt und sicherlich mindestens die gleiche Existenzberechtigung wie eine "Almgeographie" besitzen sollte. PAFFENs Benennungsvorschlag setzte sich eigentlich nur im angelsächsischen Bereich stärker durch (FALICK 1966, COUPER 1978a), da der Begriff "maritim" dort eine wesentlich breitere Verwendung findet (vgl. BARSTON/BIRNIE 1980: "The Maritime Dimension" u.a.). In Deutschland setzte sich Ende der 70er Jahre - und dies braucht nicht bedauert zu werden - der Begriff "Geographie des Meeres" durch.

Mit der Begriffsbildung "Maritime Geographie", die 1966 auch in Großbritannien (FALICK u.a.) wieder in Gebrauch gekommen ist, soll hier keine eigene geographische Teildisziplin für diesen Bereich unseres Planeten ins Leben gerufen werden. Vielmehr sollen damit nur der so stark abweichende und andersgeartete Charakter der Erscheinungsformen des Weltmeeres sowie die daraus resultierenden spezifischen Fragestellungen und z.T. auch andersartige Forschungsmethoden herausgestellt und unterstrichen werden. Dieser wird man unter dem Gesamtaspekt einer "Geographie des Meeres" besser, beziehungsreicher und umfassender gerecht werden können, als dies in der Zerstreuung und Aufteilung auf die bisherigen, inzwischen vorwiegend festländisch orientierten herkömmlichen Teilgebiete der Geographie geschehen würde. Diese zusammenfassende Sicht wird etwa auch in dem sich neuerdings stärker formierenden Arbeitsbereich "Geographie der Hochgebirge" sichtbar. Bei der betonten Propagierung einer "Geographie des Meeres" oder "Maritimen Geographie" sollte man auch das psychologische Moment nicht übersehen, das - von der Existenz und zunehmender Verwendung eines solchen Begriffes ausgehend - in der Aufforderung zur geographisch-wissenschaftlichen Auseinandersetzung mit dem Meer liegen kann.

Einer solchen Aufgabe wird die Geographie am ehesten und nachdrücklichsten durch eine systematische Intensivierung der meeresgeographischen Forschung und Konzentration aller sie betreffenden Fragestellungen in einer einheitlich ausgerichteten "Maritimen Geographie" oder "Geographie des Meeres" gerecht werden können. Nur so dürfte die Geographie in der Lage sein, die Entwicklung der Erdkunde zu einer überwiegenden Festlandswissenschaft zu überwinden und damit die globale Festländer wie Ozeane gleichermaßen umschließende gesamtirdische Einheit für die Geographie zu wahren.

Dank ihrer spezifischen, auf regionale Zusammenschau aller Erscheinungen gerichteten, raumgliedernden, raumvergleichenden und neuerdings "raumwissenschaftlichen" Betrachtungsweise könnte die wissenschaftliche Geographie eine vermittelnde und verbindende Stellung zwischen den an der Meeresforschung beteiligten Wissenschaften einnehmen, zumal bei letzteren die immer stärkere Spezialisierung ganz offensichtlich die genau gegenteilige Tendenz einer zunehmenden sachwissenschaftlichen Zersplitterung und des Auseinanderstrebens zur Folge hat. In diesem Zusammenhang sei nur verwiesen auf die geographisch mißlungene "Meereskunde der Ostsee" von MAGAARD/RHEINHEIMER 1974 als auseinanderstrebende Sammlung von Einzelbeiträgen, die nur auf eine kurze Einführung von DIETRICH sowie einen ökologisch-systemtheoretischen Aufsatz von SCHWENKE zusammengehalten werden (vgl. dagegen die geographisch-problemorientierte Schrift von HUPFER 1979). Hier könnte die Geographie als Erdraumwissenschaft in einem wohlverstandenen Sinn - dies sei ohne Anmaßung gesagt - sogar eine integrierende Aufgabe zukommen, sofern sie sich ihrer in gleichem Maße drängenden wie fordernden Aufgaben im maritimen Bereich bewußt wird.

Eine "Geographie des Meeres" kann trotz des der ganzen Natur nach gegenüber dem festen Land so abweichenden Aggregatzustandes des Meeres wissenschaftstheoretisch nur dem gleichen geographisch-methodologischen Betrachtungssystem unterliegen wie die "Geographie des festen Landes". Der zentrale Forschungsgegenstand der Meeresgeographie ist nicht das Meerwasser als solches in seiner physikalisch-chemischen Beschaffenheit und Dynamik, sind nicht die Meeresorganismen und -ressourcen, sondern vielmehr wie auf den Kontinenten die Landschaften oder geosphärischen Räume. Diese chorologische, später auch geoökologische Grundauffassung der Geographie - nicht im Sinne einer nur beziehungswissenschaftlichen Verknüpfung von Fakten und Faktoren der benachbarten Sachwissenschaften oder gar bloßer Verbreitungslehre von Erscheinungen der flüssigen und festen Erdoberfläche - hat sich im Prinzip seit VARENIUS (1650), durch F. v. RICHTHOFEN (1883) modernisiert und präzisiert, nicht verändert; gewandelt haben sich nur die Methoden zum Erkennen, Erfassen und Darstellen solcher Raumeinheiten sowie ihre Benennung.

Wenn GIERLOFF-EMDEN (1980; V u. 2) nun ähnlich wie schon KING 1962 mit Bezug auf seine "Geographie des Meeres" dem Fach Geographie in der Lehre lediglich "die Aufgabe des Transfers von Sachverhalten der Erdwissenschaften" zuweist, so spricht daraus zumindest eine sehr einseitige, verengte und mißverständliche Sicht der Aufgabenstellung einer "Geographie des Meeres" und der Geographie überhaupt. Diese kann einmal beinhalten, ozeanographische Sachverhalte Geographen verständlich zu vermitteln, so wie an Universitäten geologische Lehrveranstaltungen für Landwirte und Geographen, Chemie und Physik für Mediziner u. ä. m. geboten werden. Es kann aber auch im Sinne einer geographischen Propädeutik bedeuten, "nach den Richtlinien der geographischen Methodik die Ergebnisse der Nachbarwissenschaften für die Verwendung in den verschiedenen Arbeitsbereichen der Geographie aufzubereiten". Es gibt übrigens zahlreiche Beispiele dafür, daß dies die Meereskundler selbst oft besser können (DIETRICH 1970 u.a.). [1)]

In diesem Sinne "Geographie des Meeres" nur als Aufbereitung ozeanographischer Sachverhalte - und sei es auch im umfassenden Verständnis von Meereskunde - für die geographische Anwendbarkeit zu begreifen, erscheint jedoch, so notwendig eine solche auf der untersten Stufe geographischer Arbeits- und Denkprozesse rangierende "Geofaktorenlehre" auch ist, als erheblich zu wenig. Vielmehr muß, hinaus aufbauend, erst die eigentliche geographisch-chorologische Betrachtungsweise beginnen und sich in fortschreitenden Integrationsstufen von einfachen zu immer komplexeren Erdraumeinheiten und -inhalten entfalten[1].

Ein sehr aktueller wissenschaftstheoretischer Ansatz geographischer Denk- und Arbeitsweise ist das auch von H. UHLIG (1970) in seinem "Organisationsplan und System der Geographie" zugrundegelegte Konzept des Ökosystems Mensch/Erde, das von den führenden amerikanischen Geographen E.A. ACKERMANN und B.J.L. BERRY 1963/64 einmal als "the complex worldwide man - earth ecosystem, of which man is the dominant part" gewürdigt wurde (UHLIG 1970; 20).

Diese Konzeption, die im Grunde auch dem während der 70er Jahre angelaufenen, großen UNESCO-Forschungsprogramm "Man and the Biosphere" zugrundeliegt, kommt dem modernen Umwelt-Gedanken sehr entgegen. Sie erscheint uns jedoch, wie auch der vieldeutige Umwelt- ("Environment") Begriff selbst, zu wenig fachspezifisch, weil einerseits zu umfangreich

---

[1)] Es folgen bis zum Ende von Abschnitt 3.1. textlich unverändert die letzten zwei Manuskriptseiten, die KH. PAFFEN wenige Tage vor seinem Tode 1983 in Merzhausen schrieb.

und die Grenzen der Geographie sprengend, andererseits in ihrer ausschließlich ökologischen Orientierung zu einseitig für eine ganzheitlich-geographische Raumbetrachtung, vor allem bei der auch im ozeanischen Bereich notwendigen Berücksichtigung sozioökonomischer Kräftefelder die außerhalb des naturwissenschaftlich-ökologischen Komplexes liegen.

Leider bleibt in GIERLOFF-EMDENs "Geographie des Meeres", die sich nach ihm "mit den Ozeanen und Küsten als Umwelt" zu befassen hat, (1980; V u. 6) dieser Umwelt-Bezug etwa als Leitgedanke oder methodisches Grundkonzept der Gesamtdarstellung begrifflich wie konzeptionell ungeklärt und ohne durchgehende Konsequenz. Selbst bei dem hierfür doch geradezu prädestinierten Kapitel über die "Verschmutzung des Meeres" (S. 740-763) vermißt man im Grunde den eigentlichen geographischen Umwelt-Bezug, d.h. eine geographische Behandlung maritimer Umweltprobleme. Zwar hat die von P. WEICHART behauptete "Wiederentdeckung der zwischen Gesellschaft und physischer Umwelt bestehenden Interdependenzen und Interrelationen als zentrale Fragestellung der Geographie" ihn zur Begründung einer zwischen Physiogeographie und Kulturgeographie gleichrangigen "Ökogeographie" veranlaßt. Doch erscheint das Mensch-Umwelt-Ökosystem-Konzept gerade wegen seines dem Landschaftskonzept häufig vorgeworfenen Totalitätsanspruches kaum als ein dauerhaftes, eine ganze Wissenschaft oder auch Teildisziplin tragendes methodologisches Grundprinzip für die Geographie verwendbar; dagegen kann es sehr wohl als ein befruchtender Aspekt geographische Raumforschung aktualisieren und praxisbezogen machen. Bezeichnenderweise wird denn auch das "Man and the Biosphere"-Forschungsprogramm im wesentlichen von Biologen und Medizinern weitgehend ohne Mitwirkung von Geographen bestritten.

Der ökologische Gesichtspunkt läßt sich hingegen wesentlich fachspezifischer mit dem geographischen Landschaftskonzept verbinden, wie durch die seit Ende der 1930er Jahre von C. TROLL begründete ökologische Landschaftsforschung oder Geoökologie geschehen. Und da das Weltmeer mit seinen Ozeanen und Nebenmeeren in erster Linie ein großer Naturraum ist, der zwar gegliedert, aber in sich zusammenhängend fast drei Viertel der Erdoberfläche einnimmt - eine Tatsache, die auch dem Geographen nicht oft genug vorgehalten werden kann -, so bietet sich hierfür als methodischer Ansatz der geographischen Betrachtung heute mehr denn je zuvor das seit der Jahrhundertwende vor allem im deutschen Sprachraum entwickelte und von J. SCHMITHÜSEN 1976 erst kürzlich zu einem umfassenden System ausgebaute Landschaftskonzept an - dies trotz der von einer Minderheit deutschsprachiger Geographen seit Mitte der 1960er Jahre massiv vorgebrachten, aber nicht überzeugenden Kritik und Ablehnung und obwohl der Landschaftsbegriff ja zunächst auf das "feste Land" bezogen ist und sich dort auch die Landschaftskunde entwickelt hat. Aber bereits in den 1930er Jahren hat G. SCHOTT von den "Landschaften" des Indischen und Stillen Ozeans (1935; 207) sowie von "Meereslandschaften" (1936; 166) gesprochen. Und 1949 fragte der russische Geograph S.P. KHROMOV "Are there landscape zones in the oceans?", schrieb D.G. PANOV "On underwater landscapes of the world ocean". Und schließlich stellte der britische

Geograph K. WALTON (1974; 7) in Parallelität zum Begriff "Landschaft" die Frage: "are there defined seascapes sufficiently homogeneous to be considered as distinct units of the oceans?". Genau dies war bereits Anfang der 1960er Jahre der Sinn der Forderung KH. PAFFENs (1964; 58 u. in BÖHNECKE/MEYL 1962; 59) nach einer "Maritimen Landschaftskunde". Die von GIERLOFF-EMDEN leider irrtümlich G. BÖHNECKE zugeschriebene Begriffsbildung "Marine Landschaftskunde" bedeutet nach GIERLOFF-EMDEN "die umfassende Betrachtung der Meeresräume, die neben den naturwissenschaftlichen Sachverhalten auch die anthropogeographischen Fakten einbezieht" (1980; V u. 6) - eine nach dem heute so hochentwickelten Stand der Theorie der Landschaftsforschung etwas magere Definition und zudem auch ein Lippenbekenntnis, von dem GIERLOFF-EMDEN nur in Ansätzen Gebrauch macht. So fehlt in dem für eine "Geographie des Meeres" eigentlich fundamentalen Kapitel "Zur regionalen Gliederung des Meeres" (1980; 533-546) dieser "landschaftliche" Gesichtspunkt gänzlich lich.

3.2. KONZEPTION, AUFGABEN UND GLIEDERUNG EINER "MARITIMEN GEOGRAPHIE" NACH PAFFEN 1964

Von einer Konzeption der Meeresgeographie wie einer anderen Teildisziplin muß erwartet werden, daß sie ausgehend von grundsätzlichen Überlegungen und klaren Definitionen eine fachbegründete systematische Einordnung versucht und wesentliche Inhalte als Forschungsziele aufführt. Derartige Versuche hat es für die Geographie des Meeres in jüngerer Zeit von unterschiedlicher Seite gegeben (PAFFEN 1964, FALICK 1966, MARKOV 1971, 1976, COUPER 1978a, UTHOFF 1983). Eine vergleichende Analyse der Ausgangspunkte, Grundpositionen sowie einzelnen methodischen und inhaltlichen Vorschläge ist zur gegenwärtigen Bestandsaufnahme der Geographie des Meeres unabdingbar.

Es gibt wohl wenige grundsätzliche Fachartikel, die über einen längeren Zeitraum hinweg die Richtung und Methode eines Teilbereichs der Geographie mehr bestimmt haben, als KH. PAFFENs Aufsatz über "Maritime Geographie" in der "Erdkunde" (1964). Dieser soll nach den im vorangehenden Abschnitt im Zeitabstand von nahezu 20 Jahren vom Verfasser selbst gegebenen Erläuterungen hier nur im Überblick behandelt werden.

PAFFENs Vorstellungen sind im wesentlichen noch heute unverändert aktuell. Aus heutiger Sicht war seine meeresgeographische Neukonzeption nicht nur eine originäre Leistung, sondern auch "die Basis für eine Erneuerung dieser bislang stark vernachlässigten Teildisziplin des Faches" (KLUG 1984; 3). Eine unmittelbare Wirkung blieb indes in Deutschland zunächst aus, um so wichtiger erscheint der Widerhall, den seine Ideen im Ausland fanden. Konzeptionelle Ähnlichkeit oder Ideenkonvergenz wird in den Ansätzen von FALICK 1966 und MARKOV 1976 sichtbar. PAFFENs grundsätzliche Ausführungen zur "Stellung der Geographie des Meeres und ihre Aufgaben im Rahmen der Meeresforschung" (so der Untertitel) wurden schließlich auch für die Neubegründung der Meeresgeographie Ende der 70er Jahre wieder von Bedeutung (KELLERSON 1978, KORTUM 1979).

KH. PAFFEN (1914-1983) stammte aus Moers am Niederrhein und war somit ein weiterer Binnenländer in der Reihe der am Meer interessierten deutschen Geographen. An der Küste hat er nur etwa ein Dutzend Jahre während seines Ordinariats an der Universität Kiel gelebt, ohne daß ihm dieser Raum innerlich näherrückte als seine rheinische Heimat. Seit seiner Habilitation in Bonn 1951 entwickelte er ein sehr breitgefächertes Interessenfeld, das von der Vegetationsgeographie über Klimageographie, Kartographie und Landschaftskunde bis zu Arbeiten zur iberoamerikanischen Landeskunde reichte. Das besondere an seiner Konzeption zur Maritimen Geographie war seine über die Jahre gewachsene breite Fachgrundlage einer einheitlich gesehenen Geographie mit vorwiegend naturwissenschaftlicher Ausrichtung. Seit 1955 hatte PAFFEN in Bonn auf Anregung TROLLs die Geographie des Weltmeeres in einem regelmäßigen Turnus von Vorlesungen und Seminaren gelehrt. Aus seiner Mitarbeit im Deutschen Ausschuß für Meeresforschung im Rahmen der SCOR in Vertretung TROLLs erwuchs in Konfrontation mit anderen Meereswissenschaften das Bestreben, durch eine theoretische Fundierung der Geographie im marinen Bereich eine weitere Mitarbeit zu sichern. Dies geschah erstmals in der Denkschrift zur Meeresforschung 1962 (BÖHNECKE/MEYL 1962; 57-59), damals noch unter der Überschrift "Marine Geographie" (vgl. 3.1.).

Dem "Erdkunde"-Artikel folgte wenig später auf Intervention von PAFFEN hin eine Aufnahme des Stichworts "Maritime Geographie" mit einer verkürzten Wiedergabe der wesentlichen Grundgedanken von 1964 in der Neubearbeitung des Fischer-Lexikons "Geographie" von FOCHLER-HAUKE (1968). Damit erscheint zum ersten Male dieser neue Begriff in einem Lexikon gleichberechtigt neben den herkömmlichen Arbeitsbereichen. Eine gewisse äußere Verankerung der "Maritimen Geographie" wurde somit trotz des überwiegenden Desinteresses der Geographenwelt gesichert und einem großen Publikum dokumentiert. Eine italienische Übersetzung des Lexikons folgte 1973 (vgl. dort unter "geografia maritima").

Ferner war bereits 1970 im Boletin Geografico des Instituto Brasiliero de Geografia in Übersetzung unter dem Titel "Geografia marinha" ein Auszug des Aufsatzes von 1964 erschienen. Dies führte zu einer Aufnahme der Maritimen Geographie in die Lehre an der Bundesuniversität in Rio de Janeiro und teilweise in die Lehrpläne an Höheren Schulen in diesem Langküstenstaat, der seither sein meereskundliches Forschungspotential zur Nutzung seiner ausgedehnten Wirtschaftszone nicht zuletzt mit deutscher Unterstützung ausgebaut hat.

PAFFEN fügte seinem Artikel 1964 eine umfangreiche Dokumentation bis zu diesem Zeitpunkt vorliegender meeresgeographischer Arbeiten bei. Es würde hier zu weit führen, diese bis heute ergänzen zu wollen, da eine sehr angeschwollene Literatur zur Meeres- und Küstenforschung aus dem In- und Ausland zu berücksichtigen wäre, ohne daß Vollständigkeit möglich ist. Im folgenden werden deshalb nur einige ausgewählte neuere Arbeiten zu den Einzelgebieten aufgeführt. Für weitere Verweise bietet sich das umfangreiche Register und Literaturverzeichnis von GIERLOFF-EMDEN (1980) an.

PAFFEN gestand zwar ein, daß man die Wiederbelebung des geographischen Interesses und die Intensivierung der geographischen Arbeit im marinen Bereich auch im Rahmen des traditionellen Systems der Geographie durchführen könnte. Ein solches liegt seit 1970, im wesentlichen unwidersprochen, als "Organisationsplan und System der Geographie" von UHLIG (1970) vor. PAFFENs allgemeingeographischer und im Prinzip taxonomischer Konzeptionsansatz lief zusammengefaßt darauf hinaus, die jeweils marinen Aspekte der physisch-geographischen und anthropogeographischen "Geofaktorenlehren" zu einem geo-ökologischen und kultur- und sozialgeographischen Komplex zu verknüpfen. Der Schwerpunkt seines Ansatzes lag im ersten Bereich, den er als "marine Landschaftskunde" auffaßte. Die "Maritime Geographie" gipfelte nach seinem damaligen Wissenschaftsverständnis in der "Maritimen Länderkunde", wie sie als "spezielle Meereskunde" von SCHOTT betrieben und von DIETRICH als Desiderat gefordert wurde.

Dieser Grundansatz hat auch heute nicht nur methodische und didaktische Vorzüge. Letztlich liegt er auch in der inhaltlichen Teilintegration den zwei aus heutiger Sicht für die Zukunft am vielversprechendsten Ansätzen einer Geographie des Meeres zugrunde: der geoökologische Systemforschung im Meeres- und Küstenraum, wie sie GIERLOFF-EMDEN (1980) teilweise vertritt, sowie der anwendungsbezogene Ressourcen-Nutzungs-Analyse angelsächsischer Prägung, wie sie von COUPER 1978a und UTHOFF 1983a gefordert wird. Diese beiden Arbeitsbereiche lassen sich den jeweils unteren bzw. oberen "Inhaltsschichten" der Meeresforschung nach dem DIETRICHschen Strukturschema zuordnen. Die meereskundlichen und geographischen Konzeptionen sind mithin im Prinzip nicht weit voneinander entfernt.

Die inhaltlichen Aufgaben und Forschungsziele faßte PAFFEN für die Geographie des Meeres folgendermaßen zusammen (1968, 250-253):

> Die Aufgaben der Maritimen Geographie erwachsen einmal aus der im marinen Bereich gegenüber den Festländern in vielem andersgearteten und andersgeschichteten geographischen Substanz, zum andern aus der spezifisch geographischen Fragestellung nach den irdischen Raumeinheiten, den Raumstrukturen und Raumordnungsprinzipien der Erscheinungen. Diese müssen, dem dualistischen Charakter der Geographie entsprechend, ihre allgemeingeographische Behandlung in einer physischen und einer Kulturgeographie des Meeres erfahren, die beide in der Regionalgeographie der Ozeane zusammenfließen.
>
> 1. In der Küstenmorphologie hat die Geographie noch den engsten Kontakt mit der Meeresforschung aufrechterhalten. Nachdem die allgemeinen Gesetzmäßigkeiten der Küstengestaltung und Küstentypen weitgehend geklärt waren, hat sich die neue Küstenforschung mit Schwerpunkten in USA, Großbritannien, Frankreich, Dänemark und neuerdings wieder in Deutschland mit verfeinerten Methoden dem vertieften

Studium der Kausalzusammenhänge der Küstengenese zugewandt, z.T. unter Zuhilfenahme der Luftbildauswertung, die auch der regionalen Küstenforschung dient. Auch die seit langem von Geographen betriebenen Forschungen über die seit dem Pleistozän durch Meeresspiegelschwankungen verursachten Strandverschiebungen und Küstenveränderungen gehören hierher (vgl. KELLETAT 1983b, KLUG 1984 u.a.).

2. Die Topographie und Morphologie des Meeresbodens - im Schelf- und Tiefseebereich nach Methoden und Schwierigkeit der Aufgabe verschieden - ist ein Gebiet engster Zusammenarbeit von ozeanographischer Tiefenmessung (Tiefenlotung und Bodenwasserbewegungen), geologischer Meeressedimentologie und von morphologischem Verständnis getragener Meeresbodenkartographie als Voraussetzung für die submarine morphogenetische Formenerklärung, die im Rahmen des gesamtirdischen Formenschatzes und daher auch geographisch gesehen werden muß (vgl. BOURCARD 1949, HEEZEN et al. 1959, ULRICH 1963, 1966, 1969, 1970, 1979, 1980, 1982, SEIBOLD 1974 u.a.).

3. In der maritimen Klimageographie gilt es, einmal die klimatischen Differenzierungen und Zusammenhänge zwischen benachbarten marinen und festländischen Klimaräumen eingehender zu klären, zum andern aber vor allem auf Grund des im marinen Bereich ganz erheblich ausgeweiteten meteorologischen Beobachtungsmaterials auch die klimaregionale Gliederung der Ozeane und ihre Klimacharakteristik vorwärtszutreiben und zu verfeinern. Dazu müssen auf den Meeren mangels der auf den Festländern durch Vegetation, Böden, Relief usw. sichtbaren Klimagrenzen ausgesprochen ozeanographische Fakten wie die Verteilung des Oberflächensalzgehaltes als primäre Folge von Niederschlag und Verdunstung oder des Meereises herangezogen werden (vgl. BROOKS 1970, SHULEYKIN 1971, MONIN 1977, LOON 1984).

4. Die maritime Hydrogeographie, der ursprünglichen geographischen Ozeanographie entsprechend, hat den größten Teil ihrer Aufgaben an die moderne Meereskunde abgegeben. Doch ist ihr dank ihrer spezifischen Betrachtungsweise die Aufgabe erhalten geblieben, an der Aufstellung und Abgrenzung der maritim-hydrographischen Regionen entscheidend mitzuwirken. Das ist bisher geographischerseits vor allem auf den Gebieten der Meeresströmungskartographie und der Meereisforschung geschehen und kann durch ein verstärktes Interesse für die regionalen Differenzierungen der Meerwasserfarben gefördert werden, die als Gesamtausdruck vieler Naturfaktoren mangels der für die Festländer typischen Merkmale ein entscheidendes Charakteristikum der Meeresregionen darstellen (vgl. DIETRICH et al. 1975 u.a. Lehrbücher der Ozeanographie).
Ein wichtiges Feld der Zusammenarbeit vieler Geowissenschaften ist die Erforschung des gesamtirdischen Wasserhaushaltes, an der die Geographie seit langem wesentlichen Anteil hat. Dabei spielt die Kenntnis sowohl des festländischen Abflusses zum Meer als auch des Eishaushaltes, vor allem der Antarktis, eine entscheidende Rolle, an

dessen Erforschung Geographen wesentlich mitwirkten (vgl. ausführlicher in Teil II). Für die Fragen der sedimentäreustatischen Meeresspiegelhebungen sowie des Stoffhaushaltes der Ozeane ist auch die Kenntnis der von den Festländern ins Weltmeer abgeführten Abtragungsprodukte von größter Bedeutung.

5. Die maritime Biogeographie ist wie die gesamte Tiergeographie bislang ein Stiefkind der Erdkunde geblieben. Sie darf sich nicht in einer meeresbiologisch-floristisch-fanistischen Arealkunde erschöpfen, sondern muß die biogeographische Raumgliederung im Bereich der Meeresoberfläche nach marinen Lebensräumen, ihrer biotischen Ausstattung und biozönotisch-ökologischen Differenzierung zum Ziel haben. Hierfür liegen jedoch erst erste Ansätze vor, besonders auf dem Gebiet der planktonisch-ökologischen Großraumgliederung. Es fehlt aber noch eine der festländischen Vegetationsgeographie vergleichbare, gleichwertige marine Aufgabenstellung, die mit der folgenden engstens verknüpft ist (vgl. FRIEDRICH 1965, TAIT 1971, TARDANT u.a.).

6. Bei der Frage der Aufstellung, Abgrenzung und inhaltlichen Erfassung der marinen Naturregionen ("maritime Landschaftskunde") dürften sich die Grundprinzipien der modernen Naturraumauffassung und ökologischen Landschaftsforschung, wenn auch, dem andersgearteten Medium entsprechend, modifiziert, auch auf die naturräumliche Gliederung des Weltmeeres übertragen lassen. Dabei wird man geographischerseits weniger einer auf dem dreidimensionalen physikalischen Stromfeld der Ozeane basierenden genetischen Regionalgliederung des Weltmeeres (DIETRICH 1956) zuneigen, als vielmehr einer vorwiegend auf die im marinen "Landschaftsbild" sichtbaren Wirkungen bezogenen geographischen Gliederung des Meeres den Vorzug geben einschließlich der regionalen Unterschiede des Seeganges, der Himmelsbedeckung und Wolkenformen (vgl. SCHÜTZLER 1970, SOLNTSEV 1971, DIETRICH 1972 u.a.).

Für PAFFEN war es 1964 und 1968 noch "unzweifelhaft, daß im marinen Bereich den physisch-geographischen Fragestellungen heute und wohl auch in Zukunft eine Vorrangstellung vor der kulturgeographischen gebührt... Die heutige Meeresforschung ist daher noch ganz überwiegend naturwissenschaftlich orientiert, wenn auch neben der Grundlagenforschung eine intensive angewandte Forschung in Hinblick auf die menschlichen Nutzungsmöglichkeiten betrieben wird" (PAFFEN 1964; 46). Diese konzeptionell eingeengte Sicht läßt sich heute nach der stürmischen Entwicklung der Meerestechnik im Offshore- und Tiefseebereich angesichts der zunehmenden wirtschaftlichen und politischen Bedeutung des Weltmeeres nicht mehr aufrecht halten. Es scheint vielmehr, daß der kultur- und wirtschaftsgeographische Problembereich bei der Behandlung des Meeres neue zukünftige Forschungsfronten für die Geographie des Meeres birgt. PAFFEN hat eine Anthropogeographie des Meeres nur schlagwortartig mit einigen Literaturhinweisen skizziert. Er gliederte sie 1964 in seiner allgemeingeographischen Taxonomie wie folgt:

7. Allgemeine Kultur- und Sozialgeographie des Meeres (Das Weltmeer als eine Völker, Kulturen und Nationen prägende Kraft; vgl. CHAPIN/WALTON-SMITH 1952, ANDRESEN 1979, VITZTHUM 1981, ALBRECHT 1982 u.a.)

8. Historische Geographie des Weltmeeres (Die Meere als Wanderstraßen und Entfaltungsräume von Völkern und Kulturen; vgl. GIERLOFF-EMDEN 1979 u.a.)

9. Politische Geographie des Meeres (Die Meere als politische Macht-, Expansions-, Schutz- und Verteidigungsräume; vgl. WIENER 1972, HEROLD 1975, PRESCOTT 1975, ARCHER/BEASLEY 1975, MC DOUGLAS/BURKE 1975, GLASSNER 1978, COUPER 1978b, MANGONE 1978, Deutsches Marine-Institut 1979 und 1978, UTHOFF 1983a, KRÜGER-SPRENGEL 1983, United Nation 1983, BUCHHOLTZ 1983b, u.a.).

10. Wirtschaftsgeographie des Meeres (Das Weltmeer als Nahrungsquelle und Wirtschaftsraum; vgl. KRONE 1963, BARTZ 1964, BESANÇON 1965, GULLAND 1971, MOISEEV, 1971, FAO 1972, ANDERSON 1977, UTHOFF 1978 und 1983c; allgemein zu Meeresnutzung: MERO 1965, BARDACH 1972, SCHOTT 1972, SKINNER/TUREKIAN 1973, VICTOR 1973, ROSS 1980, VITZTHUM 1981, PREWO 1982, KELLERSOHN 1983, HARTJE 1983 u.a.)

11. Verkehrsgeographie des Meeres (Die Meere als völker- und erdteilverbindende Verkehrsbahnen und Verkehrsräume; vgl. ALEXANDERSON/NORSTRÖM 1963, VIGARIE 1968, BOYER 1978, COUPER 1972, OBENAUS/ZALEWSKI 1979 u.a.).

Faßt man die einzelnen, mehr oder weniger gesonderten Meeresräume der Ozeane, Mittel-, Rand- und Nebenmeere mit ihren in das politische und wirtschaftliche Geschehen einbezogenen Funktionen als den kontinentalen Ländern analoge marine Erdräume auf, so muß die geographische Meeresforschung schließlich nach PAFFEN in einer ganzheitlichen "maritimen Länderkunde" gipfeln. Eine solche Regionalgeographie des Meeres hat die Meeresräume in ihrer physisch- wie kulturgeographischen Struktur zu analysieren und als länderkundliche Raumeinheiten darzustellen, und zwar unter Einschluß der unmittelbar an- oder umgrenzenden Festlandsteile. G. SCHOTTs klassischen Regionaldarstellungen des Atlantischen sowie Indischen und Stillen Ozeans sind bislang jedoch erst wenige ähnlich geartete gefolgt. So bleibt heute immer noch viel zu tun, ehe die Regionalgeographie des Meeres gleichwertig und gleichberechtigt neben der kontinentalen Länderkunde steht. Gerade auf dem Sektor der planungsrelevanten speziellen Meereskunde kann teilweise auf geoökologische Modelle zurückgegriffen werden. Für die Praxis haben regionale Meeresdarstellungen schon immer eine wichtige Bedeutung gehabt (vgl. Rat der Sachverständigen 1980).

Der Begriff "Meeresgeographie", der in dieser Schrift weitgehend identisch mit den Bezeichnungen "marine" oder "maritime Geographie" und "Geographie des Meeres" verwendet wird, kann zwar, wie es die Konzeptionen

PAFFENs (1964), MARKOVs (1971, 1976) oder COUPERs (1978a) zeigen, fachwissenschaftlich begründet werden, läßt aber durchaus auch allgemeinere und eingeschränktere Bedeutungsvarianten zu. So gab es von Seiten des Deutschen Hydrographischen Instituts in den 50er Jahren, als DIETRICH Referatsleiter für Regionale Ozeanographie war, das Bestreben, in den für die praktischen Belange der Schiffahrt herausgegebenen und als Standardausstattung für die Brücken aller deutschen Schiffe vorgeschriebenen "Seehandbüchern" den Begriff "meeresgeographische Verhältnisse" als Überschrift für die Beschreibung der jeweils behandelten Seegebiete zu verwenden. Dieser später unter "natürliche Verhältnisse" behandelte Abschnitt deckte aber nur den meereskundlich-meteorologischen Komplex ab, sofern er für die Schiffsführung wichtig ist (vgl. auch KRAUSS/STEIN: "Meeres- und Wetterkunde für Seefahrer", 1958).

Besonders die für eine Geographie des Meeres interessanten "Ozeanhandbücher" des DHI für den Atlantischen Ozean (Nr. 2057, 1952, nördlicher Teil; 2057/II/1954) sowie den Indischen Ozean (2058/1962) bewahren in starkem Maße das Erbe Gerhard SCHOTTs und der Darstellungsmethodik in den von ihm verfaßten Ozeanmonographien (Geographie des Atlantischen Ozeans, 1942 u.a.). Im Handbuch des Atlantischen Ozeans, das die vierte, völlig neu bearbeitete Auflage des noch unter SCHOTT zusammengestellten altbewährten Dampferhandbuch für den Atlantischen Ozean von 1928 darstellt, wird unter Teil A vor der ausführlichen Behandlung der Schiffswege (Teil C) und Hinweisen für die Schiffsführung allgemein (Teil B) die "Meeresgeographischen Verhältnisse" dargestellt (I. Die Grenzen und Gebiete des Nordatlantischen Ozeans, II: Erdmagnetische Verhältnisse, III: Klima und Wetter, IV: Die tropischen Wirbelstürme, V: Oberflächenströmungen und VI: Die Eisverhältnisse) - Hiermit wird deutlich, daß seit dem 17. Jh. die enge Verbindung von Seefahrt und Meeresgeographie auch heute noch gegeben ist. In gleicher Weise könnte man die russischen Ozean-Atlanten und Handbücher als "angewandte Geographie des Meeres" kennzeichnen, die auf die praktischen Belange der Seefahrt zugeschnitten ist und keine wissenschaftliche Systematik und Vollständigkeit anstrebt.

4. Neuere Entwicklung und Stand der Geographie des Meeres im Ausland

4.1. FORTSCHRITTE DER "GÉOGRAPHIE DE LA MER" IN FRANKREICH

Eine regional auf einen Kulturraum beschränkte disziplingeschichtliche und methodologische Untersuchung sollte zumindest für die neuere Zeit einen Blick über die Grenzen werfen. Die Rezeption des meeresgeographischen Gedankenguts SCHOTTs und PAFFENs im Ausland zeigte bereits, daß internationale Querverbindungen die konzeptionelle Weiterentwicklung der Geographie des Meeres gefördert haben. Umgekehrt ist zur Standortbestimmung dieses Bereichs im Rahmen einer Bestandsaufnahme eine Kenntnis der maritim-geographischen Arbeiten in anderen Ländern erforderlich, da sich aus diesen wichtige Anregungen und Rückwirkungen auch für die Ausrichtung der Forschung in Deutschland ergeben können. Dies gilt besonders für die englische Weiterentwicklung der Maritimen Geographie durch COUPER und andere. Im folgenden werden beispielhaft nur die Entwicklungen der Geographie des Meeres in Frankreich, der Sowjetunion sowie im angelsächsischen Bereich behandelt, sofern sie in der genannten Richtung wirksam werden könnten.

Mit gewissem Recht kann man behaupten, daß es ein konzeptionelles Ringen um Inhalt und Ziele der Meeresgeographie eigentlich nur in den Ländern gegeben hat, in denen die Geographie von der Ozeanographie "abgekoppelt" wurde und sich damit ein Zwang zur Selbstbehauptung als Rechtfertigung für weiteres Arbeiten im Meeresbereich ergab. Ein recht eindrucksvolles Gegenbeispiel stellt die Entwicklung der Meeresgeographie in Frankreich dar. Hier kann wiederum nicht die bedeutenden Beiträge der Franzosen zur Entwicklung der Meeresforschung in früher und moderner Zeit im einzelnen dargestellt werden. Frankreich ist eine alte maritime Nation mit frühen weltweiten Meeresinteressen. Es ist wie Deutschland und die USA zwei Meeren zugewandt: dem Mittelmeer und dem Atlantik.

Beide Küstenräume waren gleichermaßen eine maritime Herausforderung. An der französischen Mittelmeerküste wirkte MARSIGLI als "lost father of oceanography" und gründete Prinz ALBERT I. von Monaco sein Ozeanographisches Museum (1910). - Die Bretonen sind neben den Basken eines der seezugewandten alten Küstenvölker am Nordostsaum des Atlantischen Ozeans. Sie stellten einen Teil der Schiffsmannschaften für die großen ozeanischen Erkundungsfahrten Frankreichs im 18. Jhd. und betrieben eine transatlantische Fernfischerei nach Neufundland, wo die noch heute französischen Inseln St. Pierre und Miquelin als Reste des nordamerikanischen Kolonialbereichs neue Seerechtsprobleme aufwerfen. In der Bretagne selbst entstanden dann nicht nur die 1872 durch Henri LACAZE-DUTHIER gegründete "Station biologique" von Roscoff - eine der acht französischen Einrichtungen dieser Art zur Jahrhundertwende -, sondern auch das erste große Gezeitenkraftwerk in der Rance-Mündung als Zeichen des bis heute immer wieder in Erscheinung tretenden innovativen französischen Ingenieurgeistes auf dem Gebiet der Meerestechnik.

Über die Entwicklung der französischen Ozeanographie in ihrer überwiegend biologischen Orientierung berichtete 1972 eine kurze Festschrift des Centre National des Recherches Scientifiques zum 100-jährigen Jubiläum der Roscoff-Station (Le Courrier du CNRS, 5, H. 3, Paris 1972) mit Beiträgen von J. BERGERAND ("100 Ans d'Océanographie"), J. THEORODIES (Les Debuts de L'Océanographie biologique et biologie marine) sowie H. LACOMBE (L'Evolution de l'océanographique physique depuis 1900). Gerade der letzte, durchaus internationale Entwicklungen berücksichtigende Artikel ist wegen seiner personen- bzw. ideenorientierten Typisierung der Entwicklungsphasen der Meereskunde im Zusammenhang dieses Bandes bemerkenswert, da nach der "Challenger"-Fahrt u.a. mit Recht eine skandinavische Epoche (KNUDSEN, BJERKNES, NANSEN, EKMANN u.a.) und eine folgende "deutsche Ära" im Umfeld der "Meteor"-Fahrt (MERZ, WÜST, DEFANT) unterschieden wird. Für die neuere Entwicklung der Meereskunde in Frankreich wurde organisatorisch das 1967 gegründete CNEO (Centre National pour l' Exploration des Océans) koordinierendes Rückgrat für alle nationalen und internationalen ozeanographischen Forschungsaktivitäten.

Über die Maritime Geographie haben die Franzosen nicht theoretisiert, sie haben sie wie selbstverständlich betrieben, wie ein Querschnitt durch die neuere geographische Forschung zeigt. Es kam in Frankreich aus hier nicht darzustellenden Gründen zu keinem Bruch zwischen Geographie und Ozeanographie, so daß sich die erstgenannte Disziplin organisch weiterhin recht intensiv mit Meeresfragen auseinandersetzte, und zwar hauptsächlich auf den Gebieten Küstenmorphologie (Laboratoire de Géomorphologie et l' école pratique des Hautes Etudes in den Küstenorten Dinard und Montrouge), Bodenmorphologie des Weltmeeres (BOURCART 1949, GUILCHER 1954), Fischereigeographie (CARRÉ 1980), Seetransport (BOYER 1978) sowie Hafengeographie. Entscheidend erscheint hierbei, daß der Begriff "Géographie de la Mer" nie umstritten war und in Forschung und Lehre verankert blieb: Dieses mag wiederum auf frühe Vorarbeiten zurückzuführen sein, die besonders von C. VALLAUX geleistet wurden (Géographie génerale de la mer, 1933). Seither wurde der Begriff "Géographie" öfter in Buchtiteln verwendet, hervorzuheben sind hier besonders J. BOURCART (Géographie du fond du mer, 1949), die sehr anregende "Geographie de la pèche" von J. BESANÇON (1965) oder die in Titel und Konzeption bis dahin einmalige "Géographie des mers" von M.F. DOUMENGE. Dieser war Schüler des großen französischen Meeresgeographen Andre GUILCHER, der selbst mit zahlreichen Veröffentlichungen zu Einzelfragen der Géographie des Meeres hervortrat (1954, 1964, 1970, 1980). A. GUILCHER, der laufend für Zeitschriften umfangreiche Berichte zu Fortschritten der Ozeanographie verfaßte, beherrscht die maritimgeographische Scene Frankreichs in starkem Maße gegenüber den eigentlichen Meereskundlern, von denen hier nur V. ROMANOVSKY (1966), J.M. PERES (1961) oder der mehr durch Populärdarstellungen bekannten J.Y. COUSTEAU (1973) genannt sein sollen.

GUILCHER konnte als Präsident der Kommission für Ozeanographie des Comité National den Géographie im Rahmen des Schwerpunktprogramms des CNRS (Centre National des Recherches Scientifiques) mit einem Band mit dem Titel "Géographie de la Mer et des côtes dans l' Atlantique Nord et ses mers bordières" die Meeresgeographie in vielfacher Weise fördern und im französischen Wissenschaftsgebäude fest verankern. Meeresgeographie blieb in Frankreich bis heute fester, unumstrittener Bestandteil der Geographie. Schon 1963 gab es etwa einen Sonderband "Géographie de la Mer" im "Bulletin de la Section de Géographie", das vom "Comité des travaux historiques et scientifiques" des Erziehungsministeriums herausgegeben wurde.

Somit war die Herausgabe eines Themenheftes zur Meereswirtschaft der Norois über "L' exploitation des océans" (April/Juni 1980) nichts außergewöhnliches. Dieser Band zeigt mit Autoren wie A. GUILCHER, F. CARRÉ, J.DOMINGO, F. DOUMENGE, J.R. VANNEY, A. LUCAS u.a. das heute sehr breite personelle und inhaltliche Spektrum der französischen Geographie des Meeres, das in dieser Form international wohl einmalig ist. Daneben kam es natürlich auch in Frankreich zu einer wissenschaftlichen Auseinandersetzung mit den geographischen Implikationen der Seerechtsneuordnung. Eine hervorragende meerespolitische und seewirtschaftliche Dokumentation legten etwa L. LUICCHINI und M. VOELCKEL 1977 vor. Beide Autoren sind indes keine Geographen, sondern Experten in Internationalem Recht. Es deutet sich hierbei eine in Zukunft wohl auch in der Bundesrepublik mögliche Zusammenarbeit zwischen der Geographie und den Politik- und Rechtswissenschaften an.

Von besonderer Bedeutung ist sicher die "Géographie des Mers" von F. DOUMENGE (1965). Sie wird vom Anspruch des Titels her aber einer komplexer anzugehenden allgemeinen Geographie des Meeres nicht voll gerecht, steht aber in der Behandlung der drei Hauptabschnitte (Le milieu physique et biologique, La mer, source de richesse und La mer entre le peuple et domaine de loisirs) in der französischen Arbeitsrichtung.

Eine "Geographie des Meeres" ist vom Inhalt her nach den obigen Darlegungen sehr wohl auch ohne ein ausgefeiltes, im Konsensus gefundenes und allseitig anerkanntes Konzept möglich. Dies zeigen die zahlreichen, oft sehr anregenden meeresgeographischen Einzelarbeiten in Frankreich.

Wollte man der Hypothese folgen, daß sich in der geographischen Behandlung des Meeres in den einzelnen Ländern vielleicht auch grundsätzliche, historisch-kulturell bedingte Perzeptionsunterschiede des ozeanischen Raumes niederschlagen - dieses deutete auch WALTON 1974 an -, so hat Frankreich vielleicht aus der Sicht der Geographie das "natürlichste" Verhältnis zum angrenzenden Weltmeer gefunden. Es ist aber sehr wohl zu beachten, daß die wissenschaftspolitischen Situationen in einzelnen Ländern weitgehend von herausragenden Persönlichkeiten und ihrem Wirken bestimmt werden. Diese fanden sich nicht immer zur rechten Zeit.

4.2. ENTWICKLUNG UND ERGEBNISSE DER "OZEANGEOGRAPHIE" IN DER SOWJETUNION

Die weitere fachinterne theoretische Auseinandersetzung um den erneuten Einbau des Meeres in die Geographie wurde nach PAFFENs Beitrag (1964) von ausländischen Ansätzen getragen, die zunächst erstaunlicherweise nicht von den traditionellen maritimen Nationen, sondern von der gemeinhin als "festländisch denkend" eingestuften Sowjetunion ausgingen. Hier wurden - weitgehend selbständig - in den letzten 10 Jahren auf verschiedenen Gebieten der "Ozeangeographie" in Theorie und Praxis besondere Fortschritte erzielt, die bislang erst wenig Beachtung fanden und deshalb eine etwas eingehendere Darstellung verlangen. Aus ihnen ergeben sich manche methodische Anregungen für meeresgeographische Arbeiten in Deutschland.

Zunächst sollte auf die Frage zurückgekommen werden, warum maritim-geographisches Gedankengut sich besonders hier - wenn auch spät - entfalten konnte. Hierfür scheinen mehrere Erklärungen möglich:

Zum einen hat sich die Sowjetunion nicht nur seit ihrer nunmehr über 20jährigen, sehr intensiven Beteiligung an der internationalen Meeresforschung einen eigenen ozeanographischen Forschungsapparat mit einer Flotte gut ausgerüsteter Forschungsschiffe aufgebaut, sondern verfolgt wie Rußland seit der Zeit PETER DES GROSSEN kontinuierlich, wenn auch bislang ohne dauerhaften Erfolg, globale seestrategische Ziele, die im Nordmeer-, Ostsee- und Pazifikbereich auf die Gewinnung von eisfreien Häfen und die Kontrolle vorgelageter Meerengen gerichtet sind. Die Rote Flotte ist heute auf allen Meeren präsent und kann nicht auf weltweite ozeanographische Forschung verzichten. Aus diesen Gründen haben die sowjetische Meeresforschung und Aktivität zur See allgemein von vornherein aus der Situation des "Zuspätgekommenen" einen viel ausgeprägteren geographisch-geopolitischen Aspekt und durften großzügiger staatlicher Förderung sicher sein. Dies gilt auch für die Geographie des Meeres.

Aber auch andere Gründe für die in der UdSSR selbstverständliche Inkorporation der Geographie in der Meeresforschung sind noch zu nennen: Einmal ergänzen sich beide Disziplinen besonders in der Erforschung der Polargebiete, hier besonders im Arktischen Ozean, hervorragend. Der Zusammenhang zwischen Polarforschung, Geographie und Meereskunde, der in Deutschland schon mit A. PETERMANN begann, bei der GAUSS-Expedition unter E. v. DRYGALSKI (1901-03) besonders hervortrat und auch heute beim Aufbau und der Arbeit der Antarktisforschung in der Bundesrepublik ein größeres Zukunftspotential hätte, war in der Sowjetunion und vorher im Zarenreich sehr viel enger und hat zur stärkeren Entwicklung einer meeresgeographischen Komponente erheblich beigetragen.

Zudem muß daran erinnert werden, daß in der Vorphase der wissenschaftlichen Meeresforschung in der Zeit der "Weltumsegelung" des 18. und 19. Jahrhunderts Rußland unter maßgeblicher Beteiligung deutscher Naturforscher hervorragende Leistungen aufzuweisen hatte, die bisher meist wenig gewürdigt oder gänzlich übergangen wurden (vgl. aber SCHARNOW 1978).

Aufgabe kann es in diesem Zusammenhang nicht sein, die beachtenswerten Ergebnisse der sowjetischen Meeresforschung insgesamt darzustellen. Es soll aber beispielhaft auf einige größere Arbeiten aus dem Bereich der physischen Ozeanographie, der Fischereiforschung und der marinen Rohstoffexploration hingewiesen werden, die auch in englischen Übersetzungen leichter zugänglich sind (MONIN et al. 1977, MOISEEV 1971, SOKOLOW et al. 1973).

Diese Zusammenhänge mögen vielleicht zum Verständnis der Tatsache dienen, daß sich die Meeresgeographie gerade in der Sowjetunion als selbständige Forschungsrichtung innerhalb der geographischen Wissenschaft neu entfalten konnte. Im folgenden soll ausführlicher nur auf die theoretisch-methodische Konzeption der russischen Geographie in bezug auf den Meeresraum eingegangen werden. Hinzuweisen ist ferner auf die Ozean-Atlaskartographie der Sowjetunion.

Wesentliche Impulse der konzeptionellen Auseinandersetzung gingen auf K.K. MARKOV vom Geographischen Institut Wladivostok zurück, der seine Grundzüge einer "Marinen Geographie" erstmals auf dem 5. Kongress der sowjetischen Geographischen Gesellschaft in Leningrad 1970 vortrug (MARKOV 1971). 1976 hat er seine Vorstellungen in Zusammenarbeit mit anderen wesentlich erweitert.

Zusammenfassend kann gesagt werden, daß MARKOV wie PAFFEN (1964) die Thematik einer "Marinen Geographie" als einen selbständigen und gleichberechtigten Zweig innerhalb des geographischen Lehrgebäudes herausstellen will. Es werden dabei mehrere Vorschläge empfohlen, diese neue Disziplin "lebensfähiger" zu gestalten. Genauso, wie die terrestrische Geographie der horizontalen und vertikalen "Zonalität" große Beachtung schenkt, sollte nach MARKOVs ersten Vorstellungen dieser Gesichtspunkt zunächst auch für die "marine Geographie" Forschungsschwerpunkt sein. Geographie als Wissenschaft wird dabei von MARKOV als ein dualistisches System von "Disziplinen" verstanden, wobei sich terrestrische und marine Geographie als zwei sich ergänzende Zweige mit gemeinsamen Forschungsinteressen vereinen. Zunächst hätten zum Aufbau der marinen Geographie in der UdSSR vier organisatorische Schritte Vorrang: 1) Tagungen der Meeresgeographen mit Diskussionen über die Hauptforschungsprobleme, 2) Beteiligung der marinen Geographie bei Forschungsvorhaben mit ozeanographischen Forschungsschiffen, 3) Zusammenstellung regionaler Handbücher über die Geographie der einzelnen Ozeane sowie 4) die Veröffentlichung eines (bislang noch nicht vorliegenden) Lehrbuchs der marinen Geographie.

Schon 1973 hatte das Präsidium der Akademie der Wissenschaften der UdSSR die Veröffentlichung einer 5 - 6 bändigen Geographie der Ozeane beschlossen. Die ersten beiden Bände werden zunächst allgemeine Aspekte der Ozeanographie und der marinen Umwelt berücksichtigen, während die restlichen Einzelbeschreibungen der Ozeane und Meere etwa nach dem SCHOTTschen Muster im Sinne einer "speziellen Meeresgeographie" geben werden (SOLNTSEV 1979).

Es gibt einige Hinweise darauf, daß MARKOV wohl mit den Gedanken PAFFENs zur "Maritimen Geographie" von 1964 vertraut gewesen sein könnte, obwohl der kurzen ersten konzeptionellen Abhandlung kein Literaturverzeichnis beigefügt ist und die weiteren Ausarbeitungen von 1976 nur einige sowjetische Quellen angeben. Der Grundansatz der beiden Geographen ist jedenfalls weitgehend identisch. Eine Anerkennung der "Marinen Geographie" kann nach MARKOV nur formal geschehen. Erforderlich ist eine klare Definition und Abgrenzung der Aufgaben und eine weitere Entwicklung dieses Zweiges. MARKOV wollte deshalb hierzu in seinem ersten programmatischen Aufriß 1971 und später 1976 einige allgemeine und organisatorische Vorschläge unterbreiten. Er berief sich hierbei weitgehend auf die Initiative und die Unterstützung durch den Vorsitzenden der Ozeanographischen Kommission der Akademie der Wissenschaften und damaligen Nestor der russischen Meeresforschung ZENKEVICH. Dieser beauftragte MARKOV 1968, Empfehlungen für ein internationales 10-Jahresprogramm für Meeresforschung auszuarbeiten. Als Antwort legte MARKOV, wie PAFFEN 1962 für die erste DFG-Denkschrift, ein Programm der Marinen Geographie vor, das allgemeine Zustimmung fand und zur Gründung einer Sektion "Marine Geographie" in der Ozeanographischen Kommission führte.

Es ist bekannt, daß MARKOVs Vorschläge in der UdSSR wohl auch wegen der eingangs kurz umrissenen maritimen Interessenslage der Sowjetunion schnell ein organisatorisches Gerüst erhielten. Mehrere Universitäten nahmen Kurse in Meeresgeographie in ihr Lehrangebot auf, an der Universität Kaliningrad (Königsberg) wurde sogar ein eigenes Institut für Ozeangeographie gegründet. Gerade der sowjetischen Marine war sehr an der Zusammenstellung der von der Abteilung Geowissenschaften in der Akademie der Wissenschaften unter A.P. VINOGRADOV, mehreren Akademiemitgliedern und anderen Behörden und Organisationen betriebenen Monographie der Ozeane gelegen, wobei der Geographie offenbar eine besondere, nicht nur redaktionelle Federführung zugedacht wurde.

Nach Skizzierung dieses Hintergrundes sei auf Einzelheiten der MARKOVschen Konzeption eingegangen, wobei einige Querverweise zur Situation in Deutschland angebracht sind. Nach Ansichten MARKOVs bildet die oberflächliche natürliche Erdhülle - die geographische Sphäre - den Hauptgegenstand der Erdkunde, besonders jene Sphäre, in der das Leben eine maximale Entfaltung erfährt (Biosphäre). MARKOV geht zunächst nur von den Prozessen und Phänomenen des Lebens an der Erdoberfläche als leitendes Prinzip der Forschung aus, das auch in einer Marinen Geographie Anwendung finden könnte.

Auch PAFFEN ging auf die offenen Fragen einer maritimen Biogeographie ein (1964; 56-58), die sich nicht auf floristisch-faunistische Verbreitungen im Meer beschränken darf, sondern sich vielmehr einer ökologisch begründeten Raumgliederung zuzuwenden hätte. Es soll nicht bestritten werden, daß der bio-ökologischen Komplex - jedenfalls für den physischen Bereich einer Meeresgeographie - ein integrierter Forschungs- und Konzeptionsansatz sein kann. Auch in den angelsächsischen Ländern hat sich die meeresökologische Richtung wegen der historisch begründeten meeresbiologischen Ausprägung der Meereskunde stärker durchgesetzt (vgl. u.a. COKER 1966 oder TAIT 1971).

MARKOV ist nicht der Ansicht, daß die Konzentration auf die "Schicht des marinen Lebens" als strenge Begrenzung empfunden werden sollte. Die geographische Sphäre ist auf Land und im Meer vielmehr dreidimensional ausgebildet. Deshalb ist die Geographie des Meeresbodens ebenfalls ein wichtiger Aspekt der Marinen Geographie.

Marine Geographie ist, und hier muß MARKOV voll zugestimmt werden, das Anwendungsfeld einer Reihe von "originär-geographischen Theorieaspekten" auf den Ozean. Hierzu rechnet er die horizontale und vertikale Gliederung der "geographischen Substanz" und die Symmetrie und Asymmetrie der natürlichen Umwelt in der ozeanischen Oberflächenschicht. Die ozeanische Umwelt ist ihrer Natur nach zonal und stockwerkartig gegliedert. Diese Gliederung ist sogar vielfach klarer ausgebildet und viel umfassender als auf dem Lande, wo sie im wesentlichen von A. v. HUMBOLDT und dem Russen V. DOKUCHAYEV theoretisch begründet wurde. Die "Zonalität" umfaßt den gesamten Komplex der die marine Umwelt bestimmenden Faktoren wie Wellen, Wind, Wolkenbedeckung sowie meereschemische und biologische Verteilungsmuster. Sie wird besonders augenfällig in der quantitativen Verteilung des Benthos und des Phytoplanktons. Die zonale Anordnung des marinen Lebens könne bei quantitativer Bestimmung nach MARKOVs Ansicht ein zentrales Problem der Meeresgeographie sein. Bemerkenswerterweise bestimmen sowohl auf dem Land wie im Meer dieselben Faktoren die wechselhafte Anordnung der Verteilung des Lebens in Zonen oder Gürteln.

Der Hinweis auf HUMBOLDT im modernen meeresgeographischen Zusammenhang ist nicht nur aus disziplingeschichtlichen Gründen höchst bemerkenswert, sondern steht für die allgemein enge ideengeschichtliche Verbindung der russischen Wissenschaften mit Deutschland. Das in MARKOVs Konzeption durchscheinende geoökologische, dreidimensional und asymmetrisch gegliederte Modell eines Ozeans erinnert in starkem Maße an die großartigen Landschaftsprofile HUMBOLDTs aus Südamerika, wobei das marine Plankton und Benthos in ihrer Zonierung und Tiefenanordnung das festländische Pflanzenkleid ersetzt. Ein derartiges Modell ist zumindest für didaktische Zwecke noch heute angebracht. In ozeanographischer Hinsicht wurde diese Konzeption zumindest teilweise in WÜSTs bekanntem "Blockdiagramm der Tiefenzirkulation im Atlantischen Ozean" verwirklicht (in DIETRICH/ULRICH 1968; 52).

Der russische Meeresbiologe ZENKEVICH hatte bereits 1948 zur Erfassung der biogeographischen Struktur der Ozeane eine dreifache Systematik nach Schichten und "Symmetrie" vorgeschlagen, ein Prinzip, das auch für die terrestische Geosphäre eine längere Tradition besitzt. Es deuten sich damit in den russischen Vorstellungen durchaus Ähnlichkeiten mit den MARKOV offensichtlich nicht vertrauten Grundgedanken des "Geographischen Formenwandels" im Sinne LAUTENSACH an, die bereits 1957 von BLÜTHGEN in konsequenter Weise auf die Betrachtung von Meeresräumen übertragen wurden. MARKOVs Kategorien entsprechen dem weitgehend planetarischen, westöstlichen und hypso- (bzw. bathy-)metrischen Formenwandel. Auch ein zentral-peripherer Wandel ist ausgeprägt, wie es BLÜTHGEN am Nordatlantik oder in der Ostsee zeigen konnte. Bei dieser marin-biologischen Grundlegung der Theorie der Meeresgeographie betont MARKOV mit Recht die erheblich praktische Bedeutung dieses Forschungszweiges, der beim Studium und der Kartierung der quantitativen Verteilung des Lebens im Meer zur Anwendung kommen kann (vgl. MOISEEV 1971).

Abgesehen von der fischereiwirtschaftlichen Bedeutung einer marinen Geographie spielen in MARKOVs erster Konzeptskizze der Mensch und kultur- und sozialgeographische Momente keine erkennbare Rolle. Diese wurden erst 1976 ausführlicher dargelegt. MARKOV sieht hier anfangs nur einen ethnographisch-anthropologischen Bezug und verweist im Jahre 1970 unter Anknüpfung an die 100 Jahre vorher durchgeführten Forschungen von N.N. MIKLUKHO-MAKLAI im Pazifik auf Fragen der Besiedlungsgeschichte von Inseln und Küsten in Abhängigkeit von Faktoren der natürlichen Umwelt, etwa von Meeresströmungen (vgl. hierzu auch GIERLOFF-EMDEN 1979).

Als praktische Schritte zur weiteren Förderung einer derartig umrissenen Geographie des Meeres schwebten MARKOV weitere Tagungen der Sektion "Marine Geographie" vor, auf denen Hauptprobleme der neuen Disziplin erörtert werden sollten. Die erste derartige Zusammenkunft widmete sich im Februar 1970 hauptsächlich biogeographischen Fragen der Ozeane. MARKOVs Konzept hat sich in dieser zunächst etwas einseitigen Orientierung möglicherweise von den Ergebnissen dieser Tagung leiten lassen. Detaillierte Empfehlungen wurden in diesem Anfangsstadium deshalb auch noch nicht gegeben. Die Sektionstagungen sollten sich auch intensiv mit den Ergebnissen der ozeanischen Forschungsexpeditionen befassen. Aber Meeresgeographie würde nur dann voll zur Entfaltung kommen, wenn besonders die Geographie angehenden Fragen vorher in die Forschungsplanung der Expeditionen aufgenommen werden; optimal wären Forschungsfahrten, die speziell von und für die Belange und Interessen der Marinen Geographie durchgeführt werden. MARKOV setzte 1970 sehr große Hoffnungen in eine erste derartige russische Reise, die in die äquatoriale Inselwelt des Pazifischen Ozeans führen sollte.

Zur Würdigung der sowjetischen theoretischen Meeresgeographie muß auch auf den programmatischen Folgeaufsatz (MARKOV et al. 1976) eingegangen werden, der weitaus komplexer erscheint. Dort wird versucht, den Standort der Marinen Geographie innerhalb der geographischen Disziplin noch deutlicher und erweitert zu definieren, die Grenzen der geographischen Untersuchung der Ozeane aufzuzeigen und einige Problemfelder zu umreißen, die für eine geographische Analyse besonders geeignet erscheinen.

Entsprechend der sowjetischen Zweigliederung der Geographie werden dabei physische und ökonomische Problembereiche unterschieden: Physisch-geographische Probleme umfassen u.a. das Studium ozeanischer Wassermassen, großskalige Interaktionen zwischen dem Ozean und der Atmosphäre, die Analyse von Insel-Ökosystemen und die Biogeographie der Ozeane. Ökonomische geographische Probleme beziehen sich auf theoretische Aspekte, wie räumliche Regelhaftigkeiten menschlicher Aktivitäten im Verhältnis zum Ozean, und angewandten Aspekten, die Grundlagen für die wirtschaftliche Nutzung und Entwicklung des ozeanischen Raumes ergeben. Diese anthropogeographischen Fragen wurden neu in das Konzept integriert.

Die Geographie der Ozeane wird nicht als selbständige Disziplin angesehen, denn die Aufgabe der Geographie als ganzes und der Geographie der Ozeane ist gleich und zielt darauf ab, die spezifischen Regelhaftigkeiten der Geosphäre mit den Methoden der Teildisziplinen im physischgeographischen und wirtschaftsgeographischen Bereich zu untersuchen. Die Geographie der Ozeane behandelt dabei sowohl die Regelhaftigkeiten der physisch-geographischen und wirtschaftsgeographischen Bereiche als auch die mehr lokal ausgeprägten Raummuster in speziellen Teilen des Ozeans.

Als ein Teilgebiet der Geographie kann die Ozeangeographie nicht nur eine Forschungsdisziplin sein, sondern sollte ebenso konstruktiv an der praktischen Anwendung zur Lösung von wirtschaftlichen Entwicklungsproblemen beteiligt werden. Dieses entsprach den Direktiven des 24. Parteitages, die erstmals in dem 5-Jahresplan 1971-75 das Problem der Erforschung und Nutzung der Ressourcen des Ozeans ausdrücklich herausstellten.

Die Forschungsaufgabe der Ozeangeographie ist zunächst eine Synthese der gesamten Kenntnisse in bezug auf Ökologie, Bevölkerung und Wirtschaft der Ozeane, wobei die Erhaltung und Verbesserung der physischen Umwelt und Produktivität des Meeres sowie die rationelle räumlich-geographische Organisation mit ihren sozialen Komponenten im Weltmeer und seinen Teilräumen besonderes Gewicht haben. Geographie befaßt sich nach den hier durchschimmernden Ansichten der marxistischen Philosophie mit dem Zusammenspiel verschiedener Formen von Bewegung und Masse, deren Raummuster und räumlich-zeitliche Grenzen nicht immer zusammenfallen. Einige von ihnen sind physischer, andere sozialer Natur. Das Studium der physischen Bedingungen steht dabei neben dem der wirtschaftlichen Verhältnisse. Die oben erwähnte Wissenssynthese muß demzufolge zunächst in zwei Teilkomplexen integriert werden, die physische Geographie und Wirtschaftsgeographie des festen Landes und des Ozeans entsprechen.

Die Geographie der Ozeane umfaßt damit sowohl die physisch-geographischen Disziplinen (physische Geographie, Ozeanologie, Klimatologie, Geomorphologie, Biogeographie u.a.) als auch sozialgeographische Bereiche (Allgemeine und regionale Wirtschaftsgeographie, Bevölkerungsgeographie, die Geographie individueller wirtschaftlicher Aktivität, Politische Geographie u.a.m.). Gleichzeitig schließt sie mehrere angewandte Bereiche wie marine Hydrographie, Meeresgeologie, marine und sozioökonomische Kartographie, "Marinegeographie" sowie medizinische Geographie ein. In dieser Anordnung ergeben sich durchaus Ähnlichkeiten zum allgemein-geographischen Zuordnungskonzept PAFFENs (1964) und FALICKs (1966).

Die geographische Erforschung der Ozeane kann nicht auf Oberflächenprozesse beschränkt bleiben. Die spezifisch geographische Blickrichtung, die Dreidimensionalität der "Ozeanosphäre" und die gegenwärtigen Probleme der physischen und ökonomischen Geographie der Ozeane verlangen eine geographische Betrachtung einschließlich der Küstenlinien, der Inseln, des Schelfes und Kontinentalabhanges sowie des Tiefseebodens. Die vertikale Zonalität der Ozeane als wesentliches Element des Weltmeeres bestimmt auch den menschlichen Zugriff auf die marine Umwelt, die alle ozeanischen Schichten bis zur Tiefe umfaßt. Das Studium der Mehrzwecknutzung mariner Ressourcen als auch die Erhaltung und der Schutz der marinen Umwelt erfordert aber mehr als die Untersuchung der Wassermassen selbst. Ein Bild der "sozialen Reproduktion" im ozeanischen Raum muß ohne Mitberücksichtigung der Küsten, des Schelfs und des Ozeanbodens unvollständig bleiben.

Der von MARKOV et al. 1976 ausgeführte Ansatz nennt im einzelnen folgende Aufgaben für die marine Geographie, wobei sich einerseits Beziehungen zu Forschungsfragen der Ozeanographie in Deutschland, aber auch zu PAFFENs Konzept ergeben.

A) Physische Probleme der Ozeangeographie

Es wird davon ausgegangen, daß die Geographie der Ozeane sich mit globalen, regionalen und lokalen Problemen beschäftigt, die der allgemeinen Aufgabe der Geographie entspringen, aber nur im Ozean als einem bestimmten Erdraum auftreten, seien sie nun physischer- oder wirtschaftsgeographischer Art. Immer sind diese beiden Bereiche aber vielfältig verzahnt. Physisch-geographische Probleme können nach drei Gruppen geordnet werden:
- die ozeanischen Wassermassen
- Interaktionen zwischen Weltmeer, Atmosphäre und Kontinenten
- Struktur der Ozeanböden

1) Physische Probleme des ozeanischen Wasserkörpers

a) Probleme der horizontalen Inhomogenität der Ozeane, besonders die breitenbedingte oder horizontale Zonalität als Ausdruck dieser Inhomogenität. Breitenbedingte Zonalität ist nach MARKOV sogar in der ozeanischen Umwelt von größerer Bedeutung als auf dem Festland. Sie äußert sich in mehrfacher Hinsicht (Eiskappe, thermische Eigenschaften, Chemie, Biogeographie, Dynamik der Wassermassen u.a.).

b) Probleme der vertikalen Zonalität als Folge des Energiegradienten in vertikaler Richtung (Sonnenenergie)

c) Probleme der Struktur von Wassermassen und Prozesse ihrer Interaktion, besonders in Hinblick auf thermodynamische Vorgänge. Untersuchungen haben gezeigt, daß eine Kenntnis der thermischen und dynamischen Prozesse in der Arktis und Antarktis für das Verständnis der Vorgänge im Ozean und in der Atmosphäre allgemein von großer Bedeutung sind. Eine Schlüsselrolle spielt hierbei die Eisbedeckung.

2) Probleme großskaliger Interaktion zwischen Ozean und Atmosphäre

Die globale Untersuchung ozeanographischer und atmosphärischer Prozesse sind besonders in Hinblick auf langfristige Vorhersagen wichtig. Langsam ablaufende Veränderungen in der Sichtung der Ozeane verursachen langfristige Veränderungen in der Atmosphäre, andererseits haben meteorologische Vorgänge erheblichen Einfluß auf den Ozean. Die wichtigsten Prinzipien festzulegen, ist nach Ansicht MARKOVs noch Aufgabe der Geographie. Es sei hier hinzugefügt, daß diese und andere "geographische Fragen" in der Bundesrepublik eindeutig der Meereskunde zugeordnet sind. Die sowjetische Auslegung der "Ozeanologie" läßt hier eine Lücke für die Erdkunde.

3) Das Problem der ozeanische Wasserzirkulation

Dieser Fragenkreis ist eng mit dem Problem der atmosphärischen Zirkulation verknüpft und erfordert die Berücksichtigung beider Zirkulationssysteme in einem geschlossenen physikalischen Konzept und mathematischen Modell.

Ein riesiger Wärmevorrat wird durch Wassermassen in die Atmosphäre abgegeben, "Zwischenwasser" und "Tiefenwasser" in den mittleren Breiten und "Bodenwasser" in hohen Breiten bewirken einen globalen Ausgleich. Die kalten Tiefenwasser bilden mehrere Kilometer mächtige Tiefenströmungen zum Äquator. Diese globale thermische Zirkulation funktioniert in mehreren Schichten, deren Struktur in den Ozeanen unterschiedlich ist, und ist für den Wärmeaustausch zwischen polaren und äquatorialen Räumen verantwortlich. - Das bekannte WÜSTsche Modell der atlantischen Zirkulation wird somit - wie viele Teilaspekte der Ozeanographie - in den UdSSR noch bzw. wieder von der Geographie beansprucht.

4) Probleme geographischer Regelhaftigkeiten von ozeanischen Inseln

Hierzu rechnen die physischen Besonderheiten insularer Ökosysteme, die durch ihre Lage in einer bestimmten geographischen Zone hervorgerufen werden, die Höhengliederung von bergigen Inseln in ihrer Lage einer stabilen Luftströmung u.a.m.

5) Das Problem der Interaktion zwischen Ozeanen und Kontinenten

V.V. SHULEYKIN hatte (1970) in einem Beitrag auf dem 5. Kongress der Geographischen Gesellschaft der UdSSR in Leningrad die Natur dieser Interaktion als "Hitzemaschine des zweiten Typs" angedeutet. Dieses Problem erfordert die Erforschung der Ozeane insgesamt in Verbindung mit der der Atmo- und Lithosphäre. Dieser globale Ansatz ermöglicht ein Studium des Einflusses der Ozeane auf Wetter und Klima der Kontinente sowie auf den Wasserkreislauf.

6) Bestimmung und Kartierung der quantitativen Verteilung der Lebewesen in den Ozeanen

In dieses Aufgabenfeld gehört das Studium sowie eine Bestandsaufnahme der biologischen Ressourcen, also der gesamte biogeographische Problemkomplex der Ozeane (Biogeographie der Ozeane), wie es MARKOV bereits 1971 betonte.

7) Das Problem der Entwicklungsgeschichte der Ozeane

Hierbei sind die Entstehung und das Alter der Ozeane, ihrer Wassermassen und Bestandteile, der Chemie des Ozeanwassers, des Lebens im Meer und auf dem Meeresboden, an Meeresküsten und auf Inseln zu untersuchen.

B) Marine Wirtschafts- und Kulturgeographie

Die ökonomisch-geographischen Probleme sind nach MARKOV zweifacher Natur. Sie sind einmal theoretisch und behandeln lokale räumliche Regelhaftigkeiten der "Reproduktion in Meeren". Andere beziehen sich auf zahlreiche praktische Anwendungsbereiche und ergeben eine wissenschaftlich gesicherte Basis für Maßnahmen zur "Optimierung der räumlichen Organisation der Reproduktion innerhalb des ozeanischen Raumes".

Die theoretischen Probleme des wirtschaftsgeographischen Bereiches der Ozeangeographie sind nach MARKOV beispielsweise die folgenden:

1. Eine Problemgruppe bezieht sich auf das Studium der räumlichen Gesetzlichkeiten maritimer Lagebeziehungen und die räumliche Organisation der materiellen Produktion, des "nichtproduktiven" Sektors als auch von maritimen Siedlungen als Schlüsselelemente einer Raumorganisation der "sozialen Reproduktion" im Rahmen unterschiedlicher sozial-ökonomischer Systeme. Die Ozeane sollten, wenn man sie entsprechend der marxistischen Ideologie als Raum der Verwirklichung sozialer Arbeit und als Mittel zur geographischen Arbeitsteilung auffaßt, als eine der Sphären behandelt werden, in denen sich wirtschaftlicher Wettbewerb und Kooperation der beiden Weltsysteme entfalten. Ferner sollten in diesem Zusammenhang Probleme der territorialen Abgrenzung auf dem Meeresboden und in den darüberliegenden Wasserkörpern und andere Fragen der politischen Geographie der Ozeane analysiert werden, wie sie sich aus der Seerechtsneuordnung ergeben.

Hauptprobleme auf diesem "theoretischen" Feld sind z.B.:
a) die physischen Verhältnisse der Ozeane und Meeresküsten sowie die Lage von Rohstoffen und Energie-Ressourcen,
b) der Einfluß der Ressourcenmuster auf die Standorte sozialer Reproduktion und Entwicklungsbedingungen in unterschiedlichen Gebieten,
c) die Rolle der Ozeane für Industrie und Transport,
d) die zukünftigen Aussichten der Meeresnutzung im Hinblick auf die "wissenschaftliche und technische Revolution" und die Entwicklung der "Produktivkräfte",
e) Regelhaftigkeiten und Tendenzen in der Verteilung der maritimen Bevölkerung sowie Siedlungstypen, Struktur und Raumorganisation der Meeres- und Küstenindustrie, multifunktionale maritime Zentren und industrielle Hafenanlagen.

2. Ein spezielles theoretisches Problem der Wirtschafts- und Sozialgeographie der Ozeane ist nach Auffassung der Arbeitsgruppe um K.K. MARKOV ferner der Einfluß der "sozialen Reproduktion" auf die Meeresumwelt und umgekehrt der Einfluß dieser Meeresumwelt auf die soziale Re-

produktion und das Leben der Menschen. Die zunehmende Erschließung mariner Ressourcen und Verschmutzung der Ozeane als Umwelt machen dieses Problem gegenwärtig besonders aktuell. Die komplexe Art des Problems der Meeresverschmutzung ist nur interdisziplinär zu lösen. Sein Platz innerhalb des Problemfeldes der Marinen Geographie allgemein erfordert einen gemeinsamen integrierten Ansatz sowohl der physisch- als auch der sozialgeographischen Teildisziplin innerhalb des Faches.

Zwei weitere Elemente müssen in diesem Problemfeld besonders herausgestellt werden. Das erste bezieht sich auf eine ökonomische Bewertung der ozeanischen Ressourcen in Hinblick auf den gesellschaftlichen Bedarf. Als zweites ist eine Bestimmung der Reproduktionsfaktoren erforderlich, die die Ozeanosphäre betreffen; gleichfalls muß die Intensität dieses Einflusses und die Selbstreinigungskraft der ozeanischen Umwelt bestimmt werden, die eine "Schwelle des Selbstschutzes" ergibt. Dabei ist es wichtig, Verschmutzungsgrenzwerte festzulegen, bei deren Überschreitung die ozeanische Umwelt gefährdet wird, und einen wissenschaftlichen Ansatz zur Umweltsanierung zu entwickeln, der eine Erhöhung der Produktivität auf nationaler, regionaler und globaler Ebene erlaubt.

3. Wirtschaftliche Regionalisierung des Weltmeeres und seiner Teilräume
Angesichts der gegenwärtigen wirtschaftlichen Erschließung der Meere und des Standes der ökonomischen Regionalisierungsmethoden sollte der auf einen speziellen Zweck ausgerichteten Raumgliederung Priorität zukommen, z.B. für Rohstoffgewinnung, Fischerei, Verkehr, Erholung etc.. Vielleicht wird es auch bald möglich, eine allgemeine integrierte ozeanische Raumgliederung in wirtschafts- und sozialgeographischer Hinsicht jedenfalls für schon stärker erschlossene Meeresgebiete vorzunehmen. Vom methodischen Gesichtspunkt aus sollten die Schelfregionen, die am Anfang der Erschließung mariner Ressourcen standen, auch Ausgangspunkt für eine derartige Regionalisierung sein.

Angewandte Probleme der maritimen Wirtschaftsgeographie beziehen sich in erster Linie auf die "Verfügbarmachung einer zuverlässigen wissenschaftlichen Basis aus geographischer Sicht" etwa für folgende Maßnahmen:

1) Integrierte Maßnahmen zum Schutz und zur Sanierung der ozeanischen Umwelt als Teilaspekt eines breiteren Programms des Umweltschutzes auf globaler Ebene im Sinne des neuen Seerechts, insbesondere:

   a) Maßnahmen zur Begrenzung und Verhinderung der Meeresverschmutzung, z.B. zur Überwindung des negativen Einflusses der Urbanisierung und Industrialisierung auf das Meer sowie Kontrolle des Abflusses vom Festland (Einleitung von Schadstoffen durch Flüsse).

   b) Maßnahmen zur Duchsetzung einer rationellen Ressourcennutzung und Förderung der natürlichen Reproduktion sich erneuernder ozeanischer Ressourcen (Fischerei).

Eingeschlossen werden sollte auch die Formulierung einer "Sozialpolitik in Hinblick auf die Verfügbarmachung von Erholungs- bzw. Freizeiträumen" an Meeresküsten. Dieser von MARKOV neu in ein System angefügte Gesichtspunkt sollte auch geomedizinische Aspekte der Meeresheilkunde (Thalassotherapie) einschließen.

2) Rationale Siedlungsstrukturen an Küsten und Meereswirtschaft
Neben Meeresverschmutzung bildet die Ausprägung menschlicher Aktivität in der Struktur und Entwicklung der Kulturlandschaft von Küstenregionen nach Auffassung der Arbeitsgruppe um MARKOV einen weiteren wesentlichen Ansatz für die maritime Wirtschaftsgeographie. Aus dem Aspekt "Rationelle Systeme von Küstensiedlungen" wird aber nur allgemein die Standortstruktur und Raumorganisation von industriellen Anlagen und Industriehafenkomplexen an der Küste angesprochen, ohne daß eine erforderliche und sicher im Ansatz fruchtbare weitere methodische Diskussion hierzu erfolgt.

Von besonderer Bedeutung in diesem Zusammenhang sind laut MARKOV vielmehr meereswirtschaftliche Aspekte, unter denen folgende genannt werden:

a) Die Ausarbeitung von Prinzipien der Nutzung ozeanischer Ressourcen, besonders der Ausbeutung von mineralischen Rohstoffen, der Standorte der "Extraktionsindustrie" (d.h. von Anlagen zur Gewinnung von Rohstoffen aus dem Meerwasser, wie Magnesium u.a.), der Gewinnung von Energie aus dem Meer (z.B. Nutzung der Gezeitenenergie, wie sie bereits auch in der UdSSR in einem Projekt am Weißen Meer betrieben wird) sowie energieintensiver Industrien.

b) Analyse und wissenschaftliche Begründung der räumlichen Organisationsmuster der Hochseefischerei, einschließlich des Walfangs und der Gewinnung von Meerespflanzen.

c) Internationale wissenschaftliche Zusammenarbeit in der Erforschung und Nutzung der Ressourcen des Meeres.

3) Seetransport
Hier werden Arbeiten zum Seetransportsystem insgesamt sowie einzelnen Frachtströme über See gefordert. Die maritim-verkehrsgeographischen Untersuchungen sollen aber auch die küstennahen Landverkehrswege einschließen, die für die meerorientierte Industrie der Küstenregion sowie die wirtschaftliche Nutzung des Küstenvorfeldes relevant sind (Straßen, Eisenbahnen, Pipelines u. Luftverkehrswege).

4) Der Themenbereich "rationale Raumorganisation der maritimen Infrastruktur" wird nicht weiter ausgeführt, soll aber alle schon oben genannten stützenden" Dienstleistungen" umfassen wie Kommunikation, Seeverkehrssicherheit auf Schiffahrtswegen u.ä.. Ebenfalls ohne nähere Erläuterung werden als fünfte und sechste Zielthemen

5) die rationale Raumorganisation von Märkten und Dienstleistungen in Meeren und an Küsten sowie

6) die Raumorganisation von Erholungsgebieten und Ferienzentren auf Inseln und an Küsten genannt.

Als ein Hauptproblem der anwendungsbezogenen Forschung der Ozeangeographie werden in dem Konzept von MARKOV et al. die Voraussage der zukünftigen Entwicklung der produktiven und nichtproduktiven Bereiche in Meeresräumen und an Meeresküsten aufgeführt, gleichfalls die Verfügbarmachung einer wissenschaftlichen Grundlage für die wirtschaftliche Inwertsetzung neuer Seegebiete aufgrund derartiger Vorhersagen. Schon das sowjetische Konzept enthält mithin durchaus Ansätze prognostischer Planung, wie sie dann in Großbritannien von COUPER (1978a) u.a. weiterentwickelt wurden. Von besonders aktuellem Interesse wird die Erschließung von Meeresgebieten für Aquakultur-Systeme sein, die die herkömmlichen Fischereien teilweise ersetzen werden, genauso wie einst die Tierhaltung auf Land die Jagd auf Wildtiere ablöste.

Die genaue Gestalt der zukünftigen Geographie der Ozeane in Konzept, Struktur und Thematik kann allerdings nach den theoretischen Zielvorstellungen der Arbeitsgruppe um MARKOV heute nicht exakt vorausgenommen werden. Sie wird in erheblichem Ausmaß von den Aussichten der Entwicklung der Ozeanosphäre selbst abhängen. Eine detaillierte Ausarbeitung und Charakterisierung aller Forschungsprobleme im Bereich der Meeresgeographie wird somit eine Hauptaufgabe der Geographen sein. - Hinzu kommen Anforderungen der Praxis:

Inzwischen liegen die von der sowjetischen Marineleitung unter der Federführung des Flottenadmirals GORSHKOV herausgegebenen Meeresatlanten vor (Atlas of the Pacific Ocean 1974, Atlas of the Atlantic and Indian Ocean 1977). "The new maps are excellent and they alone would make this an important piece of marine cartography and a 'must' for all involved in any aspect of oceanography" (Rezension in Geograph. Journal 146, 1980; 145). Darüber hinaus sind die neuen russischen Ozean-Atlanten zumindest für den naturwissenschaftlichen Teil ein bedeutender Beitrag für die Geographie des Meeres allgemein. Im wesentlichen basiert der Atlas auf den ozeanographischen und meteorologischen Ergebnissen des "Internationalen Geophysikalischen Jahres" 1957/58 und des "Jahres der ruhigen Sonne" 1964/65. Der "Atlas of the Atlantic and Indian Ocean" (GORSHKOV 1977) gliedert sich in die Abteilungen Entdeckungsgeschichte der Ozeane (Karten 2-12), Klima (46-126), Hydrologie (128-230), Hydrochemie (232-242) und Biogeographie (244-250) und enthält abschließend einen Index- und Seekartenteil.

Von seiner Grundkonzeption her stellt dieses vielbeachtete, aber im meeresgeographischen Zusammenhang bisher nicht genügend herausgestellte Werk auch mit den obengenannten Schwerpunkten durchaus etwas neues dar: "The construction of the charts, which for the first time illustrate the range of processes and features not discernible. This gives the Atlas an original scientific concept" (GORSHKOV 1977 im Vorwort S. 1). "The Atlas is intended for scientific workers, officers of the Soviet Army and Navy and masters and navigators of the Merchant Service. The wide-ranging material... is interesting and attractive, and may be used for teaching purposes" (ebendort; 1). Neben diesen Aufgaben soll die globale Bestandsaufnahme der Ozeane Grundlage für eine rationelle Meeresnutzung sein, die im Atlas selbst nicht berücksichtigt wird. Der russische Ozeanatlas ist weitgehend ein Ergebnis der aktiven Rolle der Geographie des Meeres in der UdSSR. Immerhin 9 der 22 Mitglieder im Redaktionsausschuß waren Geographen. Es ist bekannt, daß eine wesentliche Erwartung von der neu in der UdSSR institutionalisierten Marinen Geographie war, die dringend geforderten Ozeanhandbücher zügig zu erstellen. Hierbei ergab sich bei einer im Mai 1977 durchgeführten vorbereitenden Tagung von Geographen, Ozeanographen und anderen interessierten Wissenschaftlern, daß das alte leidige Problem der physisch-geographischen, mithin naturräumlichen Gliederung des Weltmeeres noch einer befriedigenden Lösung bedarf.

SOLNTSEV setzt sich bei dieser Gelegenheit mit dem MARKOVschen Konzept auseinander (1979; 155), insbesondere auch mit der Frage nach dem Wesen und der Hauptaufgabe der Meeresgeographie. Hier stellt er sich klar hinter die Vorstellungen von D.V. BOGDANOV, die entscheidend von MARKOV abweicht. BOGDANOV bemerkt in einer Arbeit "Über den Inhalt der Ozeanographie" (Izv. AN SSSR, ser. geogr. 1977, no. 2), und hierin sieht SOLTSEV die beste Fundierung für eine zonale Raumgliederung aufgrund der oberflächennahen Wasserschichten, daß "die Menschheit hauptsächlich in ihrer ökonomischen Nutzung und ihren anderen Tätigkeiten mit dem Wasser, und zwar den oberflächennahen Schichten konfrontiert wird, einschließlich der Meeresorganismen, die hierin leben". Diese sollte mithin auch die wesentlichen Themen einer marinen Geographie sein. BOGDANOV hält die Abkehr von einem klaren zonalen Konzept, wie sie bei MARKOV von 1970 - 1976 deutlich wird, methodisch für abträglich. Nach seiner Meinung bringen die von K.K. MARKOV, S.S. SALNIKOV, A.F. TRESHNIKOV und Ye.Ye. SHVEDE auf dem 6. Kongress der Geographischen Gesellschaft der UdSSR vorgetragenen Gedanken für ein Konzept der Meeresgeographie "überhaupt keine Klarheit in der Frage, was eigentlich der Inhalt und die Methoden der Marinen Geographie wären. Stattdessen wird diese Frage nur noch verwirrender. Mit der Auffassung, daß innerhalb der physischen Geographie der Ozeane Aspekte wie Wassermassen, großräumige Interaktion von Ozean und Atmosphäre, Zirkulation der Wassermassen, Umweltprobleme auf Inseln, Interaktion Ozean-Kontinente, quantitative Verteilung mariner Organismen u. ä. behandelt werden sollten, überschreite die Meeresgeographie ihre Grenzen. Alle diese Aspekte sind nicht Aufgabe einer Meeresgeographie, da sie bereits von anderen Disziplinen im Rahmen der Meeresforschung besser behandelt werden. BOGDANOV zieht sich damit auf eine sehr engumgrenzte Auffassung von Mariner Geographie zurück, die SOLTSEV im übrigen angesichts der Tatsache, daß das Weltmeer ein umfassendes komplexes Geosystem ist, nicht teilen möchte. - Das zentrale Problem der Meeresgeographie, ihre Standortfindung, ist somit auch in der UdSSR noch offen.

4.3. NEUE ANSÄTZE ZUR GEOGRAPHIE DES MEERES IN DEN ANGELSÄCHSISCHEN LÄNDERN

Die Geographie des Meeres als Teildisziplin der Geographie ist überraschenderweise bis vor etwa 20 Jahren im Bereich der traditionellen westlichen Seemächte Großbritannien und USA nur sehr wenig entwickelt gewesen. Es ist zwar richtig, daß sowohl der Name "Maritime Geography"

(TUCKEY 1815) und das berühmte Buch "The Physical Geography of the Sea" (MAURY 1855) aus dem angelsächsischen Bereich stammen, die wesentlichen Impulse zur Meeresforschung gingen aber von der "Challenger"-Fahrt 1872-76 unter C.W. THOMSON aus. Einen engeren Kontakt zwischen Geographie und Ozeanographie, wie er für Deutschland herausgestellt wurde, hat es in beiden Ländern nicht gegeben. Eine "geographische Meereskunde" wie in der Sowjetunion konnte sich aus verschiedenen Gründen hier nicht entwickeln.

Die Dritte Seerechtskonferenz der Vereinten Nationen hat die zahlreichen "geographischen Implikationen" von Meereskunde und -nutzung erneut bewußt gemacht. Seit Beginn der 70er Jahre hat sich nicht zuletzt vor diesem Hintergrund eine spezifische angelsächsische Auffassung einer Geographie des Meeres durchgesetzt. (ALEXANDER 1966, MC DOUGLAS/BURKE 1975, PRESCOTT 1975, ARCHER/BEAZLEY 1975, GLASSNER 1978, COUPER 1978b u.a.). Hinzu kam in den USA, daß etwa gleichzeitig mit dem spektakulären Raumfahrtprogramm und der Landung auf dem Mond in der Öffentlichkeit auch ein lebhaftes Interesse an Meeresforschung entstand ("Raumfahrt in die Meerestiefe", "Inner Space", "The Last Frontier"). Technologisch haben sich Raumfahrt und Meeresforschung sehr befruchtet. Man denke nur an die Gerätetechnik, den Einsatz von Computern oder den vielfach gleiche Probleme aufwerfenden Spezialfahrzeugbau für eine menschenfeindliche Umwelt. Ferner sind wichtige Impulse zur Entwicklung der Ozeanographie in den USA von dem Verteidigungsbereich ausgegangen. Die ozeanographische Forschung verfügt heute in Großbritannien und den USA über gutausgestattete Institute. Erwähnt seien hier nur das National Institute of Oceanography (Wormley, Surrey) oder das Woods Hole Institute of Oceanography an der Atlantikküste der USA sowie das SCRIPPS-Institute of Oceanography in La Jolla am Pazifik.

MAURYs "Physical Geography of the Sea" wirkte wie in Deutschland auch im englischsprachigen Bereich noch lange nach. So enthielt ein 1860 in London von G. HARTWIG herausgegebenes Werk mit dem Titel "The Sea and its Living Wonders" einen ausführlichen Eingangsteil zur "Physischen Geographie" des Ozeans. Wichtig für die weitere Entwicklung der Ozeanographie in den USA wurde dann A. AGASSIZ ("Contribution to American Thalassography", 1888) und - viel später - das noch heute lesenswerte Standardwerk von SVERDRUP/JOHNSON und FLEMING (1942), um nur einige Marksteine aufzuführen. Auf neuere Lehr- und Textbücher zur Ozeanographie im engeren und weiteren angelsächsischen Sinne wurde bereits an anderer Stelle eingegangen.

Wichtig erscheint im hier diskutierten Zusammenhang, daß von den angelsächsischen Seemächten zunächst keine nennenswerten Impulse zur Entwicklung einer Meeresgeographie ausgingen. Auch Einflüsse aus dem Bereich des maritimen Konkurrenten Deutschland sind kaum festzustellen. Die britische Geographie schien voll mit der "Verarbeitung" des Empire beschäftigt, während sich in den USA die meeresökologische Schule durchzusetzen begann. Eine Ausnahme stellt die kritische Rezeption der Mitte der 30er Jahre in Deutschland geführte Diskussion um die Methoden der ozeanischen Raumgliederung SCHOTTs dar (JAMES 1936). Schon 10 Jahre vorher hatte JOHNSTONE eine vorwiegend kulturgeographisch-historische "Study of the Oceans" vorgelegt, die aber an vergleichbare deutsche Darstellungen in keiner Weise heranreichte.

Erst seit Mitte der 60er Jahre ist hier ein entscheidender Wandel festzustellen. In mehreren verstreuten methodischen Zeitschriftenaufsätzen wurde wie in Deutschland die Grundsatzdiskussion um die Notwendigkeit einer eigenständigen "Maritimen Geographie" aufgenommen und erste konzeptionelle Überlegungen über deren Aufgaben, Ziele und Inhalte angestellt (DUNBAR 1965, FALICK 1966, WALTON 1974, COUPER 1978a). Diese Beiträge erscheinen auch für die gegenwärtig anstehende Weiterentwicklung der Geographie des Meeres in Deutschland so wichtig, daß auf diese Ansätze - wie schon im Fall der "Marinen Geographie" MARKOVs - näher einzugehen ist. Im Mittelpunkt steht hierbei die Meereswirtschaft.

Trotz dieser geographischen Theorieansätze und auch der zunehmenden Berücksichtigung des Meeres in angelsächsischen Hochschulcurricula bleibt es aber fraglich, ob der Komplex Meeresnutzung dort wieder stärker von Geographen bearbeitet werden kann. In Amerika zumindest scheinen hier die Ozeanographen bereits in die Lücke gestoßen zu sein. In dem kultur- und sozialgeographisch orientierten Handbuch "Opportunities and Uses of the Ocean" zeigte etwa der bekannte Ozeanograph D. ROSS (1980), daß sich Meereskundler über den engeren physisch-biologischen Bereich hinaus auch mit Seerecht, Seeverkehr, marinen Ressourcen, Meeresverschmutzung, militärischer Nutzung sowie intensiven Nutzungsformen des Küstenvorfeldes beschäftigen können. So muß auch der Versuch J. SKINNERs und K. TUREKIANs wohl als gelungen angesehen werden, in einer für Studenten bestimmten geowissenschaftlichen Reihe unter dem Titel "Man and the Ocean" (1973) mit stark geographischen Bezügen das neu gefundene Grundthema "Mensch und Meer" der Meeresgeographie kurz, aber prägnant unter dem Leitmotiv des Ressourcenkonzepts dargestellt zu haben. Unter dem nahezu gleichen Titel "The Ocean and the Man" gab der amerikanische Ozeanograph WOOSTER in seinem einführenden Leitartikel zu dem den Weltmeeren und ihrer Erforschung und Nutzung gewidmeten Sonderheft des Scientific American einen umfassenden Überblick maritim-geographischer Zusammenhänge, die eigentlich ein Geograph hätte verfassen müssen (1960).

FALICK (1966) begann in auffallender argumentativer und struktureller, wenn auch aus den Literaturangaben nicht ersichtlicher Anlehnung an PAFFENs Aufsatz (1964) die methodisch-konzeptionelle Diskussion mit der Grundfrage nach dem Wesen der maritimen Geographie ("What is Maritime Geography?"; 283). Ihre Beziehung zur Ozeanographie liegt nach seiner Ansicht darin begründet, daß beide eng verbundene und sich ergänzende "modes of studying the sea" seien, die ihre eigenen Betrachtungsweisen hätten. Grundsätzlich verschieden sind sie zudem in ihrer Perzeption und Verarbeitung der menschlichen "Interaktion" mit ozeanischen Phänomenen. R. REVELLEs Definition der Ozeanographie, die alle Aspekte des Meeres einbeziehen will, wies FALICK entschieden zurück und wendet sich gegen die Art, mit der manche Ozeanographen (und dieses gilt wohl auch für deutsche Verhältnisse) den Ozean "okkupiert" haben.

FALICK sah mit Recht in dem unterschiedlichen Ansatz den Hauptunterschied zwischen Maritimer Geographie und Ozeanographie. DUNBAR hatte 1965 in seinem Überblick über die "Ozeanographien" (Plural!) und der zusammenfassenden Bewertung neuerer wichtiger Textbücher durchaus den Wunsch nach einer Synthese durchklingen lassen, die in der Flut von Veröffentlichungen zunehmend unterginge. Eine Aufgabe für die Geographie folgerte er hieraus aber nicht. Vielmehr meinte er, daß trotz des Wortsinns "Geographie" diese wegen der weitgehenden Bindungen des Menschen an das Land ("Man is a land animal") hierauf beschränkt tätig sein sollte. Ozeanographie und Geographie sind nach Methoden, Wesen und Zielsetzung zu unterschiedlich. Nach dem Versuch SCHOTTs, die Ozeanographie als Subdisziplin der Geographie zu sehen, seien derartige Versuche nicht mehr lebensfähig und produktiv:

> "Oceanography... demands deep specialization in the basic natural sciences. In its successful bridging of the basic sciences it resembles biochemistry or biophysics, and because humanity does not form part of the marine fauna, oceanography is not concerned (as geography is) with the social sciences, except superficially. The specialization required of the practitioner of oceanography is in fact the root of difficulty of keeping the unity of the subject intact..." (DUNBAR 1965; 415).

Diese Ansicht teilen heute gewiß viele Meereskundler, sie kann aber heute gerade wegen der vielen neuen sozioökonomischen Implikationen der Meeresforschung nicht mehr akzeptiert werden.

Unter Hinweis auf HUMBOLDT und MAURY sowie die zahlreichen Veröffentlichungen zur Ozeanographie in geographischen Fachzeitschriften vertrat FALICK wie PAFFEN zwei Jahre zuvor entschieden die Auffassung, daß die geographische Wissenschaft als Mutterdisziplin ("Mother Science") auch heute noch mit allen ozeanographischen Fragenkreisen Berührung haben muß ("broad enough to have an interface with all its components"; 283). In diesem Sinne formulierte FALICK folgende umfassendere Definition einer Maritimen Geographie, wobei er auf das alte Werk von TUCKEY (1815) Bezug nimmt, das ebenfalls neben der physischen Beschreibung des Meeres wirtschaftliche und politische Bedingungen miteinschloß.

> "Maritime geography is the physical and social study of the sea, its associated rivers, islands and shorelands, depths and the air above. It is concerned with all that geography normally implies in its emphasis on area, distance, location and distribution, and the interaction of sea phenomena with man" (FALICK 1966, S. 583-584).

Diese Auffassung umfaßt mithin nicht nur die verschiedenen Bereiche einer "Maritimen Physischen Geographie", sondern auch die sozialen, d.h. kultur- bzw. anthropogeographischen Fragestellungen der menschlichen

Interaktion mit dem Meer, die von FALICK dann in den drei Komplexen Maritime Wirtschaftsgeographie, Maritime Politische Geographie und Maritime Kulturgeographie taxonomisch aufgegliedert wurden. Hierbei lassen sich mehrfach deutliche Übereinstimmungen mit PAFFENs 1964 gegebenen allgemeingeographischen Inhaltsbestimmungen erkennen.

Neu ist in FALICKs System die ausführliche Einbeziehung kulturgeographischer Sachbereiche, die allerdings trotz des taxonomischen Anspruchs sowohl in der Rangfolge als auch besonders in der etwas unsystematischen, nur ausgewählte Beispiele aufführenden inhaltlichen Aufgliederung nicht mehr voll befriedigen kann. Zu berücksichtigen ist hierbei allerdings, daß 1966 Seerechtsfragen, Meeresbodennutzung, marine Umweltverschmutzung und der Komplex Meerestechnologie noch nicht in dem Maße aktuell waren wie heute.

Grundzüge einer maritim-geographischen Konzeption nach Abraham Johnson FALICK (1966)

Inhaltsstruktur und Forschungsaufgaben

I. MARITIME PHYSISCHE GEOGRAPHIE (=Physische Geographie des Meeres)
1. Entdeckung und Erforschung
   a) Oberfläche des Meeres
   b) Unterwasser
2. Geomorphologie der Küste und des Meeresbodens
   a) Land-Meer-Verteilung, Becken und Ästuare
   b) Kontinentalschelf und -abhang
   c) Tiefsee
   d) regionale Differenzierung
3. Klimatologie des Meeres
   a) Stürme, Wetter, Eis
   b) Winde, Wellen und Meeresströmungen
   c) Regionale Differenzierung
4. Physik und Chemie des Meerwassers
   a) Dichte, Temperatur, Schallgeschwindigkeit, Gezeiten
   b) Salzgehalt, gelöste Stoffe und Gase
5. "Marine Biotica" = Biogeographie des Meeres
   a) Mikrobiologie und Plankton
   b) Tiergeographie
   c) Pflanzengeographie

II. MARITIME KULTUR- und SOZIALGEOGRAPHIE
1. Maritime Wirtschaftsgeographie
   a) Historische Entwicklung des Seehandels
   b) Häfen
   c) ozeanische Handelsrouten
   d) Fischerei, Walfang und Robbenschlag
   e) Gewinnung mineralischer Rohstoffe
      e1) Extraktion aus dem Meerwasser
      e2) Gewinnung vom Meeresgrund
   f) Typen, Funktionen und Konstruktionen von Schiffen
   g) Ozeanischer Luftverkehr, Flughäfen
   h) ozeanische Kommunikationsnetze
   i) Nutzung des Meeres für Erholungszwecke
   j) Leben "offshore"
2. Maritime politische Geographie
   a) Historische Entwicklung der internationalen Politik und Geographie
   b) Ozeanverkehr und Politische Geographie
      b1) Handelsmarine
      b2) verbotener Handel
      b3) Subventionierte Schiffahrt
   c) Grenzen im Meer
      c1) Territorialgewässer
      c2) Konvention über den Kontinentalschelf
      c3) strategische Meerengen und Durchfahrten
   d) Marinestreitkräfte
      d1) Seemachtstrategie
      d2) Logistik und Versorgung
3. Maritime Kulturgeographie
   a) Entwicklung der Schiffahrt und Seekartenkunde
   b) transozeanische Bewegungen von Völkern und Kulturen
   c) Kulturmuster (cultural patterns) von Fischern, Piraten und anderen seefahrenden Gruppen
   d) Kulturmuster von Küstenvölkern und Flußvölkern (riverine people)
   e) Seekaufleute und Seehandelsinstitutionen
   f) Muster der Diffusion von Schiffstypen.

Diese inhaltliche Ausfüllung eines Konzepts zur Meeresgeographie muß in ihrem Ansatz und in ihrer Detailstrukturierung mit den weitgehend abweichenden Vorstellungen der russischen Meeresgeographen um MARKOV auf eine Ebene gestellt werden, die erst 5 Jahre später entwickelt wurden. Zur Beurteilung beider Konzeptrichtungen muß die Frage gestellt werden, wieweit beide direkt an die (in beiden Fällen nicht zitierten) Vorstellungen KH. PAFFENs von 1964 angeknüpft haben. Es geht hierbei nicht um die Frage der wissenschaftlichen Priorität, sondern ausschließlich um die sachlichen Gesichtspunkte, die alle drei Konzeptionen in dem dringenden Bedürfnis vereinen, dem Meer theoretisch und methodisch wieder eine angemessene Stellung in der geographischen Wissenschaft im Rahmen der allgemeinen Meeresforschung zu verschaffen. Die besagten Konzepte sind vom Ansatz und der Ausfüllung her so ähnlich, daß sie vielleicht auch - da vom Problem her eigentlich naheliegend - auf eine konvergente Entwicklung zurückzuführen sein könnten. Es geht hierbei prinzipiell nur um eine konsequente Übertragung allgemein akzeptierter geographischer Grundsätze und Methoden auf den Meeresraum, wobei sich bei FALICK allerdings schon in der Betonung von "area, distance, location and distribution" charakteristische Sonderperspektiven der angelsächsischen Geographie andeuten, die dann besonders von WALTON (1974) und COUPER (1978a) noch stärker betont werden.

FALICK führte erneut das Argument an, daß eine Maritime Geographie als Brücke zwischen den physischen und sozialen Bereichen der Meeresforschung eine Einheit zu geben vermag, die dieser gegenwärtig abgeht, denn es gibt heute mehrere zwar bisweilen institutionell vereinte, aber untereinander teilweise ohne enge Beziehung stehende "Ozeanographien" (vgl. DUNBAR 1965). Geographen haben diese synthetische Herausforderung auf dem Lande gemeistert und könnten diese auch auf dem Ozean bestehen (FALICK 1966; 284).

Mit den nur dreiseitigen programmatischen Bemerkungen FALICKs von 1966 vollzog sich im amerikanisch-englischen Raum in der Folgezeit eine für die methodische Ausgestaltung der Meeresgeographie sehr entscheidende Hinwendung zu dem von PAFFEN zwar in seiner Bedeutung erkannten, aber damals nicht ausgeführten Bereich der Kulturgeographie, und zwar in der raumwissenschaftlich-planungsorientierte sowie stärker in Modellen denkende Richtung, wie sie zeitweise auch in den 70er Jahren in der Bundesrepublik zum Zuge kam (HAGGETT 1972, BARTELS 1980).

Wenn K. WALTON (Department of Geography der Universität Aberdeen) in seiner ideenreichen Betrachtung "A Geographer's View of the Sea" (1974) auch keine Systematik einer Geographie des Meeres entwickelte, ergeben seine vorwiegend kulturgeographischen Anmerkungen manche neuen Aspekte.

Zentraler Ansatz von WALTON ist der immer wieder faszinierende Eindruck der weltweiten Einheit des Ozeans. Gerade die integrierende Sicht der Geographie kann wie auf Land entscheidend dazu beitragen, die Komplexität dieser Systemeinheit in neuen Dimensionen besser zu erklären und zu verstehen, wie es andere mit dem Meer befaßte Teildisziplinen von ihren Ansätzen her nicht vermögen. Es könnte nach WALTON noch das Argument akzeptiert werden, daß das Konzept mariner Ökosysteme teilweise ein adäquates Substitut für den spezifischen physisch-geographischen Ansatz wäre, denn die terrestrische Geoökologie hat sich gedanklich teilweise aus der marinökologischen Richtung entwickelt. In der Physischen Geographie können durch die systemökologische Analyse die Erklärungsansätze etwa von Geomorphologen und Bodengeographen integriert werden. Gerade am Ökosystem Ozean sind diese Zusammenhänge offenkundig.

Kann man die Physische Geographie des Meeres nach WALTON noch mit dem Komplex Geoökologie abdecken, so bemängelt auch er die unzureichende Einbindung menschlicher Aspekte in der bisherigen Meeresforschung, die bei zunehmender Meeresnutzung und erhöhter Bedeutung submariner Ressourcen sowie Verschmutzung durch Abfälle und Abwässer immer wichtiger werden. Der "Wert der See" ist dem Menschen seit prähistorischer Zeit zwar immer wieder bewußt gewesen, erscheint aber heute in neuen Dimensionen. Sobald allerdings Grenzen im Meer gezogen werden und Staaten Gebietsansprüche erheben, müssen Begriffe wie Planung und Landnutzung von dem nationalen Landterritorium auf das Meer übertragen werden.

WALTON setzt sich ausführlicher mit FALICKs "taxonomischer Exposition" auseinander und gibt für den englischsprachigen Bereich einige weitere wichtige Hinweise auf schon bestehende neuere Arbeiten zum Bereich Kulturgeographie des Meeres. Dennoch bleiben in der Forschung empfindliche Lücken. Die "Oberfläche des Ozeans der Maritimen Geographie" - um eine Metapher WALTONs zu übernehmen - ist bisher kaum aufgerührt, ein reiches Betätigungsfeld im Kern und an den Randbereichen der Geographie des Meeres bilden eine Herausforderung für die Forschung. Wenn es eine Geographie des Ozeans gibt, und dieses stellt WALTON mit FALICK selbstverständlich nicht in Frage, so muß es auch übertragbare und anwendbare methodische Forschungsansätze geben. Wenn es diese Methodologien nicht geben würde, könnte man mit Recht umgekehrt folgern, daß dieser Bereich für die Geographie der gesamten Erdoberfläche auch weniger relevant ist.

WALTONs weiterführender Ansatz besteht darin, die angelsächsische Methodologie der "Modernen Geographie", die hier nur nach D. HARVEYs "Explanation in Geography" (London 1969) auf die Trilogie des raumwissenschaftlichen, ökologischen und regionalen Ansatzes ("spatial, ecological and regional approaches") reduziert wird, auf das Meer übertragen zu wollen. So könnte man etwa die Nächstnachbarschaftsanalyse auf die SOS-Signale eines Schiffes in Seenot übertragen. Der Transfer bzw. die analoge Anwendung moderner geographischer Methoden auf dem Meer werden dann in mehreren Beispielen einleuchtend für die drei geographischen Hauptthemenbereiche verifiziert. Hierzu rechnen nicht zuletzt moderne Regionalisierungsverfahren.

Das alte Thema der marinen Raumgliederung (Regionalisierung) wird nach einigen Bemerkungen zum umstrittenen Inhalt des Begriffs "Region" mit Hinweisen auf SCHOTTs Glierungsversuch des Meeres (vgl. auch JAMES 1936) in natürliche Regionen behandelt, wobei, wie erwähnt, der Begriff "seascapes" in Anlehnung an den Landschaftsbegriff des Festlandes im Sinne PAFFENs eingeführt wird. WALTON hält allerdings den zweiten Ansatz der Geographie, das Thema "Der Mensch und seine Umwelt" ("Man-environment theme") für den interessantesten. Zudem kann hiermit die größere Einheit der "Ocean Studies" im Sinne einer "Meeresraumwissenschaft" stärker herausgearbeitet werden. Die ozeanische Umwelt bestimmt alle menschlichen Aktivitäten auf See und an der Küste, man denke nur an die Bedeutung von Wind, Wellen oder Gezeiten für die Seewirtschaft, an Handelsrouten, Schiffbau, die Optimierung von Schiffahrtsrouten ("weather routing") oder an die von WALTON ausführlicher dargestellte Entwicklung der Schiffstypen im Laufe der Geschichte, Fragen der regionalen Segeltechnik oder der primitiven Navigation, etwa der Polynesier (vgl. hierzu auch GIERLOFF-EMDEN 1979).

Um dem teilweise zumindest in England vorherrschenden Eindruck entgegenzuwirken, daß sich eine "Maritime Geographie" vorwiegend im kulturgeographischen Bereich mit historischen und wirtschaftsgeographischen Themen befaßt, braucht nur auf einige moderne Problembereiche des Themas "Mensch - ozeanische Umwelt" hingewiesen zu werden, wie Meerestechnik, Schiffbauprobleme, Hafenmanagement oder den wachsenden "Industriebereich" der Offshore-Technologie, Rohstoffausbeutung sowie Meeresverschmutzung. Es gibt zudem Meeresbereiche mit schon maximaler Nutzung auf begrenztem Raum, wie etwa in dem unfallträchtigen Englischen Kanal oder der Deutschen Bucht, in denen Zwangsschiffahrtswege eingerichtet wurden. Für Großtankschiffe wird der navigatorische Zugang zu den westeuropäischen Häfen zunehmend schwieriger, Ölkatastrophen können ganze Küstenstriche für Fischerei und Erholung außer Wert setzen.

Aus diesen Gründen muß eine Maritime Geographie im kulturgeographischen Sektor auch die Küstensäume mitberücksichtigen, von denen seezugewandte Bevölkerungsgruppen den Seehandel entwickelten und Landgewinnungsmaßnahmen durchführten. All diese menschlichen Eingriffe in das sensible Gleichgewicht mariner Ökosysteme wurden beispielhaft von D.W. HOOD 1971, GOLDBERG 1976 oder auch GERLACH 1976 an der Umweltverschmutzung des Meeres dargelegt.

WALTON setzt mit seinem "geographischen Blick auf das Weltmeer" viele neue Akzente. Der Ozean als globaler unabdingbarer Nutzungsraum der Menschheit gestern, heute und morgen als Leitthema der geographischen Behandlung ist in der Tat eine sinnvolle Thematisierung für die Zukunft. WALTONs wohlbegründetes Plädoyer für eine Geographie der Ozeane schließt mit der Hoffnung, daß sich künftig mehr Geographen mit maritimen Problemen beschäftigen mögen.

Wichtigster Vertreter der neuen britischen Meeresgeographie, der einige der von WALTON angesprochenen Ideen in Forschung und Lehre umzusetzen versuchte, ist A.D. COUPER.

Zunächst konnten im Rahmen des Instituts of Science and Technology der Universität von Wales die zur Weiterentwicklung der Meeresgeographie notwendigen institutionellen Arbeitsmöglichkeiten geschaffen werden. COUPER wurde Direktor eines "Department of Maritime Studies". Es muß hierbei erwähnt werden, daß die Universität von Wales sich allgemein teilweise auf Meeresfragen spezialisiert hat und auch vollausgearbeitete Curricula für Seerecht und Meerespolitik (Marine Law and Policy), Maritime Technologie und nun erstmals in England auch für Maritime Geographie anbietet.

Am Department of Maritime Studies mit ihrem interdisziplinären Lehrkörper können B.S. - Grade in der Spezialisierung auf Maritime Commerce, Maritime Technology, International Transport und Maritime Geography erworben werden. Was den angelsächsischen Ländern zunehmend gelang - und dies könnte eine Forderung für den deutschen Wissenschaftsbereich sein - ist die zunehmende Verankerung der Maritimen Geographie in der Lehre und Ausbildung. Wie erwähnt, hatten schon PAFFEN 1964 und MARKOV 1976 den didaktischen Wert der Meeresgeographie herausgestellt. COUPER (1978a; 297) gibt einen entsprechenden Überblick über maritimgeographische Lehrveranstaltungen an Hochschulen in England, den USA und Kanada. Die Gliederung des Studiengangs "Maritime Geographie" in Cardiff sieht nach einem Informationsblatt für Studierende folgendermaßen aus:

Der Studienplan für den B.Sc. in "Maritime Studies" geht von einer Zielbestimmung aus, die auch als Definition dieses Arbeitsbereiches allgemein angesehen werden kann. In der Präambel heißt es:

Geographie befaßt sich mit den Beziehungen des Menschen zu seiner Umwelt. Bisher haben sich Geographen hauptsächlich auf diese Beziehungen konzentriert, wie sie auf der Landoberfläche des Planeten vorliegen. Der Weltozean, der dreiviertel der Erdoberfläche ausmacht, bietet heute eine neue und aufregende Forschungsfront, die von den Fortschritten der marinen Wissenschaften und der Meerestechnik zunehmend geöffnet wird.

Maritime Geographie hat zum Ziel, eine Basis für die Analyse der Beziehungen und Interaktionen zwischen menschlichen sozioökonomischen Bedürfnissen und der physischen Umwelt des Meeres und seiner Küsten zu schaffen, da diese Umwelt bei zunehmend fortschreitenden Wissenschaften und Technologien sowie Ausweitung nationaler Jurisdiktion schnellen Wandlungen unterliegt.

Studiengang Maritime Geographie an der Universität von Wales in Cardiff:

B. Sc. Ausbildung, 3-Jahrescurriculum zu je drei Semestern; Zusatzfach (wahlweise): Maritimer Handel, Meerestechnologien, Internationaler Seetransport.

1. Jahr: a) Geographische Grundlagen und Konzepte
b) Grundlagen der Geographie
c) Ozeanographie und Maritime Meteorologie
d) Kartographie und Kartierungsverfahren (Surveying)

e) Küstenstudien
f) Maritime Technologie I (Instrumente)
g) quantitative Methoden
h) Arbeiten auf See

2. Jahr: a) Land-See-Systeme (Häfen, Industriestandorte, Transport)
b) Marine Ökosysteme
c) Maritime Technologie II (Marine Fahrzeuge)
d) Quantitative Methoden
e) Ökonomische Geographie (einschließlich Geographie des Seetransports)
f) Arbeiten auf See

3. Jahr: a) Marine Geologie
b) Grundlagen der Meeresnutzung ("Marine Ressource Management")
c) Seerecht und Politische Geographie des Meeres
d) Maritime Technologie III (Exploration und Ausbeutung mariner Ressourcen)

sowie wahlweise

e) Internationale Wirtschaftsgeographie, oder:
f) Regionale, soziale und kulturelle Aspekte zum Themenkomplex "Der Mensch in der marinen Umwelt", ferner
g) Arbeiten auf See

Der Studienplan für Maritime Geographie soll die Studierenden mit geographischen Methoden und Techniken ausstatten sowie sie zu deren Anwendung auf die Ozeane und die Land-See-Grenzlinie (Interface) befähigen. Der Studiengang umfaßt die physischen und biologischen Ressourcen des Meeres und deren Management, hydrographische Verfahren sowie Kartierungen der See und ihrer Ressourcen, ferner die Grundzüge maritimer Verkehrswissenschaft, die Standortlehre für hafengebundene Industrien und die politischen und rechtlichen Aspekte des ozeanischen Raumes und der Nutzung der Meeresressourcen. Die Prinzipien der Anthropo- und Sozialgeographie werden dabei hauptsächlich durch Regionalstudien zum Thema "Der Mensch in der marinen Umwelt" berücksichtigt.

Wichtige Elemente der Ausbildung sind praktische Anwendung meereskundlicher Instrumente und Technologien unter Laborbedingungen und auf See. Hinzu kommen praktische Arbeiten im "offshore"-Bereich. Besonderen Wert wird auf den Aspekt "Meeresnutzungsplanung" ("sea use planning") gelegt (nach B.Sc. "Maritime Studies" UCCA 4290-Maritime Geography, Department of Maritime Studies, 0879, UWIST - The University of Wales, Institute of Science and Technology).

Wichtig erscheint in diesem vorwiegend kulturgeographisch konzipierten Studienplan zur Maritimen Geographie der Hinweis auf zukünftige Berufsmöglichkeiten für Absolventen. In Anbetracht der zunehmenden Bedeutung der Meere in wirtschaftlicher und politischer Hinsicht werden zum Management der Ressourcenausbeutung nach wissenschaftlichen Grundlagen (zumindest in England) in der Lehre und im Handel, in lokalen und nationalen Regierungsstellen sowie internationalen Organisationen zunehmend Stellen für maritime Geographen ausgewiesen. Weitere Betätigungsmöglichkeiten werden im Bereich der Überwachung, Kartierung und Planung der britischen 200 sm-Wirtschaftszone erwartet.

COUPER geht sehr stark auf politische Aspekte der Meeresnutzung zurück, die auf höchsten Regierungsebenen besonders auch den Aspekt Planung des Meeresraumes herausstellen ("applying planning concepts to the sea"). Die Nutzung der Meeresressourcen knüpft hierbei u. a. besonders an ein schon 1972 von den Vereinten Nationen in einer Dokumentation zur Meeresnutzung verwendetes Konfliktmodell an, aus dem die unterschiedlich starken Nutzungskonkurrenzen verschiedener maritimer Aktivitäten hervorgehen. (COUPER 1978a; 298, vgl. bereits LUCCHINI/VOELCKEL 1977; 398).

> "One of the basic problems in developing the ressource potential of the oceanic environment lies in the opportunities it presents for alternative uses - as a means of transport, fishing, discharge of waste, mining, dredging, communication, recreation and strategic purposes. These activities may conflict one with the other; and may conflict, together or seperately, with the functioning of the natural environment of the ocean on which economic activities, and, in the long term, life on the planet depends. Figure I provides an indication of some of the main uses of the marine environment and the interactions between uses.
>
> Clearly, any solutions to the problems created by increased use of the sea require a thorough understanding of the interactions between diverse physical and human elements on, under, or adjacent to the sea. This involves concepts of priority uses of the horizontal area and vertical water column, of the seabed and subsoil, and of the living and non-living resources, in such a way that various economic goals are optimized and reconciled with the natural environment. Such a task is enormous, and obviously requires inputs from numerous branches of science; but there is a distinct geographical component, and many of the problems call for the integrative planning and spatial analysis skills of the geographer" (COUPER 1978a; 297).

COUPER gebührt das Verdienst, mit dem oben genannten matrixähnlichen Schema unterschiedlicher, räumlich konkurrierender Nutzungsformen einen konzeptionellen neuen Ansatz in die Maritime Geographie eingeführt zu haben. Angesichts der großen praktischen Bedeutung hieraus entstehender meeresgeographischer Forschungsaufgaben könnte man wiederum von einer "angewandten Geographie des Meeres" sprechen. Insgesamt werden 24 einzelne Nutzungsarten unterschieden, die den drei Nutzungsgruppen "Living Resources", "Minerals" und "Services and amenities" zugeordnet werden. Hierbei kommt es in matrixähnlicher Interferenz zu "potential interactions of marine activities in close proximity" (COUPER 1978a; 298). Die Interaktionsmuster werden je nach Ausmaß der Konkurrenz vierfach abgestuft von "zero or neglegible interaction" bis zu "very bad or mutually exclusive" (so zwischen den beiden räumlich wirksamen Aktivitäten Abfallbeseitigung und Erhaltung des ökologischen Gleichgewichts).

Dieses Konzept wurde dann 1983 am Beispiel der Nordsee von UTHOFF zu einer 36 Nutzungsformen umfassenden "Beeinflussungsmatrix" erweitert (1983b; 291, Übersicht 3). Es ist nach UTHOFFs allgemeinen Bemerkungen zum Neubeginn einer Kultur- und Wirtschaftsgeographie des Meeres (1983a) abzusehen, daß dieser erstmals in England vorgeschlagene Weg in Zukunft auch in Deutschland eine größere Rolle spielen wird.

COUPER zeigte nach den grundsätzlichen Bemerkungen zum "Progress in Maritime Geography", daß dieser Grundansatz sehr wohl zur Behandlung traditioneller und moderner Formen der Meeresnutzung und Seewirtschaft ("Past and Present Concepts of Sea Use") und von Problemen im Zusammenhang der Seerechtsneuordnung (vgl. hierzu besonders auch COUPER 1978b) geeignet ist. Hieraus leitete er erstmals die heute zumindest für intensiv genutzte Gewässer nicht mehr von der Hand zu weisende Notwendigkeit einer "geographically-based sea use planning" ab, aus der sich gänzlich neue Aufgabenbereiche für eine praktische Geographie des Meeres und der Küsten ergeben könnten:

> "The area of oceanic work to which the geographer can lay claim are many. There is the obvious and urgent need for resource inventories, sea atlases, the determination of equable sharing of resources, the socio-economic effects of division of the sea and sea uses, the validity of boundary lines in sea areas, and those drawn to different projections on maps, the validity of historic bays and historic rights, the location and impact of artificial islands, the deep sea mining impact on the mineral producers, and on the direction of marine traffic flows, and the location of industry, the use of sea space for shipping in restricted geographic areas, location of sea farms and coastal aquaculture, and the application of remote sensing and aerial photographic analysis to marine resources...
>
> It is only when much more is known about the system to be managed that planning concepts for multiple sea use can be refined. But some basic principles have to be established, and these may be transferable from techniques developed by the geographer on land. One problem is the great diversity of sea areas which may render some common regulation impractical. Only common goals may be feasible for which regional and local standards and rules have to be established. Geographers can contribute in this respect through case studies of the physical and human geography of sea areas, the synthesizing of complex interactions, and the presentation of alternative policies for sea use..." (COUPER 1978a;,306-307).

Diese zukunftsweisenden und von den Anforderungen der Praxis her begründeten Aufgaben einer modernen, planungsbezogenen Geographie des Meeres lassen auch Raum für Teilaspekte der historischen Geographie, marinen Kartographie oder Verkehrsgeographie in herkömmlichen Stoffanordnungen. Wie schon in anderen Konzepten muß die Geographie bei

Regionalstudien im marinen Bereich ihre Fähigkeit zur Synthese unter Beweis stellen. Kein anderes Fach ist von seiner Tradition und Selbsteinschätzung geeigneter für diese sich unverändert stellende Aufgabe. UTHOFF konnte am Beispiel der Deutschen Bucht zeigen, daß diese Lücke durchaus von der Geographie eingenommen werden kann (1983b).

Mit dem Namen A. COUPERs ist auch ein kürzlich erschienenes Kompendium der Meeresforschung und Seewirtschaft verbunden, das angesichts weltweiter Verbreitung auch konzeptionell die weitere Entwicklung einer Geographie des Meeres mitbestimmen wird: Der "Atlas of the Oceans" in der bewährten Serie der TIMES-Atlanten (1983) läßt nach der Autorenliste ein sehr starkes Übergewicht von Mitarbeitern aus dem Bereich der maritim orientierten University of Wales in Cardiff erkennen (12 von insgesamt 26 Autoren). Somit kann davon ausgegangen werden, daß COUPER mit diesem Werk seine konzeptionellen Vorstellungen von 1978 zu verwirklichen suchte.

Insgesamt gesehen handelt es sich nicht um einen Atlas im eigentlichen Sinne des Wortes. Vielmehr werden die Karten zu den einzelnen Abschnitten durch Abbildungen und kurzgefaßte, aber sehr informative Texte ergänzt. Diese Art von "Atlanten" ist in den angelsächsischen Ländern als integrierte Präsentationsform sehr beliebt und hat in der Tat manche Vorzüge für den Benutzer (vgl. auch BRAMWELL 1979, Großer KRÜGER-Atlas der Ozeane). Bezeichnenderweise enthält der "Atlas" unter der Überschrift "The Geography of the Oceans" aber nur bathymetrische Karten der Meeresräume. Konsequenterweise hätte COUPER diesen Titel für den Gesamtband durchsetzen sollen, der sich in die vier Abschnitte "The Ocean Environment", "Resources of the Ocean", "The Ocean Trade" und "The World Ocean" gliedert. Die Inhaltsübersicht läßt im einzelnen erkennen, daß COUPER durch die besondere Berücksichtigung kultur- und wirtschaftsgeographischer Aspekte, die man im angelsächsischen Bereich traditionellerweise eher unter dem Begriff "maritime" zusammenfaßt, seine 1978 umrissene Position noch teilweise erweitert hat, ohne sie im Grundsatz aufzugeben. Dies zeigt sich besonders im Abschnitt über Seeschiffahrt und -handel mit den Texten zu "Ports of the World", "Ships and Cargoes", "Shipping Routes" und "The Hazardous Sea" (vgl. COUPER 1972, The Geography of Sea Transport) sowie im Vorwort zum "Atlas of the Oceans": "It provides an informed starting point for a sound understanding of the ocean-resource system involving man and the marine environment" (COUPER 1983; 7). Diese zusammenfassende Formulierung eines treffenden Generalthemas für eine moderne Maritime Geographie theoretisch begründet und praktisch in ansprechender Form ausgeführt zu haben, bleibt das Verdienst englischer Geographen.

5. Neuere Entwicklung und methodischer Stand der "Geographie des Meeres und der Küsten" in Deutschland

5.1. RENAISSANCE DER MEERESGEOGRAPHIE IN DER SCHULE

Die seit etwa fünf Jahren erfreulicherweise festzustellende Neubelebung meeresgeographischen Interesses in der Bundesrepublik geht zu einem nicht unerheblichen Teil auf Anregungen aus der Fachdidaktik hervor. Schon immer hatten Schulerdkundebücher im regionalen "Durchgang" meist im Zusammenhang mit den Polargebieten einzelne meereskundliche Abschnitte enthalten, so über den Golfstrom und seine klimatischen Auswirkungen. Ältere Schulatlanten stellten grob nur die Tiefenverhältnisse der Ozeane dar. Mit dem allgemeinen Vordringen sozialgeographischer Lehrinhalte und gesellschaftsrelevanter Unterrichtsziele seit Ende der 60er Jahre wurde das Meer aber nur noch in einigen der schnell erscheinenden neuen Unterrichtswerke berücksichtigt.

Seit Mitte der 70er Jahre wurde der gesamte maritime Komplex durch die beginnende Seerechtskonferenz aber unvermittelt erneut aktuell für den Unterricht. Zu einer Zeit, als man den Begriff "Meeresgeographie" im wissenschaftlichen Sinne kaum mehr gebrauchen mochte, wies KELLERSOHN (1978) erstmals auf die zunehmende Bedeutung der Geographie des Meeres für ein Geographie-Curriculum hin, weitere Beiträge von ihm folgten in der Zeitschrift "Geographie im Unterricht" mit Vorschlägen zur unterrichtlichen Umsetzung (so 1980, 1981).

Schließlich legte KELLERSOHN kürzlich in der Reihe "Problemräume der Welt" eine für die Hand des Lehrers oder auch als Grundlage eines Oberstufenkurses gedachte Schrift zur "Nutzung der Meere" vor (1983). Sie behandelt u.a. die Morphologie und Entstehung des Meeresbodens, die Grundzüge des Internationalen Seerechts, den Seeverkehr, die marinen Ressourcen (Fischfang, Rohstoffe, Energie) und geht abschließend auch auf Probleme der Meeresverschmutzung ein. Diese didaktisch sehr geschickt zusammengestellte Meeresgeographie für den Schulgebrauch ersetzte die ältere, kurze und inzwischen überholte unterrichtsverwertbare Zusammenstellung "Das Weltmeer als Wirtschaftsraum" des ehemals in Kiel wirkenden Meereskundlers SCHOTT (1972) in der Reihe "Fragenkreise".

KELLERSOHN gebührt das Verdienst, nicht nur die Chancen einer neuen Meeresgeographie an der Schule als erster erkannt zu haben, sondern trug auch wesentlich zu ihrer Verankerung im Unterricht bei. Seine Forderung nach einer stärkeren Berücksichtigung des Themenbereichs "Geographie der Meere" entsprechend der seit Anfang der 70er Jahre ständig gewachsenen und auch weiterhin rasch zunehmenden Bedeutung der Meere für die Menschheit (KELLERSOHN 1978; 450) wurde mehr vom fachwissenschaftlichen Ansatz her ein Jahr später von KORTUM (1979) im ersten Themenheft zur Meeresgeographie nachhaltig unterstützt und untermauert. Das Dezemberheft der Geographischen Rundschau enthielt neben dem grundlegenden Beitrag "Meeresgeographie in Forschung und Unterricht" noch einen fischereigeographischen Aufsatz des Meeresbiologen HEMPEL (Fischereiregionen des Weltmeeres) sowie eine Übersichtsdarstellung des marinen Geomorphologen ULRICH (Erforschung und Nutzung des Meeresbodens).

KORTUM versuchte - in dieser Richtung stärker geprägt vom Gedankengut DIETRICHs und PAFFENs - ausgehend vom historischen Hintergrund der deutschen Meeresforschung und neueren, geographisch höchst relevanten Erkenntnissen der Ozeanographie - die auf dem Konzept einer "marinen Landschaftskunde bzw. Länderkunde" beruhende Konzeption PAFFENs von 1964 weiterzuentwickeln und für die Schule fruchtbar zu machen. Er gab hierbei auch einige ausgewählte Beispiele meeresgeographischer Problematik (Meeresverschmutzung, Grenzen im Meer, politische Geographie der Ozeane und Seerechtskonferenz).

Die unabhängig voneinander erfolgten Vorstöße KELLERSOHNs und KORTUMs Ende der 70er Jahre leiteten einen allgemeinen Aufschwung der Meeresgeographie in Deutschland ein, der dann 1980 mit der lange vorbereiteten Veröffentlichung des Lehrbuchs von GIERLOFF-EMDEN einen ersten Höhepunkt erreichte. Der 17. Schulgeographentag in Bremen wurde im gleichen Jahr unter dem Rahmenthema "Meere und Küstenräume, Häfen und Verkehr" abgehalten. Der Verhandlungsband (FELLER/TAUBMANN 1982) dokumentierte mit 16 meer- oder küstenbezogenen Referaten die breite Palette und Aktualität meeresgeographischer Probleme. Zum Schulgeographentag in Bremen erschien ferner das Themenheft "Das Meer als Nahrungspotential" (Praxis Geographie 10, 1980), dem IHDE ein Vorwort mit dem treffenden Titel "Mehr Meereskunde in der Schule" voranstellte. Hinzuweisen ist besonders für Lehrer auf ROSENKRANZ 1977.

Hiermit waren die Weichen gestellt. Weitere Themenhefte in schulgeographischen Reihen folgten und gaben zusätzliche Anregungen (Geographie im Unterricht 8, H. 6, 1983: Küste und Meer; Geographische Rundschau 6, 1983: Nordsee - Konfliktfeld von Ökologie und Ökonomie).

Wesentliche Voraussetzung für den Aufschwung der Geographie des Meeres an der Schule waren zum einen leichter verfügbare meereskundliche Bändchen (DIETRICH 1970, ROSENKRANZ 1977 u.a.), zum anderen aber auch das gestiegene Ökologie-Bewußtsein und insbesondere die Aktualität der Seerechtsverhandlungen, die in der Tat zahlreiche geographische Probleme behandelten (Zonierungen, Rohstoffe, Nutzungskonflikte; vgl. HÄRLE "Der Streit um die Meere", Aktuelle Unterrichtsmaterialien 7, 1978). Auf dem Buchmarkt sind ferner eine größere Zahl populärwissenschaftliche Bücher zum Thema Meer und Meeresnutzung erhältlich, die entsprechend den Lernzielen des Erdkundeunterrichts didaktisch umgesetzt werden können (KURZROCK 1977, FLEMMING/MEINCKE 1977, BRAMWELL, Atlas der Ozeane, 1979, u.a.m.). Die maritimen Aspekte dürften sich erst in der kommenden Generation von Schulbüchern und Atlanten stärker niederschlagen. Die Darstellung des Meeresraumes in Schulatlanten ist bislang sehr unbefriedigend. In diesem Zusammenhang kann aber auf den dtv-Taschenbuchatlas von KETTERMANN/HERGE "Weltmeere/Polargebiete" (1980) als kartographisches Arbeitsmaterial im Unterricht hingewiesen werden. Eine hervorragende, für den Unterricht an Schule und Hochschule gedachte Kartenzusammenstellung wurde 1976 zum Tag der Vereinten Nationen herausgegeben; ihr liegt ein didaktisches Faltblatt "To the Teacher: Suggestions for Teaching About the United Nations and the Sea" bei (United Nations 1976).

Es wurde bereits von KELLERSOHN (1978), KORTUM (1979) und IHDE (1980) ausführlicher begründet, daß sich meereskundliche Inhalte besonders gut zur Verwirklichung einiger allgemeiner curricularer Zielvorhaben in den Lehrplänen für einzelne Klassenstufen eignen. Die neuere Entwicklung im Schulbereich macht es erforderlich, daß die Meeresgeographie auch verstärkt an der Hochschule in der Ausbildung von Erdkundelehrern berücksichtigt wird. Die institutionell etablierte Meereskunde in der Bundesrepublik weiß zumindest seit dem Bremer Schulgeographentag, daß sie als Geowissenschaft in Schule und Lehrerbildung von den Geographen vertreten wird. Hiermit öffnet sich ein weiterer Weg fruchtbarer, arbeitsteiliger Zusammenarbeit, der auch langfristig genutzt werden sollte. Probleme der Meeresverschmutzung oder der Fischereiressourcen werden auf lange Sicht schulrelevante Themen der Meereschemie und Fischereibiologie bleiben. Die didaktische Umsetzung dieser oder ähnlicher Aspekte wird auch in Zukunft unbestreitbar eine Domäne der Geographen sein.

5.2. H.G. GIERLOFF-EMDENS BEITRÄGE ZUR GEOGRAPHIE DES MEERES UND DER KÜSTEN

Als sich Ende der 70er Jahre ein erneutes Interesse der Geographie für maritime Fragen bemerkbar machte, erschien gerade zum rechten Zeitpunkt Anfang 1980 das lange erwartete Lehrbuch "Geographie des Meeres. Ozeane und Küsten" von H.G. GIERLOFF-EMDEN. Das ursprünglich unter dem Titel "Geographie der ozeanischen Gewässer" als Ergänzung zur festländischen Hydrologie von F. WILHELM in der gleichen Reihe angekündigte Werk erschien zweibändig mit einem Gesamtumfang von über 1 300 Textseiten und 614 Abbildungen. Es wurde als Band 5 in der von E. OBST begründeten und von J. SCHMITHÜSEN herausgegebenen renommierten Reihe "Lehrbuch der Allgemeinen Geographie" publiziert. Auch aus anderen Gründen setzte man große Erwartungen in dieses Werk, mit dem die große Tradition deutscher Handbücher zur Meeresforschung und maritimen Geographie (KRÜMMEL 1907/1911, DIETRICH 1957/1975) fortgesetzt werden konnte. Zudem schien die Geographie des Meeres damit als selbständiger Arbeitsbereich innerhalb der Geographie bestätigt und gesichert. Alleine diese Tatsache setzte einen neuen Anfang für eine achte disziplingeschichtliche Epoche der "Geographie des Meeres" und hätte als herausragendes Ereignis Zielpunkt der vorliegenden Schrift sein können.

Es kam allerdings anders: Zusammenfassend muß heute mit einigen Jahren Abstand festgestellt werden, daß GIERLOFF-EMDENs lehrbuchartige Darstellung der Geographie des Meeres und der Küsten trotz positiver Aufnahme bei einigen ausländischen Rezensenten in Deutschland überwiegend auf Kritik und bisweilen scharfe Ablehnung stieß, die sich nicht nur gegen formale Unzulänglichkeiten, sondern insbesondere gegen seinen unklaren bzw. nicht systematisch befolgten konzeptionellen Ansatz richtete. Dieser Vorgang ist zumindest in bezug auf die genannte OBSTsche Lehrbuchreihe ohne Beispiel. Der letztgenannte, sich auf die theoretisch-methodischen Grundlagen des Werkes beziehende Kritikpunkt bedarf einiger Bemerkungen, ohne daß an dieser Stelle eine Würdigung des Lehrbuchs insgesamt möglich ist. Verwiesen wird auf die Rezensionen von J. MEINCKE (Marine Geology 41, 1981; 345-346), W. TIETZE (Geo-Journal 4, 1980; 186), H. IBBEKEN (Kartograph. Nachr. 1980; 195-196), J. ULRICH (Mitt. Geogr. G. München 65, 1980; 128-132), D. UTHOFF (Geograph. Z. 70, 1982; 308-312) oder besonders H. KLUG (Die Erde 111, 1980; 367-368). - Heute muß man ernüchtert feststellen, daß dieses Handbuch - der Lehrbuchcharakter wird vielfach aus mehreren Gründen bezweifelt - zwar von Geographen in starkem Maße zum Nachschlagen und zur allgemeinen Information benutzt wird, aber keine konzeptionelle Weiterentwicklung der Geographie des Meeres bewirkt hat. Wesentliche Aspekte einer allgemeinen und regionalen maritimen Geographie fehlen. Die Konzeption der Stoffübersicht bleibt auch nach den im übrigen teilweise der ausführenden Darstellung widersprechenden und zudem spärlichen methodischen Ausführungen GIERLOFF-EMDENs in seinem mehr einer Zusammenfassung ähnelnden Vorwort unklar und fordert in einigen nicht hinreichend durchdachten oder zu zeitungsartig formulierten Passagen zum Widerspruch auf. Bemängelt wurde vor allem, daß eine konzeptionelle Durchdringung und Geschlossenheit der inhaltlichen Ausführung weitgehend fehlen (KLUG). In einigen Kritiken fielen harte Worte, die hier nicht wiederholt werden sollen, da sie ohnehin nach dem Erscheinen des Werkes nicht weiterhelfen können. Die "Geographie des Meeres" liegt nunmehr erstmals in einer inhaltsreichen Gesamtdarstellung vor und man wird mit ihr leben müssen.

Eine neuere Bestandsaufnahme der "Geographie des Meeres" kann an den großen Leistungen GIERLOFF-EMDENs nicht vorbeigehen. 1923 in Wilhelmshaven geboren, interessierte er sich - hierin bestärkt durch seinen Vater (vgl. 1980. I, X) seit früher Jugend für alle Belange der Seefahrt. Das persönliche Engagement für die Geographie der Ozeane und Küsten durchzieht sein ganzes Werk und schlägt sich nicht zuletzt auch in der ausführlicheren Berücksichtigung mancher schiffstechnischer Einzelheiten nieder (1980, I, Kapitel 3, vgl. Photo vom Verf. Bd. II; 1230). Biographie und Buch verbinden sich in seinen Bemerkungen zur Stoffauswahl vollends:

> "Die subjektive Stoffauswahl für dieses Buch entspringt der spezifischen Begegnung des Autors mit dem Sachgebiet des Meeres und der Küsten:

1. Aus der wissenschaftlichen Tätigkeit: Aus dem Studium der Geographie, Ozeanographie, Mathematik, Biologie in Hamburg bei L. MECKING, K. KALLE, R. RAETHJEN, G. DIETRICH, W. HANSEN, H. CASPERS, F. NUSSER, K. BROOKS; aus der 30jährigen Tätigkeit in Forschung und Lehre im Fach Geographie zur Geographie des Meeres und der Küsten an den Universitäten Hamburg und München, als Gastprofessor in Berkeley, Kalifornien, und Baton Rouge, Louisiana.

2. Aus der Feldforschung: Aus der Teilnahme an Reisen auf Forschungsschiffen und an Arbeitsgruppen, aus der Durchführung von Forschungsreisen an Küsten.

3. Aus der praktischen Tätigkeit: Aus der Praxis der Seefahrt als Marineoffizier, aus der Praxis angewandter Arbeiten (Kartierung und Luftbildauswertung von Küsten und Küstengewässern).

4. Aus der persönlichen Begegnung: Aus der Zusammenarbeit mit Kollegen des Faches und der Seefahrt im In- und Ausland.

Meinem Vater, dem Lt. Ing. des Marineingenieurwesens, Richard GIERLOFF-EMDEN, der eine mehr als 25jährige Seefahrtzeit erlebte, verdanke ich es, schon früh mit dem Interessengebiet der Seefahrt vertraut gemacht worden zu sein" (GIERLOFF-EMDEN 1980, I und II, jeweils X).

Dieses persönliche Bekenntnis im Vorwort eines Lehrbuchs als Begründung der von vielen Kritikern beanstandeten Stoffauswahl ist mutig, ebenso der Wille des Autors, "eine derartige Arbeit im Alleingang zu bewältigen..." (ULRICH). Diesen sehr persönlichen Hintergrund und GIERLOFF-EMDENs langjährige Arbeiten auf dem Gebiet der Geographie des Meeres hat bei der Kritik nur A.J. DAVIS in seiner im Prinzip sehr wohlwollenden Rezension (in: Geogr. J. 147, 1981; 110-111: "good value for money, and quite indespensible") einfließen lassen, während sich viele deutsche meeresgeographisch arbeitende Fachkollegen gleich auf die Blößen warfen, die das programmatische Vorwort, das gesamte Buch und damit der Autor boten ("Fehlte dem Autor die Zeit zur Endkorrektur?" (KLUG), keine seriöse Ausführung in Stil und sprachlichem Ausdruck, oft ohne logische Kontinuität, Eindruck einer journalistischen Aneinanderreihung (ULRICH), etc.). Die Kritik war gerecht, aber bisweilen nicht ganz fair.

GIERLOFF-EMDEN ist der einzige Geograph mit ozeanographischer Ausbildung, der seit den 50er Jahren mehr oder weniger kontinuierlich wesentliche Beiträge zur Geographie der Meere und Küsten beigesteuert hat (vgl. Schriftenverzeichnis bis 1973 in GIERLOFF-EMDEN/WILHELM 1973, Teil 8). Besonders zu nenen sind in diesem Zusammenhang mehrere morphologische Untersuchungen in Schelfgebieten (San Salvador; 1958, Portugal; 1970) und an Küsten (1961). Lange bevor Remote Sensing auch in den USA gängige Methode der Ozeanographie wurde, hatte sich GIERLOFF-EMDEN mit der Aussagekraft von Luft- und Satellitenbildern im Bereich der Meere und Küsten auseinandergesetzt und diesen potentiell für eine Beteiligung der Geographie an der Meeresforschung wichtigen Bereich methodisch vorbereitet (1961, 1977). Die anläßlich seines 50. Geburtstages im Band 9 der Münchner Geographischen Abhandlungen gesammelten sieben Beiträge zur Geographie des Meeres machen in ihrem thematisch breiten Spektrum Probleme sichtbar, die gerade in ihrer teilweise ausgesprochenen methodischen Ausrichtung große Beachtung verdienen. Dieser Band war überhaupt seit Kriegsende die einzige breitere Dokumentation meeresgeographischer Aktivität in der Bundesrepublik. Dies ist wohl auch einer der Gründe, warum sich später die Bezeichnung "Geographie des Meeres" statt der von PAFFEN vorgeschlagenen "Maritimen Geographie" durchsetzte. In der erwähnten Festschrift berichtete BERGER über Meeresverschmutzung, GÜTTLER über die Landschaftsveränderungen durch den Ausbau des Kur- und Ferienzentrums Heiligenhafen, während sich v. GNIELINSKI der Entwicklung der australischen Seefischerei zuwandte. Die anderen Beiträge behandelten die Möglichkeiten der Luftbildauswertung im Küstenbereich (POGRATZ/WIENECKE), die Bathymetrie und Geomorphologie des Seegebiets vor Westafrika (RUST/WIENECKE) sowie die Analyse von Quarzkörnern aus arktischen Küstengebieten. Dieser Band der "Münchner Schule" zeigt, daß Meeres- und Küstenforschung sehr wohl auch von binnenländischen Hochschulstandorten betrieben werden kann. Die Geographischen Institute an der Küste selbst haben demgegenüber ihre Standortvorteile nur zu einem geringen Maße genutzt. - GIERLOFF-EMDEN hatte sich neben der Vorbereitung des Lehrbuchs hauptsächlich mit Fernerkundungsproblemen in "Coastal and Offshore Environments" befaßt (1977, 1980), interessierte sich aber ebenfalls für die kulturgeographische Seite der Geographie des Meeres, die er beispielhaft an den "geographischen Bedingungen für die Seefahrt und Bevölkerungsausbreitung im Pazifischen Ozean" (1979) behandelte. Diese einzelnen Beiträge müssen als wichtige Bausteine einer umfassenden Geographie des Meeres gewertet werden.

Nach dem Vorwort des Lehrbuchs gewinnt man den Eindruck, daß die Kultur- und Wirtschaftsgeographie angesichts der aktuellen Fragen der Meeresnutzung und -verschmutzung im Mittelpunkt stehen sollen. Schon einleitend wird auf die Bedeutung der Ozeane und Küsten als Wirtschafts- und Freizeitraum, als Nahrungs-, Rohstoff- und Abfallraum und auf die Aufteilung des Meeres in Wirtschaftszonen ausführlicher eingegangen. Nur der letzte Aspekt wird aber in einem eigenen Kapitel (Bd. II, Kapitel 12) ausreichend dargestellt, während fischerei- bzw. seeverkehrsgeographische Teilbereiche der Geographie des Meeres trotz ihrer großen Bedeutung nur unzulänglich und auf mehrere Kapitel verteilt behandelt sind.

Mehrere angelsächsische Textbücher, so die überwiegend Wirtschaftsfragen und politische Aspekte berücksichtigende Darstellung von D.A. ROSS ("Opportunities and Uses of the Ocean", 1978) zeigen, daß man die sicher vorhandene "Wissensexplosion" im Bereich der Meeresforschung (GIERLOFF-EMDEN 1980, I; X) durchaus in einer klaren, konzeptionell überzeugenden Stoffgliederung auf einen überschaubaren Umfang reduzieren kann, ohne auf Beispiele zu verzichten. GIERLOFF-EMDEN gibt mit Recht regionalen Beispielen aus dem europäischen Raum den Vorzug, wobei er sich in starkem Maße von der gegenwärtigen Diskussion in der Öffentlichkeit leiten läßt: "Wegen der Nähe des Themas zu Tagesereignissen unserer Umwelt, Ozeane und Küsten werden als Beispiele 'aktuelle Fälle' dargestellt" (1980, I; X). Der Stoffumfang einer Geographie des Meeres wird nach Ansicht GIERLOFF-EMDENs erstmals in seinem Werk im größeren Rahmen abgesteckt. Er ist sich aber bewußt, daß eine Diskussion um den "Durchschnitt der Menge" wie in Lehrbuchdarstellungen anderer Teilbereiche der Allgemeinen Geographie zum vorliegenden Thema erst aussteht.

GIERLOFF-EMDEN gliedert den Stoff in 12 unterschiedlich lange und nicht immer gleichgewichtige Hauptkapitel:

In Teil I werden behandelt: 1. Definition, 2. Größenverhältnisse des Raumes, 3. Entdeckung, 4. Forschung, 5. Karten, 6. die Morphologie des Meeresbodens und 7. der Wasserkörper des Meeres.

Teil II widmet sich 8. dem Meereis (Kaltwasserregion), 9. Eustatischen Meeresspiegelschwankungen, 10. Korallen (Warmwasserregion), 11. den Küsten sowie 12. den Rechtsverhältnissen.

Der Autor gesteht im übrigen selbst ein, daß die "Darstellung des Stoffes keinem Raster mit genormter Größe der Felder für die behandelten Themen entspricht". Vielmehr will er "Schwerpunkte nach Umfang und Intensität der Behandlung bilden" (1980, I; XI), die notwendigerweise aufgrund der ebenfalls zugegebenen "subjektiven Stoffauswahl" (1980, I; X) dem Lehrbuchcharakter teilweise zuwiderlaufen müssen. In seinen Erläuterungen zur "Stoffordnung" fügt GIERLOFF-EMDEN aber gleichzeitig ein Betrachtungs- und Ordnungsraster ein, daß in mancher Hinsicht durchaus Grundlage einer systematischen Behandlung der Geographie des Meeres, auch in den kultur- und wirtschaftsgeographischen Komponenten, hätte sein können (1980, I; XI):

Raum	Der Meeresboden "Das Gefäß"	Das Meer "Der Wasserkörper"	Die Küste "Der Randsaum"
Stoff	Boden Lithosphäre	Hydrosphäre	Lithosphäre Atmosphäre Hydrosphäre
Grenzflächen	untere Grenzfläche Wasserkörper gegen Boden	obere Grenzfläche Wasserkörper gegen Atmosphäre	Triple interface, Lithosphäre, Hydrosphäre, Atmosphäre

Dieses grobe, aber in vielfacher Hinsicht zu verfeinernde Gedankengerüst hat eine sehr lange meeresgeographische Tradition und findet sich - wenn auch ohne Bezug zur neueren Vorstellung der Grenzflächen - nicht nur im Ansatz bereits im Vorwort von KRÜMMELs "Handbuch der Ozeanographie" (1907; 1), sondern auch schon in einigen HUMBOLDTschen Bemerkungen zum Zusammenspiel von Wasser- und Luftmeer in seinem "Kosmos". Die Herausstellung der auch in wirtschaftsgeographischer Hinsicht so bedeutenden beiden Grenzflächen und ihrer Überschneidung im Küstenbereich erlaubt im übrigen eine Einbindung vieler Ergebnisse der neueren Meeres- und Küstenforschung, die u.a. im Rahmen der beiden Sonderforschungsbereiche 94 und 95 erzielt wurden. Im größeren geoökologischen Systemzusammenhang wurden die Grenzflächen bereits von K. KALLE herausgestellt, der gemeinhin nur als Mitautor an der "Allgemeinen Meereskunde" DIETRICHs (1957) bekannt ist und von GIERLOFF-EMDEN neben anderen ausdrücklich als akademischer Lehrer genannt wird. KALLE, seinerzeit an der Deutschen Seewarte in Hamburg tätig, führte hierzu in der Einleitung zu seinem wenig bekannten Band "Der Stoffhaushalt des Meeres" in der Reihe "Probleme der kosmischen Physik" (Band XXIII, 1945; 1-2) aus:

> "In bezug auf den Erdkörper befindet sich das Meer an einer, physikalisch-chemisch betrachtet, außerordentlich begünstigten Stelle. Es nimmt an der Grenzfläche "Fest-gasförmig" eine infolge seines flüssigen Aggregatzustandes vermittelnde Stellung ein und bildet durch sein Dazwischentreten selbst das wichtigste Glied eines physikalisch-chemischen Systems, und zwar in einem Gebiet, welches die volle Möglichkeit der gegenseitigen Durchdringung des festen, flüssigen und gasförmigen Zustandes gewährleistet... Für jedes in sich geschlossene physikalisch-chemische System... ist nicht nur die stoffliche Zusammensetzung von ausschlaggebender Bedeutung, sondern in gleichem Maße die Form, Größe und räumliche Anordnung des Stoffes sowie der Kräfteeinfluß, welchem das stoffliche System unterliegt. Raum, Kraft und Stoff sind daher die drei nebeneinander herlaufenden Grundbedingungen, aus deren gemeinsamen Beziehungen sich erst ein zusammenhängendes Bild eines in sich geschlossenen physikalisch-chemischen Systems gewinnen läßt..."

DIETRICH hat mit seinem bereits oben behandelten Schema zum "Inhalt der Meeresforschung" (1970; 11) unter Hinzufügung der "Säule" Lebewesen überzeugend dargelegt, daß sich diese streng naturwissenschaftliche Systematik KALLEs auch auf Aspekte der Nutzung und Planung erweitern läßt. Auch GIERLOFF-EMDEN bringt das DIETRICHsche Konzept (1980, I; 5, Abb. 1.1) in seinem Eingangskapitel "Wissenschaft vom Meere, Definition und Gliederung der Meereskunde", verzichtet aber auf eine Erläuterung oder eine Anwendung desselben in der Stoffaufbereitung.

Die Kritik an GIERLOFF-EMDENs Lehrbuch "Geographie des Meeres" bemängelte im wesentlichen weniger die oft gelungene Analyse komplexer, geographisch relevanter Zusammenhänge im marinen Milieu an einzelnen Raumbeispielen wie Gezeitenlandschaften oder Lagunen (so 1980, II; 1037 ff. bzw. 1162 ff.), sondern die unzureichend formulierte Zielsetzung und Konzeption des Lehrbuchs insgesamt. Diese theoretisch-methodische Schwäche wurde gerade von Seiten der Meereskunde bedauert, die zumindest in Umrissen ein neues Schema der Marinen Geographie erwartet hatte (MEINCKE). Somit verstrich vorerst eine einmalige Chance, sich innerhalb der Meeresforschung durch eine klare und systematisch entwickelte eigene Fragestellung allseitige Anerkennung und damit das Recht zur Mitsprache zu verschaffen. Das wissenschaftliche Verhältnis der Geographie bleibt vorerst weiterhin ungeklärt.

Hier kann nur auf das programmatische "Vorwort" eingegangen werden, das in mancher Weise aber nicht der Ausführung entspricht und somit für sich bewertet werden muß (jeweils in I und II, III-XIII). Es ist in mancher Hinsicht, besonders aber in bezug auf die dem Werk zugrunde liegende Zielvorstellung und Problematisierung aufschlußreich.

Zum Thema "Geographie des Meeres" heißt es dort u.a.:

> "Die Geographie des Meeres befaßt sich mit dem Weltmeer, d.h. mit den Ozeanen und Küsten als Umwelt. Es werden die allgemeinen Erscheinungen und Prozesse im Raum und die Eigenschaften besonderer Räume, wie die Küste behandelt... Marine Landschaftskunde bedeutet die umfassende Betrachtung der Meeresräume, die neben den naturwissenschaftlichen Sachverhalten auch die anthropogeographischen einbezieht.
>
> Die "Geographie des Meeres" ist eine Darstellung eigener Art, die neben den Lehrbüchern der "Allgemeinen Geographie" zu nutzen ist. Dem Fach Geographie kommt in der Lehre die Aufgabe des Transfers von Sachverhalten der Erdwissenschaften zu. Die Meereskunde, in ihrer Entwicklung einstmals auf praktische Belange der Seefahrt ausgerichtet (MAURY), ist zu einer komplexen, weitverzweigten Großwissenschaft geworden, die sich in mehrere Richtungen entwickelte... In der Gegenwart gehören die anthropogene Beeinflussung von Ozeanen und Küsten als den Räumen der Umwelt des Menschen, die so problematisch geworden ist, und die Wechselwirkung zwischen dieser Beeinflussung und dem Naturraum, in den Vordergrund der Betrachtung. Es handelt sich um einen multidisziplinären Gehalt, der unter dem Aspekt der Erscheinungen, Prozesse und Wechselwirkungen in räumlicher Ordnung als ein geographischer besteht. Allgemeine Aspekte räumlicher Forschung und räumlicher Ordnung sind gültig: Formenwandel, regionale Einheiten, Milieus; Physiotope und Ökotope wie: Watt, Ästuar, Felsufer, Auftriebswasserregion." (GIERLOFF-EMDEN 1980; I, III/IV)

Diese an PAFFENs Maritime Geographie im Bereich der marinen Landschaftskunde anknüpfende und auch den Formenwandelgedanken integrierende Auffassung von den Aufgaben der Geographie des Meeres mit der Betonung auf regionale ökologische Zusammenhänge statt einer allgemeingeographischen Systematik ist für sich genommen ein wesentlich methodischer Fortschritt zu neuen Forschungsfronten der Geographie in der Meeresforschung. Sie werden als Ziel in Bd. I (S. 6) nochmals unter der Überschrift "Geographische Sachverhalte, Wirkungsgefüge und Probleme der Geographie des Meeres dargelegt. Die Stoffanordnung und -gewichtung im Lehrbuchtext ist aber vielfach nicht überzeugend. Ein erkennbares logisches Gliederungssystem liegt ihnen nicht zugrunde. Der im Vorwort begründete Vorrang der anthropogenen Beeinflussung der Meere und der Interaktion Natur - Mensch tritt hinter der Darlegung und Vermittlung physischer Sachverhalte zurück (vgl. die ausgewogene Kritik von UTHOFF 1982; 310). Dennoch werden "zielkonform Wirkungsgefüge und Interaktionen zwischen Natur und Mensch in der marinen Umwelt" deutlich sowie Nutzungskonflikte und Probleme sichtbar gemacht. Hier finden sich nach UTHOFFs Rezension richtungsweisende Anregungen für Forschung und Lehre auf dem Gebiet der Geographie des Meeres und der Küsten. GIERLOFF-EMDEN habe Neuland betreten und über Konzeptentwürfe hinaus erstmals die inhaltliche Füllung einer zeitgemäßen Geographie des Meeres bewältigt, wenn auch "der große Wurf" nach Ansicht KLUGs wegen Konzeptionslosigkeit und zahlreicher inhaltlicher und formaler Mängel nicht gelang.

Es bleibt abzuwarten, inwieweit die selbst an größeren Darstellungen zur Geographie des Meeres arbeitenden Rezensenten ihrerseits in der Lage sein werden, eine überzeugende neue Gesamtkonzeption mit einer angemessenen inhaltlich-stofflichen Füllung zu versehen.

5.3. NEUE KULTUR- UND WIRTSCHAFTSGEOGRAPHISCHE FORSCHUNGSPERSPEKTIVEN IM MARINEN RAUM - KONZEPTE DER KONKURRIERENDEN MEERESNUTZUNG

Bereits in GIERLOFF-EMDENs Vorwort zu seinem Lehrbuch "Geographie des Meeres" wurde - vielleicht in zu groben und pessimistischen Zügen - die zunehmende anthropogene Beeinflussung des Ökosystems Ozean durch verschiedene Nutzungen herausgestellt. Die marine Umwelt des Meeres und der Küsten erscheint dabei "einem Patienten auf der Intensivstation" vergleichbar (1980, I; VII). Alarmierende aktuelle Nachrichten über Tankerunfälle oder Meeresverschmutzungen in den Massenmedien erregen mit Recht große Besorgnis in der Öffentlichkeit.

Der Zugriff auf Ressourcen des Meeres und die wirtschaftliche Nutzung der Küsten und Ozeane allgemein haben sich in den letzten 30 Jahren bedeutend vergrößert. So stiegen die Anlandungen der Seefischerei weltweit von 1950: 20,5 Mio. t auf 73,5 Mio. t im Jahre 1977, womit offensichtlich eine Potentialgrenze erreicht wurde. Im gleichen Zeitraum erhöhte sich die Zahl der Schiffe bei einer Vervierfachung ihrer Gesamttonnage von 31.000 auf rund 64.000. Eine neue Qualität der Ozeannutzung ist dank innovativer Fortschritte der Meerestechnik (vgl. VICTOR 1973) durch die zunehmende Inanspruchnahme nicht erneuerbarer mineralischer Rohstoffe im Meeresraum entstanden. Rund 15 % der Erdölförderung werden gegenwärtig "offshore" gewonnen. Es wird angenommen, daß 23 % der verfügbaren Reserven bei Erdöl und 14 % des Erdgases auf die durch die Seerechtsordnung den Küstenstaaten als exklusive Wirtschaftszone zugesprochenen Schelfgebiete entfallen.

Die militärisch-strategische Bedeutung der Ozeane ist unvermindert groß und bestimmt die Sicherheitsinteressen der Großmächte. Die Ausweisung der "Area" der Hohen See jenseits der 200-Meilen-Zone als "common heritage of mankind" (Artikel 136 der Seerechtskonvention, United

Nations 1983; 42) und die restriktiven Vorkehrungen zur Ausbeutung der mineralischen Ressourcen durch "Meeresbergbau" mindern in keiner Weise die Funktion der Ozeane als Operationsräume von Kriegsflotten (WIENER 1972, Deutsches Marine-Institut 1982).

Besonders in den USA ergab sich im Zuge der langjährigen Beratungen um die Neufassung des Seerechts durch die Vereinten Nationen die Notwendigkeit, die Grundzüge einer nationalen Ozeanpolitik zu formulieren (MC DOUGLAS/BURKE 1975, MANGONE 1978, vgl. auch ROSS 1980 u.a.). Auch in der Bundesrepublik Deutschland, einem "geographisch benachteiligten Land" mit kurzen Küsten und geringer Fläche Meeresanteil in Nord- und Ostsee versuchte man anläßlich mehrerer Tagungen, die deutschen Meeresinteressen der Gegenwart herauszustellen (Deutscher Bundestag 1977, Deutscher Industrie- und Handelstag 1980, Minister f. Wirtschaft und Verkehr des Landes Schleswig-Holstein 1980, Deutsches Marine-Institut 1982, PREWO et al. 1982). Zwei internationale Kongresse und Ausstellungen für Meerestechnik und Meeresforschung (Inter Ocean 1970 und 1976 in Düsseldorf) machten die zunehmende Bedeutung dieser Bereiche in breiten Kreisen bewußt (ROLL et al. 1971, KRUPPS et al. 1976). Ende der 70er Jahre setzte in Deutschland eine maritime Aufbruchsstimmung ein, die in mancher Weise den Aktivitäten im Kaiserreich um die Jahrhundertwende zur Zeit RICHTHOFENs vergleichbar ist. Der Symposiumsbericht des Deutschen Marine-Instituts "Die Seeinteressen der Bundesrepublik Deutschland" (1979) erweckt Erinnerungen an Publikationen aus der Zeit der TIRPITZschen Flottenbaupolitik. Neu sind in der gegenwärtigen Diskussion aber die industriewirtschaftlichen und meerestechnischen Dimensionen auch im Bereich der Fischerei und des Seetransports als herkömmliche und vorerst noch wichtigste Formen der Meeresnutzung. Neu ist auch die Erkenntnis, daß es sich bei dem Meer um ein empfindliches ökologisches System handelt und daß die marine Umwelt durch intensivierte wirtschaftliche Nutzung zunehmend gefährdet wird (GOLDBERG 1976, GERLACH 1976, Rat der Sachverständigen 1980, RACHOR 1983, LESER 1983 u.a.).

Vor diesem Hintergrund ist eine deutliche Verlagerung des Interesses vom ökologisch-physisch-geographischen Bereich zu kulturgeographischen Fragen der Nutzung der Meere und Küsten festzustellen, die sich auch auf die Gestaltung einer "Geographie des Meeres" auswirken müssen (vgl. BARDACH 1972, VITZTHUM 1981). Wenn die Bemühungen um eine konzeptionelle Weiterentwicklung der Meeresgeographie in dieser Richtung abschließend hervorgehoben werden, soll damit in keiner Weise eine Einschränkung der Forschung auf anderen Gebieten befürwortet werden. Hierzu gehören nicht nur alle Arbeiten in der Litoralzone (vgl. zusammenfassend KELLETAT 1983 und KLUG 1984), sondern auch weitere Untersuchungen zur Morphologie des Meeresbodens (GIERLOFF-EMDEN et al. 1970, PASENAU 1975, SOMMERHOFF 1973, ULRICH 1979 u.a.) oder auch Studien zu anderen traditionell bei der Geographie verbliebenen Themen wie Fernerkundung, Fischereigeographie und Seeschiffahrt (hierzu vgl. COUPER 1972, BOYER 1978, OBENAUS/ZALEWSKI 1979, Sonderheft GeoJournal 1,

1977, H. 2). Heute scheint sich für eine "Geographie des Meeres und der Küsten" und damit für die Geographie als Wissenschaft allgemein eine neue Chance abzuzeichnen, durch moderne facheigene Methoden erneut Bereiche im interdisziplinären Feld der am Meer und an Meeresnutzung interessierten Disziplinen besetzen zu können, wie es bereits im Zusammenhang mit den Bemühungen COUPERs in Großbritannien angedeutet wurde. Gerade durch eine Ausgestaltung der Wirtschafts- und Kulturgeographie des Meeres und die Einbringung traditioneller und raumwissenschaftlicher Konzeptionen wird die Geographie nach nahezu vierzigjähriger weitgehender Abstinenz im Meeresraum einen gänzlich neuen Zugang zur Bearbeitung dieses in der Nachkriegszeit so vernachlässigten Bereichs finden können.

Der weitgehend wirtschaftspolitische Charakter der Auseinandersetzungen um die Auswirkungen der Seerechtsneuordnung hat bereits dazu geführt, daß sich die Rechts-, Politik- und Wirtschaftswissenschaften erfolgreich in die modernen Fragen der Meeresnutzung eingearbeitet haben (BÖHME/KEHDEN 1972, PREWO et al. 1980, HARTJE 1983 u.a.). Es gilt deshalb gegenwärtig, die Mitarbeit der Geographie in diesem Bereich zu fördern und langfristig abzusichern. Es wurde deutlich, daß die sich bietende Möglichkeit in der Bundesrepublik auch erkannt und wahrgenommen wird. In Zeitschriften erschienen mehrere Sonderhefte zu maritimen Themen und bewirkten auf diese Weise eine spürbare Verbesserung der Literaturlage (Geoforum 8, 1977, H. 4: Nordseeöl; GeoJournal 1, 1977, H. 1. Erdöl und Erdgas in der Nordsee; Praxis Geographie 9, 1979, H. 1: Häfen; GeoJournal 1, 1977, H. 2: Seeverkehr, Geographische Rundschau 31, 1979, H. 12: Meeresgeographie und marine Ressourcen; Die Erde 114, 1983, H. 1: Seerecht und marine Ressourcen; Geographische Rundschau 35, 1983, H. 6: Konfliktfeld Nordsee).

Man kann sogar feststellen, daß durch die Seerechtsdiskussion auch eine Neubelebung der in Deutschland aus zeitgeschichtlichen Gründen lange vernachlässigten Politischen Geographie einsetzte (HEROLD 1975, KORTUM 1979, KRÜGER-SPRENGEL 1983a,b BUCHHOLZ 1983a,b, UTHOFF 1983c). Das seit früher Zeit immer wieder behandelte Problem der naturräumlichen bzw. landschaftskundlichen Regionalisierung der Meere (letztmals SCHÜTZLER 1970, DIETRICH 1972) trat - obwohl immer noch nicht befriedigend gelöst - in den Hintergrund. Heute konzentriert man sich auf die politisch-territorialen Zonierungen bzw. Grenzen und ihre Auswirkungen (erstmals ALEXANDER 1966, PRESCOTT 1975, ARCHER/BEAZLEY 1975 u.a.).

Die neuere Entwicklung der Geographie hat gezeigt, daß sowohl im physischgeographischen als auch anthropogeographischen Arbeitsbereich viele innovative Theorieelemente aus Nachbarwissenschaften integriert und weiterentwickelt wurden. Für die Kultur- und Wirtschaftsgeographie wurden entsprechend angelsächsischem Vorbild (HARVEY 1969, HAGGETT 1972, BARTELS 1980) besonders Modelle und Methoden der Wirtschafts- und Sozialwissenschaften übernommen. Deshalb erscheint es hier sinnvoll, sich auch mit ökonomisch-theoretischen Konzeptionen der Meereswirtschaft aus den Wirtschaftswissenschaften zu befassen. Hier soll beispielhaft nur auf eine jüngst vorgelegte "ökonomisch-institutionelle Analyse" zur Theorie und Politik der Meeresnutzung von HARTJE (1983) hingewiesen werden, die sich abzeichnenden Nationalisierungstendenzen im Meeresvölkerrecht und ihre Bedeutung für die Effizienz der Meeresnutzung untersucht. Auch die "ökonomische Kritik des neuen Seerechts" einer Kieler Arbeitsgruppe um PREWO ("Die Neuordnung der Meere", 1982) kommt im wesentlichen zu dem Ergebnis, das - aus deutscher Sicht - die Schaffung nationaler Jurisdiktionen über weite Teile des Meeresraumes anstelle der vorher gültigen "Freiheit der Meere" in bezug auf Fischerei, Seeverkehrswirtschaft und die Gewinnung von Rohstoffen vom Festlandssockel und aus der Tiefsee (Manganknollen) allein noch keine effiziente Nutzung mariner Ressourcen garantiert. Vorbehalte in mancher Hinsicht haben deshalb die Bundesrepublik bislang davon abgehalten, die Seerechtskonvention zu ratifizieren. Die Einrichtung des Seegerichtshofs in Hamburg ist somit fraglich.

HARTJE geht bei seinen theoretischen Vorüberlegungen von einer Systematik der "heutigen und geplanten Nutzung des Meeres" aus, die nach amerikanischen Vorlagen sieben Bereiche ausweist. 1. Transport: (Handelsschiffahrt, militärische Schiffahrt, Rohrleitungen), 2. Kommunikation (Kabel), 3. erneuerbare natürliche Ressourcen (Fischerei, Energie, Trinkwassergewinnung), 4: erschöpfbare natürliche Ressourcen (aus dem Seewasser, vom Kontinentalschelf bzw. vom Tiefseeboden), 5. Inanspruchnahme der Assimilationskapazität (Versenkung von Abfallstoffen, Direkteinleitung von Küsten aus, Schadstoffzufuhr durch Flüsse, Umweltverschmutzung durch ozeanische Aktivitäten), 6. Erholung (Wassersport) und 7. sonstige Nutzungen (marine Forschung, Industrieanlagen im Meer, Eindeichungen bzw. Landgewinnungen sowie marine Wettermodifikationenen, HARTJE 1983; 15-16).

HARTJE bezieht sich in seinem Ansatz weitgehend auf ein wirtschaftstheoretisches "Umwelt"-Verständnis. Umwelt ist für ihn "die Gesamtheit der den menschlichen Lebensraum definierenden natürlichen Gegebenheiten". Umwelt ist nicht nur "öffentliches Konsumgut", sondern auch Aufnahmemedium von "Koppelprodukten der Bereiche Produktion und Konsum" und bietet die natürlichen Voraussetzungen für Produktion und Konsum in Form von Rohstoffen und Standorten (HARTJE 1983; 26).

Die Wirtschaftssubjekte konkurrieren wie auf Land so auch im Meeresraum zunehmend um die verschiedene "Verwendung der Umwelt", die räumlich begrenzt und nicht beliebig vermehrbar ist. Aus der Nachfrage-Verwendungs-Konkurrenz ergibt sich eine Knappheit, die die Allokationen der Verwendungen einer ökonomischen Analyse zugänglich macht (1983; 27). HARTJEs allgemeines konzeptionelles Schema "Konkurrierende Verwendungen und Problemstruktur" (1983; 28, Tab. 6) basiert auf dem Grundsatz, daß Konkurrenz nicht nur zwischen den Verwendungsformen existiert, sondern aufgrund der Knappheit des Gutes Umwelt auch innerhalb einzelner Verwendungen Allokationsprobleme auftreten. Ein wesentlicher Aspekt neben dem Problem der Überfüllung öffentlicher Güter durch eine große Zahl der Benutzer und der hieraus abzuleitenden Schädigung der Umwelt ist die "Raumnutzung im Meer". Hierbei bestehen im Vergleich zur "Landnutzung" aber einige wesentliche Unterschiede. Zum einen ist die Nutzungsintensität auf See auch in Küstenbereichen sehr viel extensiver, zum anderen sind die ökologischen Systemelemente im marinen Bereich anderer Natur. Aus wirtschaftstheoretischer Sicht differieren insbesondere die institutionellen Mechanismen, mit denen der Zugang zur Nutzung geregelt wird.

Auf Land kontrolliert der Besitztitel an Grund und Boden den Zugang zu einer Fläche als Standort- und Produktionsfaktor. Ein ähnliches rechtlich abgesichertes Zugangsregime bestand bislang für marine Räume jenseits der Territorialgewässer nicht. Hier erfolgte die Nutzung aufgrund von Aneignung nach der Flaggenstaatregelung. Nach Ansicht HARTJEs ist das Aneignungsprinzip in bestimmten Rechtssystemen eine der Ursachen für sog. "common property"-Effekte", die auch an Land bei der Nutzung von Luft oder Grundwasser auftreten können. Die Auswertung von Fehlallokationen an Land mit ihren gesellschaftlichen Folgen sollte auf ähnliche Fragen in der Meeresnutzung übertragen werden (HARTJE 1983; 33-34). Auch für PREWO (1982; 3) sind Fragen der Jurisdiktion bei der Regelung von Zugangsrechten bei marinen Ressourcen ("Regime") der entscheidende Faktor für die zukünftige Nutzung der Meere. "Eine effiziente Meeresnutzung setzt ein rechtlich-institutionelles System voraus, in dem neugeschaffene Eigentumsrechte an allen knappen Ressourcen andere Nutzer ausschließen kann...". Diese Forderung widerspricht bekanntlich den Vorstellungen der Vereinten Nationen für die Nutzung in der Hohen See ("Area"), die nach Artikel 137 der Konvention festlegen:

> "No State shall claim or exercise sovereignty or sovereign rights over any part of the Area or its resources, nor shall any State or natural or juridical person appropriate any part thereof. No such claim or exercise of sovereignty or sovereign rights nor such appropriation shall be recognized.
>
> All rights in the resources of the Area are vested in mankind as a whole, on whose behalf the Authority shall act. These resources are not subject to alienation. The minerals recovered from the Area, however, may only be alienated in accordance with... the rules, regulations and procedures of the Authority" (United Nations 1983; 42-43).

Auf die Arbeitsweise dieser Internationalen Meeresbodenbehörde sowie ihres Exploitationsunternehmens "The Enterprise" soll hier nicht im einzelnen eingegangen werden. Inzwischen liegen zahlreiche auch geographische Arbeiten zur Interpretation des Seerechts und seiner Folgen vor, die eine bislang in dieser Form einmalige Konvergenz von Raum- und Rechtswissenschaften belegen. Beide Disziplinen werden sich - wie in der Raumordnungspolitik und Landesplanung - bei der Lösung maritimer Aufgaben ergänzen (zum Seerecht vgl. u.a. ARCHER/BEAZLEY 1975, BÖHME/KEHDEN 1972, PRESCOTT 1975, HEROLD 1975, COUPER 1978b, GLASSNER 1978,

HÄRLE 1978, BUCHHOLZ 1983a/b, KRÜGER-SPRENGEL 1983a/b, United Nations 1976, 1983, 1984).

Für die entweder in die 12 sm-breite Zone der Territorialgewässer oder die anschließende "Exclusive Economic Zone" entfallenden flachen Schelfbereiche mit ihrer in der Regel intensiveren Meeresnutzung hat bereits COUPER (1978b) wensetliche Voraussetzungen zur Einbeziehung dieser Bereiche als "Offshore Geography" geleistet. In Deutschland ist es das Verdienst D. UTHOFFs, ähnliche Konzepte der Meeresnutzung in allgemein-methodischer Hinsicht sowie an einem Beispiel erläutert eingeführt zu haben. Diese markieren im wensetlichen den Stand der Geographie des Meeres und der Küsten in der Bundesrepublik zum gegenwärtigen Zeitpunkt.

In seinem anläßlich des ersten Essener Symposiums zur Küstenforschung vorgelegtem programmatischen Rück- und Ausblick zeigte UTHOFF Wege für eine stärker marin orientierte Anthropogeographie auf. Aus der Zunahme der Nutzungsvielfalt und Nutzungsintensität von Küsten und Meeren ergeben sich in mehrfacher Hinsicht neue wirtschafts- und kulturgeographische Forschungsperspektiven, die konzeptionell und methodisch bewältigt werden müssen. In Anlehnung an UHLIGs Organisationssystem der Geographie (1970) muß hierbei nach UTHOFF von Elementaranalysen aller Formen der Meeresnutzung ausgegangen werden. Hierbei sind u.a. deren regionale und sektorale Standortansprüche zu untersuchen. Auf einer nächsthöheren Betrachtungsstufe muß sich die maritime Kultur- und Wirtschaftsgeographie in Komplexanalysen der räumlichen Vergesellschaftungen unterschiedlicher Nutzungsformen, regionalen Nutzungskonflikten sowie raumzeitlichen Nutzungssukzessionen zuwenden. Die Analyse funktionaler mariner Wirtschaftsräume und regionaler mariner Systeme stellt in ihrer höchstrangigen Komplexität Endziel der maritmen Wirtschaftsgeographie dar, die auch die Raumorganisation und Seeplanung einzubeziehen hat (UTHOFF 1983a; 277).

Mit dieser Konzeption versucht UTHOFF die 1964 von PAFFEN angedeutete allgemeingeographische Systematik einer Kulturgeographie des Meeres über den UHLIGschen Organisationsplan zu erweitern; gleichzeitig werden aber auch zukunftsweisende Elemente der angelsächsischen "Offshore-Geography" integriert. ALEXANDERs in dieser Hinsicht bahnbrechendes Werk (1966) markierte den Beginn einer sich zunehmend verselbständigenden aktuellen Kulturgeographie des marinen Lebens- und Wirtschaftsraums, der auch UTHOFF in seinem Konzept zumindest tendenziell anzuhängen scheint. Gerade im marinen Bereich lassen sich hingegen viele Gründe für eine Bewahrung der Einheit der geographischen Fragestellung beibringen. Die Spezifizierung der geographischen Aufgabe im Rahmen der Meeresforschung zielt schwerpunktmäßig auf die Meeresnutzung, ohne daß UTHOFF auf die englischen und amerikanischen theoreitschen Vorarbeiten in dieser Richtung bezug nimmt. Die Arbeitsweisen der maritimen Geographie können heute von folgenden Voraussetzungen ausgehen:

"Spezialkartierungen aus allen marinen Wissenschaften sind in großer Zahl und unterschiedlichen Maßstäben verfügbar. Luftbilder und Fernerkundungsverfahren erlauben ebenfalls einen neuen Zugang zu Meeren und Küsten, auch für die Wirtschafts- und Kulturgeographie (vgl. GIERLOFF-EMDEN 1977). Der im marinen Milieu arbeitende Geograph ist nicht mehr, wie noch vor Jahrzehnten, allein oder überwiegend auf Feldarbeiten angewiesen. Das Informationsspektrum hat sich durch die Fortschritte und die Zusammenarbeit in den marinen Nachbarwissenschaften stark verbreitert. Feldarbeit tritt in der Bedeutung zurück, wird jedoch keinesfalls entbehrlich. Damit öffnen sich Meere und Küsten auch dem Wirtschafts- und Kulturgeographen. Gewohnte Arbeitstechniken können heute vielfach unmittelbar auf den marinen Bereich übertragen werden. Gründliche Kenntnisse mariner Prozeßabläufe, Produktionsbedingungen und Ökosysteme sind jedoch unerläßlich" (UTHOFF 1983a; 282).

Die Bearbeitung von Wirkungsgefügen, Systemzusammenhängen, Natur-Mensch-Interaktionen, Nutzungskonkurrenzen und Nutzungskonflikten in raumspezifischen Ausprägungsformen und auf unterschiedlichen Maßstabsebenen sichert nach UTHOFFs Überzeugung der Wirtschafts- und Kulturgeographie der Küsten und Meere den "Anschluß an die wissenschaftliche Entwicklung im eigenen Fach und in den marinen Nachbarwissenschaften" (1983a; 284). Hieraus ergibt sich in methodischer Hinsicht die Notwendigkeit einer engen interdisziplinären Zusammenarbeit und Auswertung von Erkenntnissen angrenzender Wissenschaften. Grundvoraussetzung bleibt aber eine Einbindung in das System der Geographie, "wobei Küsten und Meere als Prozeßfelder und eigenständige regionale Systeme im Sinne von UHLIG (1970; 28) zu verstehen sind" (UTHOFF 1983a; 284).

Im Mittelpunkt steht in UTHOFFs Konzept das marine Nutzungs- und Funktionsspektrum, wobei sich zunächst die Aufgabe stellt, die vielfältigen Formen der Nutzung der Meere und Küsten zu ordnen und zu gewichten. Im Rahmen von Elementaranalysen ist es vorrangig, ähnlich wie bei Landnutzungskartierungen die Flächenansprüche der Nutzungen in ihren ökonomischen, rechtlichen, technischen und kulturellen Rahmenbedingungen auf lokaler, regionaler und globaler Ebene zu untersuchen und kartographisch zu erfassen.

Dies war der Ansatzpunkt UTHOFFs bisheriger meeresgeographischer Arbeiten. 1939 in Hildesheim geboren, bearbeitete er von Göttingen aus in vorbildlichen sektoralen Studien die Mollusken- und Krabbenfischerei an der Nordseeküste (UTHOFF 1972, 1976), bevor er sich in Fortführung der BARTZschen fischereigeographischen Arbeiten der Nutzung der biologischen Ressourcen der Ozeane allgemein zuwandte (UTHOFF 1978, 1983c). In seinem in mehrfacher Hinsicht zumindest in Deutschland neue Wege aufzeigenden Beitrag "Konfliktfeld Nordsee, Nutzungen, Nutzungsabsprüche und Nutzungskonflikte" (1983b) hat er versucht, seinen selbst allgemein aufgestellten Forderungen in einer wirtschaftsgeographischen Komplexanalyse gerecht zu werden. Er bringt hierbei nicht nur exempla-

Grad der Beeinflussung

● ausschließende Wirkung
○ beeinträchtigende Wirkung
− Beeinträchtigung möglich
□ weitgehend neutral bzw. keine Beeinflussung
⊕ je nach Ausprägungsform begünstigende bzw. beeinträchtigende Wirkung
+ begünstigende Wirkung

Bewertungsmaßstab:
Ausmaß der Flächennutzungskonkurrenz einschließlich bedeutsamer Fernwirkungen

Funktionsfelder	Freizeit und Erholung					Flächenerweiterung					Entsorgung					Versorgung: mineralische Ressourcen					Versorgung: biologische Ressourcen					Transport und Verkehr					Schutz des Lebensraumes				
Auswirkungen von / **Nutzungsformen**	Wattwanderungen, Wattverkehr	Bootssport	Baden und Schwimmen	Naherholung	Seebäderverkehr	Küstenschutz	Industrieflächen	Hafenbau	Aufspülungen	Einpolderungen	Klärschlammverklappung	Einleitung kommunaler Abwässer	Öleintrag	Einleitung von Dünnsäuren	Seeverbrennung	Erdgas- und Erdölförderung	Prospektion auf Öl und Gas	Kiesgewinnung off-shore	Kiesgewinnung am Strand	Gewinnung von Muschelschill	Aquakultur von Mollusken	Muschelfischerei	Industriefischerei	Grundschleppnetzfischerei	pelagische Fischerei	Kabel	Rohrleitungen (Wasser)	Rohrleitungen (Öl, Gas)	Hafenfunktionen	Seeverkehr	Schutz natürl. Produktionsfaktoren	Bestandsschutz für Fischarten	Wildschutz, Vogelschutz	Naturschutz, Biotopschutz	Schutz der Küstenlandschaft
Schutz der Küstenlandschaft	○			○	○	○	●	●	●	●		○	●			●	○	○	●	○						−	−	−	○		+	+	+	+	■
Naturschutz, Biotopschutz	●	○	○	⊕	⊕	○	●	●	●	●	●	●	●	○	○	●	●	○	●	○		○		⊕		−	−	−			+	+	+	■	+
Wildschutz, Vogelschutz	●	●	●	⊕	⊕	○	●	●	●	●	○	○	●	○		○	●		○		○	○									+	○	■	+	+
Bestandsschutz für Fischarten							○	○	○	○	●	●	●	○			○	○		○	○	○	+	+	+						+	■	+	+	
Schutz natürl. Produktionsfaktoren	○					○	●	●	●	●	●	●	●	○				○		○	+	+	+	+	+						■	+	+	+	+
Seeverkehr		●	●		+		+	+	○	○			+			−	−	−			●	●	●	●	●	−	−	−	+	■					
Hafenfunktionen		⊕	●	⊕	⊕		+	+	+	○	●		+			○	○				●	●	●	●	●			+	■	+			○	●	○
Rohrleitungen (Öl, Gas)							+	+					+				○	●	−	○	●	○	−	○				■	+		−	−		○	−
Rohrleitungen (Wasser)																	○	●	−	○	●	○	−	○			■							○	
Kabel			○														○	●	−	●	●	●	−	●		■	○	○							
pelagische Fischerei													●			○					●		○		■						−	−			
Grundschleppnetzfischerei				+	+		○	○	○	○	○		●			○					●	○	○	■	−	○	○	○			−	−		−	
Industriefischerei				○	○								●			○					●	−	■	○	○	−	−	−			−	○		−	
Muschelfischerei				+	+		○	○	○	○	●	●	●			○				+	●	■				○	○	○			−		○	−	
Aquakultur von Mollusken	●	●		+	+		●	●	●	●	●	●	●			●	●	●		+	■	●	●	●	●	●	●	●					+		
Gewinnung von Muschelschill						○			○	○	○					○				■	●	○	○	○	○	○	○	○			○	○	○	○	○
Kiesgewinnung am Strand			○	●	●	●			○	○									■							−	−	−					○	○	●
Kiesgewinnung off-shore						○			○	○	○					○		■					○	○	○	○	○	○		⊕	○	○		○	○
Prospektion auf Öl und Gas			○	○	○								+			+	■				●	−	○	○	○		○	○			−	○	○	○	−
Erdgas- und Erdölförderung	○	○	●	●	●	○	+	+			●		+			■		●	−	○	●	●	●	●	●			+			−	−	○	●	○
Seeverbrennung				○	○										■																				
Einleitung von Dünnsäuren			○	○	○									■							○	○	−	−	−						−	−		○	
Öleintrag	○	○	●	●	●								■					○	○	○	●	●	●	●	●						●	●	●	●	○
Einleitung kommunaler Abwässer			●	○	○							■								○	●	●	○	○	○						○	○		○	○
Klärschlammverklappung			○	○	○						■							●		○	●	●	○	●	○						○	○		○	
Einpolderungen	●	○	○	○	○	+	+	●	●	■										○	●	●		●					−		●	○	●	●	●
Aufspülungen	●	○	⊕	⊕	⊕	+	+	+	■	●									●	○	●	●		●		−	−	−	+		●	○	●	●	●
Hafenbau	●	+	●	⊕	⊕		+	■	+	●									●	○	●	●		●		−	−	−	+	+	●	○	●	●	●
Industrieflächen	●	○	○	○	●		■	+				+		+					●	○	●	●		●					+	+	●	○	●	●	●
Küstenschutz	○	○	⊕	⊕	○	■			+	+						○		○	●	−	−	−		−					−	−	○		○	○	○
Seebäderverkehr	+	+	+	+	■	○	●	⊕	⊕	○	○	○	●	○	○	○			●		⊕	⊕		+	+				+				○	○	○
Naherholung	+	+	+	■	○	○	●	⊕	⊕	○	○	○	●	○	○	○			●		⊕	⊕		+	+								○	○	○
Baden und Schwimmen	+	●	■	+	+	○	●	●	⊕	○	○	●	●	○					○														○	○	
Bootssport	+	■	●	+	+			+					+								○	○	○	○	○				○	○	○		●	●	○
Wattwanderungen, Wattverkehr	■		+	+	+								+								○	○									○	○	●	●	○

Abb. 23: System der konkurrierenden Meeresnutzung nach UTHOFF als Aufgabenbereich einer neuen "geographischen Meereskunde"

rische Seenutzungskartierungen (1983b; 289, Abb. 1 und 2), sondern versucht, die Nutzungs- und Funktionsspektren nach stockwerkartigen Nutzungsebenen (über der Wasseroberfläche, an der Wasseroberfläche, in der freien Wassersäule, auf dem Meeresboden, im Meeresboden und unter dem Meeresboden; vgl. 1983b; 290: Übersicht 2) und nach "Funktionsfeldern" zu systematisieren. Ähnlich wie bereits bei COUPER (1978; 298) und in älteren Vorstellungen von Nutzungskonkurrenzen und der gegenseitigen Beeinflussung von Nutzungsformen im Meer, die bereits 1972 von den Vereinten Nationen in einem Bericht zur Meereswirtschaft (vgl. LUCCHINI/ VOELCKEL 1977; 398, Fig. 21) entwickelt wurden, stellt UTHOFF in sechsfacher Abstufung die gegenseitige Beeinflussung von 36 Nutzungsformen im marinen Milieu dar, die in den Funktionsfeldern Schutz des Lebensraums, Transport und Verkehr, Versorgung mit biologischen und mineralischen Ressourcen, Entsorgung, Flächenerweiterung und dem Bereich Freizeit und Erholung zusammengefaßt werden. Jedes der somit in matrixähnlicher Anordnung entstehenden vielen Interferenzfelder unterschiedlicher Beeinflussung wäre einer meeresgeographischen Einzelstudie wert, wobei sich durch Vergesellschaftungen, Überlagerungen und Nutzungsintensitäten immer komplexe Systemzusammenhänge zwischen der Meeresökologie und Meereswirtschaft ergeben werden. Dies konnte UTHOFF am Beispiel des Jadebusens beispielhaft nachweisen (1983b; 288). UTHOFFs wirtschaftsgeographische Analyse der Nordsee muß vor dem Hintergrund seiner Bestrebung gesehen werden, allgemeine Prinzipien und Regelhaftigkeiten herauszuarbeiten:

> "In unmittelbarem Küstenbereich ist die Zahl der auftretenden Nutzungsformen am höchsten. Sie dünnt meerwärts und mit zunehmender Wassertiefe aus. An die Stelle der in den Küstengebieten charakteristischen horizontalen Vergesellschaftung unterschiedlicher Nutzungen tritt in der offenen Nordsee die vertikale Überlagerung. Das Nebeneinander der Nutzungsformen an der Küste, wobei häufig mehrere Ansprüche auf einer Fläche liegen, wird meerwärts abgelöst durch ein Übereinander mit einem charakteristischen Stockwerkbau... Die Überlagerung von Flächenansprüchen bei Mehrfachnutzung eines Raumes wird durch die Wassertiefe als dritte Dimension entzerrt" (UTHOFF 1983b; 288).

Die regionalen Nutzungskonflikte werden besonders in kleinräumigen Küstengewässern höchster Nutzungsintensität wie im Jadebusen oder den Ästuaren deutlich. UTHOFF leitet hieraus die Regelhaftigkeit ab, daß die Raumnutzungskonkurrenz und die Konfliktsituation zwischen den einzelnen Nutzern von der Zahl der Nutzungsformen und der Intensität des Drucks der wirtschaftlichen, politischen und gesellschaftlichen Ansprüche ist. Eine sinnvolle räumliche Ordnung in der Nordsee und in anderen Meeresräumen als Leitziel kann sich nur in einem konfliktfreien Nutzungsverbund ergeben, der durch Funktionsmischung, Abstandsregelungen und Nutzungsauflagen erreicht werden kann. Wirtschaftsgeographische Analysen in der von UTHOFF vorgezeichneten Ausrichtung wären nicht zuletzt wichtige Entscheidungshilfen für eine auch in den deutschen Küstengewässern immer dringlicher erscheinende Raumordnung und Planung.

Zusammenfassend kann festgehalten werden, daß UTHOFF eine wenn auch in ihrer Zielsetzung eingeschränkte, aber klar formulierte Fragestellung für die maritime Kultur- und Wirtschaftsgeographie an einer Meeresregion überzeugend verwirklicht hat. Dies erscheint zunächst für die methodisch-konzeptionelle Entwicklung der Geographie des Meeres und der Küsten dringlicher als eine lehrbuchartige Gesamtdarstellung dieses Arbeitsbereichs, die erst sinnvoll am Ende einer Ausgestaltungsperiode möglich wird.

Eine moderne raumwissenschaftliche Wirtschaftsgeographie, die nomothetische Analysen, ideographische regionale Synthesen und Untersuchungen des Prozeßgefüges funktionaler Meeresräume umfaßt, ist nicht nur möglich, sondern auch ein dringendes Desiderat der Gesellschaft (vgl. Rat der Sachverständigen 1980, "Umweltprobleme der Nordsee"). Es wird in Zukunft darauf ankommen, diese Ansätze mit dem geoökologischen-meereskundlichen Forschungsbereich zu verknüpfen und weitere Zuordnungen aus dem Bereich der Kultur- und Sozialgeographie einzubinden, die in UTHOFFs Überlegungen nur unzureichend Berücksichtigung finden, aber ebenso zur maritimen Anthropogeographie gehören. Hierzu rechnen nicht zuletzt beispielsweise geomedizinische Aspekte der Freizeitfunktion am Meer oder historische Bezüge der Entwicklung von Landschaft und Bevölkerung in Küstenräumen, wie sie in Nordfriesland offenbar werden. Auch eine verstärkte Bearbeitung der Häfen als Siedlungen und Funktionszentren würde die bisher fruchtbaren Verbindungen von Küstenforschung und Meeresgeographie im anthropogeographischen Bereich stärken können. Weitere Teilbereiche werden in dem Themenheft der Geographischen Rundschau "Konfliktfeld Nordsee" angedeutet: Seerechtsfragen, Umweltprobleme und Fischereipotential. UTHOFFs sowohl konzeptionell-methodisch, als auch inhaltlich weiterführenden Vorstellungen von einer "Geographie des Meeres" dürften die weitere Forschung wesentlich anregen. Sie können somit nur ein vorläufiges Endergebnis der Bemühungen zahlreicher Geographen im In- und Ausland sein, sich und dem Fach das Meer als Forschungsgebiet zu bewahren.

> "Eine Vielzahl fachspezifischer Fragestellungen im marinen Milieu wartet auf Bearbeitung. Nachbarwissenschaften sind bereits weit in geographische Aufgabenfelder eingedrungen. Eine Rückbesinnung auf die Tradition geographischer Meereskunde und die verstärkte Aufnahme wirtschafts- und kulturgeographischer Forschungsarbeiten im Bereich der Küsten und Meere ist dringend geboten" (UTHOFF 1983a; 290).

Die vorliegende Schrift verfolgte genau diese Ziele.

5.4. BILDUNG DES ARBEITSKREISES FÜR KÜSTEN- UND MEERES-GEOGRAPHIE (1983)

Zum Abschluß kann auf die erfreuliche Tatsache hingewiesen werden, daß sich anläßlich des 44. Deutschen Geographentages in Münster 1983 endlich auch in Deutschland formell ein "Arbeitskreis für Küsten- und Meeresgeographie" konstituiert hat, von dem als neues Diskussionsforum mit einiger Sicherheit zahlreiche weitere Impulse zur konzeptionellen und inhaltlichen Weiterentwicklung des maritimen und litoralen Forschungsbereichs in der Geographie zu erwarten sind.

Man sollte die nun erfolgte institutionelle Organisation eines Spezialbereichs nicht unterschätzen, da sie wesentlich zum Gedankenaustausch auf Tagungen beiträgt. In der deutschen geographischen Forschung spielen Arbeitskreise bekanntlich auch zur Durchführung kooperativer Forschungsvorhaben eine immer größer werdende Rolle.

Im Ausland gab es bereits seit längerem ähnliche Organisationsformen für die Geographie der Meere: MARKOV (1971; 347) berichtete über die Anfänge und Aufgaben der neuen Sektion "Marine Geographie" innerhalb der Ozeanographischen Kommission der Sowjetischen Akademie der Wissenschaften. Einen ähnlichen Zusammenschluß bildete die Arbeitsgruppe "Géographie de la Mer" innerhalb der französischen Forschungsorganisation im Jahre 1963 (vgl. hierzu 4.1.), an dem GUILCHER maßgeblichen Anteil hatte. Ebenfalls im Rahmen der Association of American Geographers hatte sich ein Committee on Marine Geography (vgl. COUPER 1978a; 297) gebildet. Eine engere internationale Kooperation der nunmehr bestehenden Arbeitsgruppen sollte auch versuchen, die auf marine Geographie spezialisierten Institute in Kaliningrad und besonders das von A. COUPER aufgebaute Department of Maritime Studies an der University of Wales einzubeziehen. Auf dem Pariser Internationalen Geographentag 1984 war bereits eine Sitzung für geographische Probleme der Meeresnutzung vorgesehen.

Der erste von KLUG unterzeichnete Aufruf zur Bildung eines deutschen maritimen Arbeitskreises im "Rundbrief" (Nachtrag zu Nr. 52, 1983) fand ein so breites Echo, daß die konstituierende Sitzung in Münster zu einem großen Erfolg wurde. Den treibenden Persönlichkeiten KELLETAT (Essen), KLUG (Kiel) und UTHOFF (Mainz) gebührt dabei das Verdienst, in einer "Inventarisierung" der Forschungsvorhaben von Geographen, die am Meer interessiert sind, die sehr breit gesteckten Themen zusammengefaßt zu haben. Insgesamt zeigen die Mitte 1984 in einer Liste erfaßten Projekte von 31 Forschern zwar ein deutliches Übergewicht der Küstenmorphologie und Litoralforschung, allgemein aber auch ein erhebliches Interesse an verschiedenen Fragen der sektoralen und regionalen Meeresnutzung.

Nachdem KELLETAT bereits 1983 ein Symposium zur Küstenforschung mit 15 Vorträgen veranstaltet hatte (KELLETAT 1983a), wird sich der neu gebildete Arbeitskreis ("AMK") unter der Leitung von UTHOFF im Oktober 1984 in Mainz zu einer weiteren Arbeitssitzung treffen. Das Motto dieser wichtigen, weil ersten Veranstaltung lautet programmatisch: "Geographie der Küsten und Meere: Küstenforschung, Marine Aquakultur, Seerecht, Meeresbodenrelief". Hiermit sind zumindest einige der in der Zukunft wichtigen Aufgabenbereiche der Küsten- und Meeresgeographie angedeutet. Es wäre wünschenswert, wenn der AMK zukünftig weiterhin die

Kontakte sowohl zu Nachbarfächern in der Grundlagenforschung, besonders der Meereskunde und ihren Teildisziplinen, als auch zur anwendungsbezogenen Forschung pflegen und intensivieren würde. Nur hierdurch und durch eine breite Palette von Veröffentlichungen kann sich die Geographie im Kanon der zum Teil sehr weit fortgeschrittenen Disziplinen mit Interessen an der Meeresforschung heute erneut Anerkennung beschaffen.

In diesem Zusammenhang sollten auch die Untersuchungen zur Geschichte der Meereskunde im Rahmen der Geographie vor 1945 gesehen werden, die in den Mittelpunkt der vorliegenden Abhandlung gestellt wurden.

Vielleicht ist es für die Zukunft nach dem Vorbild der bisher vorliegenden UTHOFFschen Arbeiten vorrangig, sich zunächst mit ausgewählten Problemen der heimischen Küstengewässer in der Nord- und Ostsee zu befassen, die territorial nach den Seerechtsbestimmungen auf die Bundesrepublik entfallen. Es besteht in Deutschland die bereits von COUPER in bezug auf "problems of planning concepts of the sea" für Großbritannien erkannte Gefahr, daß eine neue Chance für die Geographie zur produktiven Beteiligung an der Meeresforschung ungenutzt verstreicht:

> "Geographers could have an important part to play in this. But there is no doubt that the problems will be tackled, one way ore another, with or without the extensive participation of geography. Marine technologist, engineers, geologists, oceanographers, biologists, economists, lawyers and hydrographic surveyors are, as individuals, and in some cases as groups, turning their minds to the problems of spatial interaction in the ocean environment and the planning process. One can say that rational sea uses will emerge without the application of geographical concepts by geographers..." (COUPER 1978; 306)

Die einzelnen Forschungsthemen der verstreuten, an Meeres- und Küstenproblemen interessierten Geographen deuten gegenwärtig bereits die Möglichkeit zur stärkeren Kooperation an, um eine derartige Entwicklung aufhalten zu können, wobei sich erfreulicherweise auch eine stärker wirtschafts- und kulturgeographische Arbeitsrichtung ausbildet. Diese Bestrebungen sollten entsprechend den Anregungen UTHOFFs (1983) ausgehend vom heimischen Meeresraum intensiviert werden, da sie im interdisziplinären Konkurrenzkampf um das Forschungsobjekt "Meer" von keiner Seite hinreichend abgedeckt und somit auch nicht in Frage gestellt werden. Gleichzeitig sind die bisherigen Arbeitsbereiche, besonders im Hinblick auf die Morphologie der Küste und des Meeresbodens, natürlich zu festigen.

So ist der deutsche Nordseeraum nicht nur zum Konfliktraum unterschiedlicher Nutzungsansprüche in einem der wohl intensivst genutzten Meeresgebiete des Weltmeeres geworden, sondern auch zu einem Überschneidungsraum aller mit dem Meer befaßten Forschungsdisziplinen, auch der Geographie. An dem 1980 publizierten, Material aus allen Sachgebieten zusammenstellenden Gutachten des Rats der Sachverständigen zu "Umweltproblemen der Nordsee" waren Geographen aber ebenso unbeteiligt wie an dem "North Sea Dynamics"-Symposium in Hamburg 1981 (SÜNDERMANN/

LENZ 1983), während die geographische Mitarbeit an dem DFG-Programm "Sandbewegung im Küstenraum" (1979) zumindest erkennbar wird. - Das Themenheft "Nordsee - Konfliktfeld von Ökologie und Ökonomie" (Geographische Rundschau, H. 6, 1983) konnte in dieser Richtung im Sinne einer zukunftsweisenden, interdisziplinär angegangen "offshore geography" (ALEXANDER 1966) nur einiges wettmachen, wobei dem methodischen Ansatz UTHOFFs als fachintern begründetem Neuanfang der Geographie der Meere und Küsten für die Zukunft besondere Bedeutung zukommt.

Abb. 24: Das Museum und Institut für Meereskunde in Berlin vor der Kriegszerstörung

IV. RÜCK- UND AUSBLICK: 300 JAHRE GEOGRAPHIE DES MEERES

Der vorläufige Abschluß einer nahezu 300 Jahre umfassenden ideengeschichtlichen Entwicklung im Verhältnis der wissenschaftlichen Geographie zum Meer seit VARENIUS (1650) wird durch das Ende des Zweiten Weltkrieges (1945) bestimmt, das gerade durch die zuletzt geschilderten jüngstvergangenen Wandlungsprozesse innerhalb der Geographie und Ozeanographie einen einschneidenden End- und Wendepunkt der Entwicklung sowohl für die alte geographische Meereskunde wie für die neue geophysikalische Ozeanographie markiert. C. TROLLs umfassende Bestandsaufnahme und großer Rechenschaftsbericht über "Die geographische Wissenschaft in Deutschland in den Jahren 1933 bis 1945" (1947) kennzeichnet in eindrucksvoller Weise das Kriegsende als tiefe Zäsur in der Entwicklung der Geographie in Deutschland, die durch die politische und ideologische Spaltung Deutschlands noch vertieft wurde. Aus dem Chaos des frühen Nachkriegsdeutschland ragten zwischen vielen anderen auch die Ruinen der Deutschen Seewarte in Hamburg, des Berliner Instituts und Museums für Meereskunde und des Kieler Meereskunde-Instituts, und alle drei mit ihnen verbundenen Lehrstühle für Ozeanographie waren vakant, in Hamburg und Kiel durch Tod ihrer Inhaber, in Berlin durch DEFANTs Rückkehr nach Österreich und Wegfall des Lehrstuhls - eine das Gesamtbild kennzeichnende Situation, die in vielem und für viele einen völligen Neubeginn aus den materiellen und geistigen Trümmern erforderlich machte.

Deswegen erschien es vor allem aus diesen Gründen sinnvoll, den Teil II der "Geographie des Meeres" mit der disziplingeschichtlichen Entwicklung der maritimen Geographie 1945 ausklingen zu lassen. Dieser geographische Rückblick erforderte eine ausführlichere Darstellung und Dokumentation, weil die Untersuchung viel mehr Fakten, Erkenntnisse und Zusammenhänge als erwartet zutage gefördert hat, die als Ergebnis eine lange und breite Tradition meereskundlicher Forschung im deutschen Sprachraum immer in engster fachlicher Verbindung oder Nachbarschaft zur wissenschaftlichen Geographie haben erkennen lassen. Im Rückblick erscheint daher die "Geographische Meereskunde" als ein spezifisch deutscher Beitrag zur Entwicklung der Meeresforschung. Dabei wurde gerade am Beispiel der Geographie des Meeres in exemplarischer Weise deutlich, wie strak einzelne Persönlichkeiten mit ihrem Leben und Werk die Entwicklungslinien der ideengeschichtlichen Entfaltung auch im meeresgeographischen Denken bestimmt und geprägt haben. Deshalb wurde versucht, durch Skizzierung einiger entscheidender biographischer Hintergründe und persönlicher Querverbindungen, vor allem im akademischen Verhältnis von Lehrern und Schülern, zumindest andeutungsweise den menschlichen Spuren im Wissenschaftsprozeß des Wachsens und der Weitergabe von Ideen zu folgen - etwas, was im heutigen komplexen und kaum noch überschaubaren, im Kollektiv sogar entpersönlichten Wissenschaftsbetrieb kaum noch möglich ist.

Überblicken wir die wesentlichsten im zweiten Teil ausgeführten Entwicklungslinien der Geographie des Meeres in der Neuzeit, so hat sich gezeigt, daß die Vorgänge und Ereignisse in der Erkundung und Erforschung der Meere nicht isoliert für sich gesehen werden können, sondern immer nur im Zusammenhang mit der Kultur- und Geistesgeschichte ihrer Zeit, die sich daher zwanglos in die von H. BECK (1973) aufgestellte Epochen- und Phasengliederung der Disziplingeschichte der Geographie vom Barock- über das Aufklärungszeitalter und die "Klassik" bis zur "Moderne" einordnen lassen. Dadurch gewinnt diese Darstellung, wenn auch unter dem speziellen Gesichtspunkt der Entwicklung der Maritimen Geographie geschrieben, den Charakter eines Beitrages auch zur allgemeinen Disziplinhistorie der Geographie der Neuzeit. Gleichzeitig wurde damit nach den inzwischen umfangreichen Arbeiten besonders in angelsächsischen Ländern zur eigenen Ozeanographiegeschichte - wie wir hoffen - auch für Deutschland eine bedauerliche Lücke in der historischen Aufarbeitung der meereskundlichen Vergangenheit geschlossen.

Im Rückblick muß erstaunen machen, daß der schon bei VARENIUS, VOSSIUS und KIRCHER grundgelegte Katalog meereskundlicher Probleme, jedenfalls im großen Rahmen, sich bis heute kaum erweitert hat, sieht man von der mit fortschreitender Meß- und Erkenntnismethodik sich multiplizierenden Einzelproblematik ab. Insbesondere die Bewegungsvorgänge des Meeres von den Wellen über die Gezeiten bis zu den Meeresströmungen, die in ihren regionaldifferenzierten Ausprägungen von besonderer geographischer Relevanz bei der Betrachtung und wissenschaftlichen Behandlung der Meeresoberfläche sind wie ihre Regionalfärbungen und Vereisungsphänomene, stellen historisch gesehen eine fast kontinuierliche Thematik dar, wenn auch in zeitlich wechselnder Akzentuierung. Dagegen wurde die Tiefsee mit der Fülle der von ihr aufgeworfenen Probleme vor allem der Vertikalzirkulation und Lebenserfüllung, von wenigen vorauseilenden spekulativen Ideen abgesehen, erst seit dem 19. Jh. und systematisch seit dessem letzten Viertel durch die "Challenger"-, "Gazelle"- und "Valdivia"-Expedition zum Hauptforschungsobjekt. Vielleicht liegt hierin mehr als in dem zeitlich erst viel späteren Übergang zu quantitativ-geophysikalischen Methoden die eigentliche, im doppelten Sinn tiefere Ursache und dem vorprogrammierten Beginn der Spaltung der Ozeanographie in einen geographischen und einen geophysikalischen Zweig. Denn die Erforschung der Tiefsee, die DEFANT analog der Gliederung der Atmosphäre, in eine ozeanische Tropo- und Stratosphäre unterteilt (u.a. 1928), ist im Grunde dem Wesen der Geographie so fremd wie die aerologische Stratosphärenforschung. So hat G. SCHOTT in seinen Regionalgeographien der drei Ozeane ebenso wie B. SCHULZ in seiner "Allgemeinen Meereskunde" (1936) im "Handbuch der geographischen Wissenschaft" die Tiefsee nur insoweit mitbehandelt, wie dies zum allgemeinen Verständnis notwendig ist und beiträgt.

So haben sicherlich verschiedene Entwicklungen zur entscheidenden Loslösung eines Teiles der Ozeanographie von der Geographie und zu ihrer verselbständigten Etablierung in der Geophysik geführt. Der geographischen Meereskunde aber brachte dieser Vorgang nach den geschilderten, z.T. noch gemeinsamen Höhepunkten, die ihre Entwicklungskurve in den zwanziger und dreißiger Jahren zu einem bis dahin nie erreichten Gipfel ansteigen ließen, offensichtlich einen derart gravierenden Aderlaß und Substanzverlust, daß sie sich bis heute noch nicht davon erholt hat - ganz im Gegensatz zu vergleichbaren Vorgängen im Umfeld der Klimageographie, Vegetationsgeographie und festländischen Hydrographie. Gerade nach der kürzlich erfolgten Veröffentlichung der "Geographie des Meeres" von GIERLOFF-EMDEN (1980) wird sich die Geographie erneut die Frage nach der Existenzberechtigung einer solchen "Meeresgeographie" stellen müssen. Sicher rückt das neue Lehrbuch, auf das hier nur in einigen Anmerkungen eingegangen werden konnte, das Weltmeer erneut in das Blickfeld der Geographen. Meereisforschung und Fernerkundung u.a.m. sind gewiß Bereiche, die GIERLOFF-EMDEN als mögliche fruchtbare Arbeitsfelder geographischer Beiträge zur Meeresforschung herausstellt. Dies und der "Transfer von Sachverhalten der Erdwissenschaften" - hier der Ozeanographie - in die Geographie als Aufgabe ihrer Lehre (GIERLOFF-EMDEN 1980; V) kann aber nicht genügen ohne ein eigenes Konzept. Sie bleibt gefordert, den neuen Zugang zu den Ozeanen aus eigenem fachimanenten Selbstverständnis zu finden, das heute noch nicht gegeben ist, trotz der neueren Beiträge zur Wieder- und Weiterentwicklung einer Geographie des Meeres in methodisch-konzeptioneller Sicht im In- und Ausland. Noch steht eine allgemeingeographische neue Meereskunde als "Maritime Hydrogeographie" oder "Ozeangeographie" (PAFFEN 1964; 52) im Sinne der modernen allgemeinen Klima-, Vegetations- und Hydrogeographie als geoökologische Landschaftsforschung unter dem speziellen Blickwinkel jeweils des Klimas, der Vegetation oder der festländischen Gewässer für den ozeanischen Bereich aus und als große Aufgabe vor uns.

Die Prinzipien und Leitlinien einer in diesem Sinne neu konzipierten maritimen Hydrogeographie sowie einer umfassenden Geographie des Meeres wurden - neben anderen möglichen und sinnvollen Ansätzen der letzten 20 Jahre - ausführlicher in methodischer Hinsicht im Teil III dieser Schrift behandelt, verbunden mit vergleichenden Blicken über die Landesgrenzen in Ost und West auf parallele, aber bereits wesentlich weiter gediehene Entwicklungen vor allem in der Sowjetunion und den angelsächsischen Ländern. Erst nach Grundlegung einer neuen allgemeingeographischen Meereskunde, die man jedoch zur klaren Unterscheidung von den inzwischen anderweitig festgelegten Termini "Meereskunde" und "Ozeanographie" als "Ozeangeographie" bezeichnen könnte (so auch in der neueren sowjetischen Literatur), dürfte es auch zu einer Wiederbelebung der speziellen oder Regionalgeographie einzelner Meeresräume kommen, wie sie parallel zur terrestrischen Länder- und Landschaftskunde nun auch für kleinere maritime Regionen als SCHOTTs Ozeane angestrebt werden müßte. In dem von SCHOTT angeregten Konzept einer maritimen landschaftskundlichen

Betrachtungsweise von Meeresräumen ist auch die Basis für eine nicht mehr ausschließlich biologisch orientierte, sondern geoökologisch fundierte ozeanische Ökosystemforschung gegeben. Sie bildet die Grundlage und das Bindeglied für die von der Kultur- und Sozialgeographie in erheblich verstärktem Maße zu untersuchenden maritimen Nutzungssysteme entsprechend der von F. BARTZ beispielhaft entwickelten Fischereigeographie. Seit Begründung der ökologischen Landschaftsforschung durch C. TROLL Ende der 1930er Jahre hat die terrestrische Geographie der Nachkriegszeit ihre bedeutendsten Fortschritte und Ergebnisse gerade auf dem Gebiet der geoökologischen Erforschung und der damit gekoppelten Fragen der Inwertsetzung von Erdräumen durch den Menschen erzielt. Es bedarf eigentlich nur der marinen Analogie, um in dieser Hinsicht in den letzten Jahrzehnten auf dem Land gewonnenen Erfahrungen und Erkenntnisse über die ökologische Valenz von Erdräumen und die Möglichkeiten ihrer Inwertsetzung auch auf die ozeanischen Räume zu übertragen. Hier hätte die moderne Geographie Wesentliches beizutragen zur Meeresforschung der Gegenwart, auch in der Beteiligung an den großen interdisziplinären Forschungsvorhaben und -programmen zur See. Die hier gegebene ausführliche Darstellung der gerade im deutschen Sprachraum an die wissenschaftliche Geographie geknüpften langen und vielseitigen Traditionen meereskundlicher Forschung sollte auch der heutigen Geographie und mehr noch dem Geographen selbst einiges Selbstvertrauen vermitteln gegenüber den heute die moderne Meeresforschung ohne die Geographie betreibenden Disziplinen.

Dieser hiermit nochmals zusammengefaßte, von Seiten des nunmehr verstorbenen Mitautors immer aus Überzeugung vertretene allgemein-geographische und landschaftskundliche Ansatz für eine physische Geographie des Meeres blieb zunächst zwar im deutschsprachigen Raum weitgehend unbeachtet, fand aber im Ausland einige Resonanz, wo ähnliche traditionelle taxonomische Konzeptionen entwickelt wurden. Hier sei betont, daß sich methodologisch durchaus Verbindungen zu neuerdings in der Meereskunde vertretenen modelltheoretischen Vorstellungen, vor allem in bezug auf einzelne Meeresräume, ergeben könnten, die geographische Aspekte möglicherweise auch für quantitativ arbeitende Ozeanographen wieder verstärkt interessant machen könnten.

PAFFENs 1964 vorgestellte Neukonzeption einer fachintern begründeten Maritimen Geographie hat sich mit einer mehr als 10jährigen Verzögerung dann bei der letztlich aus anderen Gründen erfolgten Neubelebung einer Geographie des Meeres in Deutschland ausgewirkt. Veränderungen im Selbstverständnis der geographischen Wissenschaft in bezug auf theoretische Grundlagen und Aufgaben sowie gewandelte meerestechnische und wirtschaftspolitische Rahmenbedingungen führten aber dazu, daß PAFFENs Vorstellungen weiterentwickelt werden mußten. Nicht zuletzt ergab sich aus den oft faszinierenden neueren Forschungsergebnissen der Ozeanographie eine neue Herausforderung des Meeres auch für Geographen.

Insgesamt kann für die Gegenwart festgestellt werden, daß sich die Geographie des Meeres überraschend schnell in fruchtbarer Verbindung mit der Küstenforschung erneut profilieren konnte. Sie hat sich besonders auch durch ausländische konzeptionelle Vorstellungen, die hierzulande zu wenig beachtet wurden, derart festigen können, daß sie als Teilarbeitsbereich im System der geographischen Wissenschaft eigentlich keiner Rechtfertigung mehr bedarf. Es ist abzusehen, daß die Meeresgeographie nach dem gegenwärtigen, innovativen und sicher weiterführenden "Gärungsprozeß" eine gleichberechtigte Stellung neben anderen herkömmlichen Arbeitsgebieten der Geographie erringen kann.

Die vorliegende Abhandlung versuchte, durch eine ausführlichere ideengeschichtliche Darstellung meeresgeographischen Gedankengutes der letzten 300 Jahre sowie durch eine Dokumentation neuerer Entwicklungstendenzen der Ozeanographie und der Geographie des Meeres einige weitere Aspekte methodischer und konzeptioneller Art aufzuzeigen. Die Verfasser gingen hierbei von der Überzeugung aus, daß der disziplingeschichtliche Weg gerade im Bereich des deutschen Sprachraums zumindest ein wesentlicher Weg zur anstehenden Ausgestaltung einer "modernen" Maritimen Geographie sein muß.

Mit dieser fachhistorischen und konzeptionellen Ausrichtung kann die vorliegende "Geographie des Meeres" kein Lehrbuch sein. Sie dürfte aber als disziplingeschichtlicher Hintergrund in methodisch-theoretischer Hinsicht eine wesentliche Ergänzung zu dem 1980 von GIERLOFF-EMDEN in der Reihe "Lehrbuch der allgemeinen Geographie" vorgelegten "Geographie des Meeres" sowohl für Geographen als auch für Meereskundler aller Fachrichtungen von einigem Interesse und Nutzen sein. Ozeanographen würden sich bewußt werden, daß die Wurzeln ihres Faches seit Jahrhunderten in der Geographie liegen und die bedeutendsten Vertreter der Meereskunde bis vor kurzem nicht zuletzt auch aus forschungsorganisatorischen Gründen gleichzeitig Geographen waren. Meereskundler würden sich auch bewußt werden, daß ihre neueren Großprojekte zur Untersuchung des Overflow-Phänomens, der ozeanischen Polarfront, zur Interaktion Meer-Atmosphäre, zur atlantischen Warmwassersphäre oder zu den Auftriebsregionen Probleme aufgreifen. mit denen sich bereits Alexander von HUMBOLDT und andere frühe Geographen mit Interesse am Meeresraum ausführlicher auseinandergesetzt haben.

1853 äußerte sich einmal HUMBOLDT gegenüber dem amerikanischen Hydrographen MAURY, daß die damaligen - aus heutiger Sicht bescheidenen - neuen Erkenntnisse über das Meer ausreichten, um eine neue Wissenschaftsdisziplin ("a new department of sciene") zu begründen, die er "Physische Geographie des Meeres" nannte. So wurde der Titel eines weit bekannten, wenn auch umstrittenen Buches geboren, das die weitere Entwicklung der "Meeresgeographie" (dieser Begriff wird erstmals von MAURYs deutschem Übersetzer BÖTTGER 1859 verwendet) nicht unwesentlich beeinflußte. Aus diesen frühen Anfängen hat sich besonders in Deutschland die "geographische Meereskunde" entwickeln können, deren herausragender Höhepunkt wohl in der "Meteor"-Expedition in den Südatlantik 1924-27 und den langwierigen Auswertungen der hierbei erzielten Ergebnisse gesehen werden kann. Sowohl WÜST als auch DIETRICH als Bewahrer dieser Arbeitsrichtung nach dem Zweiten Weltkrieg im Institut für Meereskunde in Kiel standen noch in dieser Tradition.

Die Wende zur geophysikalischen Richtung der deutschen Meereskunde wurde besonders von DEFANT bereits früh vollzogen. Er stammte aus Triest an dem alten österreichischen Hausmeer, der Adria. Heute nahezu vergessen ist die Tatsache, daß die österreichische Meereskunde zur Zeit der Doppelmonarchie seit der Entsendung der Fregatte "Novara" um die Erde bis zum Ende des Ersten Weltkrieges lange Zeit führend war und auch die methodische Entwicklung der ozeanographischen Forschung in den deutschen Hausmeeren Nord- und Ostsee beeinflußte. Es waren JILECK, GELCICH und ATTLAMAYR, die vor KRÜMMEL zusammenfassende Darstellungen der Ozeanographie in deutscher Sprache vorlegten. Besonders PENCK hat das österreichische Potential der Adriaforschung für das Berliner Institut für Meereskunde nutzbar gemacht. Hierzu rechnet besonders A. MERZ als Planleger der erwähnten "Meteor"-Expedition. Angesichts der engen akademischen Verflechtungen zwischen den deutschsprachigen Ländern erschien es sinnvoll, diese in disziplingeschichtlicher Hinsicht zusammenhängend zu betrachten, ohne daß hiermit nationalistischen Tendenzen in der Wissenschaftsgeschichte Vorschub geleistet werden soll, wie sie in manchen neueren angelsächsischen Darstellungen häufiger hervortreten. Im übrigen waren die Beziehungen zwischen der deutschen und russischen Wissenschaft im 19. Jahrhundert ähnlich eng, was zumindest die spezielle Ausrichtung der modernen sowjetischen Ozeanographie mitbeeinflußte.

Im Zentrum der geographischen Meeresforschung in Deutschland stand zunächst unter NEUMAYER die Deutsche Seewarte in Hamburg, das heutige DHI. Im Vergleich zu dem von RICHTHOFEN 1900 begründeten Institut und Museum für Meereskunde in Berlin, zu dem nahezu alle Meereskundler vor dem Zweiten Weltkrieg irgendwelche Verbindung hatten, konnte sich das Geographische Institut an der Universität Kiel unter KRÜMMELs langjährigem Wirken weniger entfalten. Die wissenschaftspolitische Entscheidung, das Meeresinstitut in Berlin und nicht in Kiel zu gründen, war aber damals längere Zeit in der Schwebe. So konnte sich die Fördestadt erst seit den 60er Jahren mit dem großzügigen Ausbau der Meeresforschung in der Bundesrepublik unter DIETRICH als erstrangiges Zentrum der Meeresforschung neben Hamburg und neuerdings Bremerhaven entwickeln. Während seiner Kieler Jahre schrieb O. KRÜMMEL sein grundlegendes Handbuch der Ozeanographie, an das nicht nur DIETRICHs "Allgemeine Meereskunde" und GIERLOFF-EMDENs "Geographie des Meeres" anknüpfen. Mit der vorliegenden Disziplingeschichte und Methodendiskussion versucht das Kieler Geographische Institut nach einer sehr langen Unterbrechung, der maritimen Dimension der Geographie wieder stärker gerecht zu werden.

PAFFENs konzeptioneller Vorstoß zur Grundlegung einer Maritimen Geographie erfolgte bereits vor seiner Tätigkeit in Kiel. Er ergab sich aus der nach dem Zweiten Weltkrieg vollzogenen Abspaltung und Eigenentwicklung der Meereskunde, wie sie bereits in Schweden und den angelsächsischen Ländern früher erfolgt war. Engere Verbindungen zwischen Meereskunde und Geographie erhielten sich hingegen in Frankreich und besonders der Sowjetunion. Während in diesen Ländern die Integration beider Disziplinen noch teilweise fortbestand, konzentrierten sich die Bemühungen besonders in der Bundesrepublik und Großbritannien neuerdings auf eine fachspezifische Neukonzeption einer Geographie des Meeres neben der Ozeanographie, wobei vielfach nicht genügend der Tatsache Rechnung getragen wird, daß gerade Meeresforschung seit ihrem Beginn immer ein interdisziplinärer Arbeitsbereich gewesen ist. Es ist zutreffend, daß die Geographen herkömmlicher Ausbildung heute nicht mehr an der ozeanographischen Feldarbeit auf See teilnehmen können und somit von allen wichtigen Großprojekten ausgeschlossen werden. Eine Ausnahme macht hier nur der Bereich der Bodenmorphologie des Meeres, der traditionell bei der Geographie verblieb. Es muß deshalb für die Zukunft offen bleiben, wie weit die physische Geographie des Meeres als fachspezifischer Teilbereich der Geographie neben der modernen Meereskunde mit eigenen Forschungszielen und Methoden ausgebaut werden kann. GIERLOFF-EMDENs Lehrbuch hat aber in der Fernerkundung, Meereisforschung, marinen Kartographie oder der Bodenmorphologie, ferner in der Litoralforschung sowie in dem landschaftskundlich begründeten geoökologischen Regionalansatz in mehrfacher Hinsicht Wege aufgezeigt, die die fruchtbare Mitwirkung der Geographie an der Meeresforschung erlauben, wenn auch seine Versuche zum allgemeinen Transfer ozeanographischen Wissens wenig überzeugen. Was heute dringlicher denn je erscheint, ist eine weitere konzeptionelle Diskussion um Forschungsziele der Geographie im marinen Bereich, wie es PAFFEN bereits vor 20 Jahren versuchte. Deshalb wurden in diesem Zusammenhang interessierende, teilweise bereits sehr differenzierte methodische und konzeptionelle Vorstellungen aus der UdSSR und England näher erörtert, die in der bisherigen Auseinandersetzung in Deutschland bisher noch nicht berücksichtigt wurden. Sie gehen zwar teilweise ebenfalls von allgemeingeographisch-taxonomischen Strukturen aus, wie sie PAFFEN vertrat, führen aber beispielsweise durch eine weitaus ausführlichere Berücksichtigung kultur- und wirtschaftsgeographischer Aspekte der Maritimen Geographie weit darüber hinaus, zumal sich in Großbritannien bei COUPER auch die im angelsächsischen Bereich wirksam gewordenen erkenntnistheoretischen und inhaltlichen Elemente der "New Geography" niederschlagen.

Es erscheint heute sogar nicht unwahrscheinlich, daß sich, wie es jüngst UTHOFF in einem programmatischen Überblick über zukünftige Forschungsperspektiven der Kultur- und Wirtschaftsgeographie im Bereich der Meere und Küsten und an einer konzeptionell neuartigen Fallstudie zeigte, hiermit ein besser fundierbarer Zugang zur etablierten Meeresforschung gefunden werden kann, da diese Aspekte von den Meereskundlern nicht abgedeckt werden können.

Bereits um die Jahrhundertwende hatte RICHTHOFEN vorausschauend und dem damaligen kolonialpolitisch und wehrgeographisch orientierten Zeitgeist entsprechend der Meereswirtschaft und dem Seeverkehr mit einer eigenen Abteilung im Museum und Institut für Meereskunde einen breiten Raum gegeben. Bis in die 30er Jahre war der Begriff "Meereskunde" in Deutschland durch die zahlreichen Veröffentlichungen dieses Instituts nicht auf physisch-geographische Inhalte eingeengt. Die Kunde vom Meer umfaßte selbstverständlich auch Fischereifragen, Hafenprobleme, Geschichte der Seefahrt, Seeverkehr allgemein und marinepolitische Aspekte. Deshalb wurde dieser Periode im ideengeschichtlichen Abriß einiges Gewicht beigemessen. Gegenwärtig erlebt die "maritime Dimension" angesichts verstärkter Offshore-Förderung von Erdgas und -öl, knapper werdenden Fischereiressourcen und bedeutenden meerestechnischen Fortschritten etwa zur Gewinnung der erstmals vor über 100 Jahren durch die "Challenger" vom Meeresgrund geförderten Manganknollen ein immer stärker werdendes Gewicht. Nicht zuletzt sind es akute Fragen der Meeresverschmutzung durch Einleitung von industriellen Schadstoffen, die eine erhöhte Sensibilisierung der Öffentlichkeit für alle Meeresfragen hervorgerufen hat. Von größter Bedeutung für eine kultur- und wirtschaftsgeographische Umorientierung der Geographie des Meeres in jüngster Zeit waren aber die langjährigen politischen Auseinandersetzungen um die Neuordnung der Meere im Zuge der Novellierung des internationalen Seerechts durch die Vereinten Nationen, an denen sich zunehmend auch Wirtschaftsgeographen beteiligen. Die mit einer "Terranisierung" verglichene Aufteilung und Zonierung des Meeres für bestimmte Nutzungsrechte von Küstenanliegerstaaten eröffnet für die Kulturgeographie nicht nur gänzlich neue Aspekte der Potentialanalyse für die verschiedenen modernen Formen der Meeresnutzung in ihrer gegenseitigen Beeinflussung, sondern hat auch die Wiedergeburt der bereits von RATZEL vor der Jahrhundertwende ausführlicher begründete Politische Geographie des Meeres gefördert. Sie ist heute aktueller denn je, wenn man die in Teilen einer Meeresgeographie ähnelnden neuen Seerechtskonvention zur Hand nimmt, zumal hierbei Nutzungsrechte auf grund elementarer topographischer Küstenkonfigurationen festgelegt werden. Hierbei spielt die Distanz als wesentlicher Parameter der "New Geography" oft eine entscheidende Rolle. Zudem ist seit Anfang der 70er Jahre die Tendenz zur anwendungsbezogenen Meeresforschung aufgrund umfangreicher staatlicher Förderungsprogramme immer deutlicher geworden. Teilweise haben sich bereits Rechts- und Wirtschaftswissenschaftler der neu entstandenen, im Prinzip geographischen Probleme angenommen.

Diese neue Lücke als Arbeitsfeld der Geographie des Meeres wurde erstmals von der deutschen Schulgeographie in ihrer "Gesellschaftsrelevanz" erkannt. Von diesem Sektor aus erfolgte Ende der 70er Jahre die Forderung nach einer stärkeren Behandlung des Meeres durch die bislang nahezu vollständig terrestrisch ausgerichtete Geographie, gerade auch in der Lehrerausbildung. Im übrigen weiß die Meereskunde heute, daß sie als Wissenschaftsbereich in der Schule wie die Geologie von der Erdkunde vertreten wird. Hieraus ergeben sich weitere Ansätze für eine arbeitsteilige Kooperation, die ausgebaut werden sollten.

Von einem festgefügten Lehrgebäude der Geographie des Meeres kann heute noch keine Rede sein, obwohl sich bereits einige Hauptkonturen andeuten. Die hier im konzeptionellen Teil vorgetragenen Gedanken zu den in Auswahl vorgestellten Theorieansätzen sollten zunächst keine prinzipiellen Bewertungen sein, weil diese durch die dezidierten Standpunkte der Autoren notwendigerweise subjektiv ausfallen müssen. Es wurde aber vielfach versucht, die Integration der verschiedenen bisherigen Konzepte durch vergleichende Hinweise zu fördern. Für eine weitergehende Synthese ist es noch zu früh, zumal gegenwärtig mehrere ausführlichere Darstellungen zur Geographie des Meeres in Arbeit sind. Insgesamt gesehen sollte aber zusammenfassend festgestellt werden, daß die heutige Situation außerordentlich günstig erscheint, der Geographie des Meeres ein neues zukunftsorientiertes Gerüst zu geben. Die Organisation eines entsprechenden Arbeitskreises innerhalb der deutschen Geographie dürfte diesen Prozeß wesentlich fördern.

Auch die jahrhundertelange meeresgeographische Traditionen in Deutschland, die hier dokumentiert wurden, sollten dazu beitragen, der maritimen Dimension in der Geographie wieder ein stärkeres Gewicht zu geben. Der geographischen Wissenschaft darf gerade in der heutigen wirtschaftspolitischen Lage die 71 % der Oberfläche unseres Planeten nicht länger verschlossen bleiben. Das Forschungsobjekt des Geographen sind geoökologische Prozesse und Nutzungen auf der gesamten Erdoberfläche, sein Arbeitsfeld sollte wieder weltweit sein: terra marique, wie RICHTHOFEN es als Ziel vor über 80 Jahren vorgab.

Abb. 25: Altes Motto - neue Aufgaben: Jugendstilsymbol des Instituts für Meereskunde und des hiermit verbundenen Geographischen Instituts in Berlin sowie Zeichen des neuen Arbeitskreises für Meere und Küsten von 1983

Summary

The Geography of the Sea-Historical Development since 1650 and Modern Methodology

The Geography of the Sea has experienced a remarkable revival in Germany and other countries during the last years due to new opportunities of ocean technology and increasing use of the marine environment, political implications of the Law of the Sea Conference as well as marine pollution problems. The term "Geography of the Sea" was first suggested to MAURY by HUMBOLDT more than a century ago. This publication gives a general historical account and documentation of the development of maritime geography in the German cultural area from the 17th century up to the end of the Second World War. In a second major part several important new approaches of geographers concerning the ocean are discussed. Some German and foreign modern concepts covering theory and methodology as well as possible research projects of a new "Geography of the Sea" have attempted to give this "new department of science" (HUMBOLDT) a new independent field of geographical research.

The historical part is a contribution to the history of philosophy and science and discusses the relation between geography and oceanography, which is a modern off-spring of geography, at least in Germany. Up to 1945 the knowledge of the sea ("Meereskunde") was an integral part of geography as a geo-science. Even before geography developed as an academic discipline ocean studies were conducted by all-round natural historians in the periode of the circumnavigations in the 18th and 19th centuries. There is a long and well established tradition of maritime philosophy and speculation in the periods of Classicism and Romanticism leading to the first empirical collection and evaluation of hydrographic data.

Except the FORSTERs and HUMBOLDT most early natural scientists interested in ocean studies or hydrography, as it was called then, are almost forgotten today and were not covered up to now by historians of oceanography coming mainly from Anglo-Saxon countries. Today it is little known that Austria made important contributions to early oceanography before the First World War in the Adriatic Sea. Since about 1870 it became evident that a very special German kind of oceanography with very close links to geography was developing. Three centers of "geographische Meereskunde" were active in organizing deap sea expetitions and publishing their results in Kiel, Hamburg and Berlin. Especially the Berlin Museum and Institute of Meereskunde founded by RICHTHOFEN at the beginning of this century incorporated the long geographical tradition including cultural and economic aspects of the sea. The famous "Meteor"-Expedition 1925-27 was organized here by the Austrian geographer MERZ. Most of the modern German oceanographers as DEFANT, WÜST and DIETRICH were associated to this institution for some time.

In 1945 the geography of the sea (maritime geography) almost came to an end. Since then modern oceanography has developed independently as a subranch of geophysics as in some other countries. German geographers to a large extent lost the ocean out of their view as an object of research. As it is shown in the section about modern trends of oceanography and maritime geography only a very few geographers attempted to continue the long established German tradition of maritime geography. In the last 20 years, however, remarkable progress was made in Germany and abroud to reestablish the geography of the sea as a subdiscipline of geography. Especially Russian and British geographers took a leading part in formulating a theoretical background in a general system of geography. In Germany both authors and a number of other geographers have contributed to revive this discussion. Today it seems to be clear that because of the progress and the specialization of the oceanographic sciences proper and new challenges of the ocean in the political and economic sphere geographers should cover the oceans again making use of their special research methods especially in the field of human geography. Ocean affairs will be of increasing importance in the future. Especially in coastal environments a renewed participation of geographers in oceanography is necessary to prevent imbalances in multiple sea use.

Today the Institut für Meereskunde of Kiel University is one of the major centers of marine research in the world. About 80 years ago Otto Krümmel, professor for geography at this Baltic university and one of the founders of oceanography in Germany, wrote his 2 volume "Handbuch der Ozeanographie", which was a standard reference book for decades. The Kiel Department of Geography realized the necessity to reestablish its marine activity after a long break. It is expected that the discussion about Maritime Geography will continue in Germany and abroad so that a renewed participition of geography in marine sciences will be possible in the near future.

Literaturverzeichnis A (zu Teil II)

(Die im Text bibliographisch hinreichend gekennzeichnete Literatur ist hier nicht mehr aufgeführt)

A. zu Teil II: Disziplingeschichtliche Entwicklung (bis 1945)

ADICKES, E.: Untersuchungen zu KANTs physischer Geographie - Tübingen 1911

ATTLMAYER, F. (Hrsg.): Handbuch der Oceanographie und maritimen Meteorologie - 2 Bde., Wien 1883

BARTZ, F.: Die Bedeutung der atlantischen Fischgründe für die Ernährung der europäischen Völker - in: DIETZEL/SCHMIEDER/SCHMITTHENNER (Hrsg.), Lebensraumfragen europäischer Völker, Bd. I, Leipzig 1941; 89-121

BARTZ, F.: Fischgründe und Fischereiwirtschaft an der Westküste Nordamerikas - Schr.d.Geogr.Inst.d.Univ.Kiel, Bd. 12, Kiel 1942

BARTZ, F.: Die großen Fischereiräume der Welt - in: Z.f. Fischerei, Beih. 3, 1944

BEAGLEHOLE, J.C.: The journals of Captain James COOK. Vol. II: The Voyage of the Resolution and Adventure 1772-1775 - Cambridge 1961

BECK, H.: Moritz WAGNER als Geograph - in: Erdkunde 7, 1953; 125 bis 127

BECK, H.: Methoden und Aufgaben der Geschichte der Geographie - in: Erdkunde 8, 1954; 51-57

BECK, H.: Entdeckungsgeschichte und geographische Disziplinhistorie - in: Erdkunde 9, 1955; 197-204

BECK, H.: Heinrich BERGHAUS und Alexander von HUMBOLDT - in: Pet. Mitt. 100, 1956; 4-16

BECK, H.: Alexander von HUMBOLDT - 2 Bde., Wiesbaden 1959/61

BECK, H.: Germania in Pacifico. Der deutsche Anteil an der Erschließung des Pazifischen Beckens - Akad.d.Wiss.u.Lit. Mainz, Abh.d. Math.-Nat.Kl., Jg. 1970, Nr. 3, Wiesbaden 1970

BECK, H.: Geographie. Europäische Entwicklung in Texten und Erläuterungen - Freiburg/München 1973

BECK, H.: Große Geographen. Pioniere - Außenseiter - Gelehrte - Berlin 1982

BERG, A. (Hrsg.): Die preußische Expedition nach Ost-Asien (1860-62). Nach amtlichen Quellen-Reiseberichte I-IV - Berlin 1864-73; dazu: 2 Bde., Zoologischer Teil, bearb. v. E.v. MARTENS (Berlin 1865/67), Botan. Teil, bearb. v. G.v. MARTENS (Berlin 1866)

BERGHAUS, H.: Allgemeiner See-Atlas oder Sammlung hydrographischer Karten und Beschreibungen der europäischen und amerikanischen Meere für den Gebrauch der Seefahrer - 1. Lfg. 10 Bl., Berlin 1832

BERGHAUS, H.: Beiträge zur Hydrographie der größeren Oceane. Geschöpft aus den Tagebüchern der Preußischen See-Handlungsschiffe auf ihren Reisen nach Amerika und um die Erde - in: Almanach f. d. Jahr 1837; 229-365, Stuttgart 1837

BERGHAUS, H.: Grundzüge der Physikalischen Erdbeschreibung - in: Allg. Länder- und Völkerkunde, Bd. I/II, Stuttgart 1837/38

BERGHAUS, H.: Royal Prussian Maritime Atlas - Breslau 1839-47

BERGHAUS, H.: Sammlung physikalischer und hydrographischer Beobachtungen, welche an Bord der Königlichen Preußischen Seehandlungsschiffe auf ihren Reisen um die Erde und nach Amerika angestellt worden sind. I. Abt. Reisen um die Welt - Breslau 1842

BERGHAUS, H.: Grundriß der Geographie in fünf Büchern - Breslau 1843, darin: II. Buch, 2. Abt.: Allgemeine physisch-geographische Verhältnisse des Oceans (S. 158-173)

BERGHAUS, H.: Physikalischer Atlas - 1. Auf. Gotha 1838-48, 2. umgearb. u. verbess. Aufl. 1849-52

BERGHAUS, H.: Chart of the world - Gotha 1. Auf. 1863, 4. völlig umgearb. Aufl. 1867

BERGHAUS, H.: Atlas der Hydrographie - aus: BERGHAUS' Physikalischer Atlas, 3. neubearb. Aufl., Gotha 1891

BERGMAN, T.: Physikalische Beschreibung der Erdkugel - schwed. Uppsala 1766, deutsch 2 Bde., Greifswald 1769

BIGELOW, H.P.: Oceanography. Its scope, problems and economic importance - New York 1931

BLÜTHGEN, J.: Die Eisverhältnisse des Bottnischen Meerbusens - A.d. Arch. d. Dt. Seewarte 55/3, 1936

BLÜTHGEN, J.: Eisbeobachtungen in der Gävlebucht - A.d.Arch.d.Dt. Seewarte 57/9, 1937

BLÜTHGEN, J.: Die Eisverhältnisse des Finnischen und Rigaischen Meerbusens - A.d.Arch.d.Dt.Seewarte 58/3, 1938

BLÜTHGEN, J.: Die Eisverhältnisse der Küstengewässer vor Mecklenburg-Vorpommern - Forsch. z. dt. Landeskde Bd. 85, Remagen 1954

BOGUSLAWSKI, G. v. u. KRÜMMEL, O.: Handbuch der Ozeanographie - 1. Bd. v. BOGUSLAWSKI, Stuttgart 1884; 2. Bd. KRÜMMEL, 1887

BÖHNECKE, G. u. MEYL, A.H.: Denkschrift zur Lage der Meeresforschung - Wiesbaden 1962

BÖTTGER, C.: Vorworte zur ersten und zur zweiten Auflage der "Physischen Geographie des Meeres" nach M.F. MAURY - Leipzig 1859

BÖTTGER, C.: Das Mittelmeer. Eine Darstellung seiner physischen Geographie nebst anderen geographischen, historischen und nautischen Untersuchungen und mit Benutzung von Rear-Admiral SMYTH's Mediterranean Sea - Leipzig 1858/59

BRAUN, G.: Die internationale Meeresforschung, ihr Wesen und ihre Ergebnisse - in: Geogr. Z. 13, 1907; 295-316, 370-378

BRAUN, G.: Das Ostseegebiet - Leipzig 1912

BRAUN, G.: Finnlands Küsten und Häfen - Slg. Meereskunde, H. 172, Berlin 1927

BRAUN, G.: Die Küste Pommerns - in: Pommern-Jb.2, 1926/27; 133-141

BRAUN, G.: Pommerns Küste und ihre Häfen - Greifswald 1930

BRAUN, G.: Schwedens Küste und Seehäfen - Slg. Meereskunde H. 202, Berlin 1931

BRAUN, G.: Das Problem der Niveauschwankungen von Nordeuropa und die Entwicklung der Ostsee - in: Verh. u. Wiss. Abh. d. 24. Dt. Geogr.tages Danzig 1931, Breslau 1932; 46-64

BRENNECKE, W.: Die ozeanographischen Arbeiten der Deutschen Antarktischen Expedition 1911-12 auf dem Forschungsschiff "Deutschland" - A.d.Arch.d.Dt.Seewarte 39/1, 1921; 1-216

BRÜCKNER, E.: Vorläufiger Bericht über die erste Kreuzfahrt S.M.S. "Najade" in der Hochsee der Adria 25.2.-7.3.1911 - in: Mitt.d.K.K. Geogr.Ges.Wien 54, 1911; 192-226

BRÜCKNER, E.: Das Projekt einer internationalen Erforschung des Mittelmeeres - in: Mittl. d. Geogr.Ges. Wien, 57, 1914; 339-355

BRUNS, E.: Ozeanologie. Bd. I: Einführung in die Ozeanologie. Ozeanographie - Berlin 1958

BÜDEL, J.: Das Luftbild im Dienste der Eisforschung und Eiserkundung - in: Z. Ges. f. Erdkde Berlin 1943; 311-345

BÜDEL, J.: Atlas der Eisverhältnisse des Nordatlantischen Ozeans mit Übersichtskarten der Eisverhältnisse des Nord- und Südpolargebietes - Dt. Seewarte Hamburg 1944; Hamburg 1950

Bundesministerium f. Forschung u. Technologie: Antarktisforschungsprogramm der Bundesrepublik Deutschland - o.J.u. Ort ca. 1980

BURSTYN, H.L.: The historian of science and oceanography - in: I. Congr. Int.Hist. Océanogr., Monaco 1968a; 665-675

BURSTYN, H.L.: Science and government in the nineteenth century: the Challenger expedition and its report - in: ebenda 1968b; 603-613

BÜTTNER, M.: Die Neuausrichtung der Geographie im 17. Jh. durch Bartholomäus KECKERMANN - in: Geogr. Z. 63, 1975a, 1-12

BÜTTNER, M.: KANT und die Überwindung der physikotheologischen Betrachtung der geographisch-kosmologischen Fakten - in: Erdkunde 29, 1975b; 162-166

BÜTTNER, M.: Samuel REYHER und die Wandlungen im geographischen Denken gegen Ende des 17. Jahrhunderts - Vort. J. Tag der Ges. f. Gesch. d. Med., Nat. wiss. u. Tech. i. Schleswig 1977 (Manuskr.)

CARPINE-LANCRE, J.: The plan for an International Oceanographic Congress proposed by H.S.H. the Prince Albert 1 st of Monaco - in: SEARS & MERRIMAN (Hrsg.): Oceanography. The Past, New York/ Heidelberg, Berlin 1980; 157-167

CHAMISSO, A.v.: Bemerkungen und Ansichten auf einer Entdeckungsreise, unternommen in den Jahren 1815 bis 1818... von dem Naturforscher der Expedition - in: KOTZEBUEs Entdeckungsreise in die Südsee... Bd. 3, Wien 1825

CHAMISSO, A.v.: Reise um die Welt mit der ROMANZOFFischen Entdeckungs-Expedition in den Jahren 1815-18. 1. Theil: Tagebuch; 2. Theil: Bemerkungen u. Ansichten - 2. Aufl. Leipzig 1842

CHAPIN, H. u. F.G. SMITH: Der Golfstrom. Seine Geschichte und seine Bedeutung für die westliche Welt - Berlin 1954

COKER, R.E.: Das Meer - Der größte Lebensraum - Hamburg/Berlin 1966

CORVETTO, A.: La commission internationale pour l' exploration scientifique de la mer Mediterranée - in: I. Congr. Int. Mist. Oceanogr. Monaco 1968; 327-335

DABELSTEIN, H.: Die Entwicklung des Strömungsbildes und der Strombeobachtungsmethoden im nordatlantischen Ozean seit der Mitte des 19. Jhs. - ungedr. Diss. Münster 1921

DEACON, G.E.R.: Die Meere der Welt. Ihre Eroberung - ihre Geheimnisse - Dt. Ausg. bearb. v. G. DIETRICH, Stuttgart 1963

DEACON, M.B.: Scientists and the sea 1650-1900. A study of marine science - London 1971

DEACON, M.B.: (Ed.): Oceanography. Concepts and history - Stroudsburg/Pennsylv. 1978

DEFANT, A.: Die systematische Erforschung des Weltmeeres - in: Z. Ges. f. Erdkde. Berlin, Sd.-Bd. 1928; 459-505

DEFANT, A.: Dynamische Ozeanographie - Bd. III d: Einführung in die Geophysik, Berlin 1929

DEFANT, A.: Ferdinand v. RICHTHOFEN als Begründer des Instituts und Museums für Meereskunde - in: Berliner Geogr. Arb. H. 5, 1933; 10-14

DEFANT, A. (Hrsg.): Wissenschaftliche Ergebnisse der Deutschen Atlantischen Expedition auf dem Forschungs- und Vermessungsschiff "Meteor" 1925-1927 - 16 Bde., Berlin 1932-63

DEFANT, A.: Deutsche meereskundliche Forschungen 1928 bis 1938 - in: Z.Ges.f.Erdkde. Berlin 1939; 81-102

DEFANT, A.: Die meereskundlichen Erkenntnisse Alexander v. HUMBOLDTs im Lichte der modernen Ozeanographie - in: Dt.Geogr.-Tag Berlin 1959, Tag.-ber. u. wiss. Verh., Wiesbaden 1960; 84-94

DEFANT, A.: Physical Oceanography - 2 Bde., Oxford 1961

Deutsche Seewarte (Hrsg.): Atlas der Eisverhältnisse im deutschen und benachbarten Ost- und Nordseegebiet - Dt. Seewarte Nr. 2198, 1942

Deutsches Hydrographisches Institut (Hrsg.): Das Deutsche Hydrographische Institut und seine historischen Wurzeln - Hamburg 1979

DIETRICH, G.: Aufbau und Dynamik des Agulhasstromgebietes - Veröff. d.Inst.f. Meereskde. Berlin, N.F. (A) 27, Berlin 1935

DIETRICH, G.: Aufbau und Bewegung von Golfstrom und Agulhasstrom, eine vergleichende Betrachtung - in: Die Naturwiss. 1936, 225-230

DIETRICH, G.: Das Amerikanische Mittelmeer. Ein meereskundlicher Überblick, - in: Z.Ges.f.Erdkde. Berlin 1939; 108-130

DIETRICH, G.: Über ozeanische Gezeitenerscheinungen in geographischer Betrachtungsweise - in: Ann. d. Hydrogr. 1943; 123-127

DIETRICH, G.: Die Gezeiten des Weltmeeres als geographische Erscheinung - in: Z.Ges.f. Erdkde. Berlin 1944; 69-85

DIETRICH, G.: Beitrag zu einer vergleichenden Ozeanographie des Weltmeeres - in: Kieler Meeresforsch. 12, 1956; 1-24

DIETRICH, G.: Allgemeine Meereskunde. Eine Einführung in die Ozeanographie - 1. Aufl. Berlin 1957; 3. neubearb. Aufl. mit W. KRAUSS u. G. SIEDLER, Berlin/Stuttgart 1975

DIETRICH, G.: Alexander v. HUMBOLDTs "Physische Weltbeschreibung" und die moderne Meeresforschung - in: Dt. Geogr.-Tag Kiel 1969, Tag.-ber. u. wiss. Abh., Wiesbaden 1970; 105-122

DIETRICH, G. (Hrsg.): Upwelling in the ocean and its consequences - Geoforum Nr. 11, 1972; 1-92

DONATI, V.: Della storia naturelle dell' Adriatico - Venedig 1730

DOVE, H.W.: Die neuesten Fortschritte der Hydrographie - in: Z. f. Allg. Erdkunde I, 1853; 118-126

DRYGALSKI, E.v.: Die Südpolar-Forschung und die Probleme des Eises - in: Verh. d. 11.Dt.Geogr.-Tages Bremen 1895 - Berlin 1896; 18-29

DRYGALSKI, E. v.: Die Aufgaben der Forschung am Nordpol und Südpol - in: Geogr. Z. 4, 1898; 121-133

DRYGALSKI, E. v.: Die Grönlandexpedition der Gesellschaft für Erdkunde - 2 Bde., Berlin 1898

DRYGALSKI, E. v.: Plan und Aufgabe der Deutschen Südpolar-Expedition - in: Verh. 7. Int. Geogr.-Kongr. Berlin 1899, Berlin 1901; II 631-642

DRYGALSKI, E. v.: Zum Kontinent des eisigen Südens - Berlin 1904

DRYGALSKI, E. v.: Ferdinand von RICHTHOFEN - in: Zeitschr. d. Ges. f. Erdk. 1905; 675-697

DRYGALSKI, E. v. (Hrsg.): Deutsche Südpolar-Expedition 1901-1903 - 20 Bde. u. 2. Atl., Berlin/Leipzig 1905-32

DRYGALSKI, E. v.: Das Eis der Antarktis und der subantarktischen Meere - in: Dt. Südpolar-Expedition 1901/03, Bd. I 4, Berlin/Leipzig 1921

DRYGALSKI, E. v.: Ozean und Antarktis. Meereskundliche Forschungen und Ergebnisse der deutschen Südpolarexpedition 1901/03. Sd. druck aus Bd. VII, 387-556 d. Exp.-Werkes, Berlin/Leipzig 1926

DRYGALSKI, E. v.: Ozean und Antarktis - in: Wiss. Abh. d. 21. Dt. Geogr.-Tages Breslau 1925, Berlin 1926a, 129-139

DRYGALSKI, E. v. et. al.: Deutsche Südpolar-Expedition auf dem Schiff "Gauß". Berichte über die wissenschaftlichen Arbeiten... - Veröff. d. Inst. f. Meereskde.... Berlin, H. 1 u. 2, 1902 u. H. 5, 1903

ECKERT, M.: Über die Produktivität des Meeres - in: Dt. Geogr. Bl. 1905; 10-36

ECKERT, M.: Der Atlantische Ozean als handelspolitisches Mittelmeer betrachtet - in: F. RATZEL-Gedächtnisschr. 1904; 39-60

ECKERT, M.: Die wirtschaftsgeographische und handelspolitische Bedeutung der Weltmeere - in: Geogr. Z. 1912; 601-615

ECKERT, M.: Otto KRÜMMEL - in: Geogr. Z. 1913; 545-554

ECKERT, M.: Meer und Weltwirtschaft - Berlin 1928

EHRENBERG, Chr. G.: Das Leuchten des Meeres. Neue Beobachtungen nebst Übersicht der Hauptmomente der geschichtlichen Entwicklung dieses merkwürdigen Phänomens - in: Abh. Akad. d. Wiss. Berlin 1834; 411-575

EHRENBERG, Chr. G.: Mikrogeologie. Das Erden und Felsen schaffende Wirken des unsichtbar kleinen selbständigen Lebens auf der Erde - 2 Bde., Leipzig/Berlin 1854

ENGELMANN, G.: Der Physikalische Atlas des Heinrich BERGHAUS und Alexander Keith JOHNSTONs Physical Atlas - in: Pet. Mitt. 108, 1964; 133-149

ENGELMANN, G.: Das Seekartenwerk des Heinrich BERGHAUS - in: Pet. Mitt. 110, 1966; 310-320

ENGELMANN, G.: Alexander von HOMBOLDTs Abhandlung über die Meeresströmungen - in: Pet.Mitt. 112, 1969a; 100-110

ENGELMANN, G.: Christian Gottfired EHRENBERG - ein Wegbereiter der deutschen Tiefseeforschung - in: D. Hydrogr.Z. 22, 1969b; 145-157

ENGELMANN, G.: Heinrich BERGHAUS 1797-1884 - in: Geogr. T.buch 1979/80; 62-71

ERMAN, A.: Reise um die Erde durch Nordasien und die beiden Oceane - Reisewerk 3 Bde., Berlin 1833-48; Wiss. Teil 2 Bde. m. Atl. ebenda 1835/41

FARBRICIUS, J.A.: Hydrotheologie, oder Versuch, durch Betrachtung der Wasser den Menschen zur Liebe und Bewunderung des Schöpfers zu ermuntern - Hamburg 1737

FELS, E.: Das Weltmeer in seiner wirtschafts- und verkehrsgeographischen Bedeutung - Leipzig 1931

FORSTER, J.R.: Bemerkungen über Gegenstände der physischen Erdbeschreibung, Naturgeschichte und sittlichen Philosophie auf seiner Reise um die Welt gesammelt. Übersetzt und mit Anmerkungen vermehrt von Georg FORSTER - Berlin 1783

FORSTER, G.: Johann Reinhold FORSTERs Reise um die Welt während den Jahren 1772 bis 1775 beschrieben und herausgegeben von dessen Sohn und Reisegefährten - Berlin 3 Bde. 1784

FOURNIER, G.: Hydrographie contenant la théorie et la pratique de toutes les parties de la navigation - Paris 1. Ed. 1643, 2. Ed. 1667

FREEDEN, W.v.: Die Nord-Deutsche Seewarte und das Nord-Deutsche Nautisch-Meteorologische Institut - in: Pet. Mitt. 14, 1868; 31-34

FREEDEN, W.v.: Die wissenschaftlichen Ergebnisse der ersten Deutschen Nordfahrt 1868 - in: Pet. Mitt. 15, 1869; 201-219

FRENZEL, C.A.: Major James RENNELL, der Schöpfer der neueren englischen Geographie. Ein Beitrag zur Geschichte der Erdkunde - Diss. Leipzig 1904

GAREIS, A. u. BECKER, A.: Zur Physiographie des Meeres. Ein Versuch - Triest 1867

GASKELL, T.F.: The history of the Gulf Stream - in: I. Congr. Int. Mist. Océanogr., Monaco 1968; 77-86

GELCICH, E.: Grundzüge der Physischen Geographie des Meeres - Wien 1881

GELCICH, E.: Beiträge zur Geschichte der ozeanischen Schiffahrtsregeln und Segelhandbücher. Ein Beitrag zur Geschichte der maritimen Geographie - in: Das Ausland 65, 1892

GELCICH, E.: Beiträge zur Geschichte der ozeanischen Segelanweisungen - in: Ann. d. Hydrogr. 21, 1893

GEORGI, J.: Georg von NEUMAYER (1826-1909) und das 1. Internationale Polarjahr 1882/83 - in: Dt. Hydr. Z. 17, 1964; 249-272

GIERLOFF-EMDEN, H.G.: Der Humboldt-Strom und die Pazifischen Landschaften seines Wirkungsbereiches - in: Pet. Mitt. 103, 1959; 1-17

GIERLOFF-EMDEN, H.G.: Geographie des Meeres. Ozeane und Küsten - Lehrb. d. Allg. Geogr. Bd. V, 2 Bde., Berlin, New York 1980

GROLL, M.: Tiefenkarten der Ozeane - Veröff. d. Inst. f. Meereskde. Berlin, N.F. (A) 2, Berlin 1912

HABERLING, W.: Johannes MÜLLER, das Leben des Rheinischen Naturforschers - Leipzig 1924

HAAR, de U.: Beitrag zur Frage der wissenschaftssystematischen Einordnung und Gliederung der Wasserforschung - in: Beitr. z. Hydrol. H. 2, 85-150, Freiburg 1974

HAPPELIUS, E.G.: Größte Denkwürdigkeiten der Welt oder sogenannte Relationes curiosae - T. I-V Hamburg 1683-92, T. II 1685

HEINE, W.: Reise um die Erde nach Japan an Bord der Expeditions-Escadre unter Commodore M.C. PERRY in den Jahren 1853, 1854 und 1855, unternommen im Auftrag der Regierung der Vereinigten Staaten - Dt. Orig. Ausg. 2 Bde., Leipzig/New York 1856

HEINE, W.: Die Expedition in die See von China, Japan und Ochotsk... im Auftrag der Regierung der Vereinigten Staaten unternommen i.d.J. 1853-1856 - 3 Bde., Leipzig 1858/59

HEINE, W.: Eine Weltreise um die nördliche Hemisphäre - 2 Bde., Leipzig 1864

HERDMAN, W.: Founders of oceanography and their work. An introduction to the science of the sea - London 1923

HERWIG, W.: Die Beteiligung Deutschlands an der internationalen Meeresforschung. I. Bericht - Berlin 1905

HOARE, M.E.: Johann Reinhold FORSTER. The neglected philosopher of COOKs second voyage 1772-75 - in: The Journal of Pacific History 2, 1967; 215-224

HOPPE, B.: Influence de la biologie marine sur l'evolution de la pensée écologique au XIX siècle - in: I. Congr. Int. Hist. Océanogr., Monaco 1968; 407-416

HORNER, J.C.: Instructionen für die astronomischen und physikalischen Arbeiten auf der Reise nach dem Nordpol unter... von Kotzebue - in: O.v. KOTZEBUE, Entdeckungsreise in die Südsee..., Bd. 1, 106-132, Weimar 1821 u. Wien 1825

HUMBOLDT, A.v.: Ansichten der Natur mit wissenschaftlichen Erläuterungen - Tübingen 1808, 3. verb. u. verm. Aufl. Stuttgart/Tübingen 1849

HUMBOLDT, A.v.: Voyage aux regions equinoxiales du Nouveau Continent, I. Partie: Relations historiques - 3 Bde., Paris 1814, 1819, 1825

HUMBOLDT, A.v.: Le courant equinoxial el le Gulfstream - in: KRÜMMEL, ausgew. Stücke a.d. Klassikern d. Geogr., II. Reihe, 1-16; Kiel/Leipzig 1904

HUMBOLDT, A.v.: Abhandlung über Meereströmungen im Allgemeinen, sowie über einen Strom kalten Wassers in der Südsee, über einen heißen Strom von Florida und dem Einfluß derselben auf die benachbarten Länder - Vortrag vor d. Versammlg. Dt. Nat.forscher u. Ärzte in Breslau am 23. Sept. 1833

HUMBOLDT, A.v.: Der Perustrom - aus: H. BERGHAUS, Allg. Länder- u. Völkerkde., in: KRÜMMEL, ausgew. Stücke a.d. Klassikern d. Geogr., II. Reihe, 17-26; Kiel/Leipzig 1904

HUMBOLDT, A.v.: Central-Asien. Untersuchungen über die Gebirgsketten und die vergleichende Klimatologie - (hrsgg.v. W. MAHLMANN) 2 Bde., Berlin 1844

HUMBOLDT, A.v.: Kosmos. Entwurf einer physischen Weltbeschreibung - 5 Bde., Stuttgart u. Tübingen 1845-62

HUMBOLDT, A.v.: Physikalische und geognostische Erinnerungen (Wiss. Instruktionen für die österr. Novara-Expedition 1857-1859, verfaßt 7.4.1857) erschienen als Beil. I/II in: K.v. SCHERZER, Reise der österr. Fregatte Novara um die Erde in den Jahren 1857-59, I. Bd. Wien 1861

HUMBOLDT, A.v.: Reise in die Aequinoctial-Gegenden des neuen Continents - (in dt. Bearb. v. H. HAUFF) 2. Aufl. 6 Bde., Stuttgart 1861/62

Institut océanographique de Monaco: I. Congrès International d'Histoire de l'Océanographie 1965 - Bull. de l'Inst. Océanogr. N° spéc. 2, Monaco 1968

JESSEN, O.: Die Verlegung der Flußmündungen und Gezeitentiefs an der festländischen Nordseeküste in jungalluvialer Zeit - Stuttgart 1922

JESSEN, O.: Die Straße von Gibraltar - Berlin 1927

JILEK: Oceanographie zum Gebrauch für die Zöglinge der K.K. österreichischen Marine-Akademie - Wien 1857

KANT, J.: Physische Geographie -
1. Nach der Handschrift KANTs auf dessen Wunsch hrsgg. v. Th. RINK, 2 Bde., Königsberg 1802 -
2. hrsgg. von J.J.W. VOLLMER (siehe dort)

KARSTENS, K.: Eine neue Berechnung der mittleren Tiefe des Ozeans - unveröff. Diss. Kiel 1894

KAISER, J.: Physik des Meeres - Paderborn 1873

KELLER, R.: Gewässer und Wasserhaushalt des Festlandes. Eine Einführung in die Hydrogeographie - Berlin 1961

KIRCHER, A.: Magnes sive arte magnetica - Rom 1641

KIRCHER, A.: Mundus subterraneus - Amsterdam 1. Aufl. 1665, 3. Aufl. 1678

KIRCHHOFF, A.: Das Meer im Leben der Völker - in: Geogr. Z.7, 1901; 241-250

KITTLITZ, F.H.v.: Denkwürdigkeiten einer Reise nach dem russischen Amerika, nach Mikronesien und durch Kamtschatka - 2 Bde., Gotha 1858

KOHL, J.G.: Ältere Geschichte der Atlantischen Strömungen und namentlich des Golfstroms bis auf Benjamin FRANKLIN - in: Z. f. Allg. Erdkunde, Berlin 1861; 305-341, 385-446

KOHL, J.G.: Geschichte der Forschungen über den Golfstrom in neuerer Zeit seit FRANKLIN - in: Z.f.Allg. Erdkunde, Berlin, N.F.19, 1865; 237-276

KOHL, J.G.: Geschichte des Golfstroms und seiner Erforschung. Eine Monographie zur Geschichte der Oceane und der geographischen Entdeckungen - Bremen 1868; Nachdruck Amsterdam 1966

KOLDEWEY, K. et.al.: Die zweite deutsche Nordpolarexpedition - 5 Beiträge in: Z.Ges.f.E. Berlin 1871; 1-41

KÖPPEN, W.: Versuch einer Klassifikation der Klimate, vorzugsweise nach ihren Beziehungen zur Pflanzenwelt (m. Karte) - in: Geogr. Z. 6, 1900; 593-611, 657-679

KORTUM, G.: Meeresgeographie in Forschung und Unterricht - in: Geogr. Rdsch. 31, 1979; 482-491

KORTUM, G.: Frühe deutsche Ansätze zur physischen Geographie des Meeres im 18. und 19. Jahrhundert. Beiträge zum geistesgeschichtlichen Hintergrund der frühen Erforschung und Darstellung des Meeres in Deutschland zur Zeit C. RITTERs - in: H. BÜTTNER (Hrsg.): Carl RITTER, Abh. u. Quellen z. Gesch. d. Geogr. u. Kosmologie, Bd. 2 Paderborn/München 1981; 221-256

KORTUM, G.: Ferdinand von RICHTHOFEN (1833-1905) und die Kunde vom Meer - in: Schr. Naturwiss. Ver. Schlesw.-Holst. 53, 1983; 1-32

KORTUM, G. u. PAFFEN, KH.: Das Geographische Institut und die Meeres- und Küstenforschung in Kiel - in: PAFFEN/STEWIG (Hrsg.). Die Geographie an der Christian-Albrechts-Universität 1879-1979, Kieler Geograph. Schriften 50, 1979; 71-131

KOSSINNA, E.: Die Tiefen des Weltmeeres - Veröff. Inst. f. Meereskde Bln, N.F. (A) 9, Berlin 1921

KOTZEBUE, O.v.: Entdeckungsreise in die Südsee und nach der Behringstraße zur Erforschung einer nordöstlichen Durchfahrt 1815-1818 - 3 Bde. Weimar 1821/ Wien 1825

KOTZEBUE, O.v.: Neue Reise um die Welt in den Jahren 1823, 24, 25 und 26 - 2 Bde., Weimar u. St. Petersburg 1830

KRUG, M.: Die Kartographie der Meeresströmungen in ihren Beziehungen zur Entwicklung der Meereskunde. Ein Beitrag zur Geschichte und Methodik der Seekarten, dargestellt am Beispiel des Golfstroms - Diss. Heidelberg/Bremen 1901

KRÜGER, P.: Adelbert von CHAMISSO und die "Rurik"-Expedition - in: Z. geolog. Wiss. Berlin 4, 1976; 255-265

KRÜMMEL, O.: Die äquatorialen Meeresströmungen des atlantischen Ozeans und das allgemeine System der Meereszirkulation - Diss. Göttingen 1876, Leipzig 1877

KRÜMMEL, O.: Versuch einer vergleichenden Morphologie der Meeresräume - Habil.-schr. Göttingen 1878, Leipzig 1879

KRÜMMEL, O.: Die mittlere Tiefe der Oceane - in: Kettlers Z. f. wiss. Geogr. I, 1880; 40-46

KRÜMMEL, O.: Bemerkungen zur Tiefenkarte des Indischen Ozeans - in: Kettlers Z. f. wiss. Geogr. II, 1881; 116-118

KRÜMMEL, O.: Das Relief des australischen Mittelmeeres - in: Kettlers Z. f. wiss. Geogr. III, 1882; 1-5

KRÜMMEL, O.: Die atlantischen Meeresströmungen - in: Kettlers Z. f. wiss. Geogr. IV, 1883a; 153-161

KRÜMMEL, O.: Zur Morphologie der Seehäfen - in: Verh. d. Ges. f. Erdkde. Berlin X, 1883b; 94-96

KRÜMMEL, O.: Die Tiefseelotungen des SIEMENSschen Dampfers "Faraday"; im Nordatlantischen Ocean - in: Ann. d. Hydr. 11, 1883c; 5-8 146-148

KRÜMMEL, O.: Die Ergebnisse der Untersuchungsfahrten des deutschen Kriegsschiffes "Drache" in der Nordsee im Sommer 1881, 82 und 84 - in: Dt. Geogr. Blätter IX, 1886; 335-341

KRÜMMEL, O.: Der Ozean. Eine Einführung in die allgemeine Meereskunde - Leipzig/Prag 1886a, 2. Aufl. 1902

KRÜMMEL, O.: Handbuch der Ozeanographie. Bd. II: Die Bewegungsformen des Meeres - Stuttgart 1887

KRÜMMEL, O.: Über Erosion durch Gezeitenströme - in: Pet. Mitt. 35, 1889; 129-138

KRÜMMEL, O.: Die nordatlantische Sargasso-See - in: P.M. 37, 1891; 129-141 (mit Karte)

KRÜMMEL, O.: Die Haupttypen der natürlichen Seehäfen - in: Globus 60, 1891a; 321-325, 342-348

KRÜMMEL, O.: Reisebeschreibung der Plankton-Expedition - in: Ergebnisse der in dem Atlantischen Ozean ausgeführten Plankton-Expedition der Humboldt-Stiftung, Bd. I A, Kiel/Leipzig 1892

KRÜMMEL, O.: Die geophysikalischen Ergebnisse der Plankton-Expedition - in: Bd. II, ebenda 1893a

KRÜMMEL, O.: Zwei Jahrzehnte deutsche Seeschiffahrt - in: Preuß. Jb. 74, 1893b; 482-500

KRÜMMEL, O.: Zur Physik der Ostsee - in: Pet. Mitt. 41, 1895; 81-86, 111-118

KRÜMMEL, O.: Über Nutzbarmachung der nautischen Institute für die Geographie - in: Verh. d. 11. Dt. Geogr.tages Bremen 1895, Berlin 1896; 88-98

KRÜMMEL, O.: Über die Abhängigkeiten der großen nordischen Seefischereien von den physikalischen Zuständen des Meeres - in: Mitt. d. dt. Seefischerei-Ver. 1896a;

KRÜMMEL, O.: Die Einführung einer einheitlichen Nomenklatur für das Bodenrelief der Oceane - in: Verh. d. VII. Int. Geogr.-Kongr. Berlin 1899, Teil II, Berlin 1901; 379-386

KRÜMMEL, O.: Die deutschen Meere im Rahmen der internationalen Meeresforschung - Veröff. d. Inst. f. Meereskde. u. d. Geogr. Inst. a.d. Univ. Berlin H. 6, 1904

KRÜMMEL, O.: Allgemeine Meeresforschung - in: G. NEUMAYER (Hrsg.), Anleitung zu wiss. Beobachtungen auf Reisen, 3. Aufl. Bd. I, Hannover 1906; 562-594

KRÜMMEL, O.: Blick auf die neuen Theorien der Meeresströmungen - in: Verh. d. 17. Dt. Geogr.-Tag Lübeck 1909, 1910; 75-90

KRÜMMEL, O.: Handbuch der Ozeanographie - 2. völlig neubearb. Aufl., 2 Bde., Stuttgart 1907 u. 1911

KRÜMMEL, O. (Hrsg.): Ausgewählte Stücke aus den Klassikern der Geographie - 3 Bde., Kiel/Leipzig 1904

KRUSENSTERN, A.J.v.: Reise um die Welt 1803-1806 - 3 Bde., St. Petersburg 1812

KÜHN, A.: Anton DOHRN und die Zoologie seiner Zeit - Publ. Staz. Zool. Nap. Suppl., Neapel 1950

KÜHNEL, J.: Thaddaeus HAENKE. Leben und Wirken eines Forschers - München 1960

Laboratoire Arago (Hrsg.): Colloque international sur l'histoire de la biologie marine. Les grandes expéditions scientifiques et la création des laboratoires maritimes - "Vie et Milieu", Suppl. 19, Paris 1965

LANGE, G.: Das Werk des VARENIUS. Eine kritische Gesamtbibliographie - in: Erdkunde 15, 1961a, 1-18

LANGE, G.: VARENIUS über die Grundlagen der Geographie - in: Pet. Mitt. 105, 1961b; 274-283

LANGSDORFF, G.H.v.: Bemerkungen auf einer Reise um die Welt in den Jahren 1803 bis 1807 - 2 Bde., Frankfurt a.M. 1813

LEIGHLY, J.: M.F. MAURY in his time - in: I. Congr. Int. Hist. Oceanogr. Monaco 1968; 147-162

LENZ, E.: Physikalische Beobachtungen angestellt auf einer Reise um die Welt unter dem Commando des Captains Otto v. KOTZEBUE 1823 bis 1826 - in: Mèm. de l'Acad. Imper. des Sci. de St. Pétersburg. 6. Sèr. Sci. math., phys. et. nat., Vol. 1, 221-341; 1831

LENZ, E.: Bemerkungen über die Temperatur des Weltmeeres in verschiedenen Tiefen - in: Bull de la Classe Phys.-Math. de l'Acad. Imper. des Sci. de St. Pétersburg, Vol. 5, 65-74; 1845/46

LENZ, E.: Bericht über die ozeanischen Temperaturen in verschiedenen Tiefen - in: Bull. Cl. hist. phil. Acad. Sci. St. Pétersburg, T. III suppl. 1847

LENZ, W.: The FORSTERs offences against convention during and after Capt. COOKs second voyage around the world and the governmental reprisals - in: SEARS & MERRIMAN, Oceanography: The Past, New York/Heidelberg/Berlin 1980; 682-689

LINDEMAN, M.: Die Seefischerei, ihre Gebiete, Betriebe und Erträge in den Jahren 1869-1878 - Pet.Mitt.Erg. H. 60, 1880

LOHMANN, H.: Untersuchungen über das Pflanzen- und Tierleben der Hochsee (Bericht über die biologischen Arbeiten auf der Fahrt der "Deutschland" nach Buenos Aires vom 7.5.-7.9.1911) - Veröff. d. Inst.f.Meereskde. Berlin, N.F. (A) 1, 1912

LORENZ, J.R.: Physikalische Verhältnisse und Vertheilung der Organismen im Quarnerischen Golfe - Wien 1863

LUKSCH, J.: Über den Anteil der Monarchie an der Erweiterung der maritimen Erdkunde - in: F. UMLAUFT (Hrsg.), Die Pflege der Erdkunde in Österreich 1848-1898, Festschr. d. Geogr. Ges. Wien 1898; 51-65

LUKSCH, J. u. WOLF, J.: Der Anteil Österreich-Ungarns an den ozeanographischen Forschungen der Neuzeit - in: Österr.-Ungar. Revue 1895; 1-20, 102-127, 207-226

LÜTGENS, R.: Ozeanographische Forschungsreisen im Atlantischen und Stillen Ozean - Aus d. Arch. d. Dt. Seewarte, Hamburg 1910

LÜTGENS, R.: Die Verdunstung auf dem Meere - in: Ann. d. Hydr. 1911; 410-427

LÜTGENS, R.: Die deutschen Seehäfen, eine wirtschaftsgeographische und wirtschaftspolitische Darstellung - Karlsruhe 1934

LÜTKE, F.B. (Graf): Voyage autour du monde, exécute... sur la corvette Sémiavine dans les années 1826-1829 - 4 Bde., 2 Atl. Paris 1835/36

MARSIGLI, L.F.: Osservazioni intorno al Bosfero Tracio overo Canale di Constantinopoli ... - Rom 1681

MARSIGLI, L.F.: Histoire physique de la mer - Amsterdam 1725

MARSIGLI, L.F.: Danubius - Pannonico mysicus observationibus geographicis, astronomicis, hydrographicis, historicis, physicis... - Hagae et Amstelodami 1726

MATTHÄUS, W.: Die Berufung des Ozeanographen Otto KRÜMMEL zum Ordinarius für Geographie an der Universität Kiel - in: Mon.ber.d. Dt.Akad.d.Wiss. Berlin, Bd. 9, 1967a; 535-537

MATTHÄUS, W.: Der Ozeanograph Johann Gottfried Otto KRÜMMEL (1854-1912) - in: Wiss. Z. d. Univ. Rostock, Math.-Nat. R., H. 9/10, 16, 1967b; 1219-1224

MATTHÄUS, W.: Water-level measurements of antiquitity, in: I. Congr. Int. Hist. Océanogr. Monaco 1968a; 1-6

MATTHÄUS, W.: The historical development of methods and instruments for the determination of depth-temperatures in the sea in situ - in: I. Congr. Int. Hist. Oceanogr., Monaco 1968b; 35-47

MAURY, M.F.: Explanations and sailing directions to accompany the wind and current charts - 1. Ed. Washington 1851, 6. Ed. Philadelphia 1854

MAURY, M.F.: The physical geography of the sea - 1. Ed. New York 1855

MAURY, M.F.: Die physische Geographie des Meeres (Dt. Bearbeitung v. C. BÖTTGER) 1. Aufl. Leipzig 1856, 2. mehrfach veränd. u. vermehrte Aufl. Leipzig 1859

MAURY, M.F.: Das Telegraphen-Plateau des Nord-Atlantischen Oceans - in: Pet. Mitt. 3, 1857; 507 f.

MAURY, M.F.: Physical geography of the sea and its meteorology - 8. Ed., Cambridge (Mass.) 1861; Nachdruck mit einer "Einführung" hrsgg. von J. LEIGHLY, ebenda 1963

MECKING, L.: Die Eindrift aus dem Bereich der Baffinbai, beherrscht von Strom und Wetter - Diss. Berlin 1905; Veröff. d. Inst. f. Meereskde. H. 7, Berlin 1906

MECKING, L.: Das Eis des Meeres - Sammlung Meereskunde III, H. 11, Berlin 1909

MECKING, L.: Der heutige Stand der Geographie der Antarktis - in: Geogr. Z. 1908; 427-447, 481-499 u. 1909; 92-110, 146-157

MECKING, L.: Der Golfstrom in seiner historischen, nautischen und klimatischen Bedeutung - Sammlung Meereskunde V, H. 3, Berlin 1911

MECKING, L.: Nordamerika, Nordeuropa und der Golfstrom in der 11jährigen Klimaperiode - in: Ann.d.Hydrogr. 1918; 1-19

MECKING, L.: Europas Völker und das Meer - in: Z. "Stahl u. Eisen" 1925, Nr. 48; 10 S.

MECKING, L.: Die Polarländer -Leipzig 1925 a, engl. Ausg. New York 1928

MECKING, L.: Die Polarwelt in ihrer kulturgeographischen Entwicklung, besonders der letzten Zeit - in: Geogr. Z. 1925b; 129-144

MECKING, L.: Die Seehäfen in der geographischen Forschung - in: H. WAGNER-Gedächtnisschr. = Pet. Mitt. Erg.-H. 209, 1930; 326-345

MECKING, L.: Die Großlage der Seehäfen, insbesondere das Hinterland - in: Geogr. Z. 1931; 1-17

MECKING, L.: Die antarktische Treibeisgrenze und ihre Beziehung zur Zyklonenwanderung - in: Ann. d. Hydr. 1932; 225-229

MECKING, L.: Festschrift zum 70. Geburtstag - Hrsgg. von Freunden und Schülern, Hannover 1949 (m. Lit. Verz. ab 1939)

MECKING, L. u. MEINARDUS, W.: Deutsche Südpolar-Expedition 1901-03, Bd. III, 2 Meteorologie I, 2. Ergebnisse der Internationalen Meteorologischen Kooperation 1901-1904
a) 1. Teil (zus. m. W. MEINARDUS): Das Beobachtungsmaterial und seine Verwertung nebst Erläuterungen zum Meteorologischen Atlas - Berlin 1911; 1-42
b) 2. Teil: Die Luftdruckverhältnisse und ihre klimatischen Folgen in der atlantisch-pazifischen Zone südlich von 30° S. Br. - Berlin 1911; 43-129 - dazu mit MEINARDUS: Meteorologischer Atlas, Berlin 1911-15

MEINARDUS, W.: Periodische Schwankungen der Eisdrift bei Island - in: Ann. d. Hydr. 1906; 148-162, 227-239, 278-285

MEINARDUS, W.: O. KRÜMMELs Handbuch der Ozeanographie - in: Geogr. Z. 1912; 29-47 u. 98-111

MEINARDUS, W.: G. SCHOTTs Geographie des Atlantischen Ozeans - in: Z. Ges. f. Erdkde. Berlin 1913; 491-494

MEINARDUS, W.: Die Luftdruckverhältnisse und ihre Wandlungen südlich von 30° s. Br. - in: Dt. Südpolar-Expedition 1901/03, Bd. III 1/2, Berlin/Leipzig 1928

MEINARDUS, W.: Ludwig MECKING zum 60. Geburtstag am 3.5.1939 - in: Pet. Mitt. 1939; 137-141 (m. Lit. Verz.)

MERRIMAN, D.: Speculations on life at the depths: a XIX th-century prelude - in: I. Congr. Int. Hist. Océanogr. Monaco 1968; 377-385

MERZ, A.: Die meereskundliche Literatur über die Adria mit besonderer Berücksichtigung der Jahre 1897-1909 - in: Geogr. Jber. a. Österr. 8, 1910; 33-69

MERZ, A.: Hydrographische Untersuchungen im Golfe von Triest - in: Denkschrift math.-nat. Kl. d. Kais. Akad. d. Wiss. Wien 1911; 163-267

MERZ, A.: Berliner Seestudien und Meeresforschung - in: Geogr. Z. 1912; 166-179

MERZ, A.: Eine ozeanographische Forschungsreise im Atlantischen Ozean 1911 - in: Verh. d. Dt. Geogr. tages Innsbruck 1912; Berlin 1912a; 82-90

MERZ, A.: Gezeitenforschung in der Nordsee - in: Ann. d. Hydr. 49, 1921; 293-400

MERZ, A. u. WÜST, G.: Die atlantische Zirkulation - in: Z. Ges. f. Erdkde. Berlin, 1922; 1-35, 288-298 u. 1923; 132-144; dazu Entgegnungen von BRENNECKE, W. u. SCHOTT, G. ebenda 1922; 277-288 u. 299

MERZ, A.: Die Deutsche Atlantische Expedition auf dem Vermessungs- und Forschungsschiff "Meteor" - Sitz. ber. d. preuß. Akad. d. Wiss. Berlin, Phys.-math. Kl. XXXI, 1925; 562-586

MERZ, A.: Aufgaben meereskundlicher Forschung im Atlantischen Ozean - in: Z. Ges. f. E. Berlin 1925; 251-255

MEUSS, J.F.: Die Unternehmungen des königlichen Seehandlungs-Instituts zur Emporbringung des preußischen Handels zur See - Veröff. d. Inst. f. Meereskde. Berlin N.F. (B) Histor.-volkswirtsch. R. H. 2, Berlin 1913

MEYEN, F.J.F.: Reise um die Erde, ausgeführt auf dem Kgl. Preuß. Seehandlungsschiffe Prinzeß Louise ... in den Jahren 1830, 1831 und 1832 - Teil I u. II: Histor. Bericht, Berlin 1834/35 - Teil III: Zoolog. Bericht, Breslau/Bonn 1834

MEYER, H.A.: Untersuchungen über physikalische Verhältnisse des westlichen Theiles der Ostsee. Ein Beitrag zur Physik des Meeres - Kiel 1871

MEYER, H.A. u. MÖBIUS, K.: Fauna der Kieler Bucht - Leipzig Bd. 1, 1865, Bd. 2 1872

MEYER, H.A.F.: Die Oberflächenströmungen des Atlantischen Ozeans im Februar - Veröff. Inst. f. Meereskde. Berlin, N. 7 (A) 11, 1923

MÖBIUS, K.: Die Auster und die Austernwirtschaft - Berlin 1877

MODEL, F.: In memoriam Theodor STOCKS in: Dt. Hydrogr. Z. 17, 1964; 41-45 (mit vollst. Lit.-verz.)

MÖLLER, L.: Ergebnisse neuer hydrographischer Untersuchungen in der Nordsee - in: Verh. Dt. Geogr. tag Breslau 1925, Berlin 1926; 232-244

MÖLLER, L.: Alfred MERZ' hydrographische Untersuchungen in Bosporus und Dardanellen - Veröff. d. Inst. f. Meereskde. Berlin, N.F. (A) 18, 1928

MÖLLER, L.: Die Zirkulation des Indischen Ozeans - Veröff. Inst. f. Meereskde. Berlin, N.F. (A) 21, 1930

MORCOS, S.A.: Early investigations of the Suez Canal waters during and after its opening in 1869 - in: Proc.R.Soc.Edinb., B 72, 449-458, 1971/72

MÜHRY, A.: Klimatographische Übersicht der Erde - Leipzig 1862, Suppl. 1865

MÜHRY, A.: Über das System der Meeresströmungen im Circumpolar-Becken der Nord-Hemisphäre - in: Pet.Mitt. 13, 1867; 58-69

MÜHRY, A.: Über die Lehre von den Meeresströmungen - Göttingen 1869

MÜHRY, A.: Zur Lehre von den Meeresströmungen. Über die äquatoriale oceanische Ascensionsströmung als Ursache der "Großen West- oder Rotationsströmung" - in: Pet.Mitt. 20, 1874; 371-378

MURRAY, J.: Summary of the scientific results of the voyage of H.M.S. "Challenger" - in Vol. I.: Historical Introduction, London 1895; 1-106

NEUMAYER, G.v.: Die Erforschung des Südpolargebietes - in: Verh.d. Ges.f.Erdkde. Berlin 1872

NEUMAYER, G.v.: Anleitung zu wissenschaftlichen Beobachtungen auf Reisen - Berlin 1875, 2. Aufl. 1888, 3.völlig umgearb. Aufl. 2 Bde., Hannover 1906

NEUMAYER, G.v. u. BÖRGEN, C.: Die internationale Polarforschung - 2 Bde., Berlin 1886

Notgemeinschaft d. Dt. Wissenschaft: Die Deutsche Atlantische Expedition auf dem Vermessungs- und Forschungsschiff "Meteor". Gesammelte Expeditionsberichte. Aus: Z.d.Ges.f.Erdkde. Berlin 1926/27

NOWAK, A.F.P.: Der Ocean oder Prüfung der bisherigen Ansichten... - Leipzig 1852

OLSON, F.C. and M.A.: Luigi Ferdinando MARSIGLI, the lost father of oceanography - in: Quart. Jour. Florida Acad. Sci. 21/3, 1958; 227-334

OPPENHEIMER, J.M.: Some historical backgrounds for the establishment of the Stazione Zoologica at Naples - in: SEARS &MERRIMAN, Oceanography: The Past, New York/Heidelberg/Berlin 1980; 179-187

OTTO, J.Fr.W.: Abriß einer Naturgeschichte des Meeres - 2 Bde. Berlin 1792/94

OTTO, J.Fr.W.: Versuch einer physischen Erdbeschreibung ... 1. Theil: System einer allgemeinen Hydrographie des Erdbodens - Berlin 1800

OVERBECK, H.: Die Entwicklung der Anthropogeographie (insbesondere in Deutschland) seit der Jahrhundertwende und ihre Bedeutung für die geschichtliche Landesforschung - in: Blätt.f.dt.Landesgesch. 91, 1954; 182-244

PAFFEN, KH.: Marine Geographie - in: BÖHNECKE u. MEYL (Hrsg.), Denkschrift zur Lage der Meeresforschung, Wiesbaden 1962; 57-59

PAFFEN, KH.: Maritime Geographie. Die Stellung der Geographie des Meeres und ihre Aufgaben im Rahmen der Meeresforschung - in: Erdkunde 18, 1964; 39-62

PAFFEN, KH.: Maritime Geographie - in: G. FOCHLER-HAUKE (Hrsg.), FISCHER-Lexikon der Geographie, Neuausg. Frankfurt 1968; 249-253

PAFFEN, KH.: Geografia marinha. A situação da Geografia dos Mares e suas, funções na pesquisa oceanográfica - in: Bol. Geogr. No. 216, Rio de Janeiro 1970; 3-12

PAOLA, L. di.: Oceanography researches by the Hydrographic Institute of the Italian Navy from 1880 to 1922 - in: I. Congr. Int. Hist. Océanogr., Monaco 1968; 133-145

PASSARGE, S.: Das Geographische Seminar des Kolonial-Instituts und der Hansischen Universität - in: Mitt. d. Geogr. Ges. Hamburg XLVI, 1939; 1-104

PAYER, J.: Die zweite Deutsche Nordpolar-Expedition, 1869-70 - in: Pet. Mitt. 17, 1871; 121-131, 183-200. 401-423

PENCK, A.: Morphologie der Erdoberfläche - 2 Bde., Stuttgart 1894; in Bd. II: Das Meer (460-663)

PENCK, A.: Das Museum für Meereskunde zu Berlin - Sammlung Meereskunde 1, Heft 1, Berlin 1907

PENCK, A.: Das Museum und Institut für Meereskunde in Berlin - in: Mitt. Geogr. Ges. Wien 1912; 413-433

PENCK, A.: Die Deutsche Atlantische Expedition - in: Z. Ges. f. Erdkde. Berlin 1925; 243-251

PENCK, A. Alfred MERZ - in: Z. Ges. f. E. Berlin 1926; 81-103 (m. Lit.-Verz.)

PÉRÈS, J. M.: Un precurseur de l'étude du benthos de la Méditerranée: Louis-Ferdinand, Comte de MARSILLI - in: I. Congr. Int. Hist. Océanogr., Monaco 1968; 369-376

PESCHEL, O.: Geschichte der Erdkunde bis auf A. v. HUMBOLDT und C. RITTER - 1. Aufl. München 1865; 2. Aufl. hrsgg. v. S. RUGE 1877; Nachdruck Amsterdam 1961

PESCHEL, O.: Neue Probleme der Vergleichenden Erdkunde als Versuch einer Morphologie der Erdoberfläche - Leipzig 1869, 4. Aufl. 1883

PETERMANN, A.: Hydrographical map of the world showing the river basins and ocean currents - London 1850

PETERMANN, A.: Die Tiefenmessungen im Atlantischen Ocean zur Anlage eines submarinen Telegraphen zwischen Europa und Amerika - in: Pet. Mitt. 2, 1856; 377-378

PETERMANN, A.: Der Große Ozean. Eine physikalisch-geographische Skizze - in: Pet. Mitt. 3, 1857; 27-48

PETERMANN, A.: Die Weltumseglung der K.K. Österreichischen Fregatte "Novava" 30. April 1857 - 26. Aug. 1859 - in: Pet. Mitt. 5, 1859; 403-410

PETERMANN, A.: Der Meeresboden westlich von Irland mit Rücksicht auf den Atlantischen Telegraphen - in: Pet. Mitt. 9, 1863; 35

PETERMANN, A.: Neue Karte von den Britischen Inseln und dem umliegenden Meere - in: Pet. Mitt. 10, 1864; 15-21

PETERMANN, A.: Die projektierte Expedition nach dem Nordpol - in: Pet. Mitt. 11, 1865a; 95-104

PETERMANN, A.: Die Eisverhältnisse in den Polarmeeren und die Möglichkeit des Vordringens in Schiffen bis zu den höchsten Breiten - in: Pet. Mitt. 11, 1865b; 136-146

PETERMANN. A.: Der Nordpol und der Südpol, die Wichtigkeit ihrer Erforschung in geographischer und kulturhistorischer Beziehung - in: Pet. Mitt. 11, 1865c; 146-160

PETERMANN, A. et. al.: Spitzbergen und die arktische Central-Region. Eine Reihe von Aufsätzen und Karten als Beitrag zur Geographie und Erforschung der Polar-Regionen - Pet. Mitt. Erg.-H. 16, 1865d

PETERMANN, A.: Die Deutsche Nordpol-Expedition 1868 - in: Pet. Mitt. 14, 1868; 207-228

PETERMANN, A.: Instruktion für die zweite Deutsche Nordpolar-Expedition 1869-1870 - in: Pet. Mitt. 16, 1870a; 254-264

PETERMANN, A.: Der Golfstrom vom Standpunkt der thermometrischen Kenntnis des Nord-Atlantischen Oceans und Landgebietes im Jahre 1870 - in: Pet. Mitt. 16, 1870b; 201-244

PETERMANN, A.: Das Relief des Eismeer-Bodens bei Spitzbergen - in: Pet. Mitt. 16, 1870c; 142-144

PETERMANN, A.: Die Bodengestalt des Großen Oceans (m. Karte) - in: Pet. Mitt. 23, 1877; 125-132

PETTERSSON, O.: Über systematische hydrographisch-biologische Erforschung der Meere, Binnenmeere und tieferen Seen Europas - in: Verh. 7. Int. Geogr.-Kongr. Berlin 1899, Berlin 1901; II, 334-342

PFANNENSTIEL, M.: Das Meer in der Geschichte der Geologie - in: Geol. Rdsch. 60, 1970; 3-72

PLISCHKE, H.: Der Stille Ozean. Entdeckung und Erschließung - München/Wien 1959

POPOWITSCH, J.S.V.: Untersuchungen vom Meer, die auf Veranlassung einer Schrift De Columnis Herculis, welche der hochberühmte Professor in Altdorf, Herr Christ. Gottl. SCHWARZ herausgegeben... - Frankfurt/Leipzig 1750

POREP, R.: Der Physiologe und Planktonforscher Victor HENSEN (1835-1924) - Kieler Beitr. z. Gesch. d. Med. u. Pharm. H. 9, Neumünster 1970

POURTALES, L. F. v.: Der Boden des Golfstromes und der Atlantischen Küste Nord-Amerikas - in: Pet. Mitt. 16, 1870; 393-398 (mit 3 Karten)

PRANGE, M.: Die Entwicklung unserer Kenntnis von den Strömungen des Großen Ozeans - ungedr. Diss. Kiel 1922

PUFF, A.: Das kalte Auftriebwasser an der Ostseite des nordatlantischen und der Westseite des nordindischen Ozeans - Diss. Marburg 1890

PULS, C.: Oberflächentemperaturen und Strömungsverhältnisse des Äquatorialgürtels des Stillen Ozeans - in: Diss. Marburg 1895 = A. d. Arch. d. Dt. Seewarte 18,1; 1895

RATZEL, F.: Das Meer als Quelle der Völkergröße - Berlin/München 1900

REMANE, A. u. WATTENBERG, H.: Das Institut für Meereskunde der Universität Kiel - in: Kieler Meeresforschungen III, 1940; 1-16

RENNELL, J.: An investigation of the currents of the Atlantic Ocean - London 1832

RICCIOLI, G.B.: Geographia et Hydrographia reformata - 2 Vol. Venedig 1662

RICHTHOFEN, F. v.: Aufgaben und Methoden der heutigen Geographie - Leipzig 1883

RICHTHOFEN, F. v.: Führer für Forschungsreisende - Berlin 1886

RICHTHOFEN, F. v.: Geomorphologische Studien aus Ostasien - in: Sitz. ber. Kgl. Preuß. Akad. d. Wiss. 1900-1903

RICHTHOFEN, F. v.: Das Meer und die Kunde vom Meer - Berlin 1904

RITCHIE, G.S.: The Royal Navy's contribution to oceanography in the XIXth century - in: I. Congr. Int. Hist. Océanogr. 1968; 121-131

RITTER, C.: Über die geographische Stellung und horizontale Ausbreitung der Erdteile - Abh. d. Kgl. Akad. d. Wiss. Berlin 1826; in: KRÜMMEL, Ausgew. Stücke aus den Klassikern der Geogr., I. Reihe, Kiel 1904; 84-106

RITTER, C.: Über räumliche Anordnungen auf der Außenseite des Erdballes und ihre Funktionen im Entwicklungsgang der Geschichte - Vortr. i. d. Kgl. Akad. d. Wiss. Berlin 1850; in: KRÜMMEL, Ausgew. Stücke aus den Klassikern der Geogr., II. R., Kiel 1904; 48-84

RITTER, C.: Einleitung zur allgemeinen vergleichenden Geographie und Abhandlungen zur Begründung einer mehr wissenschaftlichen Behandlung der Erdkunde - Berlin 1852

ROHDE, H.: Die deutsche Auslands- und Meeresforschung seit dem Weltkriege - Berlin 1931

ROSEN, W. v.: Steen BILLEs Bericht über die Reise der Corvette Galathea um die Welt in den Jahren 1845-47 - (aus dem Dänischen übersetzt) 1. Bd., Kopenhagen u. Leipzig 1852

Royal Society of Edinburgh, The second international congress on the history of oceanography. Challenger expedition centenary - in: Proc. of the R. Soc. of Edinburgh, Sec. B, Vol. 72/73, Edinburgh 1972

RÜHL, A.: Die Nord- und Ostseehäfen im deutschen Außenhandel - Veröff. Inst. f. Meereskde. Berlin, N.F. (B) 3, 1920a

RÜHL, A.: Die Typen der Häfen nach ihrer wirtschaftlichen Stellung - in: Z. Ges. f. Erdkde. Berlin 1920; 297-302

SAGER, G.: The role of the tides in Caesar's invasion of Britain - in: I. Congr. Int. Hist. Océanogr., Monaco 1968; 7-11

SAGER, G.: The tides as an oceanographic factor in the historical development of North-Central Europe - in: I. Congr. Int. Hist. Océanogr., Monaco 1968; 13-23

SCHADEWALDT, H.: Thaddaeus Haenke (1761-1817), médicin et naturaliste autrichien et ses observations pendant la ciraumnavigation espagnole de MALASPINA (1789-1793) - in: Coll. int. Hist. Biol. mar., "Vie et Milieu", Suppl. 19, 1965; 99-121

SCHERZER, K. v.: Reise der österreichischen Fregatte "Novara" um die Erde in den Jahren 1857-1859 - 3 Bde., Wien 1861/62

SCHLEE, S.: Die Erforschung der Weltmeere. Eine Geschichte ozeanographischer Unternehmungen - Oldenburg/Hamburg 1974

SCHLEIDEN, M.J.: Das Meer - 1. Aufl. Berlin 1865/67, 3. Aufl. Braunschweig 1888

SCHMITHÜSEN, J.: Geschichte der geographischen Wissenschaft von den ersten Anfängen bis zum Ende des 18. Jhs. - Mannheim 1970

SCHOTT, G.: Die Meeresströmungen und Temperaturverhältnisse in den Ostasiatischen Gewässern - in: Pet. Mitt. 37, 1891; 209-219 + Zusatz SUPAN S. 293

SCHOTT, G.: Wissenschaftliche Ergebnisse einer Forschungsreise zur See, ausgeführt in den Jahren 1891 und 1892 - Pet. Mitt. Erg.-H. 109, 1893; 132 S.

SCHOTT, G.: Die Ozeanographie in den letzten zehn Jahren - in: Geogr. Z. 1895; 334-409

SCHOTT, G.: Ozeanographie in den Jahren 1895 und 1896 - in: Geogr. Z. 4, 1898; 32-46, 91-102

SCHOTT, G.: Weltkarte zur Übersicht der Meeresströmungen und Dampferwege - 1. Aufl. Berlin 1898, verb. Aufl. 1905, 1909, 1913, 1917

SCHOTT, G.: Die deutsche Tiefsee-Expedition. Ber. d. Ozeanographen der Expedition ... - in: Z.Ges.f.Erdkde. Berlin 34, 1899; 135-183, 462

SCHOTT, G.: Ozeanographie und maritime Meteorologie. Bd. I der Wissenschaftlichen Ergebnisse der deutschen Tiefsee-Expedition auf dem Dampfer 'Valdivia' 1898-99 - Jena 1902

SCHOTT, G.: Physische Meereskunde - Leipzig 1903, 2. Aufl. 1910

SCHOTT, G. et.al.: Die Forschungsreise S.M.S. "Planet" - in: Ann.d. Hydr. 1906; 145-147; 220-227; 259-265

SCHOTT, G.: Die Bedeutung einer internationalen Erforschung des Atlantischen Ozeans in physikalischer und biologischer Hinsicht - in: Ann. d.Hydr. 1908; 409-410

SCHOTT, G.: Pilotenkarten, meteorologische Karten und Monatskarten der Ozeane - in: Pet.Mitt. 55, 1909; 377-379

SCHOTT, G.: Die ozeanographischen Verhandlungen zu Monaco vom 30. März - 1. April 1910 - in: Ann.d.Hydr. 38, 1910; 217-221

SCHOTT, G.: Geographie des Atlantischen Ozeans - 1. Aufl. Hamburg 1912; 2. verb. Aufl. 1926; 3. vollst. neubearb. Aufl. 1942

SCHOTT, G.: Die Forschungsreise S.M.S. "Möwe" im Jahre 1911 - Arch. d.Dt.Seewarte 37/1, 1914; 104 S.

SCHOTT, G.: Geographie des Persischen Golfes und seiner Randgebiete - in: Mitt.d.Geogr.Ges.Hamburg, XXXI 1918a; 1-100

SCHOTT, G.: Ozeanographie und Klimatologie des Persischen Golfes und des Golfes von Oman - Sd.-H.d.Ann.d.Hydr., Berlin 1918b

SCHOTT, G.: Das Meer - in: SUPAN-OBST, Grundzüge d.Phys.Erdkde., 7. Aufl. Berlin 1927; 268-346 u. 8. Aufl. 1934; 273-363

SCHOTT, G.: Geographie des Indischen und Stillen Ozeans - Hamburg 1935

SCHOTT, G.: Die Aufteilung der drei Ozeane in natürliche Regionen - in: Pet.Mitt. 82, 1936; 165-170, 218-222

SCHULZ, B.: Beiträge zur Kenntnis der Oberflächenverhältnisse der Ozeane aufgrund der Beobachtungen von L. MECKING ... sowie deutscher Schiffe an der Südküste Arabiens und im Persischen Golf - in: Ann.d.Hydr. 1914; 392-405

SCHULZ, B.: Eisaufnahmen im Langelandbelt vom Flugzeug aus am 26.2.1929 - in: Ann.d.Hydr. 1929; 232 f.

SCHULZ, B.: Die Ostsee als Meeresraum - in: Verh.u.wiss.Abh. 24. Dt.Geogr.-Tag Danzig 1931, Breslau 1932; 65-79

SCHULZ, B.: Allgemeine Meereskunde - in: KLUTEs Hdb.d.Geogr.Wiss. Bd. I, 227-286, Potsdam 1936

SCHULZ, B.: Zur Vollendung des 70. Lebensjahres von Gerhard SCHOTT - in Ann.d.Hydr. 1936; 329-335

SCHULTZE-JENA, L.: Die Fischerei an der Westküste Südafrikas - Abh.d.Dt.Seefischerei-Vereins 9, Berlin 1907

SCHUMACHER, A.: Bruno SCHULZ - in: Ann.d.Hydr. 1944; 183-188 (m. Veröff.-Verz.)

SCHUMACHER, A.: Über das subtropische Konvergenzgebiet im Südatlantischen Ozean - in: Festschr.f.L.MECKING, Hannover 1949; 41-48

SCHUMACHER, A.: Matthew Fontaine MAURY und die Brüsseler Konferenz 1853 - in: Dt.Hydr.Z. 1953; 87-93

SCHWENKE, U.: 100 Jahre marine Ökosystemforschung - in: Verh. der Ges. f. Ökologie, Kiel 1977; 13-17

SEARS, M. & MERRIMAN, D. (Hrsg.): Oceanography: The Past - Proc. of the III. Int.Congr. on the Hist. of Oceanogr. 1980, New York/Heidelberg/Berlin 1980

SPETHMANN, H.: Tiefenkarte der Beltsee - in: Pet.Mitt. 57, 1911a; 246-251

SPETHMANN, H.: Studien über die Bodenzusammensetzung der baltischen Depression vom Kattegat bis zur Insel Gotland - in: Wiss.Meeresuntersuch., N.F. Bd. 12, Abt. Kiel 1911b; 301-314

SPETHMANN, H.: Der Wasserhaushalt der Ostsee - in: Z.Ges.f.Erdkunde Berlin 1912; 738-754

SPETHMANN, H.: Studien zur Ozeanographie der südwestlichen Ostsee - in: Int.Revue d.ges.Hydrobiol. u. Hydrogr., Erg.-H. 3 Z. Bd. 5, 1913

STELLER, G.W.: Beschreibung von dem Lande Kamtschatka - Reise von Kamtschatka nach Amerika - Beschreibung von sonderbaren Meerthieren - Unveränd.Neudruck d. Erstausg. 1753, m. Einführung v. H. BECK hrsgg., Stuttgart 1974

STOCKS, T.: Die Fortschritte in der Erforschung des Atlantischen Ozeans 1854 bis 1934 - in: Geogr.Z. 42, 1936; 161-171

STOCKS, T.: Georg WÜST und seine Stellung in der neueren Ozeanographie - in: Pet.Mitt. 104, 1960; 292-295

STOMMEL, H.: The Gulf Stream. A physical and dynamical description - Berkely 1. Aufl. 1958; 2. 1965

SUPAN, A.: Die Bodenformen des Weltmeeres (m. Weltkarte) - in: Pet. Mitt. 45, 1899; 177-188

SUPAN, A.: Terminologie der wichtigsten untermeerischen Bodenformen - in: Pet.Mitt. 49, 1903; 151 f.

SUPAN, A. (-OBST, E.): Grundzüge der physischen Erdkunde - Leipzig 1884, 2. Aufl. 1896, 6. verb. Aufl. 1916, 7./8. v. E. OBST hrsgg. Aufl. 1927 u. 1934

TAIT, J.B.: Oceanography in Scotland during the XIXth and early XXth centuries - in: I. Congr.Int.Hist.Oceanogr., Monaco 1968; 281-292

TAYLOR, F.J.R.: Phytoplankton ecology before 1900: Supplementary notes to the "Depths of the Ocean" - in: SEARS & MERRIMAN (Hrsg.), Oceanography: The Past, New York/Heidelberg/Berlin 1980; 509-521

THEODORIDES, J.: Alexander v. HUMBOLDT et la biologie marine - in: Coll. Int. sur l'hist. de la biol. mar., "Vie et Milieu", Suppl. 19, 1965; 131-162

TOMCZAK, M. jr.: A review of WÜSTs classification of the major deep-sea expeditions 1873-1960 and its extention to recent oceanographic research programs - in: SEARS & MERRIMAN (Hrsg.), Oceanography: The Past, New York/Heidelberg/Berlin 1980; 188-194

TROLL, C.: Die geographische Wissenschaft in Deutschland in den Jahren 1933 bis 1945 - in: Erdkunde 1, 1947; 3-48

TUCKEY, J.K.: Maritime geography and statistics - 4 Vol., London 1815

ULRICH, J.: Der deutsche Beitrag zur morphologischen Erforschung des Meeresbodens - in: Berliner Geogr.Stud.Bd. 7, 1980; 9-25

USCHMANN, G.: Die Beiträge Ernst HAECKELS und seiner Schüler zur Entwicklung der marinen Zoologie - in: Coll.int.sur l'hist. de la biol.marine, "Vie et Milieu", Suppl. 19, 1965; 259 ff.

VARENIUS, B.: Geographia Generalis - Amsterdam 1650; engl. Folio-Ausg. London 1683

VIGLIERI, A.: La carte générale bathymetrique des océans établie par S.A.S. le Prince Albert 1er - in: I. Congr.Int.Hist.Océanogr. Monaco 1968; 243-253

VOSSIUS, J.: De motu marium et ventorum liber - Den Haag 1663

VOGT, C.: Ozean und Mittelmeer - 2 Bde., Frankfurt/M. 1848

VOLLMER, J.J.W.: Physische Geographie nach KANTischen Ideen. Bd. I: Mathematische Vorkenntnisse und allgemeine Beschreibung des Meeres - Mainz/Hamburg 1803, zweite durchaus umgearb. Aufl. 1816/17

WAGNER, M.: Lehrbuch der Geographie - 1. Neubearbtg. v. GUTHEs Lehrbuch, Hannover/Leipzig 1879, 3. Aufl. 1900, 4. Aufl. 1912

WAGNER, M.: Die DARWIN'sche Theorie und das Migrations-Gesetz der Organismen - Leipzig 1868

WALLERIUS, Joh.G.: Hydrologie oder Wasserreich - a.d.Schwedischen übersetzt v. J.D. DENSO, Berlin 1751

WALTHER, J.: Allgemeine Meereskunde - Bd. d. "Naturwiss. Bibliothek" von WEBER 1893

WAPPAEUS, J.E.: De oceani fluminibus specimen - Diss. Göttingen 1836

WEGEMANN, G.: Die Oberflächenströmungen des nordatlantischen Oceans nördlich 50° n. Breite nach dem MOHNschen Verfahren abgeleitet aus den physikalischen Verhältnissen - Diss. Kiel 1899; A. d. Arch. d. Dt. Seewarte, Bd. 21, Hamburg 1900

WEGEMANN, G.: Neuere Methoden der Gezeitenforschung - in: Geogr. Z. 1908; 447-461

WEGEMANN, G.: Der tägliche Gang der Temperatur der Meere und seine monatliche Veränderlichkeit mit besonderer Berücksichtigung der Beobachtungen der internationalen Kommission zur Erforschung der Meere und der "Gazelle"-Expedition - Wiss. Meeresuntersuchungen N.F. Bd. 19, Kiel 1920

WELANDER, P.: Theoretical oceanography in Sweden 1900-1910 - in: I. Congr. Int. Hist. Océanogr., Monaco 1968; 169-174

WENDICKE, F.: Hydrographische und biologische Untersuchungen auf den deutschen Feuerschiffen der Nordsee - Veröff. d. Inst. f. Meereskde. Berlin, N.F. (A) 3, 1913

WENK, H.-G.: Die Geschichte der Geographie und der geographischen Landesforschung an der Universität Kiel von 1665 bis 1879 - Schr. d. Geogr. Inst. d. Univ. Kiel, 14/1, Kiel 1966

WINKLER, A. (Hrsg.): Beiträge zur Wirtschaftsgeographie - E. TIESSEN-Festschr. z. 60. Geb. tag, Berlin 1931

WISOTZKI, E.: Die Verteilung von Wasser und Land auf der Erdoberfläche - Diss. Königsberg 1879

WISOTZKI, E.: Die Strömungen in den Meeresstraßen. Ein Beitrag zur Geschichte der Erdkunde - in: Das Ausland 65, 1892

WISSMÜLLER, Chr.: Der Geograph Luigi Ferdinando Graf MARSIGLI (1658-1730) - Diss. Erlangen 1900

WOLF, J. u. LUKSCH, J.: Physikalische Untersuchungen im Adriatischen und Sicilisch-Ionischen Meere während des Sommers 1880 an Bord des Dampfers "Hertha" - in: Beil. z. Mitt. a. d. Gebiet d. Seewes., Pola 1881, H. 8,9

WÜLLERSTORF-URBAIR, B.v.: Nautisch-physikalischer Theil (der Reise der österr. Fregatte "Novara" 1857-1859) - Wien 1862-65

WÜST, G.: Die Verdunstung auf dem Meer - Diss. Berlin 1914; = Veröff. d. Inst. f. Meereskde. Berlin, N.F. (A) 6, Berlin 1920

WÜST, G.: Der Ursprung der atlantischen Tiefenwässer - in: Z. Ges. f. Erdkde. Berlin, Sonderbd. 1928; 506-534

WÜST, G.: Schichtung und Tiefenzirkulation des Pazifischen Ozeans aufgrund zweier Längsschnitte - Veröff. Inst. f. Meereskde. Berlin, N.F. (A) 20, 1929

WÜST, G.: Die Gliederung des Weltmeeres - Versuch einer systematischen geographischen Namengebung - in: Pet. Mitt. 82, 1936; 33-38

WÜST, G. et al.: Das Institut für Meereskunde der Universität Kiel - in: Kieler Meeresforschungen XII, 1956; 127-153

WÜST, G.: A.v. HUMBOLDTs Stellung in der Geschichte der Ozeanographie - in: Festschr. z. A. v. HUMBOLDT-Feier Berlin am 18./19.5.1959, Berlin 1959; 90-104

WÜST, G.: The major deep-sea expeditions and research vessels, 1873-1960 - in: M. SEARS (Ed.), Progress in Oceanography, London/New York 1964, Vol. 2; 1-52

WÜST, G.: Albert DEFANT zum 80. Geburtstag - in: Beitr. z. Phys. d. Atmosph. 37, 1964a; 59-68 (m. Veröff.-Verz.)

WÜST, G.: History of investigations of the longitudinal deep-sea circulation (1800-1922) - in: I. Congr. Int. Hist. Océanogr. Monaco 1968; 109-120

ZAHN, G.v.: Über die zerstörende Arbeit des Meeres an Steilküsten - in: Mitt. Geogr. Ges. Hamburg 24, 1909; 192-284

ZAHN, G.v.: Der Einfluß der Küsten auf die Völker - in: Festschr. f. E.v. DRYGALSKI, München/Berlin 1925; 1-10

ZEUNE, A.: Gea. Versuch, die Erdrinde sowohl im Land- als Seeboden mit Bezug auf Natur- und Völkerleben zu schildern - 1. Aufl. 1808, 3. Aufl. Berlin 1830

ZEUNE, A.: Der Seeboden um Europa. Erstes Buchstück - Berlin 1834

ZÖPPRITZ, K.: Hydrodynamische Probleme in Beziehung zur Theorie der Meeresströmungen - in: Wiedemanns Ann. 1878/79

Literaturverzeichnis B (zu Teil III)

B. zu Teil III: Neuere Entwicklung und methodischer Stand (ab 1945)

AGASSIZ, A.: Contributions to American Thalassography - 2 Bde., Boston 1888

ALBRECHT, W.: Die Meereswirtschaft Japans - in: Geograph. Ber. 104, 1982; 155-170

ALEXANDER, L.M.: Offshore Geography of Northwestern Europe. The Political and Economic Problems of Delimitation and Control - The Monograph Ser. of the Ass. of Americ. Geograph. 3, London 1966

ALEXANDERSSON, G. und NORDSTRÖM, G.: World Shipping. An Economic Geography of Ports and Seaborne Trade - Uppsala 1963

ANDERSON, L.S.: The Economics of Fisheries Management. Resources for the Future - Baltimore 1977

ANDRESEN, R. (Hrsg.): North Atlantic Maritime Cultures. Anthropological Essays on Changing Adaption - London 1979

ANIKOUCHIN, W.A. und STERNBERG, R.W.: The World Ocean. An Introduction to Oceanography - Englewood Cliffs 1973

ARCHER, A.A. und BEAZLEY, P.B.: The Geographical Implications of the Law of the Sea Conference. - in: Geograph. Journ. 141, 1975; 1-13

ARX, W.S., von: An Introduction to Physical Oceanography - Reading (Mass.) 1975

BARDACH, J.: Das große Geschäft. Die Ausbeutung der Meere - Zürich/Köln 1972 (engl. "Harvest of the Sea, New York 1968; Taschenbuchausgabe: Die Ausbeutung der Meere. Wissenschaftliche und wirtschaftliche Interessen in der Meeresforschung - Frankfurt/M. 1974 (Fischer 6251, Bücher des Wissens)

BARTELS, D.: Wirtschafts- und Sozialgeographie - in: Handbuch der Wirtschaftswiss., 23. Liefg., Stuttgart 1980; 44-54

BARTZ, F.: Die großen Fischereiräume der Welt. Versuch einer regionalen Darstellung der Fischereiwirtschaft der Erde - 3 Bde. Wiesbaden 1964, 1965, 1974 (Biblioth. geograph. Handbücher)

BARSTON, R.P. und BIRNIE, P. (Hrsg.): The Maritime Dimension - London 1980

BESANÇON, J.: Géographie de la pêche - Paris 1965

BLÜTHGEN, J.: Der geographische Formenwandel bei der Behandlung von Meeresräumen mit besonderer Berücksichtigung der Ostsee - in: Stuttgarter Geograph. Studien 69 (H. LAUTENSACH - Festschrift), 1957; 21-33

BÖHME, E. und KEHDEN, M.I. (Hrsg.): From the Law of the Sea towards an Ocean Space Regime. Practical and Legal Implications of the Marine Revolution - Werkhefte der Forschungsstelle f. Völkerrecht und ausld. öffentl. Recht der Univ. Hamburg 19, 1972

BÖHNECKE, G. und MEYL, A.H.: Denkschrift zur Lage der Meeresforschung. Im Auftrage der Deutschen Forschungsgemeinschaft und in Zusammenarbeit mit zahlreichen Fachgelehrten verf. - Wiesbaden 1962

BOURCART, J.: Géographie du fond des mers. Étude du relief des océans - Paris 1949

BOYER, A.: Les transports maritimes - Que sais - je? 1499, Paris 1978

BRAMEIER, U.: Das Meer und die Küsten als Gegenstand des Erdkundeunterrichts - In: Geograph. i. Unterricht 8, 1983, H. 6 (Themenheft 15: Küste und Meer); 211-212

BRAMWELL, M. (Chefred.): Der große KRÜGER-Atlas der Ozeane - Frankfurt/M. 1979 (engl. The Atlas of the Oceans - London 1977)

BROSIN, H.-J. und E. BRUNS (Hrsg.): Das Meer - Leipzig/Berlin/Jena 1969

BROOKS, K.: Die atlantische Expedition 1965 (IQSY) mit dem Forschungsschiff "Meteor" - DFG - Forschungsberichte 11, Wiesbaden 1966

BROOKS, K.: Wechselwirkung Ozean-Atmosphäre - in: DIETRICH, G. (Hrsg.), Die Erforschung des Meeres, Frankfurt/M. 1970; 15-24

BRUNS, E.: Ozeanologie. Bd. I: Einführung in die Ozeanologie. Ozeanographie - Berlin 1958

BUCHHOLZ, H.J.: Fischerei- und Wirtschaftszonen im Südpazifik - in: Erdkunde 37, 1983a; 60-70

BUCHHOLZ, H.J.: Der seerechtliche Regionalisierung der Nordsee - in: Geograph. Rundsch. 35, 1983b; 274-278

Bundesminister für Bildung und Wissenschaft (Hrsg.): Gesamtprogramm Meeresforschung und Meerestechnik in der Bundesrepublik Deutschland 1972 - 1975 - Bonn 1972

Bundesminister für Bildung und Wissenschaft (Hrsg.): Untersuchungsprogramm zur Küstenforschung, erstellt vom Ausschuß Küstenforschung der Dtsch. Komm. f. Ozeanographie - Schriftenreihe Meeresforschung 1, o.O. 1971

Bundesminister für Forschung und Technologie (Hrsg.): Gesamtprogramm Meeresforschung und Meerestechnik 1976 - 1979 - Bonn 1976

CARRÉ, F.: Les ressources vivantes de la mer de Bering et leur exploitation - in: Norois 106, 1980; 157-180

CHAPIN, H. und WALTON-SMITH, E.G.: Der Golfstrom. Seine Geschichte und seine Bedeutung für die westliche Welt - Berlin 1954 (engl. The Ocean River - New York 1952)

CHRISTIE, F.F. und SCOTT, A.: The Common Wealth of Ocean Fisheries. Resources for the Future - Baltimore 1965

CORDES, E.: Die Literaturerschließung in der Meereskunde - Dt. Hydrogr. Z., Erg. - H. Reihe A, Nr. 10 - 1970

COKER, R.E.: Das Meer - der größte Lebensraum. Eine Einführung in die Meereskunde und in die Biologie des Meeres - Hamburg/Berlin 1966 (engl. This Great Wide Sea - New York/Evanston/London 1947)

Commerzbank A.G., Abteilung Volkswirtschaft und Information (Hrsg.): Meeresnutzung - Düsseldorf/Frankfurt/M. /Hamburg 1973

COUPER, A.D.: The Geography of Sea Transport - Hutchinson 1972

COUPER, A.D.: Marine Resources and Environment - in: Progress in Human Geography 2, 1978a; 296-308

COUPER, A.D.: The Law of the Sea - London 1978b, (Serie: Aspects of Geography)

COUPER, A.D. (Hrsg.): The Times Atlas of the Oceans - London 1983

COUSTEAU, J.Y. und DIOLÉ, Ph.: "Calypso"-Abenteuer eines Forschungsschiffes - München 1973

DEACON, G.E.R. (deutsche Bearb. v. G. DIETRICH): Die Meere der Welt. Ihre Eroberung - ihre Geheimnisse - Stuttgart 1973

DAVIS, R.A.: Principles of Oceanography - Reading (Mass.)/Mento Park/ London/Amsterdam/Don Mills/Sydney 1977 (I. Aufl. 1972)

DEFANT, A.: Physical Oceanography - 2 Bde., New York/Oxford/London/ Paris 1961

Deutsche Forschungsgemeinschaft (Hrsg.): Litoralforschung. Abwässer in Küstennähe - Bonn 1975

Deutsche Forschungsgemeinschaft (Hrsg.): Sandbewegung im Küstenraum. Rückschau, Ergebnisse und Ausblicke. Abschlußbericht - Boppard 1979

Deutsches Hydrographisches Institut (Hrsg.): Handbuch des Atlantischen Ozeans. 1. Band: Nordatlantischer Ozean - Ozeanhandbücher 2057, Hamburg 1952

Deutscher Industrie- und Handelstag (Hrsg.): Neuverteilung der Meere. DIHT-Symposium zur 3. UN-Seerechtskonferenz - DIHT 196, Bonn 1980

Deutscher Bundestag (Hrsg.): Öffentliche Anhörung des Auswärtigen Ausschusses und des Ausschusses für Wirtschaft des Deutschen Bundestages zum Thema "Probleme der 3. UN-Seerechtskonferenz unter besonderer Berücksichtigung des Meeresbodenbergbaus" - Bundestagsdrucksache 8/2450 vom 7. Dezember 1977

Deutsches Marine-Institut (Hrsg.): Die Seeinteressen der Bundesrepublik Deutschland - Herford 1979

Deutsches Marine-Institut (Hrsg.): Die See im Blickpunkt der 80er Jahre - Schriftenreihe des DMI 4, Herford 1982

DIETRICH, G.: Beitrag zu einer vergleichenden Geographie des Weltmeeres - in: Kieler Meeresforsch. 12, 1956; 1-24

DIETRICH, G.: Ozeanographie. Physische Geographie des Weltmeeres - Das Geograph. Seminar, Braunschweig 1959, 3. verb. Auflage 1970

DIETRICH, G.: Meereskunde der Gegenwart. Aufgaben und Ergebnisse - in: Naturwiss. Rundsch. 16, 1963; 465-473

DIETRICH, G.: Veränderlichkeit im Ozean - in: Kieler Meeresforsch. 22, 1966; 139-144

DIETRICH, G.: Die Herausforderung des Meeres - in: Christiana Albertina. Kieler Univ.-Zeitschrift 1967; 14-20

DIETRICH, G. (Hrsg.): Die Erforschung des Meeres - Frankfurt/M. 1970

DIETRICH, G.: Natural Regions of the Ocean - in: Geoforum 11, 1972; 73-74

DIETRICH, G., KALLE, K., KRAUSS, W. und SIEDLER, G.: Allgemeine Meereskunde. Eine Einführung in die Ozeanographie - Berlin/Stuttgart 1975 (3. neubearbeitete Auflage der Ausgabe von 1957)

DIETRICH, G., MEYL, A.H. und SCHOTT, F.: Denkschrift II. Deutsche Meeresforschung 1962 - 1973. Fortschritte, Vorhaben und Aufgaben - Wiesbaden 1968

DIETRICH, G. und ULRICH, J.: Atlas zur Ozeanographie - Meyers Großer Physikal. Weltatlas 7, Mannheim 1968

DOBROVOLSKIY, A.D.: Fifty Years of Oceanographic Research in the Soviet Union - in: Oceanology 2, 1967; 583-600

DOUMENGE, F.: Géographie des Mers - Magellan, La Géographie et ses problèmes 3, Paris 1965

DUNBAR, D.J.: A Surge of Oceanographies - in: Geograph. Rev. 55, 1965; 414-421

DUXBURY, A.C.: The Earth and its Oceans - Reading (Mass.) 1972

ELLENBERG, K.: Entwicklung der Küstenmorphodynamik in den letzten 20 000 Jahren - in: Geograph. Rundsch. 35, 1983; 9-16

FAO, Department of Fisheries (Hrsg.): Atlas of the Living Resources of the Seas - Rom 1972

FAO (Hrsg.): The Sea: Common Heritage of Mankind? - Sonderheft "Ceres" 9, No. 6, 1976

FAIRBRIDGE, R.W. (Hrsg.): The Encyclopedia of Ocenaography - Encyclop. of Earth Sciences I, New York 1966

FALICK, A.F.: Maritme Geography and Oceanography - in: The Profess. Geographer 18, 1966; 283-285

FELLER, G. und W. TAUBMANN (Hrsg.): Meere und Küstenräume, Häfen und Verkehr. Vorträge und Arbeitsberichte. 17. Deutscher Schulgeographentag Bremen 1980 - Bremer Beiträge zur Geographie und Raumplanung 2, 1982

FLEMMING, N.C. und MEINCKE, J. (Hrsg. der deutsch. Ausg.): Das Meer. Enzyklopädie der Meeresforschung und Meeresnutzung - Freiburg/Basel/Wien 1977

FRIEDRICH, H.: Meeresbiologie - Berlin 1965

GIERLOFF-EMDEN, H.G.: Die morphologischen Wirkungen der Sturmflut vom 1. Februar 1953 in den Westniederlanden - Hamburger Geograph. Studien 4, 1955

GIERLOFF-EMDEN, H.G.: Der Küstenschelf von El Salvador im Zusammenhang mit der Morphologie und Geologie des Festlands - in: Dt. Hydrograph. Z. 11, 1958; 240-246

GIERLOFF-EMDEN, H.G.: Der Humboldt-Strom und sein Wirkungsbereich in den pazifischen Landschaften - in: Pet. Mitt. 103 1959; 1-17

GIERLOFF-EMDEN, H.G.: Nehrungen und Lagunen - in: Peterm. Mitt. 105, 1961; 81-92 und 161-176

GIERLOFF-EMDEN, H.G.: Luftbild und Küstengeographie am Beispiel der deutschen Nordseeküste - Landeskundl. Luftbildauswertung im mitteleurop. Raum 4, Bad Godesberg 1961

GIERLOFF-EMDEN, H.G.: Auswertung von Satellitenluftbildern zur Meereskunde - in: ZEISS-USIS (Hgb.), Das große Projekt, Oberkochen 1971; 85-104

GIERLOFF-EMDEN, H.G.: Orbital Remote Sensing of Coastal and Offshore Environments - A Manual of Interpretation - Berlin/New York 1977

GIERLOFF-EMDEN, H.G.: Geographische Bedingungen für die Seefahrt und Bevölkerungsausbreitung im Pazifischen Ozean - in: Mitt. Geograph. Ges. München 64; 1979; 217-253

GIERLOFF-EMDEN, H.G.: Timescale as Interface of Satellite Data Aquisition Systems against Coastal Water and Tidal Region Processes - in: Intern. Archiv f. Photogrammetrie 23, Teil B 10, Nachtrag, XIV. ISP-Kongress Hamburg 1980; 510-519

GIERLOFF-EMDEN, H.G.: Geographie des Meeres. Ozeane und Küsten - Lehrbuch der Allg. Geograph. 5, 2 Bde., Berlin/New York 1980

GIERLOFF-EMDEN, H.G., SCHROEDER-LANZ, H. und WIENECKE, F.: Beiträge zur Morphologie des Schelfs der Küste bei Kap Sines (Portugal) - in: "Meteor"-Forsch.-Ergebn. Reihe C/3, Berlin 1970; 65-84

GIERLOFF-EMDEN, H.G. und WILHELM, F. (Hrsg.): Arbeiten zur Geographie des Meeres. Hans Günter GIERLOFF-EMDEN zum 50. Geburtstag - Münchener Geograph. Abh. 9, 1973

GERLACH, S.A.: Meeresverschmutzung. Diagnose und Therapie - Berlin/New York/Heidelberg 1976

GERWIN, R.: Neuland Ozean. Die wissenschaftliche Erforschung und Nutzung der Weltmeere - München 1964

GESSNER, F.: Meere und Strand - Berlin 1957

GLASSNER, M.J.: The Law of the Sea - Sonderheft "focus", Americ. Geograph. Soc. 28, Nr. 4, 1978

GOCHT, W.: Gewinnung mineralischer Rohstoffe aus dem Meer - in: Die Erde 114, 1983; 19-27

GOLDBERG, E.D.: The Health of the Oceans - UNESCO, Paris 1976

GORDON, B.K. (Hrsg.): Man and the Sea - Garden City, New York 1970

GORSHKOV, S.G.(Hrsg. für USSR Navy, Ministry of Defence, Department of Navigation and Oceanography), World Ocean Atlas - Vol. 2 Atlantic and Indian Ocean - Oxford/New York/Toronto/Sydney/Paris/Frankfurt/M. 1978 (Pergamon-Ausgabe, russ. Moskau 1978)

GROSS, M.G.: Oceanography - Englewood Cliffs 1972

GRUNZERT, U. (Red.): Das Ringen um die Weltmeere - Aktuelle JRO-Weltkarte 25. Jg., Nr. 30/346, AJL 8, 1978

GUILCHER, A.: Morphologie littorale et sous-marine - Paris 1954

GUILCHER, A.: Précis d'hydrologie marine et continentale - Paris 1964

GUILCHER, A.: L'exploration des océans - in: Norois 106, 1980; 153-156

GUILCHER, A.: Exploitation et utilisation du fond des mers - in: Ann. de Géograph. 79, 1970; 401-422

GULLAND, J.A. (Hrsg.): The Fish Resources of the Ocean - FAO, West Byfleet 1971

HÄRLE, J.: Streit um die Meere - Aktuelle Unterrichtsmaterialien AU 7, Beihefter zu Geograph. Rundschau, 30/1978, H. 9

HAGGETT, P.: Geography. A Modern Synthesis - New York 1972

HARTJE, V.: Theorie und Politik der Meeresnutzung. Eine ökonomisch-institutionelle Analyse-Arb.-Ber. d. Wissenschaftszentrums Berlin, Intern. Inst. f. Umwelt und Gesellsch., Frankfurt/New York 1983

HARVEY, D.: Explanation in Geography - London 1969

HEEZEN, B.C., THARP, M. und EWING, M.: The Floors of the Oceans. 1. The North Atlantic. Text to Accompany the Physiographic Diagramm of the North Atlantic - Geolog. Soc. of America, Spec. Papers 65, 1959

HEINEBERG, H.: Die Fischereiwirtschaft der Shetland-Inseln und ihre Stellung im nordeuropäischen Raum - in: 37. Dtsch. Geogr.-Tag Kiel 1969, Tag.-ber. und wiss. Abhandl., Wiesbaden 1970; 539-553

HEMPEL, G. und MEYL, A.H. (Hrsg.): Meeresforschung in den 80er Jahren (hrsgg. i.A. der Deutschen Forschungsgemeinschaft, Senatskommission für Ozeanographie) - Boppard 1979

HEROLD, D.: Die Dritte Seerechtskonferenz der Vereinten Nationen - in: Die Erde 106, 1975; 277-290

HOOD, D.W. (Hrsg.): The Impingement of Man on the Oceans - New York 1971

HUPFER, P.: Die Ostsee. Kleines Meer mit großen Problemen - Leipzig 1979

IHDE, G.: Mehr Meereskunde in der Schule - in: Praxis Geographie 10, 1980; 98-100

Institut für Meereskunde an der Universität Kiel (Hrsg.): Mittelfristiges Forschungsprogramm. Planperiode 1977-1980 - Kiel 1977

JAMES, P.E.: The Geography of the Oceans. A Review of the Work of Gerhard SCHOTT - in: Geograph. Rev. 26, 1936; 664-669

JOHNSTONE, J.: A Study of the Oceans - London 1926

KALLE, K.: Der Stoffhaushalt des Meeres - Probleme der Kosmischen Physik Bd. XXIII, Leipzig 1945

KING, C.A.M., Oceanography for Geographers - London 1962 (unveränderter Nachdruck: An Introduction to Oceanography - New York/San Francisco/Toronto 1968

KING, C.A.M.: Introduction to Physical and Biological Oceanography - London 1975

KELLERSOHN, H.: Geographie der Meere. Ein Themenbereich von zunehmender Bedeutung für ein Geographie-Curriculum - in: Geographie im Unterricht 3, 1978; 415-419

KELLERSOHN, H.: Die Südpolarmeere und ihre Bedeutung. Eine didaktische Aufbereitung für die oberen Klassen der Sekundarstufe I - in: Geographie im Unterricht 5, 1980; 404-413

KELLERSOHN, H.: Didaktische Ansätze für die Behandlung des meeresgeographischen Problemkreises im Unterricht - in: Geographie im Unterricht 6, 1981; 70-76

KELLETAT, D. (Hrsg.): Beiträge zum 1. Essener Symposium für Küstenforschung - Ess.Geogr.Arb. 6, 1983a

KELLETAT, D.: Internationale Bibliographie zur regionalen und allgemeinen Küstenmorphologie (ab 1960) - Essener Geograph. Arbeiten 7, 1983b

KELLETAT, D.: Internationale Bibliographie zur regionalen und allgemeinen Küstenmorphologie (ab 1960) - Essener Geograph. Arbeiten 7, 1983

KETTERMANN, G. und HERGE, M. (Hrsg.): Weltmeere/Polargebiete - dtv-Perthes-Weltatlas 14, München/Darmstadt 1980

KLUG, H.: Über die Auswirkungen des projektierten Hamburger Vorhafenbaus im Watt südlich des Elbeästuars - in: Erdkunde 30, 1976; 217-222

KLUG, H.: Der Anstieg des Ostseespiegels im deutschen Küstenraum seit dem Mittelatlantikum - in: Eiszeitalter und Gegenwart 30, 1980; 237-252

KLUG, H.: Die Geomorphologie der Küsten und des Meeresbodens zwischen Tradition, Innovation und Determination - in: Z. f. Geomorphologie 50, 1984 (i. Druck)

KLUG, H.: Karlheinz PAFFEN. Leben und Werk - in: Erdknnde 38, 1984; 1-5

KORTUM, G.: Meeresgeographie in Forschung und Unterricht - in: Geograph. Rundsch. 31, 1979; 482-491

KORTUM, G.: Entwicklung, Stand und Aufgaben der Geographie des Meeres - in: FELLER, F. und TAUBMANN, W. (Hrsg.), 1982; 21-32

KRAUSS, J. und STEIN, W.: Wetter- und Meereskunde für Seefahrer - Berlin/Göttingen/Heidelberg 1958

KROISS, KH.: Der Kampf um die lebenden Ressourcen der Nordsee - in: Geograph. Rundsch. 35, 1983; 304-309

KRONE, W.: Weltfischwirtschaft. Biologische Grundlagen, wirtschaftliche Bedeutung, Entwicklungsmöglichkeiten - Schrift. d. Bundesanst. f. Fischerei Hamburg 6, Berlin 1963

KRÜGER-SPRENGEL, F.: Die Meereszonen im neuen Seerecht und ihre Folgen für die Weltwirtschaft - in: 43. Deutsch. Geogr.-tag Mannheim 1981, Tag.-ber. u. wiss. Abh., Wiesbaden 1983a; 343-344

KRÜGER-SPRENGEL, F.: Die Seerechtskonferenz der Vereinten Nationen und die neuen Meereszonen - in: Die Erde 114, 1983b; 11-18

KRUPPS, C. und Düsseldorfer Meesegesellschaft (Hrsg.): Interocean '76. 3. Internationaler Kongress und Ausstellung für Meerestechnik und Meeresforschung Düsseldorf 15.-19. Juni 1976 - 2 Bde. Düsseldorf 1976

KURZE, G.: Zukunft Weltmeer - Leipzig 1977

KURZROCK, R. (Hrsg.): Ozeanographie - Schriftenreihe d. Rias-Funkuniv., Forschung u. Inform. 22, Berlin 1977

LESER, H.: Belastungsprobleme des Ökosystems Nordsee - in: Geograph. Rundsch. 35, 1983; 301-303

LIGHTBILL, J.: Multiple Sea Use - in: Interdiscipl. Science Rev. 2, 1977; 27-35

LOFTAS, T.: Letztes Neuland - die Ozeane - Frankfurt/M. 1970

LOON, H. van (Hrsg.): Climates of the Oceans. - World Survey of Climatology 15, Amsterdam/Oxford/New York/Tokyo 1984

LUCCHINI, L. und VOELCKEL, M.: Les états et la mer. Le nationalisme maritim - Document. Franc., Notes et études, Doc. 4451/2, Paris 1977

MAAGARD, L. und RHEINHEIMER, G. (Hrsg.): Meereskunde der Ostsee - Berlin/Heidelberg/New York 1974

MANN-BORGESE, E.: Das Drama des Meeres - Frankfurt/M. 1977

MANN-BORGESE, E. und GUNSBURY, N. (Hrsg.), Ocean Yearbook, 1, Chicago 1978

MARFELD, A.F.: Zukunft im Meer. Bericht - Dokumentation - Interpretation und Meerestechnik - Berlin 1972

MANGONE, G.J.: Marine Policy for America - New York 1978

MARKOV, K.K.: Marine Geography - in: Soviet Geography 12, 1971; 346-350

MARKOV, K.K., SALNIKOV, S.S., TRESHNIKOV, A.F. und SHVEDE, Y.Y.: The Geography of Oceans and its Basic Problems - in: Soviet Geography 17, 1976; 437-446

MC DOUGLAS, M.S. und BURKE, W.T.: The Public Order of the Oceans - New Haven, Conn. 1975

MEINCKE, J.: Der Nordatlantische Strom. Revision des Bildes vom Wärmetransport im Nordatlantik - in: Geowissensch. in unserer Zeit 1, 1983; 168-175

MERO, J.L.: The Mineral Resources of the Sea - Amsterdam/London/New York 1965

Minister für Wirtschaft und Verkehr des Landes Schleswig-Holstein (Hrsg.): Die UN-Seerechtskonferenz und die Meeresinteressen der Bundesrepublik Deutschland. Protokoll des Meeressymposiums Kiel 1980 - Schriftenreihe der Landesregierung Schl.-Holst., Kiel 1980

Ministère de l'Education nationale, Comité des Traveaux historiques et scientifiques (Hrsg.): Bulletin de la Section de Géographie: Géographie de la mer - Paris 1963

MOISEEV, P.A.: The Living Resources of the World Ocean - Jerusalem 1971

MONIN, A.S., KAMENKOVICH, V.M. und KORT, G.: Variability of the Oceans - New York/London/Sydney/Toronto 1977

National Research Council, National Academy of Sciences (Hrsg.): An Oceanic Quest - Washington 1969

OBENAUS, H. und ZALEWSKI, J.: Geographie des Seeverkehrs - Berlin 1979

OSTHEIDER, M.: Möglichkeiten der Erkennung und Erfassung von Meereis mit Hilfe von Satellitenbildern - Münchner Geograph. Abh. 18, 1975

PAFFEN, KH.: Maritime Geographie. Die Stellung der Geographie des Meeres und ihre Aufgaben im Rahmen der Meeresforschung - in: Erdkunde 28, 1964; 40-62

PAFFEN, KH.: Maritime Geographie - in: FOCHLER-HAUKE, G. (Hrsg.), Geographie, Das Fischer-Lexikon 14 (Neubearbeitung), Frankfurt/M. 1968; 249-253

PAFFEN, KH. (Hrsg.): Das Wesen der Landschaft - Wege der Forschung 39, Darmstadt 1973

PASENAU, H.: Zur Morphologie des submarinen Reliefs im Raume der östlichen Kanarischen Inseln - in: KLUG, H. (Hrsg.): Beiträge zur Geographie der mittelatlantischen Inseln, Schr. d. Geograph. Inst. d. Univ. Kiel 39, 1975; 53-80

PERES, J.M.: Océanographie biologique et biologie marine - Paris 1961

PICKARD, G.L. und EMERY, W.J.: Descriptive Physical Oceanography - Oxford/New York/ Toronto/Sydney/Paris/Frankfurt/M. 1982 (4. erweit. Auflage)

PIRIE, R.G.: Oceanography. Contemporary Readings in Ocean Sciences - New York 1977

PRESCOTT, J.R.V.: The Political Geography of the Oceans - Problems in Modern Geography, London/Vancouver 1975

PREWO, W. et al.: Die Neuordnung der Meere. Eine ökonomische Kritik des neuen Seerechts - Kieler Studien 173, 1982

RACHOR, E.: Meeresverschmutzung und ihre Auswirkungen in der Nordsee - in: Geograph. Rundsch. 35, 1983; 292-299

Rat der Sachverständigen für Umweltfragen (Hrsg.): Umweltprobleme der Nordsee. Sondergutachten 1980 - Stuttgart/Mainz 1980

ROLL, H.U. und Düsseldorfer Messegesellschaft (Hrsg.): Interocean '70 - 2 Bde., Düsseldorf 1971

ROLL, H.U.: In memoriam Günter DIETRICH 1911-1972 - in: "Meteor" - Forsch.-Ergeb., Reihe A/12, 1973; V-X

ROMANOVSKY, V.: Physique de l' océan - Paris 1966

ROSENKRANZ, E.: Das Meer und seine Nutzung - Studienbücherei Geographie für Lehrer 14, Gotha/Leipzig 1977

ROSS, D.A.: Introduction to Oceanography - Englewood Cliffs 1977

ROSS, D.A.: Opportunities and Uses of the Ocean - New York/Hamburg/ Berlin 1980

SCHARNOW, U. (Hrsg.): Grundlagen der Ozeanologie - Berlin 1978

SCHMITTHÜSEN, J.: Allgemeine Geosynergetik. Grundlagen der Landschaftskunde - Lehrb. d. Allg. Geograph. 12, Berlin/New York 1976

SCHÜTZLER, A.: Über Grenzen der Ozeane und ihrer Nebenmeere - in: Pet. Mitt. 114, 1970; 309-317

SCHOTT, F.: Das Meer als Wirtschaftsraum - Fragenkreise 23380, Paderborn 1972

SEIBOLD, E.: Der Meeresboden. Ergebnisse und Probleme der Meeresgeologie - Berlin/Heidelberg/New York 1974

SEIBOLD, E.: Meeresforschung heute und morgen - in: Natur und Museum 113, 1983; 262-277

SHEPHARD, F.P.: The Earth beneath the Sea - Baltimore 1959 (2. Aufl. 1967)

SHULEYKIN, V.V.: The Interaction of Elements in the System Ocean-Atmosphere-Continents - in: Soviet Geography 12, 1971; 350-357

SKINNER, B.J. und TUREKIAN, K.K.: Man and the Ocean - Englewodd Cliffs 1973

SOKOLOV, B.A., GAYNAMOV, A.G., NESNEYANOV, D.V. und SEREGIN, A.M.: Petroleum Resources of the Seas and Oceans - Moskau 1973

SOMMERHOFF, G.: Formenschatz und morphologische Gliederung des südostgrönländischen Schelfgebietes und Kontinentalabhangs - in: "Meteor"-Forsch.-Ergeb. Reihe C/15, 1973; 1-54

SÜNDERMANN, J. und LENZ, W. (Hrsg.): North Sea Dynamics - Berlin/ Heidelberg/New York 1983

SVERDRUP, H.U., JOHNSON, N.W. und FLEMING, R.H.: The Oceans. Their Physics, Chemistry and General Biology - New York 1942

TAIT, R.V.: Meeresökologie. Das Meer als Umwelt - dtv/Thieme Wiss. Reihe 4091, Stuttgart 1971

TAIT, R.V. und DE SANTO, R.S.: Elements of Marine Ecology - New York 1975

TARDANT, P.: Meeresbiologie. Eine Einführung - Reihe Thieme BIO, Stuttgart 1979

TCHERNIA, P.: Descriptive Regional Oceanography - Pergamon Marine Ser. 3, Oxford/New York/ Toronto/Sydney/Paris/Frankfurt/M. 1980

TUREKIAN, K.K.: Oceans - Englewood Cliffs 1976

UHLIG, H.: Organisationsplan und System der Geographie - in Geoforum 1, 1970; 19-52

ULRICH, J.: Der Formenschatz des Meeresbodens - in: Geograph. Rundsch. 15, 1963; 136-148

ULRICH, J.: Die mittelozeanischen Rücken - in: Geograph. Rundsch. 18, 1966; 407-418

ULRICH, J.: Geomorphologische Untersuchungen an Tiefseekuppen im Nordatlantischen Ozean - in: 37. Deutsch. Geograph.-Tag Kiel 1969, Tag.-Ber. u. wiss. Abh., Wiesbaden 1970; 363-378

ULRICH, J.: Erforschung und Nutzung des Meeresbodens - in: Geograph. Rundsch. 31, 1979; 498-505

ULRICH, J.: Der deutsche Beitrag zur morphologischen Erforschung des Meeresbodens - in: Berlin. Geograph. Studien 7 (VALENTIN-Gedächtnisschrift), 1980; 9-25

ULRICH, J.: Die neue Tiefenkarte des Weltmeeres im Maßstab 1 : 10 Mio. als Ergebnis erfolgreicher internationaler Zusammenarbeit - in: Schr. Naturw. Verein Schl.,Holst. 52, 1982; 69-79

ULRICH, J.: Zur Bathymetrie und Topographie der nördlichen Kattegat-Rinne - in: Meeresforschung. Reports on Marine Research 30, 1983; 61-68

ULRICH, J. und PASENAU, H.: Untersuchungen zur Morphologie des Schelfrandes vor Mozambique nordöstlich der Sambesi-Mündung - in: Dt. Hydrograph. Z. 26, 1973; 216-225

United Nations (Hrsg.): The United Nations and the Law of the Sea - Textblatt und 10 Karten, New York 1976

United Nations (Hrsg.): The Law of the Sea. Official Text of the United Nations Convention on the Law of the Sea with Annexes and Index - New York 1983

United Nations (Hrsg.): A Quiet Revolution. The United Nations and the Law of the Sea - New York 1984

UTHOFF, D.: Stand und Entwicklung der niedersächsischen Garnelenfischerei - in: Neues Arch. f. Nieders. 21, 1972; 343-370

UTHOFF, D.: Molluskenfischerei und Molluskenkulturen in der Küstenzone der südlichen Nordsee - in: Göttinger Geograph. Abh. 66, 1976; 247-265

UTHOFF, D.: Endogene und exogene Hemmnisse in der Nutzung des Ernährungspotentials der Meere - in: 41. Deutsch. Geograph.-Tag Mainz 1977, Tag.-Ber. und wiss. Abh., Wiesbaden 1978; 347-361

UTHOFF, D.: Die Häfen - Brennpunkte des Seeverkehrs - in: GRUBE, F. und RICHTER, G. (Hrsg.), Die deutsche Küste, Frankfurt/M. 1979; 249-256

UTHOFF, D.: Wirtschafts- und kulturgeographische Forschungsperspektiven im Bereich der Küsten und Meere - in: KELLETAT, D. (Hrsg.), Beiträge zum 1. Essener Symposium zur Küstenforschung, Essener Geograph. Arb. 6, 1983a; 277-294

UTHOFF, D.: Konfliktfeld Nordsee. Nutzungen, Nutzungsansprüche und Nutzungskonflikte - in: Geograph. Rundsch. 35, 1983b; 282-291

UTHOFF, D.: Seerechtsentwicklung und Fischwirtschaft. Die Auswirkungen der jüngsten seerechtlichen Entwicklungen auf die Seefischerei - in: Die Erde 114, 1983c; 29-48

VALENTIN, H.: Eine Klassifikation der Küstenklassifikation - in: Göttinger Geograph. Abh. 60 (Hans POSER-Festschrift), 1972; 355-374

VALLAUX, C.: Géographie générale de la mer - Paris 1933

VICTOR, H. (Hrsg.): Meerestechnologie - Marine Technology - Thiemig Taschenb. 45, München 1973

VIGARIE, A.: La circulation maritime - Géograph. écon. et soc. III, 2, Paris 1968

VITZTHUM, W. Graf (Hrsg.): Die Plünderung der Meere. Ein gemeinsames Erbe wird zerstückelt - Fischer-Informationen z. Zeit 4248, Frankfurt/M. 1981

WALSH, D. (Hrsg.): The Law of the Sea. Issues in Ocean Resources Management - New York 1977

WALTON, K.: A Geographer's View of the Sea - in: Scott. Geograph. Magaz. 90, 1974; 4-13

WIENER, F., Moderne Seemacht. Zur Lage auf den Weltmeeren - München 1972

WOOSTER, W.S. et al.: The Oceans - Sonderheft Scientific American 221, H. 3, 1960

WÜST, G., HOFFMANN, C., SCHLIEPER, C., KÄNDLER, R., KREY, J. und JAEGER, R.: Das Institut für Meereskunde der Universität Kiel nach seinem Wiederaufbau - in: Kieler Meeresforsch. 12, 1956; 127-153

YOUNG, E.: Sea - Use Planning. The Administration and Protection of Offshore Resources - in: Journ. of Intern. Studies 5, 1979; 58-63

Band IX

*Heft 1 S c o f i e l d, Edna: Landschaften am Kurischen Haff. 1938.

*Heft 2 F r o m m e, Karl: Die nordgermanische Kolonisation im atlantisch-polaren Raum. Studien zur Frage der nördlichen Siedlungsgrenze in Norwegen und Island. 1938.

*Heft 3 S c h i l l i n g, Elisabeth: Die schwimmenden Gärten von Xochimilco. Ein einzigartiges Beispiel altindianischer Landgewinnung in Mexiko. 1939.

*Heft 4 W e n z e l, Hermann: Landschaftsentwicklung im Spiegel der Flurnamen. Arbeitsergebnisse aus der mittelschleswiger Geest. 1939.

*Heft 5 R i e g e r, Georg: Auswirkungen der Gründerzeit im Landschaftsbild der norderdithmarscher Geest. 1939.

Band X

*Heft 1 W o l f, Albert: Kolonisation der Finnen an der Nordgrenze ihres Lebensraumes. 1939.

*Heft 2 G o o ß, Irmgard: Die Moorkolonien im Eidergebiet. Kulturelle Angleichung eines Ödlandes an die umgebende Geest. 1940.

*Heft 3 M a u, Lotte: Stockholm. Planung und Gestaltung der schwedischen Hauptstadt. 1940.

*Heft 4 R i e s e, Gertrud: Märkte und Stadtentwiklung am nordfriesichen Geestrand. 1940.

Band XI

*Heft 1 W i l h e l m y, Herbert: Die deutschen Siedlungen in Mittelparaguay. 1941.

*Heft 2 K o e p p e n, Dorothea: Der Agro Pontino-Romano. Eine moderne Kulturlandschaft. 1941.

*Heft 3 P r ü g e l, Heinrich: Die Sturmflutschäden an der schleswig-holsteinischen Westküste in ihrer meteorologischen und morphologischen Abhängigkeit. 1942.

*Heft 4 I s e r n h a g e n, Catharina: Totternhoe. Das Flurbild eines angelsächsischen Dorfes in der Grafschaft Bedfordshire in Mittelengland. 1942.

*Heft 5 B u s e, Karla: Stadt und Gemarkung Debrezin. Siedlungsraum von Bürgern, Bauern und Hirten im ungarischen Tiefland. 1942.

Band XII

*B a r t z, Fritz: Fischgründe und Fischereiwirtschaft an der Westküste Nordamerikas. Werdegang, Lebens- und Siedlungsformen eines jungen Wirtschaftsraumes. 1942.

Band XIII

*Heft 1 T o a s p e r n, Paul Adolf: Die Einwirkungen des Nord-Ostsee-Kanals auf die Siedlungen und Gemarkungen seines Zerschneidungsbereichs. 1950.

*Heft 2 V o i g t, Hans: Die Veränderung der Großstadt Kiel durch den Luftkrieg. Eine siedlungs- und wirtschaftsgeographische Untersuchung. 1950. (Gleichzeitig erschienen in der Schriftenreihe der Stadt Kiel, herausgegeben von der Stadtverwaltung.)

*Heft 3 M a r q u a r d t, Günther: Die Schleswig-Holsteinische Knicklandschaft. 1950.

*Heft 4 S c h o t t, Carl: Die Westküste Schleswig-Holsteins. Probleme der Küstensenkung. 1950.

Band XIV

*Heft 1 K a n n e n b e r g, Ernst-Günter: Die Steilufer der Schleswig-Holsteinischen Ostseeküste. Probleme der marinen und klimatischen Abtragung. 1951.

*Heft 2 L e i s t e r, Ingeborg: Rittersitz und adliges Gut in Holstein und Schleswig. 1952. (Gleichzeitig erschienen als Band 64 der Forschungen zur deutschen Landeskunde.)

Heft 3 R e h d e r s, Lenchen: Probsteierhagen, Fiefbergen und Gut Salzau: 1945-1950. Wandlungen dreier ländlicher Siedlungen in Schleswig-Holstein durch den Flüchtlingszustrom. 1953. X, 96 S., 29 Fig. im Text, 4 Abb. 5.00 DM

*Heft 4 B r ü g g e m a n n, Günter. Die holsteinische Baumschulenlandschaft. 1953.

Sonderband

*S c h o t t, Carl (Hrsg.): Beiträge zur Landeskunde von Schleswig-Holstein. Oskar Schmieder zum 60.Geburtstag. 1953. (Erschienen im Verlag Ferdinand Hirt, Kiel.)

Band XV

*Heft 1 L a u e r, Wilhelm: Formen des Feldbaus im semiariden Spanien. Dargestellt am Beispiel der Mancha. 1954.

*Heft 2 S c h o t t, Carl: Die kanadischen Marschen. 1955.

*Heft 3 J o h a n n e s, Egon: Entwicklung, Funktionswandel und Bedeutung städtischer Kleingärten. Dargestellt am Beispiel der Städte Kiel, Hamburg und Bremen. 1955.

*Heft 4 R u s t, Gerhard: Die Teichwirtschaft Schleswig-Holsteins. 1956.

Band XVI

*Heft 1 L a u e r, Wilhelm: Vegetation, Landnutzung und Agrarpotential in El Salvador (Zentralamerika). 1956.

*Heft 2 S i d d i q i, Mohamed Ismail: The Fishermen's Settlements on the Coast of West Pakistan. 1956.

*Heft 3 B l u m e, Helmut: Die Entwicklung der Kulturlandschaft des Mississippideltas in kolonialer Zeit. 1956.

Band XVII

*Heft 1 W i n t e r b e r g, Arnold: Das Bourtanger Moor. Die Entwicklung des gegenwärtigen Landschaftbildes und die Ursachen seiner Verschiedenheit beiderseits der deutsch-holländischen Grenze. 1957.

*Heft 2 N e r n h e i m, Klaus: Der Eckernförder Wirtschaftsraum. Wirtschaftsgeographische Strukturwandlungen einer Kleinstadt und ihres Umlandes unter besonderer Berücksichtigung der Gegenwart. 1958.

*Heft 3 H a n n e s e n, Hans: Die Agrarlandschaft der schleswig-holsteinischen Geest und ihre neuzeitliche Entwicklung. 1959.

Band XVIII

Heft 1 H i l b i g, Günter: Die Entwicklung der Wirtschafts- und Sozialstruktur der Insel Oléron und ihr Einfluß auf das Landschaftsbild. 1959. 178 S., 32 Fig. im Text und 15 S. Bildanhang. 9.20 DM

Heft 2 S t e w i g, Reinhard: Dublin. Funktionen und Entwicklung. 1959. 254 S. und 40 Abb. 10.50 DM

Heft 3 D w a r s, Friedrich W.: Beiträge zur Glazial- und Postglazialgeschichte Südostrügens. 1960. 106 S., 12 Fig. im Text und 6 S. Bildanhang. 4.80 DM

Band XIX

Heft 1 H a n e f e l d, Horst: Die glaziale Umgestaltung der Schichtstufenlandschaft am Nordrand der Alleghenies. 1960. 183 S., 31 Abb. und 6 Tab. 8.30 DM

*Heft 2 A l a l u f, David: Problemas de la propiedad agricola en Chile. 1961.

*Heft 3 S a n d n e r, Gerhard: Agrarkolonisation in Costa Rica. Siedlung, Wirtschaft und Sozialgefüge an der Pioniergrenze. 1961. (Erschienen bei Schmidt & Klaunig, Kiel, Buchdruckerei und Verlag.)

Band XX

*L a u e r, Wilhelm (Hrsg.): Beiträge zur Geographie der Neuen Welt. Oskar Schmieder zum 70.Geburtstag. 1961.

Band XXI

*Heft 1 S t e i n i g e r, Alfred: Die Stadt Rendsburg und ihr Einzugsbereich. 1962.

Heft 2 B r i l l, Dieter: Baton Rouge, La. Aufstieg, Funktionen und Gestalt einer jungen Großstadt des neuen Industriegebiets am unteren Mississippi. 1963. 288 S., 39 Karten, 40 Abb.im Anhang. 12.00 DM

*Heft 3 D i e k m a n n, Sibylle: Die Ferienhaussiedlungen Schleswig-Holsteins. Eine siedlungs- und sozialgeographische Studie. 1964.

Band XXII

*Heft 1 E r i k s e n, Wolfgang: Beiträge zum Stadtklima von Kiel. Witterungsklimatische Untersuchungen im Raume Kiel und Hinweise auf eine mögliche Anwendung der Erkenntnisse in der Stadtplanung. 1964.

*Heft 2 S t e w i g, Reinhard: Byzanz - Konstantinopel - Instanbul. Ein Beitrag zum Weltstadtproblem. 1964.

*Heft 3 B o n s e n, Uwe: Die Entwicklung des Siedlungsbildes und der Agrarstruktur der Landschaft Schwansen vom Mittelalter bis zur Gegenwart. 1966.

Band XXIII

*S a n d n e r, Gerhard (Hrsg.): Kulturraumprobleme aus Ostmitteleuropa und Asien. Herbert Schlenger zum 60.Geburtstag. 1964.

Band XXIV

Heft 1 W e n k, Hans-Günther: Die Geschichte der Geographie und der Geographischen Landesforschung an der Universität Kiel von 1665 bis 1879. 1966. 252 S., mit 7 ganzstg. Abb. 14.00 DM

Heft 2 B r o n g e r, Arnt: Lösse, ihre Verbraunungszonen und fossilen Böden, ein Beitrag zur Stratigraphie des oberen Pleistozäns in Südbaden. 1966. 98 S., 4 Abb. und 37 Tab. im Text, 8 S. Bildanhang und 3 Faltkarten. 9.00 DM

*Heft 3 K l u g, Heinz: Morphologische Studien auf den Kanarischen Inseln. Beiträge zur Küstenentwicklung und Talbildung auf einem vulkanischen Archipel. 1968. (Erschienen bei Schmidt & Klaunig, Kiel, Buchdruckerei und Verlag.)

Band XXV

*W e i g a n d, Karl: I. Stadt-Umlandverflechtungen und Einzugsbereiche der Grenzstadt Flensburg und anderer zentraler Orte im nördlichen Landesteil Schleswig. II. Flensburg als zentraler Ort im grenzüberschreitenden Reiseverkehr. 1966.

Band XXVI

*Heft 1 B e s c h, Hans-Werner: Geographische Aspekte bei der Einführung von Dörfergemeinschaftsschulen in Schleswig-Holstein. 1966.

*Heft 2 K a u f m a n n, Gerhard: Probleme des Strukturwandels in ländlichen Siedlungen Schleswig-Holsteins, dargestellt an ausgewählten Beispielen aus Ostholstein und dem Programm-Nord-Gebiet. 1967.

Heft 3 O l b r ü c k, Günter: Untersuchung der Schauertätigkeit im Raume Schleswig-Holstein in Abhängigkeit von der Orographie mit Hilfe des Radargeräts. 1967. 172 S., 5 Aufn., 65 Karten, 18 Fig. und 10 Tab. im Text, 10 Tab. im Anhang. 12.00 DM

Band XXVII

Heft 1 B u c h h o f e r, Ekkehard: Die Bevölkerungsentwicklung in den polnisch verwalteten deutschen Ostgebieten von 1956-1965. 1967. 282 S., 22 Abb., 63 Tab. im Text, 3 Tab., 12 Karten und 1 Klappkarte im Anhang. 16.00 DM

Heft 2 R e t z l a f f, Christine: Kulturgeographische Wandlungen in der Maremma. Unter besonderer Berücksichtigung der italienischen Bodenreform nach dem Zweiten Weltkrieg. 1967. 204 S., 35 Fig. und 25 Tab. 15.00 DM

Heft 3 B a c h m a n n, Henning: Der Fährverkehr in Nordeuropa - eine verkehrsgeographische Untersuchung. 1968. 276 S., 129 Abb. im Text, 67 Abb. im Anhang. 25.00 DM

Band XXVIII

*Heft 1 W o l c k e. Irmtraud-Dietlinde: Die Entwicklung der Bochumer Innenstadt. 1968.

*Heft 2 W e n k, Ursula: Die zentralen Orte an der Westküste Schleswig-Holsteins unter besonderer Berücksichtigung der zentralen Orte niederen Grades. Neues Material über ein wichtiges Teilgebiet des Programm Nord. 1968.

*Heft 3 W i e b e, Dietrich: Industrieansiedlungen in ländlichen Gebieten, dargestellt am Beispiel der Gemeinden Wahlstedt und Trappenkamp im Kreis Segeberg. 1968.

Band XXIX

Heft 1 V o r n d r a n, Gerhard: Untersuchungen zur Aktivität der Gletscher, dargestellt an Beispielen aus der Silvrettagruppe. 1968. 134 S., 29 Abb. im Text, 16 Tab. und 4 Bilder im Anhang. 12.00 DM

Heft 2 H o r m a n n, Klaus: Rechenprogramme zur morphometrischen Kartenauswertung. 1968. 154 S., 11 Fig. im Text und 22 Tab. im Anhang. 12.00 DM

Heft 3 V o r n d r a n, Edda: Untersuchungen über Schuttentstehung und Ablagerungsformen in der Hochregion der Silvretta (Ostalpen). 1969. 137 S., 15 Abb. und 32 Tab. im Text, 3 Tab. und 3 Klappkarten im Anhang. 12.00 DM

Band 30

*S c h l e n g e r, Herbert, Karlheinz P a f f e n, Reinhard S t e w i g (Hrsg.): Schleswig-Holstein, ein geographisch-landeskundlicher Exkursionsführer. 1969. Festschrift zum 33.Deutschen Geographentag Kiel 1969. (Erschienen im Verlag Ferdinand Hirt, Kiel; 2.Auflage, Kiel 1970.)

Band 31

M o m s e n, Ingwer Ernst: Die Bevölkerung der Stadt Husum von 1769 bis 1860. Versuch einer historischen Sozialgeographie. 1969. 420 S., 33 Abb. und 78 Tab. im Text, 15 Tab. im Anhang. 24.00 DM

Band 32

S t e w i g, Reinhard: Bursa, Nordwestanatolien. Strukturwandel einer orientalischen Stadt unter dem Einfluß der Industrialisierung. 1970. 177 S., 3 Tab., 39 Karten, 23 Diagramme und 30 Bilder im Anhang. 18.00 DM

Band 33

T r e t e r, Uwe: Untersuchungen zum Jahresgang der Bodenfeuchte in Abhängigkeit von Niederschlägen, topographischer Situation und Bodenbedeckung an ausgewählten Punkten in den Hüttener Bergen/Schleswig-Holstein. 1970. 144 S., 22 Abb., 3 Karten und 26 Tab. 15.00 DM

Band 34

*K i l l i s c h, Winfried F.: Die oldenburgisch-ostfriesischen Geestrandstädte. Entwicklung, Struktur, zentralörtliche Bereichsgliederung und innere Differenzierung. 1970.

Band 35

R i e d e l, Uwe: Der Fremdenverkehr auf den Kanarischen Inseln. Eine geographische Untersuchung. 1971. 314 S., 64 Tab., 58 Abb. im Text und 8 Bilder im Anhang. 24.00 DM

Band 36

H o r m a n n, Klaus: Morphometrie der Erdoberfläche. 1971. 189 S., 42 Fig., 14 Tab. im Text. 20.00 DM

Band 37

S t e w i g, Reinhard (Hrsg.): Beiträge zur geographischen Landeskunde und Regionalforschung in Schleswig-Holstein. 1971. Oskar Schmieder zum 80.Geburtstag. 338 S., 64 Abb., 48 Tab. und Tafeln. 28.00 DM

Band 38

S t e w i g, Reinhard und Horst-Günter W a g n e r (Hrsg.): Kulturgeographische Untersuchungen im islamischen Orient. 1973. 240 S., 45 Abb., 21 Tab. und 33 Photos. 29.50 DM

Band 39

K l u g, Heinz (Hrsg.): Beiträge zur Geographie der mittelatlantischen Inseln. 1973. 208 S., 26 Abb., 27 Tab. und 11 Karten. 32.00 DM

Band 40

S c h m i e d e r, Oskar: Lebenserinnerungen und Tagebuchblätter eines Geographen. 1972. 181 S., 24 Bilder, 3 Faksimiles und 3 Karten. 42.00 DM

Band 41

K i l l i s c h, Winfried F. und Harald T h o m s: Zum Gegenstand einer interdisziplinären Sozialraumbeziehungsforschung. 1973. 56 S., 1 Abb. 7.50 DM

Band 42

N e w i g, Jürgen: Die Entwicklung von Fremdenverkehr und Freizeitwohnwesen in ihren Auswirkungen auf Bad und Stadt Westerland auf Sylt. 1974. 222 S., 30 Tab., 14 Diagramme, 20 kartographische Darstellungen und 13 Photos. 31.00 DM

Band 43

*K i l l i s c h, Winfried F.: Stadtsanierung Kiel-Gaarden. Vorbereitende Untersuchung zur Durchführung von Erneuerungsmaßnahmen. 1975.

Kieler Geographische Schriften

Band 44, 1976 ff.

Band 44

K o r t u m, Gerhard: Die Marvdasht-Ebene in Fars. Grundlagen und Entwicklung einer alten iranischen Bewässerungslandschaft. 1976. XI, 297 S., 33 Tab., 20 Abb. 38.50 DM

Band 45

B r o n g e r, Arnt: Zur quartären Klima- und Landschaftsentwicklung des Karpatenbeckens auf (paläo-) pedologischer und bodengeographischer Grundlage. 1976. XIV, 268 S., 10 Tab., 13 Abb. und 24 Bilder. 45.00 DM

Band 46

B u c h h o f e r, Ekkehard: Strukturwandel des Oberschlesischen Industriereviers unter den Bedingungen einer sozialistischen Wirtschaftsordnung. 1976. X, 236 S., 21 Tab. und 6 Abb., 4 Tab und 2 Karten im Anhang. 32.50 DM

Band 47

W e i g a n d, Karl: Chicano - Wanderarbeiter in Südtexas. Die gegenwärtige Situation der Spanisch sprechenden Bevölkerung dieses Raumes. 1977. IX, 100 S., 24 Tab. und 9 Abb., 4 Abb. im Anhang. 15.70 DM

Band 48

W i e b e, Dietrich: Stadtstruktur und kulturgeographischer Wandel in Kandahar und Südafghanistan. 1978. XIV, 326 S., 33 Tab., 25 Abb. und 16 Photos im Anhang. 36.50 DM

Band 49

K i l l i s c h, Winfried F.: Räumliche Mobilität - Grundlegung einer allgemeinen Theorie der räumlichen Mobilität und Analyse des Mobilitätsverhaltens der Bevölkerung in den Kieler Sanierungsgebieten. 1979. XII, 208 S., 30 Tab. und 39. Abb., 30 Tab. im Anhang. 24.60 DM

Band 50

P a f f e n, Karlheinz und Reinhard S t e w i g (Hrsg.): Die Geographie an der Christian-Albrechts-Universität 1879-1979. Festschrift aus Anlaß der Einrichtung des ersten Lehrstuhles für Geographie am 12. Juli 1879 an der Universität Kiel. 1979. VI, 510 S., 19 Tab. und 58 Abb. 38.00 DM

Band 51

S t e w i g, Reinhard, Erol T ü m e r t e k i n, Bedriye T o l u n, Ruhi T u r f a n, Dietrich W i e b e und Mitarbeiter: Bursa, Nordwestanatolien. Auswirkungen der Industrialisierung auf die Bevölkerungs- und Sozialstruktur einer Industriegroßstadt im Orient. Teil 1. 1980. XXVI, 335 S., 253 Tab. und 19 Abb. 32.00 DM

Band 52

B ä h r, Jürgen und Reinhard S t e w i g (Hrsg.): Beiträge zur Theorie und Methode der Länderkunde. Oskar Schmieder (27. Januar 1891 - 12. Februar 1980) zum Gedenken. 1981. VIII, 64 S., 4 Tab. und 3 Abb. 11.00 DM

Band 53

M ü l l e r, Heidulf E.: Vergleichende Untersuchungen zur hydrochemischen Dynamik von Seen im Schleswig-Holsteinischen Jungmoränengebiet. 1981. XI, 208 S., 16 Tab., 61 Abb. und 14 Karten im Anhang. 25.00 DM

Band 54

A c h e n b a c h, Hermann: Nationale und regionale Entwicklungsmerkmale des Bevölkerungsprozesses in Italien. 1981. IX, 114 S., 36 Fig. 16.00 DM

Band 55

D e g e, Eckart: Entwicklungsdisparitäten der Agrarregionen Südkoreas. 1982. XXII, 332 S., 50 Tab., 44 Abb. und 8 Photos im Textband sowie 19 Kartenbeilagen in separater Mappe. 49.00 DM

Band 56

B o b r o w s k i, Ulrike: Pflanzengeographische Untersuchungen der Vegetation des Bornhöveder Seengebiets auf quantitativ-soziologischer Basis. 1982, XIV, 175 S., 65 Tab., 19 Abb. 23.00 DM

Band 57

S t e w i g, Reinhard (Hrsg.): Untersuchungen über die Großstadt in Schleswig-Holstein. 1983. X, 194 S., 46 Tab., 38 Diagr. und 10 Abb. 24.00 DM

Band 58

B ä h r, Jürgen (Hrsg.): Kiel 1879-1979. Entwicklung von Stadt und Umland im Bild der Topographischen Karte 1 : 25 000. Zum 32. Deutschen Kartographentag vom 11.-14. Mai 1983 in Kiel. 1983. III, 192 S., 21 Tab., 38 Abb. mit 2 Kartenblättern in Anlage. ISBN 3-923887-00-0. 28.00 DM

Band 59

G a n s, Paul: Raumzeitliche Eigenschaften und Verflechtungen innerstädtischer Wanderungen in Ludwigshafen/Rhein zwischen 1971 und 1978. Eine empirische Analyse mit Hilfe des Entropiekonzeptes und der Informationsstatistik. 1983. XII, 226 S., 45 Tab., 41 Abb. ISBN 3-923887-01-9. 30.00 DM

Band 60

P a f f e n †, Karlheinz und K o r t u m, Gerhard: Die Geographie des Meeres. Disziplingeschichtliche Entwicklung seit 1650 und heutiger methodischer Stand. 1984. XIV, 293 Seiten, 25 Abb. ISBN 3-923887-02-7. 36.00 DM

Band 61

B a r t e l s †, Dietrich u.a.: Lebensraum Norddeutschland. 1984. IX, 139 Seiten, 23 Tabellen und 21 Karten. ISBN 3-923887-03-5. 22.00DM